창의공학설계
Creative Engineering Design

김종식 · 박상후 · 박성훈 · 이민철 공저

 북스힐

공학은 우리 삶의 필요를 충족시키기 위하여 지속적으로 공학문제를 찾고 이를 해결하는 데 관심을 가지고 발전해 왔다. 최근 지식정보화 사회가 됨에 따라 사회적 욕구는 더욱더 다양해지고 있으며, 이 다양한 욕구들을 만족스럽게 충족시킬 수 있는 창의적 능력은 점점 더 절실히 요구되고 있다. 그래서 시대적 환경변화에 부응할 수 있도록 공학교육에 새롭고 창의적인 접근방법을 도입하여 사회에서 필요로 하는 공학문제를 잘 설정하고 이를 만족스럽게 해결할 수 있는 탁월한 엔지니어를 배출하는 것이 최근 공학교육의 목표이다.

이와 같은 공학교육의 목표를 달성하고 공학교육의 내실화를 위해 1999년 한국공학교육인 증원(ABEEK)이 설립되었다. ABEEK 설립의 기본목적 중 하나가 지식산업사회에서 사회혁신과 삶의 질 향상을 위해 주도적인 역할을 할 수 있는 실력 있고 창의력 있는 엔지니어들을 배출하는 것이다. 그래서 ABEEK과 공학교육 현장에서는 무엇보다도 창의적인 공학설계 교육의 내실화를 강조하고 있다.

한편 선진 미국에서도 새로운 시대에 적합한 공학교육에 대한 논쟁이 뜨겁다. 2009년 설문조사 결과, 미국 MIT 기계공학과 졸업생들은 현장에서 과학, 수학, 고체역학, 동역학, 열역학, 유체역학은 거의 사용하지 않거나 1년에 한두 번 이용하지만 공학적 추론, 시스템적 사고, 의사소통 능력, 팀워크, 전문 기술, 독립적 사고는 거의 매일 사용한다고 응답하였다. 현장에서 실제로 필요로 하는 이와 같은 능력과 소양을 갖추기 위해서는 팀을 구성하여 서로 의사소통하며 공학적 추론 및 전문 기술에 대한 독립적이며 시스템적인 사고 능력을 배양할 수 있는 창의적인 공학설계 교육이 무엇보다도 중요하다.

그러나 창의적인 공학설계가 무엇이며 어떻게 이루어지는지 그 절차 및 구체적인 사례를 다룬 교재가 미흡한 실정이다. 그래서 본 교재는 창의력을 기반으로 한 공학문제 설정으로부터 시작하여 산업표준, 경제, 환경, 윤리, 안전, 사회, 정치, 문화, 예술 등 우리 삶에서의 현실적 제한조건들을 고려한 종합설계 과정을 체계적으로 수행하여 현장 적응력 있고 현재 뿐만 아니라 미래의 사회적 욕구를 충족시킬 수 있는 능력과 자세를 갖춘 엔지니어가 될 수 있도록 집필되었다.

이 교재는 다음과 같은 내용으로 구성되어 있다. 1장에서는 창의공학설계에 관한 전반적인 개요를 다룬다. 우선 공학이 무엇인지 정의하고, 공학의 첫 단계인 공학문제 설정에 대하여 설명한다. 그리고 공학문제를 해결하는 과정인 공학설계의 중요성과 공학문제 해결사의 역할을 하는 엔지니어들이 갖추어야 할 창의적 능력과 소양에 대하여 언급하며, 공학설계가 어떤 절차에 따라 이루어지는지 간략히 설명한다. 2장에서는 공학적 의사소통 기술을 다룬다. 성공적인 공학설계 과정을 수행하기 위해서는 팀워크에 의한 협동 작업이 필요하다. 그래서 팀 구성 및 운영방법에 대해 설명하고, 엔지니어들에게 필요한 의사소통 및 발표 능력에 대하여 설명한다. 그리고 공학설계 결과물이 설계 의도대로 잘 제작될 수 있도록 설계기술자와 생산기술자들이 서로 의사소통이 원만하게 될 수 있도록 설계도면을 작성하고 해독하는 방법을 개략적으로 소개한다. 3장에서는 공학문제가 구체적으로 어떻게 설정되는지를 다룬다. 공학의 출발인 공학문제 설정을 위해 사회에서 무엇을 필요로 하는지 전화인터뷰, 설문조사 등에 의한 시장조사를 통해 고객들의 필요사항들을 파악하고, 이에 대한 해결안을 마련하기 위하여 인터넷, 특허정보 검색 등을 통한 자료수집 방법, 제품의 요구사항 분석, 그리고 제품 개념 도출과 이를 어떻게 구체화하는지 설명한다. 4장에서는 창의적으로 공학문제를 찾고, 분석하고, 종합하여 해결안을 제안하는 과정을 체계적으로 진행할 수 있는 기법인 창의적 아이디어 발상법에 대해 다룬다. 본 교재에서는 대표적인 창의적 아이디어 발상법인 브레인스토밍 기법, 트리즈 기법, 스캠퍼 기법, SWOT 분석법 그리고 만달아트 기법 등에 대해 설명한다. 5장에서는 창의적으로 설정된 공학문제를 구체적으로 해결할 수 있는 공학적 기술 및 도구들을 다룬다. 우선 공학문제 해결을 위해 사용되는 공학재료들의 특성 및 활용에 대하여 설명한다. 다음, 대표적인 공학적 시스템인 기계시스템, 열유체시스템, 메카트로닉스시스템에 대하여 설명한다. 그리고 현실적 제한조건들을 고려한 최적설계 기술, 실제 제품에 대한 제조 및 제어자동화 기술에 대하여 설명한다. 또한, 공학설계 관련 컴퓨터 프로그램 및 상용 소프트웨어 등 공학문제 해결도구들을 소개한다. 6장에서는 창의설계과제에 관한 사례들을 다룬다. 폭발물 제거 레고 로봇 그리고 3점 슛 농구로봇에 관한 창의설계과제 사례들을 구체적으로 설명하고, 공학도들이 실제적으로 창의설계를 수행해 볼 수 있는 여러 가지 사례들이 소개되어 있다. 그리고 7장에서는 종합설계(capstone design)과제의 구체적인 사례들을 다룬다. 모바일하버 적재 시스템, 계단용 진공청소기 노즐 시스템, 건축용 3D 프린팅 모의 시스템과 메카넘 구동 시스템에 관한 종합설계과제 사례들을 소개하고, 또한 종합설계과제의 결과물을 특허출원하기 위한 특허출원서의 작성 예들이 포함되어 있다. 끝으로 부록에는 창의종합설계 된 작품을 특허출원하는 데 필요한 특허출원서의 작성법이 간략히 소개되어 있다. 그리고 창의설계과제의 최종발표 자료 및 종합설계과제의 최종보고서를 작성하는 형식과 구체적인 예가 제시되어 있다.

많은 공학도들이 이 교재를 통하여 창의적 사고와 의사소통 능력의 중요성을 인식하고 문제해결 능력을 습득하여 창의공학설계를 주도적으로 수행할 수 있는 능력과 경쟁력 있는 엔지니어가 될 수 있는 소양을 갖추어 미래 사회를 책임질 수 있는 일꾼들이 되기를 간절히 바란다. 이 교재는 창의적공학설계, 제품개발설계, 기계시스템설계, 종합설계과제 등 공학설계 관련 교과목 뿐만 아니라 기계공학의 전반적인 내용을 개략적으로 소개하는 '기계공학개론' 교과목의 교과서 또는 참고도서로 사용될 수 있을 것으로 사료된다.

이 교재 집필을 위해 귀중한 자료를 제공해 준 부산대학교 공학교육혁신센터 그리고 원고를 정리해 준 부산대학교 기계공학부 권대호 조교와 대학원 및 학부 학생들에게 감사를 드린다. 또한 이 책의 발행을 위하여 여러 면에서 지원해주신 ㈜도서출판 북스힐 조승식 사장님과 편집부에도 감사를 드린다.

2016년 9월
저자 일동

CREATIVE ENGINEERING DESIGN

1장
서 론

1.1 공학의 정의

공학은 성능, 경제, 환경(인간), 정치, 법(윤리), 문화, 예술 등 삶과 관련된 사항들을 고려하면서 사회적 욕구를 충족시키기 위한, 즉 삶의 질 향상을 위하여 과학적 지식과 기술을 개발하고 적용하는 데 관심을 갖는 창조적이고 전문적인 활동을 통하여 자연에 존재하는 물질, 에너지, 정보 등을 활용하여 유용한 제품이나 프로세스를 설계하고 제작하는 데 관심을 갖는 학문으로 정의할 수 있다. 공학은 근본적으로 우리 삶의 문제를 다루기 때문에 공학의 관심 영역은 자연과학 뿐만 아니라 인문사회과학 그리고 예술의 영역까지 이른다.

공학적 활동은 사회적 욕구가 어디에 있는지, 즉 우리 삶의 질을 향상시킬 수 있는 것을 찾는 것으로부터 시작한다. 무엇보다도 공학문제를 잘 설정하는 것으로부터 공학적 활동은 시작된다. 그러므로 공학의 출발점이 되는 삶의 질을 향상시킬 수 있는 공학문제를 찾고 잘 설정하는 일에 우선적으로 관심을 가져야 한다. 문제를 인식한 사람이 그 문제를 해결하고자 하는 욕구도 강하고, 공학문제를 해결할 수 있는 과학적 지식과 기술에 더욱 관심을 갖게 될 것이다. 그리고 과학적 지식과 기술에 관한 전문성과 소양이 갖추어졌을 때 문제해결을 위한 종합적인 사고, 창의적인 사고도 더욱 발휘할 수 있게 된다.

이제 공학을 정의할 때 사용되는 중요 단어들에 대하여 좀 더 자세히 살펴보기로 한다. 공학에서 제일 중요하고 기본이 되는 단어는 창조이다. 공학(engineering)의 어원인 '엔진(engine)'과 '영리한(ingenious)'이란 말은 '발명·고안·창안하다'는 뜻의 라틴어 'ingenerare'에서 유래하였다. 또한 고대 영어에서 'engine'은 '발명하다'라는 뜻을 가졌다. 이와 같이 공학적 활동에서 창조적 능력, 즉 창의력은 매우 중요하다. 무엇보다도 창의력이 기반이 되어야 삶의 질을 개선시킬 수 있는 제품이나 프로세스를 개발할 수 있기 때문이다.

공학은 또한 전문성을 요구한다. 엔지니어는 판에 박힌 단순한 일을 하는 것이 아니라 상당한 시간동안 공학에 관한 이론적 지식 및 실무경험을 위한 전문적인 교육과정을 이수해야 삶의 질을 개선시킬 수 있는 창의적인 일을 숙련된 기량으로 수행할 수 있다. 엔지니어는 창의력을 기반으로 하여 우리 삶의 질을 개선시킬 수 있는 제품을 개발할 뿐만 아니라 재료, 부품, 장치의 구매 및 사용 결정, 평가, 심사, 과제/업무의 진행 및 명령 등에 관한 결정권 및 판단권을 행사하며, 특허권 등 자유재량권을 갖는 전문가라고 말할 수 있다.

과학적 지식과 기술은 공학문제를 해결하기 위한 해결도구들이다. 먼저 과학과 기술에 대하여 설명하기로 한다. 과학은 사전적 의미로 검증 가능한 방법으로 얻어진 지식의 체계를 말한다. 영어 'science'는 어떤 사물을 '안다'는 라틴어 'scire'에서 유래된 말로, 넓은 의미로는 학(學) 또는 학문(學問)과 같은 뜻이나, 좁은 의미로는 자연과학을 뜻한다. 자연과학은 우주와 물질·생명현상에 이르기까지 자연을 실험, 관찰, 분석 및 수학적 이론화 등 과학적 방법론을 통하여 객관적인 자연의 원리와 질서 그리고 운동의 법칙 등을 찾아내기 위한 지식의 탐구행위와 그 결과로 나타난 이론체계 및 축적된 지식체계를 말한다.

한편, 기술은 과학적 지식이나 원리를 활용하여 인간의 경제활동이나 복리증진을 위한 방법(know-how) 또는 활용지식을 의미한다. 과학은 진리탐구 자체를 목적으로 하는 정신적인 활동을 말하며, 기술은 인간의 손을 통하여 유용한 기계나 설비 또는 생산제품을 만들어내고, 지식과 재화나 서비스의 효율성을 높이는 시스템 등을 발전시켜 인간생활을 풍요롭고 편리하게 하여 주는 목적의식을 갖는 실용적인 활동을 말한다.

그림 1.1은 공학과 과학의 차이를 잘 나타내고 있다. 사과나무에서 사과가 떨어지는 현상을 보고 과학자와 엔지니어의 관심은 크게 다르다. 과학자는 왜 사과가 떨어지는지에 대하여 의문을 갖는다. 그 인과관계를 탐구하는 과정에서 만유인력의 법칙이 발견된 것이다. 그렇지만 엔지니어는 사과가 떨어진 원인보다는 사과가 떨어질 때 생기는 힘이나 기계적 에너지를 어떻게 이용할 수 없을까 하는 데 관심을 갖는다. 이와 같이 엔지니어는 공학적 사고를 통하여 생활을 편리하게 하거나 경제적 이득을 얻을 수 있는 방법 또는 제품을 만들어내는 데 관심을 갖는다.

또 다른 예로서 시냇물이 흘러가는 것을 보고 과학자와 엔지니어는 다른 생각을 하고 임하는 자세가 서로 다르다. 과학자는 왜 물이 흘러가는지를 규명하기 위하여 여러 가지 가설들을

그림 1.1 사과나무 아래에 있는 과학자와 엔지니어

세우고 실험을 통하여 검증한다. 하지만 엔지니어는 이 시냇물이 물레방아를 돌리기에 적합한 유량과 유속인지를 점검하고 물레방아와 방앗간을 설계한다. 또한 이를 제작하기 전에 필요한 비용을 계산하고 방앗간의 매출을 예상하여 제작비를 투자하고 그 수익을 예상한다. 충분한 경제성이 검증되어야 비로소 제작을 시작한다. 이와 같이 순수 자연과학 분야에서는 자연현상의 원리를 규명하는 것에 주력하고 밝혀진 원리가 어떻게 사용될 것인가는 부수적인 문제로 생각한다. 그렇지만 공학에서는 원리의 규명보다는 자연현상을 이용하여 경제적인 이득 또는 효용을 창출하는 것을 주목적으로 한다.

우리는 일반적으로 과학과 기술이 다르다고 생각하지만 역사적으로 올라가 보면 과학과 기술은 같은 뿌리를 갖는다. 그리스어에 기원을 둔 과학이란 말은 학문 전체를 가리킨다. 따라서 원래 자연과학은 인문학과 같은 뿌리에서 난 두 갈래의 가지다. 고대 그리스시대에는 기술이나 예술을 구별 없이 같이 사용하였다. 그러나 후대에 오면서 사람들이 인문학과 자연과학을 구분하기 시작했다. 자연과학과 인문학은 한 뿌리이다. 뉴턴이 만유인력의 법칙을 발견한 사례로도 알 수 있다. 뉴턴 시대 이전에도 물질들이 서로 끌어당긴다는 사실을 알고 있었다. 만유인력을 발견한 뉴턴은 그런 사고방식이 지배하는 시대에서 만유인력의 법칙을 발견한 것이다. 이와 같이 일반적으로 자연과학은 인문학적 상상력에서 인문학은 자연과학적 상상력에서 나온다. 공학도 좁은 의미에서 자연과학에 바탕을 두었다고 생각하기도 한다. 그렇지만 공학은 우리 삶의 문제를 다루기 때문에 자연과학 뿐만 아니라 인문사회과학 그리고 예술의 영역까지 관심을 가지고 좀 더 다양한 각도에서 창의적인 사고를 통하여 우리 삶의 문제를 해결해야 한다.

공학적인 활동을 수행하기 위해서는 무엇보다도 먼저 공학문제가 주어져야 한다. 공학문제는 우리의 삶 가운데 이웃을 배려하는 마음, 즉 사랑 안에서 불만족할 때 만들어진다. 예를 들면 자동차에서 나오는 배기가스를 보고 아무 문제도 의식하지 못할 때는 공학문제가 만들어지지 않는다. 그렇지만 이 배기가스를 보고 우리 모두의 건강을 생각하고 이 문제를 해결하겠다는 나를 포함한 이웃을 배려하는 마음으로부터 생긴 불만족이 있어야 한다. 이때 이 문제를 해결하기 위하여 완전 연소시킬 수 있는 자동차 엔진에 관심을 가지고 연구하게 되고 나아가서는 배기가스 문제를 근원적으로 해결할 수 있는 친환경자동차 개발에도 도전하게 되는 것이다.

이와 같이 이웃을 배려하는 마음이 공학발전의 원동력이 된다. 엔지니어들은 우리 주위에 있는 삶의 문제에 대하여 현재 뿐만 아니라 미래에 있을 수 있는 불만족에 대해 항상 관심을 가져야 한다. 이러한 삶의 문제들을 공학적으로 해결하는 사람이 엔지니어이다. 따라서 엔지니어들은 직업에 대한 사명감과 자부심을 가져도 좋을 것이다. 공학은 모든 근간이 인간에 집중되어 있으며, 공학의 목적은 인간을 편안하게 하는 것이며 인간에게 필요가 없으면 공학적으로 가치가 없다. 따라서 공학(工學)을 공중(公衆)의 편리와 공리(utility)를 추구하는 학문인 공학(公學)이라고 할 수도 있다.

또한 공학문제를 해결하고자 할 때는 성능, 경제, 환경, 정치, 법, 문화, 예술 등 삶과 관련된 사항들을 구속조건으로 동시에 고려하여야 한다. 과학자는 물리시스템의 원리를 실증적이고 체계적으로 찾는 일에 관심을 갖는다. 그렇지만 엔지니어는 이러한 과학적 지식을 삶의 문제, 즉 실용적인 문제를 해결하기 위하여 사용하므로 삶과 관련된 여러 가지 구속조건들을 복합적으로 고려해야만 한다.

따라서 엔지니어들은 성능, 경제, 환경, 정치, 법, 문화, 예술 등 공학문제에서의 고려사항들에 대해 늘 지속적으로 관심을 가져야 하므로, 시사적인 관점에서 이와 같은 내용들을 잘 정리한 신문, 잡지, 인터넷자료 등을 필수적으로 읽어야 한다. 구체적인 예를 하나 들면, 신문으로부터 "로봇이나 인공지능을 통해 실재와 가상이 통합돼 사물을 자동적, 지능적으로 제어할 수 있는 가상 물리시스템의 구축이 기대되는 산업상의 대 변화, 즉 인공지능, 로봇기술, 생명공학이 주도하는 제4차 산업혁명이 2020년대에 도래한다."는 산업 환경의 대 변화가 있을 것이라는 정보를 얻을 수 있다. 엔지니어들은 이와 같은 산업 환경 변화에 대한 예측 등 우리 삶에 대한 구속조건들을 종합적으로 적절히 고려하면서 주어진 공학문제에 대한 최적의 해결책을 도출해야 한다.

공학문제가 제기될 때, 일반적으로 공학적 구속조건들이 서로 상충될 때가 많다. 보통 어떤 제품이나 시스템의 효율을 높이면 비용이 많이 들고, 안전성을 높이면 구조가 복잡해지며, 성능을 향상시키려면 무게가 증가한다. 공학적인 해는 일반적으로 많은 구속조건들을 동시에 고려하면서 가장 바람직한 최종 결과인 최적 해를 얻어야 한다. 따라서 최적 해는 정해진 효율범위에서 가장 값이 싸고, 안전요구사항을 만족시키는 범위 내에서 가장 단순하며, 주어진 성능범위에서 가장 가벼운 제품을 만드는 것이다.

또한 공학설계에서 예술적인 구속조건도 중요한 고려사항이다. 예를 들면, 그림 1.2에서 보는 바와 같이 모터쇼에서 신차 옆에 예쁜 아가씨가 서 있다. 이것은 신차가 보다 예술적으로 아름답게 보이기 위함이다. 공학은 삶의 문제를 다루기 때문에 공학문제를 해결할 때 일반적으로 제품이나 시스템의 기능적인 요소 뿐만 아니라 예술적인 요소도 함께 고려해야 한다.

엔지니어들은 자연에 존재하는 재료, 에너지, 정보 등을 활용하여 공학적 활동을 수행한다. 재료는 강도, 제작의 용이함, 가벼움이나 내구성, 절연성이나 전도성, 화학적·전기적·음향적 성질 등을 가지고 있어야 유용하다. 중요한 에너지 자원으로는 화석연료(석탄, 석유, 가스 등),

그림 1.2 모터쇼에서 신차와 모델

바람, 태양광, 물의 낙차, 핵분열 및 핵융합 등이 있다. 자연에 존재하는 재료나 에너지 자원은 한정되어 있으므로 엔지니어들은 기존의 자원을 효율적으로 사용해야 할 뿐만 아니라 새로운 자원을 지속적으로 개발해야 한다. 공학적 활동의 결과는 식량, 주거, 안락함을 제공하고, 노동, 운송, 통신을 보다 쉽고 안전하게 하며, 인간의 수명을 연장하고, 생활을 즐겁고 만족스럽게 함으로써 인류의 복지에 크게 기여하고 있다.

이제 공학의 영역에 대해 생각해 보기로 한다. 기술적인 실천행동의 요구에 의해 자연과학이 발전하기도 한다. 따라서 공학과 순수 자연과학을 명확하게 구별하기 어려울 때도 있다. 가령, 와트의 증기기관은 광산의 배수용 펌프를 움직이기 위해서 고안되어 개발된 기술적인 성과이다. 그 증기기관의 효율을 개선하기 위하여 연구되는 열역학은 자연과학의 한 분야이다. 그러나 현재는 열역학도 공학의 일부분으로 되어 있다. 공학과 자연과학과의 구분이 명확하지 않은 부분, 즉 인위적인 자연의 법칙 탐구를 위한 자연과학을 '응용과학'이라고 한다. 응용과학은 공학과 순수 자연과학과의 중간에 위치하게 되지만, 순수 자연과학과 구별하기 위해서 응용과학을 일반적으로 공학의 일부분으로 보고 있다.

어떤 사람은 공학을 단순히 응용과학으로 칭하고 있다. 이것은 대단히 잘못된 발상이다. 역사적으로 볼 때 공학은 상당부분 개인이나 사회의 직관과 경험에 의해 진보되었다. 엔지니어들은 과학적 지식이 확립되지 않은 상태에서도 공학문제를 해결한 경우가 많다. 물론 과학적 지식이 있으면 문제를 해결하기가 무척 수월해진다. 따라서 문제해결을 쉽고 경제적으로 수행하기 위해서는 엔지니어들은 과학적 지식과 기술을 가능한 한 많이 습득하고 적절하게 활용할 수 있는 능력이 있어야 한다.

응용과학을 공학의 일부분이라고 하면, 생산관리, 도시계획과 같은 계획 또는 관리 등의 분야도 공학의 관심분야이다. 여기서는 자연의 이론적 법칙성이 희박하게 되며, 사회의 실천적 규칙성이 강조되고, 생산관계를 다루는 경제학과 연결된다. 이와 같이 공학은 순수 자연과학에서 경제학 분야에 이르기까지 광범위한 영역에 관심을 갖는 학문이다. 공학은 기계, 장치, 설비 등의 노동수단과 관련된 시스템뿐만 아니라 인간, 사회부문에도 공학적 기법을 적용하는 인간공학, 정치공학, 경영공학, 사회공학, 교육공학, 도시공학, 환경공학, 정보공학 등 인문·사회과학 분야, 그리고 우주공학, 해양공학, 농생명공학, 의생명공학 등 자연과학 분야의 경계 영역에 이르기까지 공학은 삶과 관련된 모든 분야에 관심을 갖게 되어 공학의 영역은 점점 넓어지고 있다.

📖 1.2 공학문제

우리의 삶에서 필요로 하는 공학문제를 찾아내고 문제를 잘 설정하는 것은 공학문제를 해결하는 데 있어서 무엇보다 중요하다. "시작이 반이다"라는 말이 있듯이 문제가 잘 설정되면 문제를 보다 쉽고 체계적으로 해결할 수 있기 때문이다.

공학문제는 인간의 사회적 욕구와 필요로부터 만들어진다. 이 욕구는 매우 다양하다. 이에 따른 공학의 발전과정도 다양하다. 공학은 공리(utility)에 기초해 최대 다수(public)의 최대 행복을 추구하는 공리주의 사고에 바탕을 두고 좋은 제품을 경제적으로 만드는 것을 가장 기본으로 추구한다. 그렇게 함으로써 많은 사람들이 좋은 제품을 싸게 구입해서 행복을 추구할 수 있기 때문이다. 그래서 엔지니어들은 최적설계기법을 이용한 고효율 제품을 설계하고 자동화된 물류이송시스템을 이용한 생산자동화기술 등을 개발하여 성능과 경제성을 동시에 고려하는 고효율의 욕구를 충족시키고자 노력하고 있다.

엔지니어들은 또한 인간의 환경적 욕구를 충족시키기 위해 태양광, 풍력, 조력, 지열 등과 같은 신재생에너지를 이용한 발전시스템, 하이브리드자동차 및 연료전지자동차, 무세제세탁기 등 친환경시스템 개발에 많은 관심을 가지고 있다. 그리고 인간의 기본적인 욕구, 즉 편리성, 안전성, 쾌적성, 속도감, 탐험심, 건강 및 생명 등에 관한 욕구를 충족시키기 위하여 청소로봇, 지능형자동차, 에어컨, 자기부상열차, 우주선, 인공장기 등과 같은 공학문제에도 관심을 가지고 있다. 그리고 문화적 욕구를 충족시키기 위하여 지역적인 문화적 특성에 따라 개발된 김치 냉장고, 와인냉장고 등도 관심 있는 공학문제이다.

이와 같은 인간의 사회적 욕구에 따른 공학문제들을 살펴봄으로써 공학도들은 공학의 미래를 개척하는 데 큰 포부와 자부심을 갖기를 바란다. 공학의 과거와 현재를 잘 파악하고, 나아가서 우리의 삶 가운데 이웃을 배려하는 마음, 즉 우리의 삶에 대한 사랑 안에서의 불만족으로부터 공학문제들이 도출되어야 할 것이다. 그리고 이 공학문제들에 대하여 공학문제 해결도구들을 적절히 적용하는 설계 및 제작 과정을 통하여 갈수록 증대되는 인간의 사회적 욕구들을 충족시킬 수 있는 신제품들이 지속적으로 개발되어야 한다. 이와 같이 공학문제를 찾아내고 이를 해결하는 공학설계 과정을 통해 우리 삶의 질이 더욱더 개선되고 향상될 것으로 기대한다.

📖 1.3 공학설계의 중요성

앞 절에 있는 공학의 정의에서 언급했듯이, 공학은 우리 삶의 질을 개선시키고자 우리의 욕구를 충족시킬 수 있는 유용한 제품들을 설계하고 제작하는 데 관심을 갖는 학문이다. 그러므로 우리 삶의 문제를 전체적으로, 종합적으로, 다각도로 사고하는 창의적인 능력과 자세를 기반으로 하여 우리가 필요로 하는 것들을 만들기 위해 적절한 요소, 부품, 시스템 또는 프로세스를 고안하는 과정인 공학설계 과정이 반드시 요구된다.

공학설계는 제품개발에 있어서 가장 중요한 과정 중의 하나이다. 사실상 설계가 없으면 제품도 없다. 공학설계는 일반적으로 공학문제의 인식으로부터 시작하며, 이 공학문제를 해결하기 위해서는 왜, 어떻게, 무엇을 이용하여, 언제까지 등등 여러 가지 다양한 현실적인 제한요소들을 반영하여 기본적인 지식 및 논리적이며 창의적인 사고를 통하여 이루어지고 있다. 일반적으로 제품을 사용하는 소비자들은 싸고 좋은 제품을 원하고 있다. 따라서 경쟁력 있고 부가가치가 높은 제품을 개발하기 위해서는 무엇보다도 서로 상충하는 가치인 경제성과 성능 등을 최적으로 절충하여 설계할 수 있는 능력도 있어야 한다.

또한, 공학설계가 중요한 것은 설계가 잘못된 경우에는 인간에게 큰 재앙을 불러올 수도 있기 때문에 설계를 강조하고 또 강조해도 지나치지 않는다. 우리에게 잘 알려진 대표적인 공학설계 실패 사례들을 몇 가지 나열하면 다음과 같다.

① **체르노빌 원전 사고**: 원자로의 안전 시스템을 시험하던 중 일어난 폭발은 원자로와 지붕과 측면에 구멍을 냈고 거대한 원자로 뚜껑이 공중으로 날아갔다. 이 사고는 약 34만 명의 사람들을 대피시켜 이주하게 하였고, 56명 사망, 4천 명 갑상선암 유발, 그리고 660

만 명이 방사능에 노출되게 만들었다.

② **우주왕복선 첼린저호 폭발 사고:** 발사기지의 당시 기온이 너무 낮아서 고체 로켓추진 장치의 오링의 고무 탄성이 줄어 틈새로 가스가 유출되고 불꽃이 외부 연료탱크에 도달해 이로 인해 우주왕복선이 이륙 73초 후에 폭발하여 탑승자 전원이 사망했다.

③ **포드사의 핀토차 연료탱크 폭발 사고:** 후방충돌 시 연료탱크 파열에 의한 폭발 사고였다. 이 취약점이 설계 당시 발견되어 11달러의 추가비용만 들이면 이를 방지할 수 있었으나 경영진의 경영적 사고로 설계개선을 하지 않고 사고 시 보상하는 방안을 선택했다. 폭발 사고로 인해 포드사는 엄청난 벌금을 내야 했고 핀토차 개발에 관련된 엔지니어와 경영진이 모두 사법처리를 받았다.

④ **삼풍백화점 붕괴 사고:** 무리한 설계변경과 증개축으로 기초와 구조물이 취약하게 되어 건물에 작용하는 하중을 지탱할 수 없게 되어 건물 전체가 붕괴되어 500여 명이 사망했다.

월턴(J. Walton)은 공학설계 실패의 원인을 다음과 같이 설명하고 있다.
- 부정확하거나 과도한 가정
- 미흡한 문제인식
- 부정확한 설계사양
- 불완전한 제조공정과 조립
- 설계계산의 오류
- 불완전한 실험과 부정확한 데이터 수집
- 제도(drawing)의 오류
- 불완전한 추론

우리 삶의 질을 개선시킬 수 있는 유용한 제품들이 실패 없이 지속적으로 개발되려면, 무엇보다도 엔지니어들에게 창의적인 능력과 이웃을 배려하는 소양이 요구되며, 설계과정이 체계적인 설계절차에 따라 이루어져야 한다.

1.4 엔지니어의 창의적 능력 및 소양

공학은 첫째, 과학적 지식(know-that; 사실을 아는 능력)과 기술(know-how; 요령을 아는 능력)을 개발하고 적용하는 데 관심을 갖는 창의적이고 전문적인 활동이며, 둘째, 물리적, 경제적, 환경적(인간적), 정치적, 법적(윤리적), 문화적, 예술적인 상황 등 삶 전체를 고려하면서 사회적 욕구를 충족시키기 위한 활동이다. 이를 더욱 압축해서 표현하면 첫째는 창의적으로 필요한 것을 만들어낼 수 있는 창의적 능력, 둘째는 이웃을 배려하는 사랑하는 마음과 자세이다. 공학은 이웃을 배려하는 마음으로부터 삶의 문제를 찾고 이를 창의적 능력으로 해결하는 활동이라고 할 수 있다. 공학의 키워드(key word)는 창조와 사랑이다. 창의적 능력과 사랑의 자세가 곱해지면 움직일 수 있는 힘(동력), 즉 파워(power)가 있는 살아 있는 생명이 있게 된다. 우리의 삶도 창의적 능력과 사랑의 자세가 공공의 선을 이루는 방향으로 향할 때 파워 있는 삶과 성공적인 삶, 행복한 삶이 되는 것이다.

이를 좀 더 정량적, 분석적으로 설명하기 위하여 공학에서 다루는 물리시스템들에 대한 파워 물리량에 대하여 생각해보기로 한다. 물리시스템에서 파워 P는 작용력변수(effort variable) e와 흐름변수(flow variable) f의 곱으로 표현된다.

$$P = e \cdot f \tag{1.1}$$

공학에서 다루는 대표적인 물리시스템은 표 1.1에 표시된 바와 같이 크게 7가지 시스템으로 분류된다. 각 시스템의 작용력 및 흐름 변수의 명칭은 각각 다르지만, 각 물리시스템의 파워변수인 작용력 및 흐름 변수의 곱이 파워 물리량이 되는 것은 동일하다.

표 1.1 대표적인 공학적 물리시스템의 형태 및 파워변수

시스템	작용력변수(e)	흐름변수(f)	파워(P)
병진 기계시스템	힘 (F)	속도 (v)	Fv
회전 기계시스템	토크 (τ)	각속도 (ω)	$\tau\omega$
비압축성 유체시스템	압력 (P)	부피 유량 (Q)	PQ
압축성 유체시스템	엔탈피 (h)	질량 유량($\dot{m}$)	$h\dot{m}$
열시스템	온도 (T)	엔트로피 유량($\dot{S}$)	$T\dot{S}$
전기시스템	전압 (V)	전류 (i)	Vi
자기시스템	자기력 (F)	자속률($\dot{\phi}$)	$F\dot{\phi}$

특히, 기계시스템에서는 파워가 두 파워변수벡터(크기와 방향을 갖는 물리량)의 내적(inner product)으로 표현된다.

$$P = \vec{F} \cdot \vec{v} \text{ (병진 기계시스템)} \tag{1.2}$$

그리고

$$P = \vec{\tau} \cdot \vec{\omega} \text{ (회전 기계시스템)} \tag{1.3}$$

식 (1.2)와 식 (1.3)의 내적 곱하기 계산은 두 물리량의 방향에 따라 0이 될 수도 있고 음수가 될 수도 있는 곱하기 계산이다.

이와 같은 자연의 법칙이 공학에는 물론이고 삶에도 그대로 적용된다. 성공적인 공학 혹은 성공적인 삶을 성취하기 위해서는 창의적인 능력과 사랑의 자세의 크기 뿐만 아니라 공공의 선을 이루는 방향이 중요하다는 것을 자연의 법칙으로부터 알 수 있다. 만일 공학 또는 삶의 방향이 잘못되면 공학과 삶이 재난이 될 수도 있는 것이다. 아름답고 조화로운 자연은 다양한 요소 또는 시스템들이 모여 관계를 맺으며 이루어져 있지만 이와 같이 단순한 원리 안에서 자연스럽게 질서 있게 존재한다. 우리 인간사회도 다양한 사람들이 모여 복잡하게 얽혀 있지만 자연의 원리와 같은 단순한 원리 안에서 각자 자기의 역할과 책임을 단순하게, 깨끗하게, 진실하게 수행하면 사회 전체가 질서 있고 아름답고 생명이 있게 된다.

공학교육 현장에서는 과학적 지식과 기술을 바탕으로 한 창의적 능력 배양에만 관심을 가지고 치중하고 있다. 그렇지만 엔지니어의 능력과 동등하게 또는 그 이상으로 엔지니어의 자세가 중요할 뿐만 아니라 엔지니어가 취할 삶의 방향 또한 중요하다. 엔지니어가 갖추어야 할 자세는 이웃을 배려하고 서로 소통하여 하나 되는 관계, 이해(understand)하고 자신을 내세우지 않는 겸손, 한 번 보고 무시하는 것이 아니라 존경(respect)하는 마음으로 다시 보는 자세, 책임지는 자세, 헌신 봉사하는 사랑의 자세이다. 그리고 엔지니어가 추구해야 할 삶의 방향은 삶의 원칙을 따라, 삶의 가치가 있는 방향, 즉 진리, 공공의 선, 조화로운 아름다움, 평화, 자유, 평등, 정의가 있는 방향이다.

공학도들이 성공적인 엔지니어가 되기 위한 필수요건인 엔지니어의 자세 및 삶의 방향에 대한 중요성을 제대로 인식하지 못하고 있는 경향이 있다. 힘(능력)만 있는 엔지니어가 아니라 강력한 파워($\overrightarrow{\text{능력}} \cdot \overrightarrow{\text{자세}}$)를 가지고 지속적으로 일함으로써 탁월한 업적(작품; work)을 남길 수 있는 엔지니어가 되어야 할 것이다. 순간적인 파워가 기본적으로 중요하지만 파워(P)를 시간에 따라 적분한 일생동안 이룬 일(W), 즉 업적이 최종적으로 중요하다.

$$W = \int_0^T P dt \qquad (1.4)$$

우리가 행복한 삶, 성공적인 삶을 살았는가 혹은 살아가고 있는가는 우리의 삶이 순간순간 있는 곳에서(here and now) 파워($\overrightarrow{능력} \cdot \overrightarrow{자세}$)를 가지며 최선을 다하는 데 있다고 할 수 있다. 성공적인 엔지니어가 되기 위해서는 이웃을 배려하는 자세로 공학문제를 찾고 과학적 지식과 기술을 바탕으로 한 창조적인 능력을 발휘할 수 있도록 지금 여기에서 집중하며 최선을 다해야 한다. 따라서 탁월한 엔지니어가 되기 위해서는, 일하는 능력을 키울 수 있는 전공 교과목 뿐만 아니라 일하는 자세와 방향을 배울 수 있는 공학윤리와 같은 전문교양 교과목도 동등하고 중요하게 생각하고 최선을 다해 공부해야 할 것이다.

이와 같이 공학의 정의에서 알 수 있듯이 파워 있는 삶, 즉 영향력 있는 엔지니어가 되기 위해서는 사회가 무엇을 필요로 하는지 관심과 배려 가운데 공학문제를 도출하여야 하며, 창의적인 능력을 가지고 이 공학문제를 해결하여 우리 모두 함께 승리(win-win)할 수 있는 공공의 선을 이루어야 할 것이다. 창의적인 능력도 "좋아하는 일을 할 따름이다"라는 일 자체에 대한 몰입과 재미 그리고 이웃을 배려하는 마음과 자세가 있어야 향상될 수 있으므로, 무엇보다도 특히 엔지니어들뿐만 아니라 모든 사회 구성원들이 서로 원만하게 의사소통할 수 있는 팀워크(teamwork) 협동작업 소양도 매우 중요하다.

그리고 요즘 같이 치열한 기술경쟁사회에서 고효율 제품을 생산하기 위해 그 기초가 되는 혁신적인 창조성과 경제성을 분석하는 능력이 공학설계 시에 요구된다. 또한 제조, 판매, 서비스 등 제품이 설계 및 제작된 후 판매되어 고객들이 만족의 수준을 넘어 감동할 수 있는 수준까지 이룰 수 있도록 제품에 관련된 모든 분야들을 함께 고려하면서 설계되어야 한다.

공학설계 과정은 공학문제 인식으로부터 창의적 능력을 기반으로 한 개념설계를 통해 공학문제를 구체화한 설계안을 도출하고, 이를 좀 더 상세하게 분석하고 종합하는 과정으로 이루어진다. 공학설계 과정 중 문제점이 발견되면, 이를 해결할 수 있는 팀원들이 모여 원활한 의사소통을 통해 설계과정을 뒤로 돌아가서 점검하고 반복하게 된다.

따라서 탁월한 공학설계를 위해서는 엔지니어들이 창의적 능력, 분석적 능력, 의사소통 능력, 종합 능력, 관리 능력 등의 자질을 갖추어야 한다. 참고로 미국 스탠포드대학교의 셰퍼드(Shepherd) 교수가 제안한 다음과 같은 엔지니어가 갖추어야 할 16가지 기본적인 공학능력을 소개한다.

① 의사소통, 협상, 설득하는 능력

② 효과적인 팀워크 능력

③ 자체 평가를 하고 재고할 수 있는 능력

④ 도표와 시각적 도구를 이용하여 생각을 표현할 수 있는 능력

⑤ 창의력과 직관적인 능력

⑥ 정보탐색과 다양한 자원의 이용 능력

⑦ 중요한 기술을 구별하고 실무에 전문기술의 변화를 응용하는 능력

⑧ 종합적 분석능력

⑨ 물리시스템을 수학적 모델로 표현하는 능력

⑩ 경제적, 사회적, 환경적 문제를 함께 생각할 수 있는 능력

⑪ 문제의 다양한 요구사항들을 통합적으로 볼 수 있는 체계적인 능력

⑫ 정답이 없거나 불확실한 문제를 해결할 수 있는 능력

⑬ 대안을 고려하고 비교·평가할 수 있는 능력

⑭ 문제해결을 위한 체계적이고 단계적인 접근 능력과 새로운 문제해결 방법을 지속적으로 습득할 수 있는 능력

⑮ 실제로 적용할 수 있는 아이디어 창조 능력

⑯ 만들어진 제품의 문제점 발견과 평가 능력

1.5 공학설계 절차

공학문제들은 일반적으로 매우 복잡하고 다양해서 체계적인 절차에 따라 문제를 잘 설정하고 분석 및 종합하는 과정을 통해 해결해야 한다. 일반적으로 산업현장에서 관심을 갖는 공학문제는 구조강도, 소음진동, 열전달, 유체유동, 피로 및 파괴와 같은 제품의 성능 및 수명에 관한 문제와 저비용 대량생산을 위한 생산 공정, 관리 및 제어에 관한 문제 등이다. 이와 같이 공학문제는 다양하지만 고객들이 무엇에 크게 관심을 갖는 지에 따라 그 해결 절차 및 방법은 일반적으로 다르다. 그렇지만 공학문제들을 해결하기 위한 공학설계 과정에서는 일반적으로 제품의 성능, 안정성 및 경제성 평가 그리고 제조기술 등이 고려되어야 한다.

우리가 사용하고 있는 제품들은 우연히 만들어진 것이 아니고 대부분 체계적인 공학설계 과정을 거쳐서 제작되었다. 시장에서 인정받고 성공할 수 있는 제품을 만들기 위해서는 소비자의 필요사항들을 충분히 만족해야 하고, 사회에서 유익하게 사용되어야 하며, 합리적인 가

격으로 판매되어야 한다. 그러므로 새로운 제품을 만들거나 기존 제품을 개선하고자 할 때는 생산, 판매, 품질 등을 만족시킬 수 있도록 체계적인 공학설계 절차를 따라야 한다.

공학교육인증제가 시행됨에 따라 국내 대부분의 공과대학에서는 무엇보다도 공학설계 교육의 내실화에 신경을 쓰고 있다. 그래서 이를 체계적으로 수행하기 위하여 기초 및 입문 설계 (introductory design), 개별설계(elementary design), 그리고 종합설계(capstone design) 과정으로 구성하고, 각 설계과정을 학생들이 잘 이수할 수 있도록 다양한 교과목들을 개설하고 있다. '공학설계'는 한마디로 소비자 또는 시장의 필요를 충족시킬 수 있는 제품들을 창의적으로 설계하고 제품을 제작하고 평가하는 모든 활동이라고 말할 수 있다.

공학설계 과정을 순차적으로 간략하게 정리하면 다음과 같다.

- 소비자의 필요를 파악하기 위한 시장조사
- 소비자의 필요가 사회적 환경이나 법률적 문제가 없는지 파악
- 소비자의 필요를 실제 구현하기 위하여 관련된 모든 과학기술적 지식과 인문사회, 예술 등의 학문분야까지 총괄하여 설계에 반영
- 개념설계 완성
- 제품의 예상 제작방법과 비용 결정
- 상세설계도 작성
- 상세설계도를 검토하고 수정 보완
- 시제품을 제작하여 성능평가
- 문제점 개선 및 설계 보완
- 생산설비에 맞추어서 설계 보완
- 생산, 판매 및 시장반응 확인

1.5.1 전형적인 공학문제 해결절차

기계공학을 비롯한 모든 공학은 앞에서 기술한 바와 같이 다양한 학문분야와 연계되어 있어서 공학문제는 매우 복잡하므로 창조적인 분석 및 종합 능력을 필요로 한다. 따라서 공학문제를 해결하기 위해서는 그림 1.3에 표시된 바와 같이 체계적인 절차를 통하여 접근하는 것이 바람직하다.

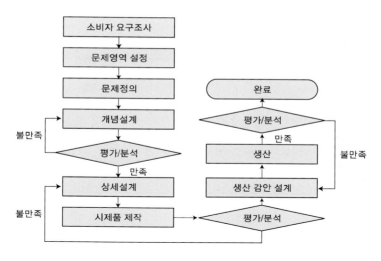

그림 1.3 일반적인 공학문제 해결 및 설계절차

1) 문제영역 설정

① 시장조사를 통하여 소비자의 필요를 파악하고 만들어야 할 제품의 특성을 분석하며 또한 경쟁사의 제품의 장단점을 벤치마킹한다.

② 제품에 영향을 주는 법규, 산업표준, 환경법규 등을 만족하는지 체크한다.

③ 본질적인 문제영역 분석을 위해서는 문제영역을 세분화하여 상대적으로 쉽게 접근할 필요가 있으며, 이렇게 세분화된 문제영역 각각에 대한 문제를 정의하고 전체적으로 재통합하는 작업이 필요하다.

④ 특허분석 등 관련 영역에 대한 기술적 사전조사를 실시한다.

2) 문제정의

① 문제는 모든 자료들을 통하여 엄밀하게 분석한 뒤 정의되어야 하며, 정확하게 정의가 되지 않으면 불필요한 결과를 얻게 되거나 해결과정 동안 본질적인 문제해결에서 벗어나기 때문에 자원낭비가 심하게 되므로 사실상 문제정의 단계가 가장 중요하다고 볼 수 있다.

② 제품설계의 경우, 설계사양들을 명확하게 설정한다. 여기에는 개발하고자 하는 제품의 소비동력, 성능, 소음진동, 수명과 같은 기술적 요구조건들과 디자인, 색상, 외관 크기 등 비기술적 요구조건들까지 모두 포함되어 있어야 한다.

③ 문제는 문제의 본질을 고려하여 정의되어야 한다.

표 1.2 문제 상황과 문제정의 사례

문제 상황	잘못 정의된 문제정의	잘 정의된 문제정의
바퀴벌레가 집 안에 많이 있어 위생에 문제를 일으킨다.	바퀴벌레를 잡는 고성능 장치개발	바퀴벌레를 집안에서 퇴출시키는 방법 개발
어린 아이들이 병뚜껑을 열기가 어렵다.	어린 아이가 손쉽게 사용할 수 있는 병따개 개발	어린 아이가 병 속의 내용물을 쉽게 뺄 수 있는 방법 개발
어린 아이가 냉장고 문을 열고 매달려서 냉장고가 앞으로 넘어지는 사고가 발생했다.	냉장고가 절대 넘어지지 않도록 강한 구조와 넘어지지 않을 하중을 지탱하는 냉장고 개발	어린 아이가 냉장고에 매달리지 못하도록 하는 방법 개발

표 1.2에 주어진 사례를 통하여 문제 상황이 잘못 정의된 것과 잘 정의된 것을 비교해 보기로 하자.

문제정의 단계에서 목표와 제한조건을 분명하게 하는 것이 반드시 필요하다. 소비자들은 시장조사 시 일반적으로 필요사항들을 막연하게 말을 한다. 그들은 제품의 무게, 크기 등 공학적 설계파라미터들에 대하여 구체적인 치수로 요구할 능력은 없다. 따라서 공학설계 과정은 대체로 불분명한 문제나 다소 모호한 필요사항들로부터 시작된다. 엔지니어들은 문제정의 단계에서 제품의 개발목표를 구체적이며 분명하게 정량적으로 기술하여야 한다.

표 1.3은 개발목표 및 제한조건에 대한 좋은 표현과 안 좋은 표현을 비교한 것이다.

표 1.3 개발목표 및 제한조건에 대한 표현의 비교

정성적 표현 (안 좋은 사례)	정량적 표현 (좋은 사례)
손으로 들 수 있도록 가벼운 무게로 제작	5 kg 미만의 무게를 갖도록 제작
저렴한 가격으로 제작	제조원가 3만 원 이하가 되도록 제작
가벼운 소재를 이용해서 제작	티타늄 소재로 제작

또한 문제정의 단계에서 개발목표를 설정할 때, 우선순위를 결정하여 정리할 필요가 있다. 예를 들면 재료비가 가장 적게 드는 것을 첫째로 한다든지, 또는 크기를 작게 하는 것을 첫째로 한다든지 처럼 개발목표의 우선순위를 결정해야 한다.

3) 개념설계

① 설계사양들을 만족하도록 하는 기초적인 설계과정을 말한다. 개념설계에서는 일반적으로 요구되는 성능들을 만족할 수 있도록 주된 특성과 원리만을 간략하게 구현하도록 그림 1.4와 같이 스케치 형태로 진행할 수 있다.

그림 1.4 다빈치의 헬리콥터 스케치

② 개념설계를 위하여 문헌검색, 아이디어 도출 및 정리를 포함하여 진행한다.

③ 개념설계 단계에서 다시 한 번 고객요구와 목표사양을 재설정하고 한 가지 방향으로 개념설계를 하는 것이 아니라 일반적으로 다양하게 10개 이상으로 개념설계를 하여 그중에서 2~3개를 선정하여 상세설계를 하게 된다. 개념설계를 탁월하게 수행하기 위해서는 무엇보다도 창의력이 요구되며 가능한 한 많은 대안들을 검토해야 한다. 만약 상세설계 이후에 새롭게 나타나는 경쟁력 있는 더 좋은 개념이 있다면 이것은 그 사이에 행한 모든 설계활동들을 무의미하게 만들기 때문에 이 단계에서 최대한 많은 개념들을 고민하고 개발해야 한다. 이 단계는 개발시간을 줄이는 데도 매우 중요하다.

④ 훌륭한 개념설계를 위해서는 (1) 고객요구에 대한 문제의 명확한 이해, (2) 전문가 자문, 특허분석, 관련제품 벤치마킹 등 외부적 개념탐색, (3) 회사 내 전문가 활용, 기존 설계안 분석 등 내부적 개념탐색, (4) 다양한 정보에 대한 체계적인 연구 및 분석과정, (5) 전체적인 피드백을 통한 분석 등 5단계로 순차적으로 진행하는 것이 바람직하다.

4) 개념설계 평가 및 분석

① 초안으로 만들어진 개념설계안에 대하여 분석하여 메커니즘, 원리 등의 문제점이 없는지 확인하며, 향후 상세설계 단계에서 발생할 수 있는 문제점들을 미리 점검한다.

② 또한 생산 공정을 고려하여 개념설계 단계에서 수정할 수 있는 부분이 있으면 수정하도록 한다.

③ 외관 디자인팀과 연합하여 개념설계된 것이 외형에 어떤 영향을 주는지 외관 디자인 방향과 일치하는지 검토해야 한다.

5) 상세설계

① 개념설계된 것을 이용하여 실제 제작이 가능하도록 각 부품설계, 조립도, 제작공정도를 만드는 단계이다.

② CAD(Computer Aided Design), CAE(Computer Aided Engineering) 등을 통하여 설계파라미터들에 대한 최적화를 이루고 구조적 안전성, 수명조건 등이 만족되도록 설계안을 만든다. 실제 시제품(prototype) 제작이 가능하도록 매우 상세하게 설계되어야 하므로 공학적 작업이 매우 많은 단계이다.

6) 시제품 제작 및 평가

① 상세설계 된 제품을 시제품으로 제작하여 작동성, 병합성 등의 기초적인 성능조건들을 확인한다. 경우에 따라서는 낙하충격과 같은 제품의 강성 및 강도 평가도 병행하게 된다. 이런 과정을 통하여 발견되는 문제점들을 다시 보완하여 상세설계안을 수정하게 된다.

② 시제품은 실제 생산 공정상에서 만들어지는 제품에 비하여 기계적 강도가 대체로 취약하다. 그렇지만 개념설계 단계에서부터 상세설계 단계까지의 과정에 대한 전체적인 점검을 시제품으로 할 수 있다.

7) 생산 감안 설계

① 제조비용은 제품의 경제적 성공을 결정하는 주요 요소이다. 따라서 생산 공정을 감안한 설계 단계에서는 최적의 생산비용을 고려하여 상세설계 내용을 보완한다. 상세설계 단계에서는 제품의 고성능에 치중하지만 생산 감안 설계 단계에서는 성능뿐만 아니라 생산비용을 동시에 고려하면서 설계를 수행한다.

② 생산 감안 설계 단계에서는 제품생산을 자사에서 할 것인지 또는 외주에 위탁할 것인지도 고려해서 최적의 생산비용으로 높은 품질을 추구한다. 그래서 이 단계에서는 (1) 제조비용 추정, (2) 부품비용 절감, (3) 조립비용 절감, (4) 지원비용 절감, (5) 다른 요소들에 대한 제조 감안 설계 의사결정의 영향 등 5가지 항목들을 고려하여 설계한다.

8) 생산 및 성능평가

① 제조 감안 설계된 것을 실제 파일럿(pilot) 단계에서 제조공정 운영상의 문제점들을 체크하고 일부 공정을 수정하면서 제품을 생산하게 된다. 또한 생산된 제품의 기본 성능이 만족하는지 평가한다.

② 이 단계에서는 정식 생산에 들어가기 전에 생산 단계에서 발생할 수 있는 문제점들을 확인하고 보완하는 과정이다. 이렇게 생산된 제품은 개별 성능시험, 포장시험 등의 엄격한 관리체계를 통하여 최종적인 문제점들을 확인하게 되고 문제가 없을 경우 양산체계에 들어가게 된다.

1.5.2 창의적 공학문제 해결절차

'창의성'과 '창의력'은 일반적으로 구분되어 사용되기도 하고 혼용되기도 한다. 그러나 엄밀한 의미에서 보면, 창의성은 선천적으로 타고난 능력에 가깝다고 볼 수 있다. 이러한 창의성에 수학적으로 표현된 지적능력이 더해진 능력을 창의력이라 한다. 다시 말하면 창의성을 현실적 문제해결에 적용할 수 있는 능력을 창의력이라 할 수 있다. 따라서 창의성이 뛰어난 사람도 지적능력이 없는 경우 창의력은 '0'에 가깝게 된다. 예를 들면, 동력원도 없이 스스로 움직이는 영구기관을 제작할 수 있다고 생각하는 사람은 창의성은 뛰어날 수 있지만 열역학법칙에 관한 지적능력이 부족하여 과학적 오류를 범하고 있기 때문에 창의력은 부족하다고 할 수 있다.

이제 일반적인 창의적 공학문제 해결절차에 대하여 간략하게 알아보기로 하자.

1) 문제정의

가장 중요한 첫 단계로 해결하고자 하는 문제에 대한 정확한 이해가 필요하다. 문제의 현상분석과 개선형태를 정의하고 효과적으로 접근할 수 있는 방안에 대하여 명확히 문제를 정의한다. 문제가 잘못 정의되면 많은 경우에 효과적인 해결책을 찾을 수 없거나 매우 비효율적인 문제해결 비용이 발생할 수 있다. 문제를 정확하고 신속하게 해결하기 위해서는 우선적으로 문제의 근본원인을 알아야 한다. 따라서 이 단계에서는 많은 사람들과 문제에 대한 의견을 상호교환 함으로써 문제에 대한 공통된 핵심내용을 도출할 필요가 있다.

2) 문제해결 아이디어 제안

문제정의에 따른 해결안으로 다양한 아이디어들을 제안한다. 이 단계에서 문제해결을 위한 아이디어를 한두 가지로 결정하는 것이 아니라 창의적 아이디어 발상법을 이용하여 다양한 아이디어들을 가능한 한 양적으로 많이 창출하는 것이 바람직하다. 창의적 아이디어 발상법에 대해서는 4장에서 비교적 상세히 설명하기로 한다.

3) 아이디어 분석 및 평가

제안된 아이디어들에 대하여 현실적 방법론과 구속조건들을 검토하여 가장 접근하기 쉽고 효율적인 방법에 대하여 우선순위를 두고 분류하여 각각의 방법에 대하여 논리적, 수학적 접근방법으로 분석한다. 다양한 아이디어들 중에서 이렇게 검증된 방법론에 대하여 우선순위를 두어서 실제 실행할 수 있도록 실행계획을 세운다.

4) 아이디어 실행

선정된 아이디어에 대하여 실제 실행한다. 그리고 문제점들이 발견되면 다시 1)번 또는 2)번 단계로 되돌아가 문제정의를 수정하거나 아이디어의 구체화를 통해 개선하여 다시 실행한다.

5) 문제해결

실제 해결하고자 하는 문제에 선정된 아이디어를 적용하여 문제를 해결한다. 이 단계에서는 부수적으로 긴밀한 팀워크나 의사소통 기술이 요구된다.

2장
공학적 의사소통 기술

2.1 개요

공학설계 과정을 원만하게 성공적으로 수행하기 위해서는 개인이 아니라 팀으로 과제를 진행해야 하고 팀원들 간에 효과적인 의사소통 능력이 필요하다. 팀원들 간의 일대일 의사소통은 일반적으로 대화로 이루어지지만, 일대 다수의 의사소통은 발표(presentation)의 형식으로 이루어진다. 다변화되는 현대사회에서 그리고 공학문제를 설정하고 이를 해결하는 공학설계 과정에서 팀원들이 최선의 의사결정을 해야 하는 경우가 빈번하게 발생한다. 원만한 의사결정을 위해서는 의사소통 및 발표 능력이 무엇보다도 중요하다. 기업의 모든 업무는 '발표'에서 시작되며 기업의 성패가 발표에 달려 있다고 해도 과언이 아니다. 이러한 맥락에서 "프레젠테이션 성공 없이 기업성장은 없다"는 그림 2.1과 같은 신문기사까지 나오고 있는 실정이다.

프리젠테이션 성공없이
기업성장은 없다

한국경제, 2001.10. 4

현대 사회에는 여러 종류의 커뮤니케이션이 존재하고 있다. 그 중에서도 상품이나 서비스를 판매할 기업과 구입할 기업 사이의 커뮤니케이션 과정은 마케팅 관점에서 매우 중요하다.
기업의 모든 업무는 프리젠테이션에서 시작되며 기업의 성패가 프리젠테이션에 달려 있다고 해도 과언이 아니다. 효과적인 프리젠테이션은 시간과 인력의 낭비를 줄이고 구성원들의 사기를 높이며 업무에 창조적인 동기를 부여함으로써 성취 의욕을 높이는 효과가 있다. 우리나라에서도 오래 전부터 광고업계를 중심으로 프리젠테이션이라는 개념이 사용돼 왔다. 그러나 뉴미디어가 발달됨에 따라 광고계뿐만 아니라 산업 전반에 걸쳐 프리젠테이션이 행해지게 됐다. 오늘날 기업에 몸담고 있는 사람들은 거의 전부 프리젠테이션에 대해 논의하고 참가하고 관심을 기울인다.

프리젠테이션은 전문가들의 특별한 기술이 아니라 자신의 생각이나 아이디어, 경험, 노하우 등 제반 정보를 상대에게 전달하고 설득하는 모든 행위를 말한다. 프리젠테이션은 제한된 시간 안에 정확하게 정보를 전달해 상대방의 판단과 의사결정을 돕는 설득 커뮤니케이션의 한 방법이다. 이는 신제품 발표, 사업보고, 경쟁입찰, 컨소시엄 사업 등에서 널리 쓰이고 있다.
이러한 프리젠테이션의 수단 중에서 컴퓨터는 편의성과 응용성이 뛰어나 최근 프리젠테이션 도구의 표준이 되고 있다. 대형 화면 TV 나 OHP 용 액정패널, 빔프로젝트 등 여러 장비와의 연결은 멋진 프리젠테이션을 가능하게 해주며 멀티미디어와의 연결로 사용자들에게 폭 넓은 기회를 제공한다.

프리젠테이션 참가를 결정했다면 주위의 어떠한 소문에도 흔들리지 말고 소신껏 준비하는 것이 중요하다. 프리젠테이션에 몇개 기업이 경쟁하는지, 고객사와 특정회사가 불가피한 관계를 가지고 있지는 않은지, 기존 회사에 대한 불만은 무엇인지 등도 사전에 정확히 파악해야 한다. 또한 프리젠테이션 시간을 엄수하는 일도 무척 중요하다. 간혹 대형 프로젝트의 경우 아웃소싱하는 부분이 많아 협력업체에서 일정을 지키지 못해 수백억원에 달하는 경

그림 2.1 "프레젠테이션 성공 없이 기업성장은 없다"의 신문기사

표 2.1 엔지니어가 갖추어야 할 능력

중요도 순위	고용주	신입사원
1	효과적인 의사전달 능력	효과적인 의사전달 능력
2	직업적 책임과 윤리적 책임에 대한 인식	복합 학제적 팀의 구성원으로서의 능력
3	실험을 계획하고 수행할 능력	실험을 계획하고 수행할 능력
4	현실적 제한요소를 반영한 시스템, 요소, 공정 설계 능력	수학, 기초과학, 공학지식과 정보기술의 응용능력
5	공학문제를 인식, 공식화하여 해결 능력	현실적 제한요소를 반영한 시스템, 요소, 공정 설계 능력

산업현장에서 엔지니어들이 어떤 능력들을 갖추어야 하고 그 중요도를 알아보기 위하여 대기업에서 10년 이상 근무한 고용주 212명과 국내 유명 대학교의 공과대학을 졸업하고 회사에 갓 취업한 신입사원 282명을 설문조사한 결과가 표 2.1에 제시되어 있다.

고용주 및 신입사원 모두 엔지니어가 갖추어야 할 능력 중에서 가장 중요하다고 생각하는 능력은 '효과적인 의사전달 능력'이다. '효과적인 의사전달 능력'이라 함은 국어뿐만 아니라 외국어를 사용해서 문서작성, 발표 및 토론 등을 원활하고 설득력 있게 할 수 있는 능력을 의미한다. 엔지니어들에게 의사전달 능력이 중요한 것은 공학문제가 점점 더 복잡해지고 이를 해결할 수 있는 기술이 점점 고도화되고 융합적인 기술이 요구됨에 따라 엔지니어가 혼자서 일하는 경우는 극히 드물고, 같은 분야 또는 다른 분야의 여러 사람들이 함께 팀워크를 이루어 협력하여 일을 해야 하기 때문이다.

또한, 공학문제 해결을 위해 공학설계가 원만히 이루어졌다고 해도 설계내용을 표현한 도면

표 2.2 기계분야 전문 직무역량의 중요도에 관한 산업체 고용주의 설문조사 결과

중요도 순위	구분	매우 그렇다	그렇다	보통	아니다	전혀 아니다
1	문제해결 능력	86.8	13.2	0.0	0.0	0.0
2	대인관계 능력	71.7	26.4	1.9	0.0	0.0
3	도면작성 및 해독 능력	69.8	18.9	11.3	0.0	0.0
4	자기개발 능력	64.1	34.0	1.9	0.0	0.0
5	설계결과발표 능력	67.2	26.9	2.0	3.9	0.0
6	외국어 능력	57.7	36.6	5.8	0.0	0.0
7	설계기획 능력	58.5	32.1	9.4	0.0	0.0
8	품질관리 능력	56.6	34.0	9.4	0.0	0.0
9	기본역학의 이해	55.8	32.7	9.6	1.9	0.0
10	원가이해 능력	43.1	31.4	19.6	5.9	0.0

에 의한 공학적 의사소통 능력도 매우 중요하다. 부산대학교 기계공학부에서 2015년도에 실시한 '기계분야 전문 직무역량의 중요도'에 관한 산업체 고용주(54명) 설문조사에 의하면, 표 2.2에 표시된 바와 같이 '도면 작성 및 해독 능력'이 엔지니어들에게 매우 중요한 능력임을 알 수 있다. 그래서 제품의 설계도면을 작성하고 해독하는 방법을 개략적으로 설명하기로 한다.

📖 2.2 팀 구성 및 운영

공학설계는 사람들에 의해 진행되기 때문에 결국은 설계자의 지성과 감성이 설계과정에서 모두 반영된다. 그러므로 사람들이 집단으로 팀을 이뤄 설계과정을 진행한다면 혼자서 일을 하는 경우에 비해 훨씬 더 다양한 사고를 할 수 있기 때문에 큰 시너지 효과를 얻을 수 있다. 따라서 학업과정에서부터 팀을 구성하여 서로 협력하며 다른 사람들의 의견을 듣고 그 안에서 의미 있는 정보를 찾아내고 자신이 알고 있는 공학적 지식과 창의력을 접목시켜 창의적인 공학설계 과정을 실습해 보는 것은 매우 유익할 것이다.

2.2.1 팀 구성 및 팀워크

공학설계에서의 팀의 개념은 공동의 목표를 갖는 사람들이 모여 개개의 능력을 모으고 상호 협력함으로써 최종결과물을 만들기 위해 협력하는 사람들의 모임을 의미한다. 그림 2.2에는 팀의 구성방법이 표시되어 있다. 1900년대에 제안된 스미스(Adam Smith)의 노동 분산 모델(그림 2.2(a))에서 팀이란 노동을 분산시키기 위해 상관 밑에 여러 개의 세부조직으로 구성된 사람들의 모임이다. 이 경우 팀원들은 자신이 직접 맡은 작은 영역에 대해서만 관심을 가지고 그 일을 함께 하는 사람과만 접촉하는 형태로 일을 단순화시켜 효율을 높일 수 있다. 이 경우에는 개개의 구성원이 자신의 일에만 신경을 쓰고, 팀원 간의 조율은 최고책임자가 도맡아서 하는 방식이다. 따라서 팀을 이끄는 사람의 리더십이 목표를 성취하는 데 있어 매우 중요한 요소가 된다.

그러나 현대에 와서 이러한 전통적인 팀 구성방식 대신에 다양한 전문성을 지닌 팀의 구성원들이 모두 함께 전체적인 맥락을 이해한 상태에서 각자가 지닌 지식을 소통을 통해 융합시켜가는 과정을 취하는 것이 훨씬 효율적이고 생산적이라는 사실이 알려졌다. 이 경우에는 개개의 구성원이 다른 모든 구성원들과 함께 대화하고 소통하는 일이 훨씬 광범위하게 이루어진다. 이러한 경우를 자발적인(self-directed) 팀[그림 2.2(b)]이라고 부른다.

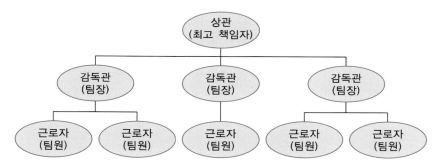

(a) 스미스(Adam Smith)의 노동 분산 모델

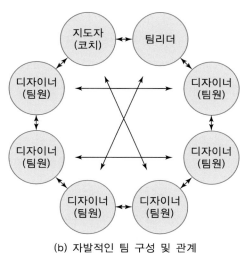

(b) 자발적인 팀 구성 및 관계

그림 2.2 팀의 구성방법

　최근에는 보다 만족스러운 제품을 생산하기 위해 엔지니어, 디자이너, 마케팅담당자 등 서로 다른 분야의 업무를 하는 사람들이 서로 함께 머리를 맞대고 회의를 하는 것이 보편화 되어 있다. 이 경우에는 팀원들이 모두 다른 사람들이 지닌 애로사항과 제한조건에 대해서도 함께 생각하고 고민하는 과정을 거치게 된다. 그리고 지도자는 조직을 관리하고 업무를 배분하는 일뿐만 아니라 효과적인 의사소통이 잘 되도록 독려하고 불필요한 갈등을 해소하는 역할을 해야 된다.

　창의적 공학설계, 제품개발설계, 종합설계과제 등 설계관련 교과목의 수업에서 팀을 구성하는 것은 학생집단 속에서 팀을 만드는 것이기 때문에 앞에서 언급한 바와 같이 엔지니어, 디자이너, 마케팅전문가 등의 다양한 분야의 사람들이 확보되어 있지는 않다. 따라서 실제적으로 회사 등에서 조직하는 유용한 팀 구성을 이루기는 어려우나 함께 달성해야 할 목표에 대한 공통된 비전을 가진 집단을 구성하여 서로 토의하고 협력하는 과정을 수업시간을 통해 얻을 수 있을 것으로 사료된다. 팀의 구성원들이 상호협력하는 과정을 팀워크(teamwork)라고 하는데, 이를 원활하게 이루기 위해서는 각 구성원의 장점(strength)과 단점(weakness)을 잘 파악하는 것이 무엇보다도 중요하다.

2.2.2 팀의 운영

팀은 일반적으로 다양한 특성을 가진 사람들로 구성되므로 팀의 원활한 운영을 위해서는 보편적으로 서로 이해할 수 있는 규칙들을 정할 필요가 있다. 또한 이를 지키기 위해 팀원들이 서로 노력하는 자세가 무엇보다도 중요하다. 팀 운영이 잘못되는 경우에는 의사소통을 통해 얻어지는 시너지 효과보다는 대립과 갈등으로 인해 생기는 부정적인 효과가 더 클 수 있다. 따라서 팀이 구성되면 전원이 합의할 수 있는 규칙들을 정하고 갈등이 일어날 때에도 원만히 해결할 수 있도록 약속을 해야 한다. 그러나 규칙을 너무 세부적으로 정해서 개인의 개성을 침해하지는 않도록, 단지 팀워크를 잘 이룰 수 있도록 도와주는 범위 내에서 규칙들을 정해야 한다.

팀 내부의 규칙은 다음과 같은 요소들이 포함되도록 정하는 것이 바람직하다.

① 작업량과 책임감을 분배하라.

각 팀원은 각자의 역량과 형편에 따라 과제에 대한 작업량을 적절히 분배받고 그에 따른 책임을 져야 한다.

② 창조적인 환경을 만들어라.

모든 팀원들이 언제나 자유롭게 그들의 생각, 사고, 감정을 공유하고, 논의하고, 분석하고, 그들의 생각들을 평가할 수 있는, 즉 창조적인 능력을 발휘할 수 있는 환경을 만들어야 한다.

③ 의사결정 방법을 가져라.

일반적으로 의사결정은 민주적인 방법으로 이루어져야 하며, 의견수렴이 잘 안 되는 경우에는 투표로 결정한다. 보다 구체적이고 세부적인 의사결정 방법은 반드시 과제가 시작하기 전에 모든 팀원들이 함께 충분히 논의한 후 서로 이해할 수 있는 수준에서 결정되어야 한다.

④ 갈등을 해결하고 문제 특성을 다루는 방법을 가져라.

팀 내에서 발생하는 충돌은 생산적인 경우가 많다. 왜냐하면 충돌한다는 것은 모든 생각이 공유되고 솔직하게 논의되고 있다는 증거이기 때문이다. 그러나 만약 팀이 갈등과 곤경에 처하면, 팀은 반드시 그 갈등을 해소할 수 있는 방법이 있어야 한다.

팀이 성공적으로 과제를 수행하기 위해서는 팀원 간의 갈등을 원만하게 해결하는 과정이 필요하다. 팀원 간에는 어느 정도 갈등이 있어야 한다. 만일 갈등이 없다면, 팀원 간 생각과 관점을 공유하지 못하고 있다는 반증이다. 이 갈등은 창조적인 갈등이 되어야 한다. 창조적인 갈등을 통해 팀의 생각이 혼란으로부터 행복한 결과물을 창조할 수 있기 때문이다.

모든 팀원들이 존경받는 창조적인 논쟁환경에서, 팀이 가장 성공할 것이라는 점을 염두에 두어야 한다. 논쟁은 임무에 초점을 맞춰야지, 팀원들의 인격에 초점을 맞춰서는 안 된다. 논쟁 해결의 주요 원칙은 무엇보다도 서로를 이해하는 것이다. 만약 모든 팀원들이 서로를 존경하고 확신을 갖고 그들의 생각, 느낌, 의견을 표현할 수 있다면 논쟁 해결은 비교적 쉬워질 것이다. 논쟁을 원만하게 해결하기 위해서는 일반적으로 다음과 같은 절차를 따라야 한다.

① 해결해야 할 문제를 명확히 한다.
   • 논쟁거리를 다양한 측면에서 주의 깊게 분석한다.
   • 팀원 모두가 문제에 대해 정의내린 것을 받아들이는지 확인한다.
② 대안을 제시한다.
③ 대안을 검토한다.
④ 팀원 모두가 해결안을 받아들이는지 확인한다.
⑤ 해결안을 수행한다.
⑥ 해결안의 효과를 검토할 날짜를 잡는다.

또한 팀을 원활하게 운영하기 위해서는 팀 구성원의 행동유형을 올바르게 파악할 필요가 있다. 미국 창의학습센터(Center for creative learning)의 셀비(Selby)박사는 문제해결을 위한 행동유형을 3개의 차원으로 분류하여 다음과 같이 6가지의 행동유형으로 구분하였다.

1) 변화에 대한 지향

혁신 스타일 vs 개량 스타일

혁신 스타일은 선구자적인 새로운 아이디어를 창출하는 것을 선호하고 세부사항이나 질서와 효율성에 대해서는 상대적으로 관심이 적다. 반면 개량 스타일은 아이디어를 정리하는 활동에 강하고 현실적인 문제를 체계적으로 자세히 해결하는 접근법을 선호하여 도전적인 아이디어보다는 실현가능한 해결안에 관심이 많다.

2) 일처리의 방식

외적처리 스타일 vs 내적처리 스타일

외적처리 스타일은 다른 사람들과의 대화나 토론을 통해 자신의 생각을 다듬어가며 아이디어를 곧바로 행동에 옮기는 것을 선호한다. 반면 내적처리 스타일은 조용하게 사색하며 아이디어를 면밀히 검토한 후에야 비로소 남에게 이야기하고 행동에 옮기고자 한다.

3) 의사결정의 중심

사람중심 스타일 vs 과제중심 스타일

이 스타일은 어떤 결정을 내리거나 행동하고자 할 때 대인관계를 중요시하는지, 아니면 과제와 성과를 중요시하는지에 따라 분류된다.

각각의 행동유형이 지닌 고유한 장단점이 있기 때문에, 서로 다른 스타일을 지닌 사람들이 상호 약점을 보완하고 장점을 극대화하여 시너지 효과를 낼 수 있도록 팀을 구성하는 것이 바람직하다. 또한, 서로 다른 성향을 지닌 사람들끼리 분쟁이 생겨도 이를 신속하게 해결할 수 있는 팀 운영 규칙들을 잘 정할 필요가 있다.

실습

1. 수업에 참여하는 학생들끼리 자발적으로 3인 내지 4인 1조의 팀을 이루어서 팀 운영 규칙들을 정하고 각 구성원의 장점과 단점에 대해서 파악해 보도록 하자.
2. 팀 구성원의 행동유형을 3가지 차원에서 분류해 보고 이에 대해 서로 이야기를 나눠보자.

2.3 발표에 의한 의사소통

2.3.1 발표의 정의

'발표'는 다음과 같이 여러 가지 표현들로 정의되고 있다.

- 한정된 시간 내에 정보를 정확하게 전달하고 그 결과로서 판단과 의사결정까지 초래하는 의사소통 방법
- 발표자가 상대방을 설득하여 어떤 결정을 내리거나 행동을 하도록 만드는 것
- 언어나 그 외의 수단을 사용하여 상대방을 이야기하는 사람이 바라는 방향으로 동기를 부여하고 이해시켜 설득하려는 행위
- 특정인원 그룹에 대하여 어떤 장소에서 한정된 시간 내에 사실, 통계수치 또는 사고 내용을 시청각자료 등을 사용하여 언어표현으로 전달함으로써 자기가 원하는 행동을 하도록 동기 부여하는 것
- 주체자가 다른 객체자에게 문서, 파워포인트 자료, 기타의 전달수단을 통하여 자기의사를 표명하는 행위
- 업무상의 필요로부터 상대에 대하여 자기의 기획내용, 제품, 기술 등에 관하여 어떤 기대효과를 발생시키기 위해 한정된 시간, 주어진 장소에서 효율적으로 전달하는 기술

2.3.2 발표의 영역

발표의 영역은 그림 2.3에 표시된 바와 같이 구두발표(verbal presentation), 문서발표(보고)(documentation presentation) 그리고 시각적 발표(visual presentation)로 구분한다.

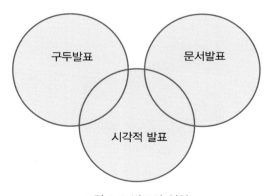

그림 2.3 발표의 영역

- **구두발표**: 주로 1인 발표자와 다수의 청중 또는 1인 보고받는 자의 의사소통 형태를 가지며 구두로 의사내용을 전달하고 설득과 동의를 유도하는 방식이 기본이다.
- **문서발표(보고)**: 기획서, 보고서, 제안서 등과 같은 형태를 가지며 보고 받는 자에 따라 그 성격과 내용 구성이 다르게 된다.
- **시각적 발표**: 언어 또는 문서보고의 효과를 극대화시키기 위하여 도표, 그림, 동영상 등을 이용하여 전달받는 자의 이해를 돕는 의사전달 방식을 말하며, 구두발표 및 문서발표 시에 모두 활용할 수 있다.

2.3.3 발표의 중요성

현대사회가 점차 복잡해지고 의사결정 할 사항이 많아짐에 따라 효과적인 의사전달 방법 중의 하나인 발표는 매우 중요한 능력으로 인식되고 있다. 특히 산업 환경이 정보화 사회의 물결에 따라 모든 정보가 다방면에서 쉽게 접할 수 있고 새로운 지식창출을 통한 시장점령이 중요한 쟁점으로 대두되고 있기 때문에 빠른 의사결정과 타 조직 간의 협력 및 정보전달 능력이 중요시 되고 있다.

아무리 발표하고자 하는 내용이 좋다고 하더라도 전달자의 전달방법이 부적절한 경우에는 100% 의사전달이 되지 않아서 좋지 못한 결과를 초래할 수도 있다. 이와 반대로 부족한 내용이라 하더라도 전달하는 방법과 방식이 뛰어난 경우에는 오히려 아주 좋은 결과를 이끌어 낼수 있다. 이와 같이 정보전달방법도 또한 중요하다는 것을 알 수 있다. 그림 2.4는 정보내용이 조금 미흡하더라도 전달방법이 우수하면 더욱 우수한 설득효과를 낼 수 있음을 보여준다.

발표는 정보전달에서 매우 중요하다는 것을 알고 있지만, 만족스러운 내용과 방법으로 발표

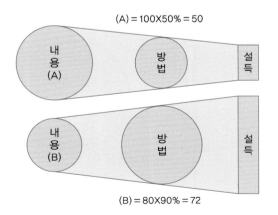

그림 2.4 정보전달방법에 의한 설득효과

를 준비한다는 것은 매우 부담스러운 일이다. 미국의 한 설문조사기관이 실시한 "당신이 세상에서 가장 두려워하는 것은 무엇인가?"에 대한 질문에 대해 다음과 같은 순위로 답변이 나오기도 했다.

---

1. 발표 2. 높은 곳 3. 곤충류 4. 금전문제 5. 깊은 물 6. 질병 7. 죽음
8. 비행 9. 고독 10. 개

정보전달에서 매우 중요한 요소인 발표를 능숙하게 하는 데 필요한 자세 그리고 능숙한 발표를 통해 얻는 효과를 정리하면 다음과 같다.

- 능숙한 발표는 명쾌하고 간결하다. 만일 첫 회의에서 의사전달이 명확하게 되지 않았을 경우에 또 다시 한 번 회의를 열 여유를 가진 사람은 별로 없을 것이다.
- 능숙한 발표자는 침착하다. 침착하면 돌발사태의 파장을 최소화 할 수 있다.
- 능숙한 발표자가 되면 더욱 권위가 생긴다. 권위 또는 무게감은 주로 창의적인 사고와 시각적인 표현에서 나온다.
- 능숙한 발표자가 되면 당신의 제안에 따라 더욱 많은 의사결정이 이루어진다. 보다 많은 의사결정이 이루어진다는 것은 보다 큰 영향력이 있다는 것을 의미한다.

2.3.4 효과적인 발표기법

엔지니어가 훌륭하게 발표를 수행하는 것은 연구개발 능력 못지않게 중요하다. 그래서 엔지니어는 공학설계 과정에서 자기의 의견을 팀원들에게 효과적으로 발표할 수 있는 기법들을 익혀 둘 필요가 있다. 발표를 더욱 효과적으로 하기 위해서는 다음과 같은 사항들을 고려하여야 한다.

1) 준비과정: 발표목적을 명확히 하라.

발표를 하는 대상이 누구인가에 따라서 발표방식을 달리해야 한다. 가령, 전문학회에서 발표를 하는 경우에는 해당 전문분야의 가장 최첨단 쟁점이 되는 문제를 수식과 실험 등의 다양한 해석을 기반으로 하여 발표해야 하며, 일반 대중을 위한 강연인 경우에는 호기심을 충족시키고 보편적 지식을 전달하는 것을 발표목적으로 삼아야 한다. 회사에서 면접심사를 받는 경우에는 자신의 전문분야에서 뛰어난 능력이 있다는 것과 동시에 자신이 오랫동안 함께 일하고 싶은 좋은 사람이라는 것을 보여줄 수 있어야 한다. 또한 연구개발 팀원 엔지니어들에게 발표

하는 경우에는 창의적 사고와 공학적 지식을 바탕으로 주어진 공학문제 해결을 위한 다양한 분석 및 종합하는 과정을 명료하게 그리고 설득력 있게 전달하여야 한다. 이와 같이 각 발표 환경에 따라 자신의 발표목적을 명확히 하고서 계획을 수립해야 한다.

2) 동기유발: 청중들로 하여금 귀 기울이게 하라.

발표는 어떤 의미에서는 음악가의 공연과 유사하다. 청중이 음악가에게 바라는 것은 '수준 높은 공연'이다. 이와 마찬가지로 발표자는 흥미롭고 유용한 정보를 전해줄 것이라는 암시를 주고, 이 분야를 잘 이해하고 있으며, 연구 활동을 매우 즐겁게 즐기고 있다는 인상을 주어야 한다. 또한 발표 도입부분에서는 발표 목적 및 동기를 명확히 밝힘으로써 청중들이 큰 관심을 갖도록 해야 한다.

3) 발표내용 구성: 유기적인 발표구조를 가져라.

발표하고자 하는 내용의 줄거리가 명확하고 체계적으로 정리되어 있어야 한다. 논리적 기승 전결이 잘 완비된 발표는 청중들에게 즐거움을 준다. 발표하고 있는 시간은 자기 과시의 시간이 아니라 청중이 발표자로부터 듣고 싶은 이야기를 들려주는 시간이다. 따라서 청중의 수준이 적절치 않을 때는 너무나 일반적인 이야기로 지루하게 하거나, 너무나 복잡한 수식이나 상세한 설명으로 사람들을 불편하게 만드는 일을 삼가해야 한다. 그렇지만 참고문헌이나 시청각 자료들을 적절히 인용하는 것은 매우 효과적이다.

4) 연출: 발표태도가 발표효과를 결정한다.

많은 경우 발표내용 자체보다는 발표자의 자신감 있는 태도와 시각적인 파워포인트 자료가 청중들을 집중하게 만드는 효과가 크다. 발표자는 청중과 눈을 마주치며 교감하면서, 목소리의 톤과 크기를 적절히 조절하면서, 그리고 자신이 발표할 내용을 얼마나 흥미를 가지고 열정적으로 정리하였는가를 보여주는 것이 좋다. 또한, 파워포인트 자료를 효과적으로 구성하여 발표시간을 잘 안배하는 것도 중요하다. 때로는 너무나 현란한 파워포인트 자료가 오히려 발표의 집중력을 저하시키기도 하고, 지나치게 많은 것을 한 번에 보여주기 위한 빽빽한 파워포인트 자료가 오히려 역효과를 내는 경우가 많으므로 유의해야 한다. 한편, 주어진 발표시간을 맞추기 위하여 준비된 파워포인트 자료를 적절히 선별하여 발표할 수 있어야 한다.

발표 시 고려해야 할 주요 유의사항들을 정리하면 다음과 같다.

• 발표의 목적을 명확히 하라.

- 세심하게 계획하고 철저히 연습(목소리, 몸짓 등)하라.
- 자신감과 흥미를 보여라.
- 청중을 존중하라.
  - 청중과 눈을 맞추고 목소리와 몸짓을 조절하라.
  - 청중이 알고 싶어하는 것에 대해 말하라.
  - 군더더기로 시간을 낭비하지 말라.
- 시각자료를 보기 좋게 구성하라. 그러나 너무 현란한 파워포인트 자료는 피하라.
- 시간 안배에 유념하라.

2.3.5 발표의 주요 요소

1) 발표자의 화법

- 간결, 명쾌 그리고 선명해야 한다.
- 적절한 여백이 있어야 한다.

2) 발표자의 태도

그림 2.5에는 얼굴 표정, 시선 등 발표자의 바람직한 태도가 정리되어 있다.

- 얼굴 표정=웃는 얼굴

- 시선=시선을 마주하고 세 방면 목표를 본다.

- 자세=등을 펴고 허리에 힘을 주고 선다.

- 상대와의 거리(BODY ZONE)

- 복장

- 목소리의 대소(大小)=힘 있고 명확한 소리, 큰 목소리로 변화를 준다.

- 손=뒤나 앞으로 맞잡지 않는다. 특히 앞으로 맞잡지 않는다. 자연스러운 제스처는 설득력을 높인다.

- 선 자세=어깨 폭 정도로 벌리고 선다. 부동자세는 좋지 못하다. 필요 이상으로 걸어 다니면 경박한 인상을 주게 된다.

그림 2.5 발표자의 바람직한 태도

- 시선: 시선처리는 어떻게 하는 것이 좋은가?
- 거리: 발표자와 청중 간의 거리는 어느 정도가 좋을까?
- 목소리: 단조로운 음성으로 장시간 내용을 전달하는 것은 청중 입장에서 매우 지루한 일이다. 그러면 음성처리는 어떻게 하는 것이 적절한가?
- 공수(拱手): 발표자의 손의 위치는 발표태도에 있어서 중요하다. 특히 손의 처리는 발표 내용을 강조할 때나 부드럽게 표현할 때 효과적인 도구가 된다.

3) 피발표자(상사, 동료, 부하, 고객 등)

① 피발표자 분석
- 인원수(많음, 적음)
- 연령(젊음, 늙음)
- 이해력(전문가, 일반인)
- 남녀의 비율(남성, 여성)
- 주요한 결정권자(핵심인물)의 성명과 이력, 성향, 기호, 취미 등을 분석한다.

② 피발표자의 유형
- 호의적인 피발표자
- 중립적인 피발표자
- 적대적인 피발표자: 생각의 차이를 인정(열 받지 말 것), 반대자 의견을 적극적으로 경청, 그리고 의견의 일치점과 공통점을 발견하여 적극적으로 활용해야 한다.

③ 피발표자의 문제의식
- 요점이 무엇인가?
- 나와 무슨 상관이 있을까?
- 앞으로 어떻게 할 것인가?

4) 발표내용(메시지)

① 초점이 분명한 내용: 목적의식(point of view/ why)
- 누구에게 이야기 하는가?
- 무엇을 이야기 하고자 하는가?
- 내 이야기로부터 청중들은 어떠한 이익을 얻게 될 것인가?

② 정확한 발표내용의 구성

- **사실**: 필수적인 사실들만을 제공한다.
- **개인적 경험담/실적**: 주제와 연관된 개인 경험담/실적
  - 보다 자연스러워진다.
  - 공감을 자아낸다.
  - 사실적이고 가식이 없게 된다.

5) 발표 장소 및 환경

- **발표장**: 크기, 레이아웃, 출입구의 위치, 냉난방의 통풍구, 창문의 위치, 전원의 위치
- **소리**: 외부로부터의 소음, 문의 개폐 소음, 냉난방기의 소음, 시청각기자재의 소음
- **빛**: 회의실의 밝기, 조명의 반사
- **기타**: 필요한 시청각기자재 및 음향기기, 공간배치(의자, 테이블 등)

6) 발표장의 효과적인 레이아웃

그림 2.6에는 여러 가지 상황에 따른 발표장의 효과적인 레이아웃들이 표시되어 있다.

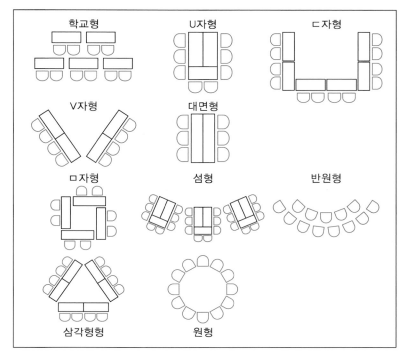

그림 2.6 여러 가지 상황에 따른 발표장의 효과적인 레이아웃

다음과 같은 각각의 상황에서 어떤 레이아웃이 효과적인지 그림 2.6에서 선정하시오.

- 청중과의 의사소통을 중요시한다면?

- 이벤트처럼 발표를 하고 싶다면?

- 청중이 다수이며 정보전달을 주목적으로 한다면?

- 테이블이 필요하고 쌍방 의사소통을 하고 싶다면?

- 청중 상호간의 의사소통을 중요시한다면?

- 청중 상호간의 토의도 도입하고 싶다면?

7) 발표 시간설정 및 시간배분

- 전체 발표시간 중 내용을 발표하는 시간의 길이는 약 70~80 % 되도록 한다.

- 청중의 집중도가 그림 2.7과 같이 시간에 따라 변하므로 발표시간을 적절히 배분해야 한다. 또한 청중의 집중도가 떨어지는 시간대에는 관심을 높일 수 있는 노력이 필요하다.

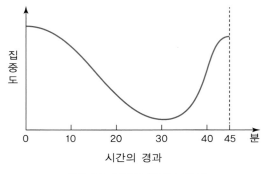

그림 2.7 청중의 집중도 곡선

2.3.6 의사소통 능력

의사소통의 수단은 말과 문자와 같은 언어적 의사소통(verbal communication) 수단과 몸짓, 표정, 태도, 동작, 자세, 버릇, 반응, 신체접촉과 같은 비언어적 의사소통(non-verbal communication) 수단이 있다. 효과적인 대화를 위해서는 무엇보다도 적절하고 명확한 화제가 선택되어야 하며, 화법의 전개가 원만해야 한다.

한편, 의사소통에 장애가 되는 요인으로는 다음과 같은 것들이 있다.

- 주관이 개입되는 경우

- 과거의 경험에 집착하는 경우

- 자신과 상대방이 같다고 생각하는 경우

- 감정적 요소에 좌우되는 경우
- 형식적으로 의견을 교환하는 경우

1) 공감을 일으키는 의사소통: 적극적 경청

경청은 책임 있게 상대방의 이야기를 듣는 것으로 상대방의 생각이나 기분을 상대방의 입장에서 이해하는 것이다. 적극적인 경청을 통해 서로 공감을 일으킬 수 있는 의사소통을 위해서는 다음과 같은 태도와 방법이 필요하다.

- 관심을 보이며 이해하려고 노력한다.
- 비판적이며 충고적인 태도를 갖지 않는다.
- 상대방이 말하는 의미를 잘 파악하고자 한다.
- 상대방에게 좋은 기분을 전달하고자 몸짓언어(body language)를 사용한다.
- 불쾌한 감정을 억제한다.
- 피드백을 사용하여 공감하고 있음을 표시한다.
- 상대방에게 반응하는 것이 아니라 상대방의 생각에 반응한다.
- 말하는 속도와 듣는 속도의 차이를 이용한다.
- 애매함에 대해 관용한다.
- 이야기 듣는 것에 집중하고 재미를 느낀다.

2) 사람을 움직이는 의사소통: 설득

설득은 사람들의 동기를 잘 부추겨서 그 사람의 생각이나 행동을 자기 쪽에서 생각하는 목표로 향하게 하기 위한 의식적인 시도이다. 설득을 위한 의사소통 기술을 요약하면 다음과 같다.

- 설득하고자 하는 상대방이 문제를 인식하고 있으며 가치 있는 사람임을 인정한다.
- 설득목표를 명확히 하고 그 범위를 항상 잊지 않는다.
- 상대방 입장을 존중하고 그의 생각을 받아들인다(하나를 받아주고 둘을 받아들이게 한다).
- 상대방 발언의 핵심을 민감하게 파악한다(결정적 순간을 잡는다).
- 열정을 가지고 대화한다.
- 상대방의 불안을 제거한다.
- 일면적 제시보다 다면적 제시를 사용한다.
- 유머를 효과적으로 사용한다.
- 추측으로 의견을 말하지 않는다.

- 시간을 효과적으로 사용한다.

2.3.7 구두발표

1) 시각적 전달과 제스처

"능숙한 제스처는 예술보다 아름답다"는 말도 있다. 이처럼 제스처는 대화를 유효적절하게 이끌어주며 보다 만족스러운 인간관계를 만들어 준다. 친근하고 부드러운 제스처는 한마디의 말보다도 상대방에게 더 큰 위력을 발휘한다. 그러나 제스처는 순간적으로 무의식적으로 이루어진다. 말로는 "안녕하세요"라고 인사하고 있지만 표정과 제스처가 그렇지 않은 경우, 상대방은 사무적이고 가식적이라는 느낌을 받게 된다. 그러므로 말에 따른 적절한 제스처가 표현될 수 있도록 평상시에 자기 생각을 관찰하고 마음을 가다듬는 것이 필요하다.

그림 2.8은 바람직하지 않은 대표적인 시각적 전달형태를 보여준다.

그림 2.8 바람직하지 않은 대표적인 시각적 전달형태

2) 시선

나폴레옹은 "어떤 사람을 끌어들이려면 그의 눈을 향해 이야기해야 한다."고 말했다. 이와 같이 시선의 방향은 구두발표 시 매우 중요하다. 구두발표 시 올바르지 않은 시선 그리고 올바른 시선이 주는 효과를 정리하면 각각 다음과 같다.

- 올바르지 않은 시선
  - 원고를 보면서 단순히 읽는다.
  - 바닥, 천정, 시청각도구 등 청중 이외의 방향을 바라본다.
  - 청중의 머리 너머를 바라본다.
  - 쉴 새 없이 모든 사람들을 쏘아 본다.
  - 시종 정해진 몇 사람만을 집중해서 바라본다.

- 올바른 시선이 주는 효과
  - 당신의 자신감이 청중들에게 전달된다.
  - 긴장을 풀어주고 1대 1이라는 느낌을 준다.
  - 보다 많은 관심을 불러일으킨다.
  - 올바른 대화 스타일을 체득하면 틀에 박힌 발표방식이 개선된다.
  - 청중의 반응을 체크할 수 있다.

2.3.8 문서발표

1) 문서의 형식

① 문서의 크기(A4, B4, B5 등)를 결정한다.
② 용지의 방향(횡방향 또는 종방향)을 결정한다.

그림 2.9에는 시각적 문서의 용지의 방향에 따른 장단점이 정리되어 있다. 용지의 방향이 횡방향일 때는 안정감이 있고, 항상 전체를 볼 수 있다. 그렇지만 종방향일 때는 용지를 투영할 때 일부분이 보기 힘들 때도 있다. 문서를 시각자료로 발표할 때, 즉 시각적 문서는 횡방향 그리고 보고서와 같이 문서로 보고하고 보관하고자 할 때는 종방향이 일반적이다.

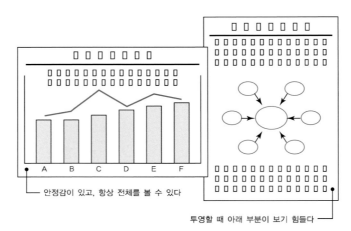

안정감이 있고, 항상 전체를 볼 수 있다

투영할 때 아래 부분이 보기 힘들다

그림 2.9 시각적 문서의 용지 방향에 따른 장단점

③ 구성요소를 결정한다.

그림 2.10에는 제목, 메시지, 그림 등 시각적 문서의 구성요소들이 정리되어 있다.

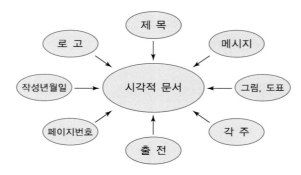

그림 2.10 시각적 문서의 구성요소

- **제목**: 문서가 무엇에 관해 쓰여져 있는가를 간결하게 표현한 것이다.
- **메시지**: 분석결과, 이해한 사실 그리고 전하고 싶은 코멘트 등 시각적 문서의 내용 중에서 가장 중요하다.
- **그림, 도표**: 메시지를 보다 구체적으로 시각적 형태로 한 것으로 메시지와 함께 중요하다.
- **각주**: 그림, 도표에 대한 보조설명으로 문서 전체에 대한 보조설명의 경우도 있다.
- **출전**: 데이터 또는 자료의 신빙성을 보증하기 위해 인용 문구 등의 출처가 되는 자료를 표기한다.
- **페이지번호**: 준비, 정리 단계에서 도움이 되는 것으로 보고서화 할 경우 반드시 필요하다.

- **작성년월일**: 이력을 보기 위해 필요하며 발표할 때는 삭제해도 무방하다.
- **로고**: 꼭 필요한 것은 아니지만 발표자의 신분(identity)을 나타내는 것으로 정식 로고라면 정식 문서에 기재한다.

④ 레이아웃을 결정한다.
- 시선의 움직임
- 강조하고 싶은 것(제목, 메시지, 그림, 도표 등)
- 틀에 둘러싸인 공간 중에서 가장 먼저 눈에 들어오는 곳

2) 탁월한 문서의 특징

① '____'가 매력적이며 페이지를 넘기고 싶은 기분을 가지게 한다.
② '____'이 문서의 첫 페이지에 위치하고 있고 본문 내용의 이해를 돕는다.
③ 논리의 흐름 및 페이지의 연결이 자연스럽다.
④ 내용에 과부족이 없고 구성상의 균형이 잡혀 있다.
⑤ 레이아웃이 세련되어 있어 시각적으로 이해하기 쉽다.
⑥ 표기가 간결하여 내용을 이해하기 쉽다.
⑦ 데이터와 이미지가 효과적으로 사용되고 강약장단이 있다.
⑧ 문서의 '____'이 기획의 내용 및 규모에 알맞다.
⑨ 전달받는 자의 '____'에 부합하여 내용을 효과적으로 이해할 수 있도록 구성되어 있다.
⑩ 작성자의 개성과 참신성이 돋보인다.

3) 알기 쉬운 문서

① 논리구조가 단순하다.
② 제목, 메시지 등 필요항목들이 반드시 포함되어 있다.
③ 인상적인 문구나 표어들이 사용되어 있다.
④ 시각적 요소가 활용되어 있다.

2.3.9 시각적 발표

1) 시각적 발표의 장점

① 같은 시간이면 많은 정보량을, 같은 정보량이면 단시간 내에 '_____'할 수 있다(아이디어를 이해하기 쉽게 만들어 준다. 정보와 아이디어를 강조해 준다).

② 대화로만 설명하는 것에 비해 '＿＿'할 수 있는 비율이 크다(청중들의 기억력을 향상시켜 준다).

③ '＿＿'을 집중시킬 수 있다(청중의 주의를 집중시킨다).

④ 발표자 자신의 머릿속을 '＿＿'할 수 있다.

⑤ 발표형태에 따른 1분당 정보량의 차이(그림 2.11)

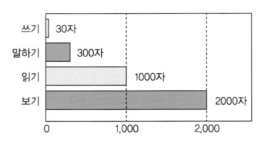

그림 2.11 발표형태에 따른 1분당 정보량의 차이

"한 폭의 그림은 천 마디 말의 가치가 있다"는 중국속담에도 있듯이, 또한 그림 2.11에서도 알 수 있듯이 시각적 발표가 주어진 시간당 제일 많은 정보량을 전달할 수 있다. 따라서 구두 발표 또는 문서발표 시에도 시각적 발표를 효과적으로 적절히 사용하는 것이 바람직하다.

2) 시각적 발표시 유의사항

① 모든 시각적 자료들은 크고, 명료하고, 읽기 쉽고, 단순해야 한다.

② 다양한 '＿＿＿＿'을 사용해야 한다. 사람들은 색깔에 대하여 반응을 보인다.

③ 시각적 자료를 급히 보여 주어서는 안 된다. 당신이 강조하고자 하는 바를 청중이 충분히 보고 이해할 수 있는 시간적 여유를 주어야 한다.

④ 시각적 자료는 각각 하나의 '＿＿＿＿'만을 담고 있어야 한다.

⑤ 시각적 자료를 향한 채로 '＿＿＿＿'해서는 안 된다.

⑥ 청중이 주시하고 있는 시각적 자료 앞에 서 있어서는 안 된다.

⑦ 사전에 반드시 시각적 도구를 '＿＿＿＿'한다.

2.4 도면에 의한 공학적 의사소통

도면은 평면상에 사물의 형태, 관계, 위치 및 치수, 재질, 색, 마무리방법 등을 일정한 표현방법에 의해 그림으로 나타내고, 필요에 따라서는 그 그림에 기호, 문자 등을 써 넣은 것을 말한다. 이와 같은 도면은 오래전부터 제품의 설계 및 제작에서 의사전달의 중요한 수단으로 사용되어 왔다.

냉장고, 세탁기, 휴대폰, 드론, 사물인터넷 등 우리의 삶을 편리하게 하는 제품으로부터 빌딩, 고속도로, 우주선, 나노로봇 등과 같이 거시적 뿐만 아니라 미시적 영역의 제품까지 많은 공학적 결과물들이 도면으로 표시되어 가공, 제작, 조립과정을 거쳐 최종 제품으로서의 기능과 가치를 발휘하게 된다.

이처럼 우리가 일상생활에서 사용하는 많은 공학적 결과물이 도면에 의해 가공, 제작된다는 것을 생각해볼 때 하나의 도면을 완성하기 위해서는 엔지니어들의 수많은 연구와 노력이 필요함을 알 수 있다. 즉, 엔지니어는 자신의 공학적 능력과 연구결과를 하나의 도면으로 보여준다고 해도 과언이 아니다.

최종적으로 만들어진 도면은 가공자, 제작자, 검사자 등 도면 사용자가 보았을 때 도면 작성자의 의도를 정확히 이해할 수 있어야 하고 쉽게 해독할 수 있어야 한다. 이에 따라 국제적으로 통용될 수 있는 도면작성 표준규칙이 제도규격으로 마련되어 있으며, 이러한 국가별 제도규격은 국제표준화기구(ISO: International Organization for Standardization)에 준해서 제정되었다. 표 2.3에는 주요 국가별 제도규격을 포함하는 공업규격기호가 표시되어 있다.

표 2.3 주요 국가별 제도규격을 포함하는 공업규격기호

제정년도	국명	기호
1966	한국	KS(Korean Industrial Standards)
1901	영국	BS(British Standards)
1917	독일	DIN(Deutsche Idustrie für Normung)
1918	미국	ANSI(American National Standard Industrial)
1947	국제표준	ISO(International Organization for Standardization)
1952	일본	JIS(Japanese Industrial Standards)

우리나라의 경우 한국공업규격(KS: Korean Industrial Standards)에 KS A 0005로 도면작성관련 제도통칙이 제정되어 있다. 이는 ISO에 준해서 국제적으로 통용될 수 있도록 만들

어져 있다. 통일된 표준규격에 따라 만들어진 도면은 직접 설계도면을 작성한 사람의 의도를 엔지니어라면 누구나 쉽게 이해할 수 있으며 국제적인 의사소통 도구로 활용이 가능하다.

따라서 엔지니어는 도면작성의 제도규격을 잘 이해하고 이에 따라 도면을 작성할 수 있어야 한다. 표 2.4에는 도면의 용도 및 내용에 따른 도면의 명칭이 제시되어 있다. 그리고 그림 2.12와 그림 2.13에는 각각 조립도와 부품도가 예시되어 있다.

표 2.4 용도 및 내용에 따른 도면의 명칭

분류	종류
용도별	계획도, 제작도, 주문도, 승인도, 견적도, 설명도
내용별	조립도, 부분조립도, 부품도, 상세도, 공정도, 접속도, 배선도, 배관도, 계통도, 기초도, 설치도, 배치도, 장치도, 외형도, 구조선도, 곡면선도, 구조도, 전개도

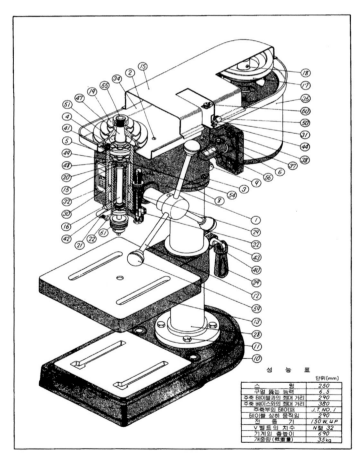

그림 2.12 탁상 드릴 프레스 조립도

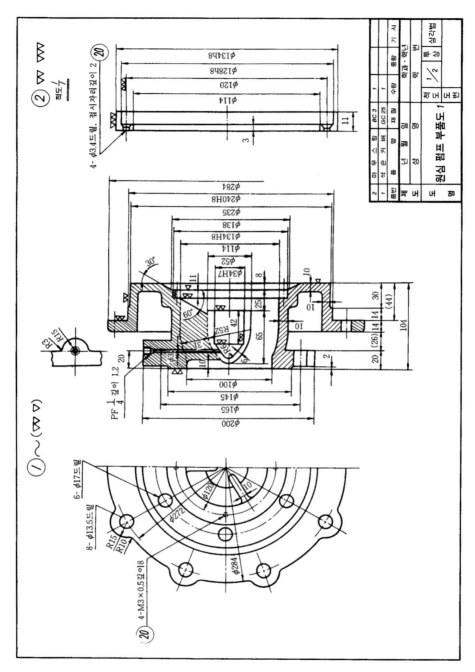

그림 2.13 원심펌프 부품도

이제 제품제작도면 작성법을 통하여 도면을 작성하는 데 필요한 제도규칙들을 간략히 살펴
보기로 한다.

2.4.1 도면의 크기와 양식

도면의 크기는 A열과 B열로 구분되며, 대부분 A열 사이즈를 사용한다. 그림 2.14에는 도면 크기의 종류 및 치수가 표시되어 있다.

크기(mm) \ 구분	호칭방법	치수 ($a \times b$)	c (최솟값)	d (최솟값) 칠하지 않을 때	칠할 때
A열 크기	A_0	841×1190	20	20	25
	A_1	594×841			
	A_2	420×594	10	10	
	A_3	297×420			
	A_4	210×297			
연장 크기	$A_0 \times 2$	1189×1682	20	20	25
	$A_1 \times 3$	841×1783			
	$A_2 \times 3$	594×1261			
	$A_2 \times 4$	594×1682			
	$A_3 \times 3$	420×891			
	$A_3 \times 4$	420×1189			
	$A_4 \times 3$	297×630	10	10	
	$A_4 \times 4$	297×841			
	$A_4 \times 5$	297×1051			

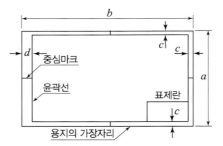

그림 2.14 도면 크기의 종류 및 치수

- 도면의 크기는 대상물의 크기와 도면의 복잡성을 고려하여 잘 알아볼 수 있는 범위에서 최소한의 크기가 규격화 되어 있다.
- 도면이 손상되는 경우를 감안하여 테두리를 둔다.
- 도면의 관리상 필요한 사항들을 기입하기 위한 표제란을 도면의 오른쪽 아래에 마련한다. 표제란에는 도번(도면번호), 도명, 척도, 투상법, 도면작성 연월일, 작성자 등이 기재되는 것이 관례이다.

2.4.2 척도

도면 용지 내에 실물을 적절히 나타내기 위해서는 실물의 크기(B)를 도면상의 크기(A)로 조정해야 하는데, 그 비율을 척도($S = A/B$)라 한다. 척도에는 실척($S = 1$), 배척($S > 1$) 그리고 축척($S < 1$) 3가지가 있다. 표 2.5에는 KS 지정 척도(KS B 0001)가 표시되어 있다.

표 2.5 KS 지정 척도(KS B 0001)

종류	값
축척	1:2 1:5 1:10 1:20 1:50 1:100 1:200
현척	1:1
배척	2:1 5:1 10:1 20:1 50:1

- 척도에 상관없이 물체의 치수는 실물크기를 기입한다.
- 같은 도면 내에서 각기 다른 척도로 도면을 그릴 경우, 반드시 각 도면에 대한 척도를 적당한 위치에 기입한다.
- 할 수 없이 도면에서 실물의 크기가 척도를 따르지 않는 경우, 적당한 장소에 '비례척이 아님' 또는 'NS'로 표시하여 혼란을 방지한다. 여기서 NS는 'Non Scale'의 약자이다.

2.4.3 투상법 및 투상도

제품의 제작도면을 그리기 위해서는 제품의 입체형상을 표현하는 방법인 투상법을 선정하여야 한다. 투상법은 그림 2.15와 같이 하나의 광원(눈)으로부터 빛을 물체에 비추어 그 그림자를 평면에 나타내는 것과 같은 원리이다. 이때 광선을 투사선, 그림자가 맺히는 면을 투상면, 그리고 투상면 위에 투사선으로 이루어진 그림자를 투상도라고 한다.

투상법은 그림 2.16과 같이 투사선의 종류에 따라 투시투상과 평행투상으로 나누어진다. 투

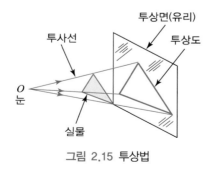

그림 2.15 투상법

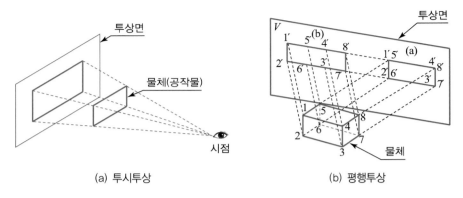

(a) 투시투상   (b) 평행투상

그림 2.16 투상법의 종류

시투상은 투상면의 위치에 따라 물체의 길이가 달라지므로 제품의 제작도면으로 사용하지 않고, 건물의 조감도와 같은 건축도면에 사용된다. 그리고 평행투상은 투사선들이 서로 평행한 경우의 투상법으로 눈의 위치가 물체에서 무한대인 경우이다. 평행투상은 투사선이 평행하므로 투상면의 위치에 관계없이 물체의 길이가 동일하게 표현된다.

평행투상은 투상선과 투상면이 수직을 이루는 수직투상과 수직이 아닌 사투상으로 구분된다. 수직투상 중에서 투사선이 투상면에 수직이고 그림 2.17과 같이 서로 직각으로 만나는 두 개의 투상면을 기본으로 한 투상을 정투상이라고 한다. 정투상에서는 직교하는 투상면들로 이루어진 공간에 물체를 놓아 그 투상을 구하는 것이 기본원칙이다.

정투상에서 물체가 놓이는 공간에 따라 제1상한, 제2상한, 제3상한, 제4상한이라 한다. 일반적으로 제1상한과 제3상한에 두며, 제도법에서 전자를 제1각법, 후자를 제3각법이라 한다 (그림 2.18). KS의 제도규격에서는 투상법으로 제3각법에 따르는 것을 원칙으로 한다. 제3각법은 실제로 실물을 보는 것과 같은 위치에 그림이 배열되므로 그림을 알아보기가 쉽다. 그림

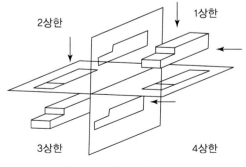

그림 2.17 정투상에서 투상도

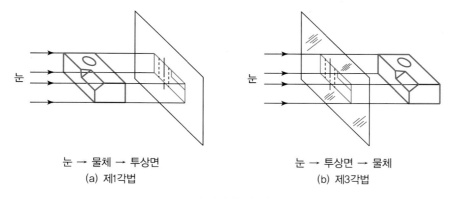

눈 → 물체 → 투상면
(a) 제1각법

눈 → 투상면 → 물체
(b) 제3각법

그림 2.18 제1각법과 제3각법의 비교

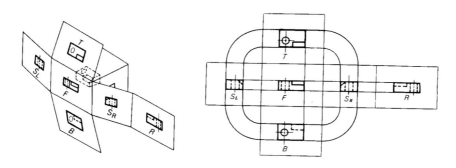

그림 2.19 제3각법에 따른 도면배열

2.19는 제3각법에 따른 도면배열을 나타낸다. 그림 2.19에 표시된 문자들, 즉 F는 정면도, T는 평면도, B는 저면도, S_L은 좌측면도, S_R은 우측면도, 그리고 R은 배면도를 의미한다.

투상도는 모두 6개까지 표시할 수 있으나 물체를 완전히 표시하는 데 무리가 없다면 일부 투상도는 생략해도 무방하다. 투상도의 표시원칙은 다음과 같다.

① 물체의 모양이나 특징을 가장 뚜렷이 나타내는 면을 정면도로 선택하고, 이것을 기본으로 하여 평면도, 우측면도, 좌측면도 등을 그린다.

② 평면도, 측면도에는 가능하면 숨은선을 사용하지 않도록 한다. 다만 비교적 대조하기가 불편한 경우에는 이에 따르지 않아도 좋다.

③ 제작도는 가공할 때 놓여지는 상태와 같은 방향으로 물체를 놓고 그리는 것이 좋다.

④ 일부의 모양만을 도시하여도 충분한 경우에는 그 필요한 부분만을 그려도 좋다.

2.4.4 선과 글자

도면에서 제품의 형상은 선으로 나타내어지고, 치수는 숫자로, 그 밖의 정보는 글자로 표현된다. 여기서는 물체의 형상을 그리는 데 필요한 선의 종류와 용도 그리고 도면에 사용되는 숫자와 글자의 규격에 대해 설명하기로 한다.

① 모양에 따른 선의 종류(KS A 0109; 표 2.6 참조)

② 용도에 따른 선의 종류(KS A 0109; 표 2.7과 그림 2.20 참조)

③ 글자

   도면에서 주로 사용되는 글자는 한글, 숫자 및 영어 3종류가 있다. 필요시 다른 국가의 글자를 사용할 수도 있다. KS의 제도규칙(KS A 0107)에는 도면에 사용되는 문자(글자)에 대해 다음과 같이 규정하고 있다.

   – 읽기 쉬울 것

   – 균일할 것

   – 도면에 대한 마이크로필름 촬영이 적합할 것

오늘날은 AutoCAD와 같은 컴퓨터 소프트웨어를 이용하여 도면을 작성할 수 있게 되어 종래의 글자기입에 비해서 매우 간결하고 편리해졌다.

표 2.6 모양에 따른 선의 종류(KS A 0109)

선의 종류	모양	설명
실선	────────	연속된 선
파선	─ ─ ─ ─ ─ ─ ·	일정한 간격으로 짧은 선이 규칙적으로 반복되는 선
1점 쇄선	── · ── · ── ·	길고 짧은 선이 번갈아 반복되는 선
2점 쇄선	── · · ── · · ──	길고 짧은 선이 장·단·단·장·단·단의 순서로 반복되는 선

표 2.7 용도에 따른 선의 종류(KS A 0109)

선의 종류	용도에 의한 명칭	선의 용도	그림 2.20 번호
굵은 실선 ―――――	외형선	대상물의 보이는 부분의 모양을 나타내는 데 사용	1
가는 실선	치수선	치수를 기입하는 데 사용	2
	치수보조선	치수를 기입하기 위하여 도형에서 끌어내는 데 사용	3
	지시선	설명, 기호 등을 표시하기 위하여 끌어내는 데 사용	4
	회전단면선	도형 내에 그 부분의 절단면을 90° 회전시켜서 표시하는 데 사용	5
	중심선	도형의 중심선을 간략하게 표시하는 데 사용	6
가는 파선 또는 굵은 파선 ― ― ― ― ― ―	숨은선	대상물의 보이지 않는 부분의 모양을 표시하는 데 사용	7
가는 1점 쇄선 ― — ― — ― —	중심선	① 도형의 중심을 표시하는 데 사용 ② 중심이 이동한 중심궤적을 표시하는 데 사용	8 9
	피치선	반복도형의 피치를 잡는 기준이 되는 선	10
굵은 1점 쇄선 ――― ・ ― ・ ――	기준선	기준선 중 특히 강조하고 싶은 것에 사용	11
	특수지정선	특수한 가공을 하는 부분 등 특별한 요구사항을 적용할 범위를 표시하는 데 사용	11
가는 2점 쇄선 ― ・ ・ ― ・ ・ ―	가상선	① 인접하는 부분 또는 공구, 지그 등을 참고로 표시하는 데 사용 ② 가동부분을 이동 중의 특정한 위치 또는 이동 한계의 위치로 표시하는 데 사용	12 13
	무게중심선	단면의 무게 중심을 연결한 선	14
파형의 가는 실선 〜〜〜〜 또는 지그재그선 —√√√—	파단선	대상물의 일부를 파단한 경계 또는 일부를 떼어낸 경계를 표시하는 선	15
가는 1점 쇄선으로 끝부분 및 방향이 바뀌는 부분을 굵게 ⌐_⌐	절단선	단면도를 그릴 때 절단하는 위치를 표시하는 데 사용	16
가는 실선으로 규칙적으로 나열 ⧄⧄⧄	해칭선	도형의 특정한 부분을 다른 부분과 구별하는 데 사용 (단면도의 절단면)	17

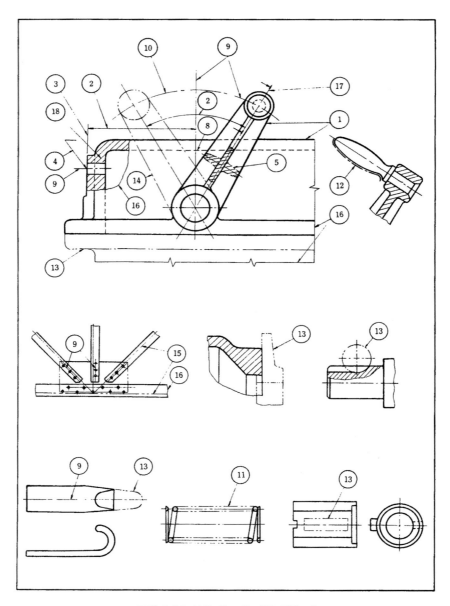

그림 2.20 선의 용도에 따른 적용 예

2.4.5 단면도

물체의 내부구조가 복잡한 경우에는 숨은선으로 표시할 경우 혼동을 일으킬 수 있다. 이러한 경우에 물체를 좀 더 명확하게 표시할 필요가 있는 곳에서 절단 또는 파단하였다고 가상하여 물체의 내부가 보이도록 투상도를 그린다. 이러한 투상도를 단면도라 한다. 단면도의 종

(a) 중심선 자르기

(b) 자른 모습

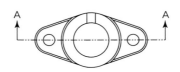

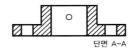
단면 A-A
(c) 전단면도

그림 2.21 전단면도의 예

류에는 대표적으로 전단면도, 반단면도, 계단단면도, 부분단면도, 회전단면도 등이 있다. 그림 2.21에는 전단면도의 한 예가 표시되어 있다.

단면도를 그릴 때 준수해야 할 사항들은 다음과 같다.

① 단면은 원칙적으로 기본 중심선에서 절단한 면으로 표시한다. 이때 절단선은 기입하지 않는다.
② 단면은 필요한 경우에는 기본중심선이 아닌 곳에서 절단한 면으로 표시해도 좋다. 단, 이때에는 절단위치를 표시해 놓아야 한다.
③ 단면을 표시할 때에는 일반적으로 해칭을 한다.
④ 숨은선은 단면에 되도록 기입하지 않는다.
⑤ 관련도에는 단면을 그리기 위하여 제거했다고 가정한 부분도 그린다.

2.4.6 치수기입법

도면에 치수를 기입하는 것은 도면작성 시 가장 중요한 요소 중의 하나이다. 왜냐하면 치수기입은 단순히 물체의 치수만을 표시하는 것이 아니라 가공, 측정, 조립방법 등과 연관되어 있기 때문이다. 도면에 치수를 기입하는 방법은 그림 2.22에 표시된 바와 같이 크기치수, 위치치수 그리고 전체치수로 기입하는 방법이 있다. 크기치수와 위치치수가 종합된 전체치수가 일반적으로 많이 사용된다.

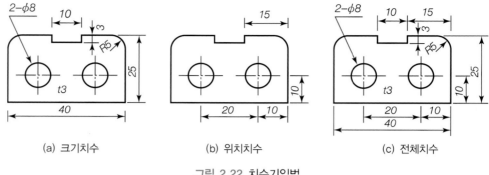

(a) 크기치수   (b) 위치치수   (c) 전체치수

그림 2.22 치수기입법

치수를 기입할 때 길이의 단위는 원칙적으로 mm의 단위로 기입하고 단위기호는 생략한다. 길이치수 단위가 mm가 아닌 경우에는 반드시 수치 다음에 단위를 기입해야 한다. 각도단위는 일반적으로 도(°)의 단위로 기입하고 필요한 경우에는 분(′)과 초(″)를 같이 쓸 수 있다. 그리고 치수를 기입할 때 그림 2.23과 같이 치수선, 치수보조선, 지시선, 화살표 및 치수수치를 사용한다.

치수선은 가는 실선을 이용하여 지시하는 길이, 도는 각도를 측정하는 방향에 평행하게 긋고 선의 양 끝에 끝부분 기호를 붙인다. 치수선의 양 끝에 사용되는 끝부분 기호는 상황에 따라 화살표 등 다양한 모양의 기호가 사용될 수 있다. 치수보조선은 가는 실선을 치수선에 직각이 되게 치수선을 약간(2∼3 mm) 지날 때까지 긋는다.

그리고 지시선은 구멍의 치수, 가공법, 부품번호 등을 기입하기 위하여 사용하는 가는 실선으로 수평선에 대하여 약 60°로 경사지게 긋는다. 지시선을 투상선으로 끌어내는 경우 그림 2.24와 같이 투상선 쪽에는 화살표, 반대쪽에는 수평선을 붙여서 수평선 위에 필요한 사항을

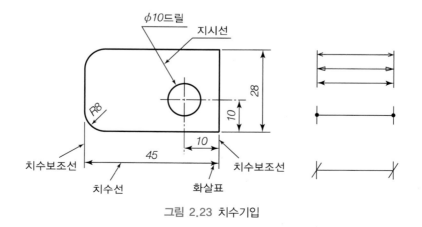

그림 2.23 치수기입

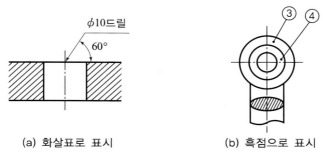

(a) 화살표로 표시　　　　(b) 흑점으로 표시

그림 2.24 지시선

기입한다. 투상선 내부에서 끌어내는 경우에는 흑점을 사용한다.

　　그림 2.25에는 치수수치를 기입하는 위치와 방향이 표시되어 있고, 표 2.8에는 치수기입 시 사용되는 보조기호들이 정리되어 있다. 그리고 치수를 기입할 때 고려해야 할 사항들은 다음과 같다.

　① 치수는 물체의 모양을 가장 잘 표현하는 정면도에 집중하도록 하고 그 외 치수를 평면도나 측면도에 기입한다.

　② 치수는 원칙적으로 치수보조선을 그어서 물체의 바깥에 기입한다. 다만 치수보조선을 긋게 되면 혼동하기 쉬운 경우에는 물체의 내부에 기입해도 좋다.

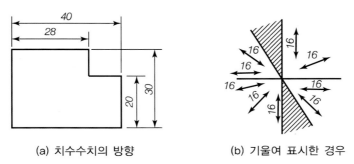

(a) 치수수치의 방향　　　　(b) 기울여 표시한 경우

그림 2.25 치수수치를 기입하는 위치와 방향

표 2.8 치수기입 시 사용되는 보조기호

기호	의미	기호	의미
Ø	지름 치수	SØ	구의 지름 치수
R	반지름 치수	SR	구의 반지름 치수
t	판의 두께	□	정사각형 변의 치수
C	45° 모떼기	⌒	원호의 길이
( )	참고 치수	▭	이론적으로 정확한 치수

③ 치수는 될 수 있으면 외형선에 기입하고 숨은선에 기입하는 것을 피한다.

치수를 기입하는 방식에 따라 도면의 해석과 능률에 큰 영향을 주므로 치수를 찾아내기 쉽고 읽기 쉽도록 정해진 제도규칙에 따라 바르게 기입하도록 노력하여야 한다.

2.4.7 치수공차와 끼워 맞춤

기계장치는 일반적으로 수많은 부품들로 이루어져 있으며, 그중에서 일부 부품들은 끼워 맞춰져서 상호결합 되어 있다. 이러한 경우 도면상에 부품들의 치수가 제대로 표시되어 있다 하더라도 가공기계의 정밀도와 가공자의 숙련도에 따라 치수의 오차가 발생하게 되면 원하는 끼워 맞춤이나 조립이 이루어지지 않게 된다. 이런 문제를 해결하기 위해서는 부품결합의 호환성이 보장될 수 있는 가공치수의 허용범위를 반드시 도면에 표시하여야 한다. 이러한 치수의 허용범위를 치수공차라 한다.

부품 간의 결합을 원활하게 하기 위한 치수공차의 선정절차는 먼저 끼워 맞춤 결합의 종류를 정하고 이에 맞는 치수공차조합을 제도규칙에 나와 있는 치수공차 조합표를 이용하여 선택하면 간단히 선정할 수 있다. 표 2.9에는 끼워 맞춤의 종류가 제시되어 있으며, 표 2.10에는

표 2.9 끼워 맞춤의 종류

종류	정의	그림 설명	계산 예(mm)
헐거운 끼워 맞춤	구멍의 최소치수 〉 축의 최대치수		구멍　　　　축 최대치수 A=50.025, a=49.975 최소치수 B=50.000, b=49.950 최대틈새 = A−b = 0.075 최소틈새 = B−a = 0.025
억지 끼워 맞춤	구멍의 최대치수 〈 축의 최소치수		구멍　　　　축 최대치수 A=50.025, a=50.050 최소치수 B=50.000, b=50.034 최대죔새 = a−B = 0.050 최소죔새 = b−A = 0.009
중간 끼워 맞춤	구멍의 최대치수 〉 축의 최소치수 구멍의 최소치수 ≦축의 최대치수		구멍　　　　축 최대치수 A=50.025, a=50.011 최소치수 B=50.000, b=49.995 최대틈새 = A−b = 0.030 최대죔새 = a−B = 0.011

표 2.10 축 기준 끼워 맞춤 방식의 조합

기준축	구멍의 치수공차																
	헐거운 끼워 맞춤							중간 끼워 맞춤			억지 끼워 맞춤						
h4							H5	JS5	K5	M5							
h5							H6	JS6	K6	M6	N6	P6					
h6					F6	G6	H6	JS6	K6	M6	N6	P6					
					F7	G7	H7	JS7	K7	M7	N7	P7	R7	S7	T7	U7	X7
h7				E7	F7		H7										
					F8		H8										
h8			D8	E8	F8		H8										
			D9	E9			H9										
h9			D8	E8			H8										
		C9	D9	E9			H9										
	B10	C10	D10														

축 기준 끼워 맞춤 방식의 조합이 표시되어 있다. 표 2.10에서 대문자 영어기호는 구멍관련 치수허용차를 나타내며, 소문자 영어기호는 축 관련 치수허용차를 표시하는 기호이다. 그리고 그림 2.26에는 구멍과 축의 치수허용차 종류와 기호가 표시되어 있다.

　새로운 제품을 설계할 때 치수공차와 끼워 맞춤 결합방식을 이해하는 것은 매우 중요하다. 많은 기계시스템은 다양한 부품들의 끼워 맞춤을 통해 비로소 원하는 성능을 보여줄 수 있기 때문이다. 이것을 이해하기 위해서는 치수공차, IT등급(치수정밀도), 치수허용차, 끼워 맞춤 결합 종류, 틈새, 죔새 등의 용어에 대한 충분한 이해와 치수허용차에 대한 문자기호의 이해가 필요하다.

　이밖에 도면을 완성하기 위해서는 기하공차, 표면거칠기 및 가공방법 등을 필요할 경우 기입하여야 한다. 기하공차는 치수공차에 형상 및 위치공차를 주어 제품을 정밀하고 효율적으로 생산하여 경제성이 있도록 하는 데 그 목적이 있다. 그리고 표면거칠기는 부품의 가공정밀도를 나타내는 것으로 부품이 사용되는 상황에 맞게 도면에 표면의 거친 정도를 표시한다. 필요에 따라 가공방법을 도면에 직접 기입하는 경우도 있다. 표면거칠기에 관한 지시사항에는 일반적으로 대상물의 표면, 제거가공의 필요 여부와 표면거칠기의 최댓값을 포함한다. 원하는

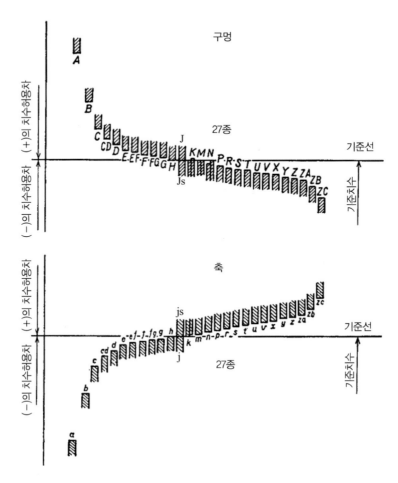

그림 2.26 구멍과 축의 치수허용차 종류와 기호

표면거칠기를 얻기 위하여 특별한 가공방법을 지시할 필요가 있는 경우에는 그림 2.27과 같이 면의 지시기호의 긴 쪽 다리에 가로선을 붙이고, 그 선의 위쪽에 문자 또는 KS B 0107에 규정된 표 2.11의 가공방법 약호를 기입한다.

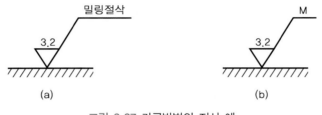

그림 2.27 가공방법의 지시 예

표 2.11 가공방법 약호(KS B 0107)

가공방법	약호	가공방법	약호
선반가공	L	호닝연삭가공	SHH
드릴가공	D	초음파가공	SPU
보링머신가공	B	방전가공	SPED
밀링가공	M	줄다듬질	FF
플레이너가공	P	페이퍼다듬질	FCA
셰이퍼가공	SH	아아크용접	WA
브로치가공	BR	어니일링	HA
리머가공	FR	폴리싱	SP
연삭가공	G	끼어넣기	AFT
벨트연삭가공	GBL	담금질	HQ

3장
공학문제
설정

3.1 개요

　인간의 삶에 대한 욕구와 바람은 날이 갈수록 다양해지고 복잡해지고 있다. 이러한 인간의 욕구를 충족시키기 위해서는 무엇보다도 우선 엔지니어들이 우리 삶의 문제, 즉 공학문제를 잘 설정해야 한다. 공학문제 설정은 공학문제 해결을 위한 첫걸음이다. 인간(기술이나 제품에 대해 대가를 지불하여 구매한다는 측면에서 고객이라고도 함)의 여러 욕구들을 엔지니어들이 사용하는 용어와 방식으로 잘 다듬고 정리해야만 적절한 공학적 지식과 기술을 정확하게 적용할 수 있을 뿐만 아니라 최적화하고자 하는 설계과정 속에서 발생할 수 있는 오류와 낭비도 줄일 수 있기 때문이다.

　공학문제 설정은 고객이 바라거나 요구하는 (대체로 어렴풋한) 희망사항들을 공학적인 관점에서 어떤 기능들이 어떤 조건에서 수행될 수 있는지 여러 대안들을 체계적으로 정리하는 일이다. 물론 이 단계가 제대로 이루어진다면, 그림 1.3에 주어진 공학설계의 기본절차에서 언급했듯이 다음 단계인 문제를 해결할 수 있는 여러 대안들을 개념적으로 구상하여 스케치하는 개념설계 과정 그리고 이를 구체화 하는 공학과정인 상세설계가 비교적 만족스럽게 진행될 수 있다.

　이 장에서는 우선 고객의 욕구와 바람, 즉 시장을 조사하고 분석하여 고객의 잠재적 수요를 파악하는 방법에 대해 알아본다. 새로운 기술이나 제품을 원하는지 기존의 제품에 추가로 신기능을 탑재하는 것을 원하는지 파악할 필요가 있다. 특히, 기술이나 제품에 대한 아이디어의 중요한 공급원이 되는 특허의 가치가 날로 높아지고 있다. 그래서 특허에 의한 정보수집 방법에 대해서는 3.3절에서 따로 설명하기로 한다.

　시장조사를 통해 고객이 무엇을 필요로 하는지 파악한 후에는 이를 기술이나 제품으로 구체화하기 위해서 어떤 기능들이 요구되는지 설계자가 기술적인 관점에서 정리하여야 한다. 시장에서 얻은 잠재적인 수요나 고객의 현실적인 바람은 비전문가의 말로 진술된 일종의 희망사항으로 일반적으로 애매모호하게 표현되어 있다. 따라서 기술적으로 실현가능한 기능들을 분류해 내고 이를 서로 합치거나 분해해서 가능하면 도표로 표시하여 최종적인 목표까지 체계적으로 드러날 수 있도록 하여야 한다.

　끝으로, 시장조사에 의해 파악된 각 기능에 대한 개념들을 가능한 한 많이 도출한 후에 설계목표를 실현할 수 있는 여러 대안들을 만들고 적절한 분석과정을 통하여 이 중에서 최적의 해결안을 찾을 수 있도록 한다. 최적의 해결안은 공학설계의 핵심인 상세설계 단계를 진행할 수 있게 해주는 것으로서 고객의 필요사항들을 기술적으로 가장 잘 표현한 공학 모델(또는 개념도)이다.

📖 3.2 시장조사

인간의 삶에 관한 욕구와 필요를 충족시키기 위하여 엔지니어들은 공학문제를 찾아내고 이를 과학적 지식과 기술을 기반으로 하여 창의적으로 해결하는 과정인 공학설계 과정을 수행한다. 우리의 삶에서 발생하는 문제점이나 바람으로부터 공학문제가 정의되고 공학설계가 시작된다. 공학문제 해결과정의 시작인 공학문제 설정을 명확한 문장으로 표현하는 것이 쉬운 일이 아니라는 것이 문제이다.

해결해야 할 공학문제가 발생하면 이를 공학적 용어와 기호를 사용해서 최대한 정확하고 분명한 문장으로 기술해야 한다. 주의력을 집중해서 일반적인 상황과 문제가 되는 상황을 구분해 낼 수 있어야 하며 문제점을 다양한 각도에서 살펴보아야 한다. 그리고 문제의 본질이 아닌 내용은 과감하게 버리든가 한쪽으로 분리해 내고, 본질이 아니더라도 중요한 고려사항이면 문제에 포함시키는 등 문제 전체를 체계적으로 잘 구성해야 한다.

도로 옆 큰 주택의 지붕에 얼음이 자주 생기는 문제에 대해 생각해 보기로 한다. 공학도로서 이 문제를 어떤 진술로 정의하겠는가? "지붕에 얼음이 생기지 않도록 하는 방법은 무엇인가?" 또는 "얼음이 생기면 무슨 일이 일어나는가?", "얼음이 떨어지는 원인은 무엇인가?", "얼음이 떨어지면 어떤 위험이 있는가?"라고 질문했다면, 이 질문들이 주어진 문제를 공학적으로 잘 정의했다고 말할 수 있겠는가? 대부분의 경우 문제를 이해하는 과정에서 잘못하기보다는 어떤 문제가 발생할 수 있는 상황을 미리 알아채지 못한 데서 문제의 본질이 있다. 따라서 이 경우에는 "얼음이 아래로 떨어져 피해를 주지 않도록 하려면 지붕을 어떻게 설계해야할 것인가?"와 같이 문제가 발생할 수 있는 상황을 미리 고려해서 공학문제를 정의하는 것이 바람직하다.

시장의 수요나 고객의 요구에 대한 불명확한 문장은 설계자가 개발하거나 성능을 향상시키고자 하는 기술이나 제품에 대한 이해를 저해시킬 것이다. 문제를 어렴풋하게 파악한다면, 문제에 대한 만족스러운 해결안을 찾지 못하는 것은 당연하다. 따라서 문제의 핵심에 대한 올바른 질문을 통해 명확한 문장으로 문제를 정의하기 위해서는 공학적 지식이나 경험, 상식, 유연한 사고 등이 필요하며, 문제와 관련된 정보를 수집하는 기술도 또한 필요하다. 그래서 시장조사와 관련된 정보수집 방법들에 대해 좀 더 자세히 살펴보기로 한다.

3.2.1 신제품에 대한 시장분석

시장에서 고객의 수요를 파악하는 방법은 다양하다. 설계자가 특정한 문제를 인식한 고객에게 직접 접근할 수도 있고, 또 시장의 추세를 분석하여 대중의 요구사항들을 추정하거나 개선된 제품에 대한 선호도를 간접적으로 조사해 볼 수도 있다. 어쨌든 "공통점을 공유하는 잠재적인 소비자 그룹"이라는 시장에서 수요를 파악하고 요구사항들을 확인하는 방법은 설계자가 시장에 직접 참여하여 관련 당사자와 인터뷰를 하거나 설문지를 통해 조사하는 직접적인 방법과 시장의 정보를 담은 자료들(신문, 잡지, 경제단체의 보고서, 정부기관의 분석 자료, 특허 등)을 통해 정보를 얻는 간접적인 방법이 있다.

시장을 분석할 때 조바심은 금물이다. 시장의 분석단계는 공학문제에 대한 해결안을 분명하게 제시한다기보다 어떤 해결안이 있을 수 있는지 확인하기 위한 정보수집에 초점을 맞추는 것이 중요하다. 익숙하거나 다루기 편리한 해결안으로 미리 방향을 정하게 되면 시각이 편향되어 시장에 포함된 관련 정보 모두를 고려하지 못하므로 결과도 대부분 좋지 않게 된다.

시장에서 얻을 수 있는 정보나 자료는 비슷한 내용이라 하더라도 다양한 형식으로 되어 있어서 바로 사용할 수 있게 원하는 형식으로 준비된 자료는 별로 없다. 필요한 정보를 얻기 위해서는 모래밭에서 사금을 얻듯이 핵심을 캐내는 열정을 쏟아야 한다. 시장조사 시 고객의 필요사항이나 기대뿐만 아니라 제품의 개발 예산 및 비용, 판매정보, 관련 산업의 동향 등을 분석할 수 있는 정보도 함께 수집해야 한다. 그래서 시장조사는 일반적으로 3단계, 즉 ① 문제정의, ② 전략개발, ③ 정보의 조직화 및 검토 절차로 이루어진다.

먼저, 문제정의는 정보를 수집하기 전에 무엇을 찾을 것인지 확인하는 과정이다. 그러니까 문제에 대한 해결안을 얻으려는 것이 아니라 시장조사에서 무엇을 찾을 것인지 질문을 통해 문제를 다시 정의하는 것이다. 주 고객이 누구인지, 고객이 원하는 주목적은 무엇인지, 그리고 개발 시간이나 비용, 제조, 투자 등을 감안하여 고객을 위해 무엇을 해줄 수 있는지 등을 설계자의 언어로 일목요연하게 문장으로 만들어야 한다.

여기서 특히 주의할 점은 최종 소비자만이 고객이 아니라는 것이다. 어떤 제품이나 서비스의 고객은 제품의 수명이 다할 때까지 어느 단계에서나 사용하는 모든 사람들을 의미한다. 제품이나 서비스를 소비하는 사람들을 비롯하여 이를 생산하는 사람, 판매하는 사람, 그리고 소비되는 기간 동안 이에 대한 애프터서비스를 담당하는 사람까지도 모두 고객이 된다.

이를테면, 캔 압착기의 수요를 예측하고자 할 때 시장에서 주요 대상으로 조사해야 할 고객은 캔 압착기를 사용할 만한 잠재적인 대상으로 학교, 병원, 대학, 호텔, 스포츠 경기장 등과 같은 인구 밀집 건물을 비롯하여 유사한 장치를 생산하는 회사나 기술지원업체의 관계자도 시장을 분석하는 데 좋은 정보원이 된다.

모든 가능성 있는 고객들을 정리한 후에는 이들의 요구사항들을 파악해야 한다. 고객을 각자 개인면담 하든가, 분야별 핵심 고객과 토론을 하든가, 또는 전화인터뷰나 설문조사를 통하여 고객 자신의 삶을 향상시키는 데 필요한 여러 요구사항들이나 가지고 싶은 물품들의 목록을 만든다. 때로는 현재 시장에 나와 있는 유사제품들에서 불만족하거나 개선되었으면 하고 바라는 점들도 훌륭한 요구사항들이 된다. 전화인터뷰는 비교적 많은 비용이 들지만, 설문조사는 상대적으로 적은 비용으로 많은 고객들을 대상으로 조사할 수 있다는 장점이 있다. 하지만 두 방법(전화인터뷰나 설문조사에서의 질문이나 문항) 모두 편견이 개입되지 않도록 주의해야 한다. 이에 대한 몇 가지 주의사항들을 정리하면 다음과 같다.

① 테스트용을 만들어 가까운 친구나 소규모 집단에 먼저 실시해 본다. 이를 통해 수정해야 할 애매한 문항이 있는지 그리고 요구정보를 얻을 수 있는지 미리 관찰한다.
② 한 가지 질문에 한 가지 이슈만을 다룬다.
③ 부정문은 혼돈을 야기할 수 있으므로 되도록 피한다.
④ 때때로 한 번씩 비슷하거나 약간 상반된 질문을 통해 응답자가 질문을 실제로 읽고 대답하는지 확인한다. 이를테면, "TV의 전원스위치를 늘 꺼놓습니까?"라는 질문 다음에 "TV 스위치를 꺼놓는 것을 잊은 적이 있습니까?"라고 묻는 식이다. 이와 같은 두 가지 질문에 대하여 모두 '예'나 '아니오'로 나오면 이 응답은 신뢰하기 어렵다고 판단할 수 있다.

다음, 고객의 요구조건들이 개략적으로 파악되면 이와 관련된 여러 정보들을 얻기 위한 방안들을 찾아야 한다. 기술 정보를 비롯하여 유사상품이나 관련 회사 및 산업, 시장의 동향 등을 그냥 도서관만 찾는다고 얻을 수 있는 것은 아니다. 처음부터 어떤 정보를 어디서 찾을 것인지 심사숙고한 만큼 좋은 정보를 신속하게 획득할 수 있다.

끝으로, 고객의 요구조건들과 관련한 여러 정보들을 정리하여 목록으로 만드는 작업이 필요하다. 이런 목록은 아직 정보를 모으지 못했다 하더라도 정보수집을 위한 계획수립용 도구로 사용될 수도 있고, 또한 관련 정보의 위치를 확인하기 위한 체크리스트로도 사용할 수 있으므로 그의 용도는 매우 크다.

3.2.2 기존 제품 관련 정보획득

기존 제품 관련 정보를 획득하는 작업은 앞 절에서 언급한 신제품에 대한 시장분석 시에도 때때로 필요한 작업이다. 신제품과 유사하면서 이미 개발되어 현장에서 실현되고 있는 제품에 대한 이론적인 기술의 구현방식이나 창의적인 응용/융합 기술, 유사한 발명품의 특허여부, 그리고 내외부의 디자인 등에 대한 정보를 이용할 수 있기 때문이다.

기존 제품 관련 정보는 제품 그 자체와 그와 유사한 제품을 생산하는 업체, 업체가 소속된 산업계의 동향, 시장 전체의 경제전망 등으로 구분할 수 있다. 이와 같은 정보를 얻을 수 있는 곳은 매우 많지만 규모, 질, 유용성 등을 고려하여 다음과 같은 정보원들을 주로 이용한다. 제품정보는 국내외 특허정보, 업체정보는 금융감독원의 전자공시시스템(미국은 증권거래위원회(Securities and Exchange Commission)), 산업체정보는 한국표준산업분류(미국은 표준산업분류(Standard Industrial Classification)) 그리고 시장정보는 국내외 여러 경제단체들이나 전문 조사기관에서 제공하는 시장조사보고서 등을 정보원으로 이용한다.

특허는 제품에 대한 질 높은 정보의 좋은 공급원이기는 하지만 주어진 제품에 대한 특허를 쉽게 찾을 수 없다. 더욱이 기술특허를 비롯하여 실용특허와 디자인특허까지 포함한다면 검색해야 하는 양이 너무나 많다. 그래서 특허청의 전용사이트(국내 kpat.kipris.or.kr와 미국 www.uspto.gov 등)를 이용하여 검색한다하더라도 특별한 전략이 필요하다. 이른바 검색도구를 써서 체계적이고 효과적으로 특허를 찾아야 한다. 그래서 이에 대해서는 다음 절에서 비교적 상세하게 설명하기로 한다.

제조업체에 대한 정보에는 일반적으로 주력제품과 부수적인 보조제품뿐만 아니라 회사의 재정, 브랜드 가치, 무역 관련 내용 등이 포함되어 있다. 그래서 이 정보를 이용하면 시장 전체의 추세나 동향을 분석하는 데 도움이 된다. 보통 사기업은 공기업보다 정보를 얻기 어렵지만 사기업이라 하더라도 주식시장에 상장된 업체라면 관련 정보의 공시가 의무화 되어 있으므로 각 나라의 전자공시시스템을 이용하면 편리하다. 국내는 금융감독원(dart.fss.or.kr) 그리고 미국은 증권거래위원회(www.sec.gov)가 대표적인 전자공시시스템을 가지고 있다. 이 밖에도 신용회사들이 대체로 유료로 회사의 정보(연혁, 자회사, 주력사업과 제품, 대차대조표, 주식 및 채권 관련 정보 등)를 매우 상세히 제공하고 있다. 국내의 NICE신용정보(www.nicerating.com)와 국외의 무디스(www.moodys.com)가 대표적인 신용회사이다.

관심 있는 제품과 관련된 산업체에 대한 정보는 각 나라의 표준산업분류를 통해 확인할 수 있다. 즉, 각 나라의 통계청은 산업주체들의 모든 산업 활동을 특성에 따라 유형화 하고 이를 부호로 구분하여 국가의 전체 산업 활동과 관련한 각종 통계를 통일된 방식으로 작성하고 있다. 대표적인 통계분류 포털은 한국의 kssc.kostat.go.kr 그리고 미국의 www.naics.com 등이 있다.

시장에 대한 정보는 여러 곳에서 찾아볼 수 있다. 경제단체나 전문 조사기관들이 매년 혹은 분기별로 작성하는 시장조사보고서가 종합적인 내용을 한 곳에 수록했다는 측면에서 추천할 만하다. 시장조사보고서에는 주로 시장 지배력과 잠재력, 시장의 추세, 고급 기술을 보유한 몇몇 신생 기업에 대한 보고서, 산업적/사회적/정치적/경제적 관점에 대한 유용한 통계 데이터, 각 국가별 혹은 지역별로 나타나는 구매력과 소비율 등을 담고 있다. 최근에는 개별회사를 비롯하여 산업체연합이나 판매자/소비자 그룹들도 웹 사이트를 통해 관련 정보를 제공하고 있다. 그러므로 어느 한쪽의 정보만을 획득하기보다는 웹 검색에 충분한 시간을 투자해서 자신에게 필요하고 유익한 정보를 찾아보려고 노력해야 할 것이다.

📖 3.3 특허검색에 의한 정보수집

앞 절에서 공학문제에 관한 정보수집을 어떻게 하는지, 즉 고객의 필요사항을 알아보기 위해 필요한 정보는 무엇이고 필요한 자료를 어디에서 찾을 수 있는지 살펴보았다. 개발하고자 하는 것이 신제품인 경우는 시장조사에서 출발하여 이를 바라는 고객들을 찾아 인터뷰나 설문조사를 실시함으로써 어느 정도 필요사항들의 특징을 파악할 수 있다. 또한 기존 제품인 경우는 관련 기술보고서와 제조업체의 사용설명서 등이 나름대로의 정보원이 된다.

하지만 두 경우 모두 기능의 작동원리나 디자인 측면에서 이미 법의 보호를 받는 특허권자가 있는지 우선적으로 살펴보아야 한다. 이런 특허정보는 나중에 법의 제재를 피한다는 뜻도 당연히 있지만 특허(유사제품에 대한 특허도 포함)에 기재된 내용이야말로 정보 중의 최고의 정보가 되기 때문에 반드시 조사해 볼 가치가 있다.

특허는 특허권자에게 실용신안이나 디자인의 고안 및 발명에 대한 독점적인 권한을 법으로 부여한 것이다. 여기서 실용특허는 기술적인 아이디어가 어떻게 수행되는가를 다룬 특허이고, 설계특허는 이런 아이디어가 어떤 형태로 존재하는지 알려주는 특허이다. 따라서 어떤 장치가 어떻게 생겼나보다는 어떻게 작동하는가에 초점을 맞춘 실용특허가 기술적인 정보 측면에서는 더욱 유용할 때도 있다.

특허는 제품에 대한 아이디어를 주는 유용한 정보원이며 우리 스스로의 아이디어를 보호해

주는 장치이다. 하지만 특허가 우리의 훌륭한 아이디어를 상품화 해서 판매하는 것을 보호해
주지만 특허 자체가 제품을 만들어 팔 수 있는 권한을 주는 것은 아니다. 제품의 생산과 판매
는 적법한 절차를 거치고 필요한 규제를 따라야 하는 또 다른 허가사항이기 때문이다.

특허는 좋은 정보원이기는 하지만 꼭 필요한 정보를 담고 있는 특허를 찾는 것은 쉬운 일이
아니다. 나라마다 무수히 많은 (실용)특허가 등록된 것을 감안하면 별 생각 없이 특허에 접근
하고자 하는 것은 무모한 일이다. 따라서 이 절에서는 각 나라의 특허청에서 운영하는 웹사이
트를 통한 체계적인 검색방법에 대해 설명하기로 한다. 주로 참고한 웹사이트는 한국의 특허
정보원(www.kipris.or.kr)과 미국의 특허청(www.uspto.gov)이다.

3.3.1 특허정보의 검색 방법

그림 3.1은 특허정보를 검색하는 일반적인 절차를 나타낸다. 주제 분석부터 검색항목의 선
정, 검색식 작성, 예비 검색을 거쳐 본 검색을 수행하여 목적하는 결과를 얻을 때까지 반복하

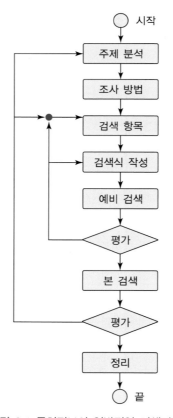

그림 3.1 특허정보의 일반적인 검색절차

는 일반적인 검색과정이 요약되어 있다. 이 중에서 나름대로의 규칙성이 있는 검색항목의 선정 및 검색식 작성과 관련된 사항에 대해 간략히 살펴보기로 한다.

검색항목이 단순한 경우에는 키워드(검색어) 입력만으로도 검색이 가능하지만, 대부분의 경우는 키워드에 연산자를 섞어서 쓰는 것이 일반적이다. 특히, 우리말의 경우 키워드를 선정할 때는 동의어나 유사어, 외래어, 단·복수형의 어미변화를 고려해야 한다. 다음의 예처럼 같은 줄에 있는 단어들은 모두 같은 뜻을 나타내지만 키워드로 사용할 때는 반드시 구분해야 한다.

- **표현의 차이(동의어):** ☞ 핸드폰, 휴대전화기, 모바일폰, 셀룰러폰
- **뜻의 차이(유사어):** ☞ 모터, 구동기, 작동기, 동력원
- **외래어/외국어 표기:** ☞ 티비이, TV, 텔레비전, 테레비
- **흔히 쓰는 비표준어:** ☞ 모발폰, 셀폰, 이동전화기, 핸드폰

그래서 하나의 예로 '휴대폰'과 관련된 용어가 속한 특허를 검색해보기로 한다. 이때는 '+' 와 같은 연산자를 써서 '휴대폰+핸드폰+모바일폰+셀룰러폰+pcs' 등과 같은 검색식을 만들어 사용하면 정보검색에서 누락될 가능성을 줄일 수 있다. 여기서 기호 '+'는 OR 연산자의 다른 표기이다.

연산자는 여러 검색어들을 조합할 수 있게 하여 좀 더 정확한 검색이 되도록 도와준다. AND/OR/NOT와 같은 논리연산자와 여러 단어들을 한 단어의 구문으로 만들 때 쓰는 큰따옴표, 단어의 일부를 생략할 때 쓰는 '*/ ?/ $'와 같은 와일드카드(wild card), 그리고 연산의 우선순위를 정하는 괄호 등이 있다.

이를테면, 검색항목으로 A와 B가 동시에 존재하는 것을 찾고 싶다면 (A and B)로, A나 B 둘 중의 하나 혹은 둘 모두를 검색하고 싶다면 (A or B)로, A는 있지만 B는 반드시 포함되지 않는 검색인 경우는 (A not B)로 작성한다. 여기서 괄호는 문장에서 글과 기호(검색식)를 구분하기 위해 사용된 것이다. 또한 괄호가 우선순위를 정하는 검색식의 기호이므로 괄호의 유무에 따른 뜻의 차이는 없다.

만약 앞부분의 몇몇 스펠링이 같은 말을 한꺼번에 검색하고 싶다면 생략부호에 대한 연산자(? 등)를 사용한다. 예를 들어 'comp?'와 같이 작성하면 computer, composite, compact, company 등을 포괄적으로 찾을 수 있다. 또한 두 개 이상의 단어를 한 구문으로 검색하려면 큰따옴표를 이용하여 "스팀 청소기"나 "레이저 프린터"와 같이 검색식을 구성하는 것도 연산자를 사용하는 한 예이다.

표 3.1에는 한국의 특허정보원과 미국의 특허청이 운영하는 데이터베이스에서 사용할 수 있는 연산자 및 검색가능 지역이 요약되어 있다.

표 3.1 데이터베이스별 연산자 및 검색가능 지역

	논리 연산자	생략 연산자	연산자 허용 개수	검색 가능 지역
특허정보원(한국) www.kipris.or.kr	AND(또는 *), OR(또는 +), NOT(또는 ! 혹은 not)	?	3개 이상	한국/미국/일본 등
특허청(미국) www.uspto.gov	AND(또는 and), OR(또는 or), NOT(또는 not)	$	3개 이상	미국특허 만

특허번호를 알고 있는 경우에는 국제적으로 통일된 분류법에 따라 부여된 번호로 검색할 수 있다. 국제특허분류(IPC: International Patent Classification)는 여러 기술 및 이에 대한 세부기술별로 코드를 부여하는 국제적인 표준체계로 영어 대문자와 숫자를 써서 섹션-클래스-서브클래스-메인그룹/서브그룹의 순서대로 계층을 따라 분류하도록 되어 있다. 그림 3.2는 축구화를 예로 하여 IPC 코드의 각 계층을 설명한 그림이다.

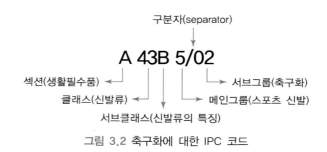

그림 3.2 축구화에 대한 IPC 코드

3.3.2 특허정보의 검색 실행

앞 절에서 설명한 특허정보의 검색방법을 바탕으로 관련 데이터베이스(인터넷 사이트)에 연결하여 특허정보를 직접 검색해 보기로 한다. 그림 3.3은 특허정보의 검색을 위해 선택한 실습 사이트로 한국 특허정보원(www.kipris.or.kr)의 초기화면이다.

그림 3.3 한국 특허정보원의 초기화면

먼저, 초기화면의 중앙에 있는 검색바에서 왼쪽의 검은색 작은 아래화살표를 눌러(그림 3.4 참조) 검색하고자 하는 권리, 즉 특허실용신안, 디자인, 상표 등을 선택한다. 그림 3.4에서 '심판'은 지적재산권 관련 심판사항을 검색할 때, 'KPA'는 국내특허의 영문초록을 검색할 때, 그리고 '해외특허'는 미국, 일본, 유럽 등 해외의 특허를 검색할 때 선택하는 메뉴이다.

그림 3.4의 메뉴 좌측 윗부분에 있는 특허와 실용신안, 디자인, 상표를 총칭하여 산업재산권이라 한다. 이것은 산업 활동과 관련한 인간의 정신적 창작물(연구의 결과) 혹은 창작된 방법에 대해 독점적 권리를 인정하는 (형태가 없는) 재산권이다. 그리고 특허는 아직까지 없었던 물건이나 그 물건을 만드는 방법을 처음으로 발명한 것('대발명'이라 함)이고, 물건에 대한 간단한 고안('소발명'이라 함)이나 이미 발명된 것을 개량하여 좀 더 편리하고 유용하게 쓸 수 있도록 한 것은 실용신안, 물건/물품의 형상·모양·색채 또는 이들을 결합하여 시각을 통하여 미적 감각을 발생시키는 것은 디자인, 그리고 제조회사가 자사 상품의 신용을 유지하고 타인의 상품과 구별하기 위해 상품이나 상품의 포장에 표시하는 것은 상표라고 한다.

그림 3.4의 메뉴 좌측 제일 위 쪽에 있는 '전체'는 국내외 산업재산권에 대한 모든 권리를

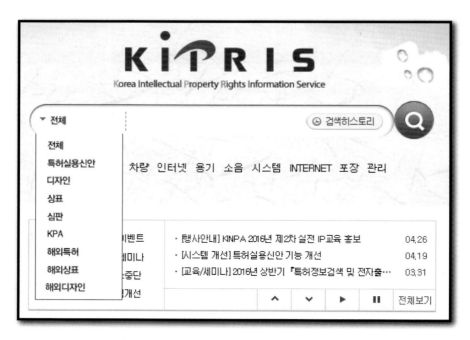

그림 3.4 Kipris에서 특허 권리를 선택하기 위한 메뉴

구분 없이 한꺼번에 (통합) 검색해주는 메뉴로 특허검색에 익숙하지 않은 초보이용자들에게는 아주 편리한 기능이다. 이런 통합검색을 사용하면 검색할 대상의 항목을 알지 못하는 경우에도 간단한 단어나 인명, 번호 등을 적어 전체 혹은 일부에 대한 검색이 가능하다. 예를 들어, 빛을 발하는 이동통신기기와 관련한 정보를 찾고 싶다면 통합 검색바에 '(핸드폰＋휴대폰)＊발광' 등과 같이 간단히 입력하면 된다. 그림 3.5는 통합검색에 관한 본 실습에 대한 검색결과를 나타낸다.

그림 3.5의 통합 검색바 아래에 표시된 검색결과는 특허실용신안, 디자인, 상표 등 권리별로 정리된 정보를 보여줄 (스크롤바를 눌러 화면에 보이지 않는 정보를 확인할 수 있음) 뿐만 아니라 각 정보마다 특허명칭을 비롯하여 IPC 코드, 출원인, 출원번호/일자, 등록번호/일자, 공개번호/일자와 같은 기본정보와 해당정보를 클릭하면 초록과 전문까지 (다운로드하여) 조회할 수 있다.

그러나 특허의 권리별 검색은 앞에서 설명한 통합 검색과 달리 특허, 실용신안, 디자인, 상표 등의 정보를 맞춤식으로 찾아준다. 이 방법은 검색 결과를 보는 방식도 여러 가지 아이콘들을 준비하여 쉽게 바꿀 수 있도록 해줄 뿐만 아니라 이른바 '스마트 검색' 탭을 따로 마련하여 검색 결과를 줄이고 동시에 상세한 검색이 되도록 하는 것이 주요 장점이다.

그림 3.5 통합검색을 위한 입력 및 이에 대한 검색결과

그림 3.6은 권리별 검색을 위해 그림 3.3의 초기화면에서 화면 상단에 있는 'SEARCH'에 마우스를 놓은 후에 '특허실용신안' 메뉴를 누른 후의 모습에서 위쪽 부분만을 나타낸 것이다. 그림 3.6에서 확인할 수 있듯이 ①로 표시된 검색바에는 '전체'라는 통합 검색 방식이 '특허실용신안'을 위한 권리별 검색 방식으로 바뀌었고, ②로 표시된 스마트 검색(항목별 검색) 메뉴와 ③으로 표시된 검색 결과의 여러 보기 메뉴들이 첨가되어 있다.

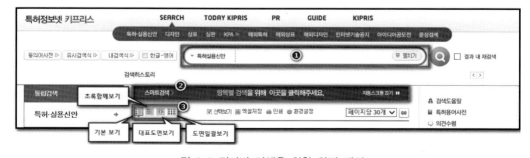

그림 3.6 권리별 검색을 위한 화면 배치

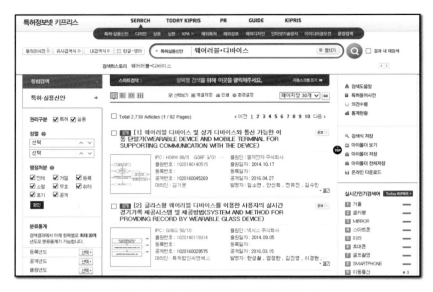

그림 3.7 일반 검색의 검색 결과(기본 보기)

그림 3.7은 '웨어러블 디바이스'에 대한 특허 정보를 찾기 위해 이 두 단어들이 함께 들어가도록 AND 연산자인 '*'을 써서 '웨어러블*디바이스'와 같이 검색식을 입력했을 때의 검색 결과이다. 즉, 상세한 검색인 항목별 검색과 다른 보통의 검색 방식으로 검색식의 두 단어들과 관련된 모든 특허 정보들을 기본보기 형식으로 보여준다.

그림 3.7과 같은 일반 검색이라 하더라도 그림의 왼쪽에 있는 옵션 탭을 이용하면 검색 후에 검색 폭을 좁혀가면서 찾고자 하는 정보에 더 가까이 접근할 수도 있다. 이를테면, 권리구분에서 특허와 실용신안을 따로 선택한다든가, 행정처분에서 거절/소멸/무효/취하/포기 처분된 것을 제외하고 오직 특허 등록된 것만을 찾아본다든가, 아니면 분류통계를 이용해 등록/출원 년도나 IPC의 섹션/클래스 코드를 지정하여 검색 범위를 대폭 줄일 수 있다. 그리고 검색 결과의 보기도 그림 3.6에 표시한 ③의 아이콘을 이용하여 여러 방식으로 선택할 수 있다. 그림 3.8에는 대표적인 보기 방식인 기본보기, 초록보기 그리고 대표도면보기를 비교해 놓았다. 도면 일괄보기는 말 그대로 그림 3.8과 같이 특허에 수록된 모든 도면을 발췌형식으로 보여준다.

특허를 권리별로 검색할 때는 전문(보통 '공보'라고 함)에 수록된 내용을 여러 항목들로 나누어서 찾아보는 방법, 즉 항목별 검색 방법도 있다. 이 방법은 검색 항목 사이에 AND, OR 또는 NOT 연산의 조건을 설정할 수 있기 때문에 특정 항목을 지정하여 검색하거나 여러 개의 항목들을 이용하여 조합 검색이 가능한 것이 특징이다. 그림 3.9는 그림 3.6에서 아이콘 ②를 눌러 찾고자 하는 특허 정보의 세분화 된 각 항목을 나타낸 그림이다.

그림 3.8 검색 결과의 여러 보기들

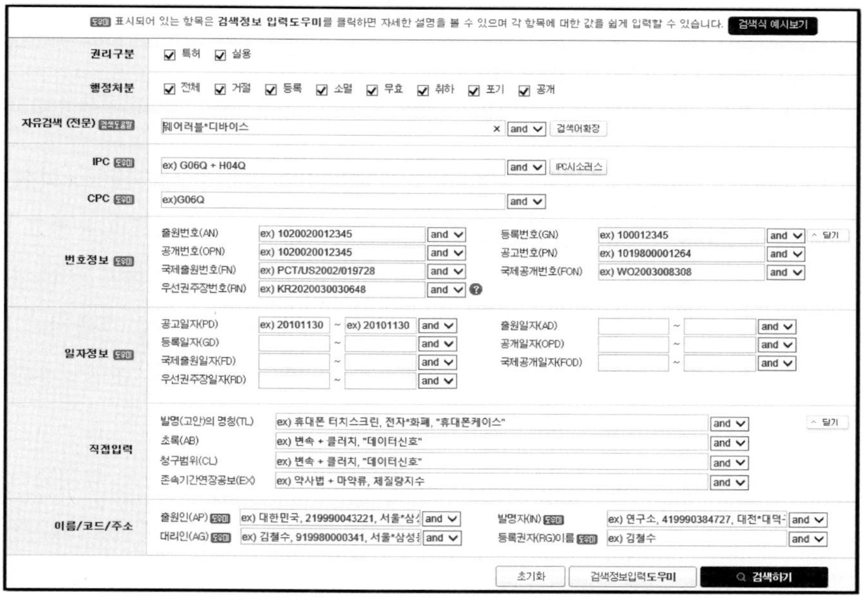

그림 3.9 특허의 항목별 검색을 위해 제공되는 화면

그림 3.9에 제시된 여러 항목들을 목적에 맞게 잘 입력하여 검색 효율을 높이기 위해서는 각 검색바의 앞이나 뒤에 붙어 있는 도우미나 확장, 시소러스(thesaurus) 단추를 이용하는 것이 좋다. '휴대폰'에 대한 정보를 얻고자 할 때 특허 전문에 반드시 '휴대폰'으로만 기재되어

있는 것은 아니기 때문에 이에 대한 동의어(셀룰러폰, 이동전화기 등), 관련어(휴대전화, 모바일 등), 그리고 영문 번역어(cellular phone, pocket telephone 등)를 함께 선택한다면 검색 결과가 훨씬 정확할 것이다. 또한, 국제특허분류(IPC) 또는 협력적 특허분류(CPC: Cooperative Patent Classification) 코드를 모를 때도 관련어로 먼저 조회를 한다면 요구하는 정보에 더욱 근접할 수 있게 된다. CPC는 각 나라에서 사용하고 있는 IPC가 모든 기술들을 포함하기 어렵다고 보고 미국, 일본, 유럽 등에서 별도로 개발하여 (미국 및 유럽 특허청이 공동으로 주관) 2013년부터 널리 쓰이고 있는 특허분류 시스템이다.

끝으로, 이와 같이 검색한 특허 정보를 상세히 확인하고자 할 때는 전문을 수집하여 읽어야 한다. 이때는 바로 상세보기를 사용해야 한다. 상세보기는 검색 결과의 제목을 누르거나 가장 오른쪽에 위치한 '공보' 아이콘을 눌러 화면으로 보거나 pdf 파일로 다운받을 수 있다. 상세보기를 통해 볼 수 있는 특허에 관한 정보의 내용을 알고자 하면, 부록 1에 있는 특허출원서 작성법을 참조하기 바란다.

3.4 제품의 요구사항 분석

3.2절에서 시장조사에 의한 고객의 요구사항들을 살펴보았다. 시장조사는 공학설계의 시작 단계로서 고객이 어떤 제품을 새로 원하는지 기존 제품에서 어떤 것은 불필요하고 어떤 기능은 추가되었으면 하는 요청 또는 요구를 파악하는 것이다. 따라서 이 절에서는 대체로 추상적으로 표현된 고객의 희망 또는 필요 사항들을 기술적인 관점에서 제품이 수행해야 할 기능으로 번역하여 제품의 설계목표를 설정하기로 한다. 즉, 고객이 희망하는 요구조건들을 제품의 요구조건들로 바꾸는 작업이다.

그림 3.10에는 시장조사에서 개념설계까지의 공학설계 과정의 흐름도가 표시되어 있다. 고객요구를 확인하는 과정은 3.2절에서 설명하였고, 이 절에서는 제품의 설계목표를 정의하는 과정을 설명하기로 한다. 그리고 제품기능 설정, 제품사양 결정, 제품에 대한 기본적인 기능에 대한 개념개발 및 이에 대한 평가 과정은 다음 절에서 다루기로 한다.

3.4.1 제품의 요구사항 확인

고객이 필요하다고 생각하는 것과 제품에 반드시 요구되는 것은 일반적으로 같지 않다. 이른바 '필요(needs)'와 '요구(requirements)'는 뜻에 차이가 있을 뿐만 아니라 이 용어들이 적

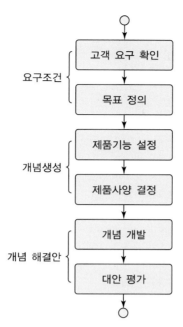

그림 3.10 시장조사에서 개념설계까지의 공학설계 흐름도

용되는 환경에도 차이가 있다. 즉, '필요'는 제품이 고객을 위해 해주었으면 하는 바람으로 기술적인 언어라기보다는 삶속에서 자연스럽게 말하는 생활언어로 표현되는 용어인 반면에, '요구'는 설계자가 이와 같은 고객의 필요를 반영하기 위해 제품이 달성해야 하는 것은 무엇이며, 또한 이를 위해 어떤 기능을 갖추어야 하는지 등을 세밀하게 분석하여 이것들을 전문적으로 표현하는 데 사용하는 용어이다. 다시 말해서 '요구'는 고객의 필요를 기본적인 설계지침으로 삼아 설계할 제품의 목적과 이를 달성하기 위한 여러 기능들을 목록으로 정리한 것으로 볼 수 있다.

다만 제품의 특성을 여러 가지의 기능들로 구분할 때 각 기능에 대하여 구체적인 방식으로 표현하는 것은 피하고 포괄적인 방식으로 표현하는 것이 바람직하다. 여기서 포괄적인 방식이란 기능의 구현을 하나의 개념으로 드러내지 않고 여러 개념들을 포함하는 방식을 뜻한다. 예를 들어 한 쪽에서 다른 쪽으로 동력을 전달하는 기능인 경우, 기어, 벨트와 풀리, 그리고 체인 등과 같이 하나의 구체적인 개념으로 고정시키지 않고 그냥 '동력전달'이라고 표현하여 상황에 따라 적절한 개념을 선택할 수 있도록 한다는 의미이다. 이를 일반적으로 '중립적 기능 - 해결안(solution-neutral function)'이라고 한다.

표 3.2는 고객의 필요사항인 "안전하고 경제적이면서 조작이 쉬운 커피메이커가 필요하다."에 대해 제품의 요구사항들을 중립적 기능 - 해결안들로 간략히 분류한 예를 보여 준다. 제품

표 3.2 고객의 필요사항에 대한 제품의 요구사항 예

고객의 필요	제품(설계) 목표	중요도
안전하다	• 주변에 안전 • 사용자가 화상을 입지 않는다 • 튀지 않는다 • 안전 덮개가 있다 • 등등	D 10 W 8 W 8 W 5
경제적이다	• 가격이 싸다 • 에너지 효율이 좋다 • 재료의 손실이 적다 • 등등	W 7 D 10 W 8
조작이 쉽다	• 제조 시간이 짧다 • 청소가 쉽다 • 자동이다 • 설정이 편하다 • 등등	W 5 W 8 D 10 D 10
질(맛)이 좋다	• 향이 좋다 • 혼합 방식이 여러 가지다 • 온도가 적정하다 • 설정이 편하다 • 온도 제어가 가능하다 • 등등	D 10 W 8 W 8 W 8 D 10

의 요구사항들은 몇 번의 반복과정을 거치면서 합칠 것은 합치고, 또 분해할 것은 분해하다보면 중복되는 항목들은 자연스럽게 제거되고, 또한 요구사항들의 우선순위에 따라 중요도의 등급도 부여할 수 있다. 표 3.2에 표시된 등급에서 D는 "반드시 필요한 것(demand)"을 의미하며 1에서 10점의 등급에서 반드시 10점을 부여하고, W는 "갖추면 좋은 것(wish)"을 의미하며 1에서 10점 사이의 등급을 부여한다.

제품의 설계목표가 되는 요구사항들을 확인하는 과정은 몇 차례 반복과정을 거치는 것이 좋다. 왜냐하면 고객에 대한 시장조사로부터 피드백을 받아 요구사항들 사이의 이해충돌이 있는지 살피거나 기능 및 경제적 측면을 서로 비교해가면서 우선순위를 따지는 것이 반드시 필요하기 때문이다. 특히, 요구사항들에 대한 우선순위는 제품설계 과정에서 매 단계마다 어떻게 잘 진행되고 있는지 정량적으로 가능할 때도 사용할 수 있다. 이를 정량적으로 산출하기 위해서는 일반적으로 품질기능전개(QFD: Quality Function Deployment) 기법을 이용하고 있다. QFD 기법은 3.5절에서 자세히 설명하기로 한다.

3.4.2 제품의 요구사항 정리

제품의 요구사항들을 확인했으면 제품설계의 목표를 좀 더 구체적으로 설정하기 위하여 이를 체계적으로 정리할 필요가 있다. 여기서 정리한다는 것은 단순히 요구사항들에 대한 목록만을 작성한다는 의미보다는 제품의 목표를 구성하는 각각의 작은 목표, 즉 기능들이 서로 어떻게 연결되어 있는지 밝히는 것을 말한다.

크로스(Cross)는 각 요구사항의 연결 형태를 체계적인 계층구조로 표현하기 위해 그림 3.11과 같은 목적나무(objectives tree)를 제안하였다. 그림 3.11은 표 3.2에 제시된 자동 커피메이커의 요구사항들에 대한 목적나무이다. 크로스가 제안한 목적나무를 그리는 방법을 간략히 요약하면 다음과 같다.

① 제품의 요구사항들에 대한 목록을 준비한다. 고객의 필요사항들이 무엇인지 정확히 파악하는 것이 우선적으로 중요하므로 시장조사나 고객에 대한 인터뷰/설문조사가 모호하지 않도록 해야 한다. 그리고 설계팀 전문가들의 토론을 통해서 기술적인 기능 측면에서 고객의 필요사항들이 제품의 요구사항들에 잘 반영되었는지 확인해야 한다.

② 준비된 목록을 중요도에 따라 우선순위로 배열한다. 이 과정을 통해 목표와 이를 구성하는 더 작은 목표들 사이의 계층구조가 대략적으로 정해진다.

③ 파악된 계층구조와 여러 작은 목표들 사이의 연결 관계를 도표로 나타내기 위해 나무 모습으로 그린다. 여기서 나무의 가지들은 목표들 사이의 연결 관계를 보여 주며, 최종제품의 목표를 성취하는 방법을 암시한다.

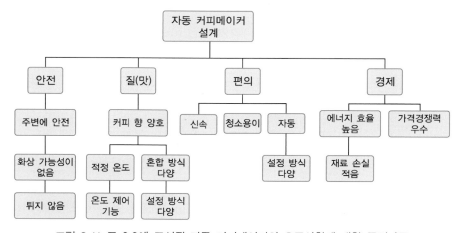

그림 3.11 표 3.2에 표시된 자동 커피메이커의 요구사항에 대한 목적나무

목적나무에서 '목적'은 고객이 제품에 반영되었으면 하는 기능, 즉 바람직한 속성(attributes)과 거동(behaviors)을 나타낸다. 일반적으로 고객은 이와 같은 목적을 애매모호한 말로 표현한다. 따라서 목적나무를 잘 그리려면 고객이 표현한 모호한 내용을 제품의 구체적인 요구사항으로 잘 바꿀 수 있느냐 하는 것이 관건이다. 그러므로 고객의 표현이 애매해서 완전히 이해할 수 없다면 묻고 또 물어야 한다. 복잡한 기능을 실현가능한 작은 기능들로 분류하기 위해서라도 묻고 또 물어야 한다. '왜' 필요한지, '어떻게' 기능하기를 원하는지, 그리고 '무엇'이 되면 좋겠는지 등에 대해 지속적으로 관심을 가져야 한다.

제품의 요구사항들이 목록으로 만들어지면 우선순위나 각 목록의 관계에 따라 순서를 정한다. 책을 쓸 때 차례를 수준(level)에 따라 구분하는 것과 같이 배치하는 것이 좋다. 이를테면 다음과 같이 나열한다.

```
주 목표 1
    두 번째 수준 목표 1.1
        세 번째 수준 목표 1.1.1
        세 번째 수준 목표 1.1.2
    두 번째 수준 목표 1.2
주 목표 2
    두 번째 수준 목표 3.1
        ...
```

또한 컴퓨터의 글머리 기호를 이용하여 간단히 나타내려면 그림 3.12와 같이 표현해도 좋다. 그림 3.12는 "안전하면서 시장성이 있는 사다리 설계"라는 예에 대한 목적나무를 그리기 위한 개별 목적들을 수준별로 정리한 제품의 요구사항들을 문장으로 표현한 것이다.

목적나무 작성의 마지막 단계는 사각형 블록과 선을 이용하여 나무의 줄기와 가지를 직접 그리는 것이다. 물론 줄기에 해당하는 글을 그림 3.12에 있는 문장 그대로 다 써도 되지만 복잡함을 피하기 위해 명사, 형용사 또는 부사로 핵심적인 개념만을 나타내는 것이 좋다. 그림 3.13은 그림 3.12에 대한 목적나무(왼쪽-오른쪽 형식)의 한 예이다. 그림 3.13은 위-아래 형식으로 되어 있는 그림 3.11과 달리 설계자의 취향에 따라 여러 형식으로 작성할 수 있다는 취지로 왼쪽-오른쪽 형식으로 그려진 것이다.

- 사다리는 안전해야 한다
  - 사다리는 안정해야 한다
    - 마루 바닥의 고정이 안정해야
    - 땅 바닥의 고정도 안정해야
  - 사다리는 튼튼해야 한다
- 사다리는 시장성이 있어야 한다
  - 사다리는 유용해야 한다
    - 실내에서 유용해야
      - 전기 작업할 때 유용
      - 유지보수에도 유용
    - 실외에서 유용해야
    - 높이 조절에서 유용해야
  - 사다리는 비싸지 않아야 한다
    - 이동성이 있어야
      - 가볍다
      - 이동할 때는 부피가 작다
    - 내구성이 있어야

그림 3.12 목적나무를 위한 개별 목적들의 수준별 정리

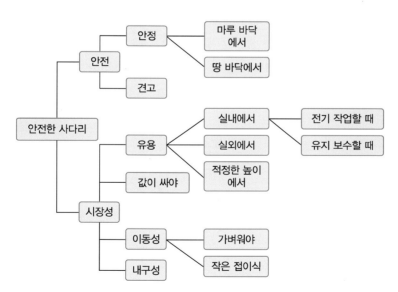

그림 3.13 그림 3.12에 대한 목적나무(왼쪽−오른쪽 형식)

3.4.3 제품의 요구사항 평가

많은 소비자들은 제품의 미비한 부분에 대해서는 불만을 드러내지만 만족스러운 부분은 당연하다고 느낄 뿐 만족감을 표출하지 않는 경향이 있다. 따라서 고객의 필요사항들을 제품의 요구사항들로 정리할 때에는 만족/불만족이라는 주관적인 측면과 물리적인 기능이 갖추었는지에 따라 평가되는 충족/불충족이라는 객관적인 측면도 함께 고려하면서 점검해야 한다.

카노 노리아키(Kano Noriaki)는 제품이나 서비스의 품질 요소를 사용자의 만족이라는 주관적 측면과 요구사항과 일치하는지의 객관적 측면에 따라 각 요소의 특성을 파악했으며, 이를 카노(Kano) 모형이라 불렀다. 카노 모형에 의하면 제품의 요구사항들의 특징은 그림 3.14와 같이 당연한 요소(basic or must-be elements), 매력적인 요소(attractive elements), 그리고 일차원적 요소(primary or one-dimensional elements)로 구분된다. 여기서 당연한 요소는 충족이 되면 당연한 것으로 받아들여 특별한 만족감을 주지 못하지만 충족이 되지 않으면 아주 높은 불만을 일으키는 요구사항, 매력적인 요소는 충족이 되면 큰 만족을 주지만 충족되지 않더라도 하는 수 없다고 여기면서 불만 없이 그냥 받아들이는 요구사항, 그리고 일차원적 요소는 충족이 되는 만큼 만족을(혹은 충족되지 않으면 불만족을) 드러내는 요구사항을 뜻한다.

카노 모형이 제안되기 전에는 고객의 필요사항이면 모두 다 고객의 요구사항인 것으로 판단했다. 즉, 카노 모형에서 일차원적 요소로 받아들였다. 하지만 고객의 요구사항들 중에는 고객에게 특별한 감동을 안겨 주는 것과 최소한으로 반드시 갖추어야 할 것들이 따로 있다는 것이 밝혀짐에 따라 시장조사나 고객 설문/인터뷰를 더욱 신중하게 할 필요가 있다는 것을 알게

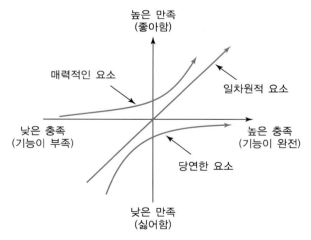

그림 3.14 고객 요구사항에 대한 카노 모형

되었다. 당연한 요소는 절대로 누락해서는 안 되고, 또 매력적인 요소는 끊임없이 발굴하여 제품에 대한 만족도를 지속적으로 높여야 한다.

그림 3.14의 3가지 요소 이외에도 제품의 요구사항들에는 충족이 되든 안 되든 만족이나 불만족을 일으키지 않는 요소, 즉 그저 그런 무관심 요소(indifferent elements)와 충족이 되면 불만족을 보이고 충족되지 않으면 오히려 만족을 일으키는 요소, 즉 역 요소(reverse elements)도 있다. 이러한 요소들은 될 수 있으면 회피하는 것이 좋다. 그렇지만 고객의 필요사항들은 항상 고정된 것이 아니라 시간에 따라 변할 수 있으므로 늘 관심을 가지고 지켜보아야 한다. 고객의 관심이 바뀐다면 제품의 기능도 이에 따라 바뀌어야 한다. 고객의 인식과 제품 공급자 또는 설계자의 인식에는 언제나 차이가 있음을 인정하고 이를 축소하려는 노력을 끊임없이 지속해야 한다.

표 3.3은 고객의 필요사항에 대해 긍정과 부정의 서로 반대되는 설문을 물어 어떤 특징이 있는지 판별하는 평가표이다. 이를테면, "제품에 ～와 같은 기능이 있다면 어떻겠습니까? ① 마음에 든다 ② 당연하다 ③ 아무런 느낌이 없다 ④ 마지못해 수용한다 ⑤ 마음에 안 든다 ⑥ 기타" 그리고 (이에 대한 부정적 설문인) "제품에 ～와 같은 기능이 없다면 어떻겠습니까? ① 마음에 든다 ② 당연하다 ③ 아무런 느낌이 없다 ④ 마지못해 수용한다 ⑤ 마음에 안 든다 ⑥ 기타"를 함께 제시하여 그 결과를 보고 해당하는 기능의 특징을 파악하고자 할 때 사용하는 평가표이다.

표 3.3의 평가표에서 Q(Questionable)는 미심쩍다는 뜻인데 일반적인 평가로 생각할 수 없는 답변으로 응답자가 설문을 이해하지 못했거나 장난삼아 답을 한 경우이다. 그리고 R(Reverse)은 역효과가 나는 역 요소, I(Indifferent)는 그저 그런 무관심 요소, A(Attractive)는 있을수록

표 3.3 고객의 필요사항에 대한 평가표

부정질문답변 긍정질문답변	① 마음에 든다	② 당연하다	③ 아무런 느낌이 없다	④ 마지못해 수용한다	⑤ 마음에 안 든다	⑥ 기타
① 마음에 든다	Q	A	A	A	O	
② 당연하다	R	I	I	I	M	
③ 아무런 느낌이 없다	R	I	I	I	M	
④ 마지못해 수용한다	R	I	I	I	M	
⑤ 마음에 안 든다	R	R	R	R	Q	
⑥ 기타						

좋은 매력적인 요소, O(One-dimensional)는 일차원적 요소, 그리고 M(Must-be)은 반드시 포함해야 할 당연한 요소이다.

📖 3.5 제품 개념 도출 및 구체화

3.2절과 3.4절에서는 시장조사를 통해 수집한 고객의 필요사항들을 분석하여 설계할 제품이 갖추어야 할 기능으로 바꾸어야 하는 (기술적인) 요구사항들이 무엇인지 살펴보았다. 이 단계에서 말하는 제품의 기능은 제품설계를 위하여 각 설계팀별로 담당해야 할 일을 구체적으로 나타낸 최종 정리된 해결안으로 주어진 기능이라기보다는 제품의 목적을 기술적인 문장이나 목적나무로 세분화시키고 그 기능을 포괄적으로 표현한 중립적 기능-해결안으로 주어진 기능이다.

이 절에서는 이와 같은 중립적 기능-해결안들이 제품의 설계목적에 맞게 올바르게 배치될 수 있도록 제품 전체의 구조를 구체화 하고, 각 기능의 기술적인 분석을 통해 서로 합치거나 분해할 수 있는지를 판단하면서 여러 대안들을 함께 구체화 하여 최종적으로 어떤 대안을 선택해야 고객의 필요사항들을 만족시킬 수 있는 최적의 설계를 할 수 있는지 알아보기로 한다. 이 과정을 좀 더 구체적으로 언급하면, 그림 3.10에 표시된 시장조사에서 개념설계까지의 공학설계 흐름도 중에서 제품기능 설정, 제품사양 결정, 제품에 대한 기본적인 기능에 대한 개념 개발 그리고 이에 대해 평가를 하는 과정이다.

이 단계는 크게 제품 개념(production concepts) 단계와 해결안 개념(solution concepts) 단계로 구분할 수 있다. 제품 개념은 말 그대로 설계될 제품이 수행할 기능을 전체 및 부분별로 구조화 하여 설계자가 마음속으로 생각하고 있는 각각의 여러 실현 방안들을 전문적인 설명이나 스케치 형태로 세상에 처음으로 드러낸 것이다. 이어질 구체화 설계(embodiment design)나 상세설계(detailed design)와 같이 제품의 제작도면을 생성한다거나 학문적 지식을 써서 모든 부품의 치수 하나하나를 결정하는 것은 아니지만 전체 및 부분별로 각 기능에 대한 기술적인 사양(specifications)도 함께 결정하는 과정이다.

해결안 개념(solution concepts)은 제품 개념에서 도출된 여러 실현 방안들에서 고객의 요구사항들을 잘 충족하면서 제작 가능성, 경제성 및 유용성 등을 점검하면서 하나의 해결안을 최종 선택하여 상세설계 단계로 넘기는 과정이다.

공학설계 과정은 일반적으로 피드백 과정을 거친다. 그 이유는 때로는 좋은 아이디어가 설계 과정 중에 발상될 때도 있고 때로는 현실적 설계제한조건이 뒤늦게 발견될 수도 있기 때문이다. 그래서 선택된 개념을 수정하거나 아예 다른 개념으로 바뀔 수도 있지만 특별한 경우가 아니면 원래 개념 그대로 구현되는 것이 일반적이다. 이는 처음 선택 단계부터 설계팀원들 사이의 치열한 토의와 유용한 도구들에 의한 충분한 근거를 가지고 개념을 확보하였기 때문이다.

그렇지만 상세설계 단계로 넘길 수 있는 해결안을 도출하기 전에 여러 개념들 사이의 장단점을 현실적인 잣대를 기준으로 평가하는 방법과 이 과정에서 유용하게 사용할 수 있는 몇몇 도구들을 살펴보는 것도 유익할 것이다.

3.5.1 제품 개념의 기능별 파악

고객의 필요사항들에서 제품이 갖추어야 할 요구사항들로 바꾸어 목적나무를 통해 제품의 목적을 파악했다면, 그 다음 단계는 제품이 수행해야 할 세부 기능들을 분석하고 이를 바탕으로 일반적인 사양, 즉 제품에 대한 기본적인 설계 요구사항들을 제시 또는 구체화 하는 단계이다. 고객이 요구하는 조건들은 대체로 제품의 성능에 관한 희망사항들이다. 이 희망사항들을 제품이 작동할 때 어떤 기능들과 연결되는지를 중립적 기능-해결안 방식으로 표현하고 공학적인 관점에서 시스템을 구축할 필요가 있다.

제품의 각 기능을 공학적인 방식으로 나타내기 위해 일반적으로 기능과 관련된 입력 및 출력을 표시한다. 이러한 기능들은 전체를 포함하여 각 부분별로 가능한 한 상세하게 구분되어야 한다. 이른바 기능적 분해를 통해 이런 기능들의 구조를 체계적으로 나타내어야 한다. 여기서 다루는 기능은 각 부분별로 할 역할을 어떻게 해결할 것인가에 대한 구체적인 방안은 아니다. 고객의 요구사항들에 맞는 일을 하나씩 인식하여 전체 목적에 맞게 재구성하는 것일 뿐이다. 구체적인 방안은 해결안 개념 단계에서 도출된다.

그림 3.15는 그림 3.11에 제시된 자동 커피메이커의 목적나무에 대한 전체 기능의 입/출력 구조를 보여주고 있다. 자동 커피메이커 자체를 나타내는 굵은 선의 박스는 내부의 기능을 감춘 채 입력과 출력만 표시되어 있다. 이것은 이른바 블랙박스(black box)인 셈이다. 블랙박스는 공학설계의 한 방법인 톱-다운(top-down) 방식에서 제일 위의 자리를 차지하는 개념도(또는 모델)로 설계단계를 진행해가면서 입력과 출력을 연결시켜 주는 각 세부 기능을 분석할 수 있게 해준다.

사용자 취향의 커피메이커에 대한 시장조사를 근거로 하여 그림 3.15에 표시된 바와 같이 자동 커피메이커라는 블랙박스로 들어오는 입력을 결정한다. 즉, 커피원두, 설탕, 우유, 물 등과 같은 재료, 커피를 담는 그릇 그리고 커피를 가열하기 위한 에너지 소스가 자동 커피메이

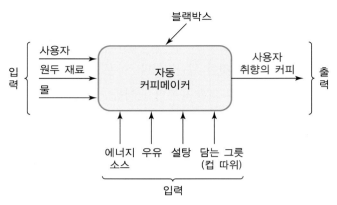

그림 3.15 자동 커피메이커의 입/출력 구조

커의 입력이 된다. 블랙박스로 표현된 설계될 제품의 전체 구조를 밝히는 단계에서는 '에너지 소스'와 같은 일반적인 용어를 사용하는 것이 좋다.

이 단계에서는 에너지 소스를 전기에너지 또는 기계에너지와 같이 구체적으로 공학적인 용어로 표현하지는 않는다. 이 단계는 중립적 기능-해결안이 될 수 있는 개념들로 블랙박스 속의 기능들을 분석하는 단계이므로 에너지 형태를 구체적으로 언급할 필요는 없다. 단계가 더욱 진행되면서 전기에너지가 아니라 기계에너지, 태양에너지, 가솔린엔진, 원자에너지 등으로 대체될 수도 있기 때문이다. 이는 미래 기술의 활용 가능성을 염두에 둠으로써 설계된 개념에 적합한 기술이 현실적으로 적용 가능하게 되면, 이를 즉시 제품에 반영하여 기술개발 효과를 극대화 하기 위한 것이다.

이제 그림 3.15에 표시된 여러 입력들을 적절히 처리하여 요구되는 출력이 나올 수 있는 기능들을 찾아내서 블랙박스의 내부를 좀 더 구체적으로 밝혀야 한다. 이 과정은 기능나무 (function tree)를 이용하여 처리한다. 기능나무는 말 그대로 블랙박스가 가져야 할 기능들을 체계적이고 논리적으로 나무의 형태로 표현한 것이다. 기능나무를 제대로 그리기 위해서는 다음과 같은 사항들이 고려되어야 한다.

- 기능들 사이의 흐름이 논리적으로 맞도록 한다.
- 기능들 사이의 독립성을 유지하여 기능들을 분리하거나 결합할 수 있도록 한다.
- 블랙박스 외부의 기능은 고려하지 않는다.

그림 3.16은 그림 3.15의 자동 커피메이커에 대해 위에 열거된 사항들을 고려하면서 그린 기능나무이다. 예를 들면, 블랙박스의 입력에서 출력까지 논리의 흐름을 이어갈 때 어떤 동작

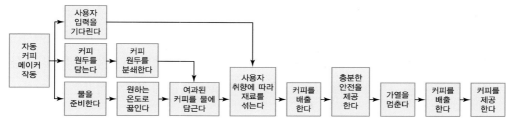

그림 3.16 자동 커피메이커의 기능나무

을 나타내거나 그 동작에 대한 목적이 주어지면 이를 기능으로 선택하는 것이 좋다. 또한 입력이 재료일 때 재료의 위치나 모양이 바뀌는 경우(예: 옮겨라, 돌려라, 배출하라 등) 그리고 재료가 혼합 또는 분해되는 경우(예: 분해하라, 섞어라 등)에 대해서는 이를 일반적으로 기능으로 선택한다.

그림 3.17은 그림 3.15의 자동 커피메이커의 입/출력 구조와 그림 3.16의 자동 커피메이커의 기능나무를 자연스럽게 연결시킨 자동 커피메이커의 기능구조(functional structure)를 나타낸다. 그림 3.17에서 알 수 있듯이 제품의 기능구조는 제품의 목적에 맞게 이루어져야 할 기능들이 어떤 논리적 관계로 연결되어 있는지 보여주고 있다. 또한 제품의 기능구조는 각 기능이나 비슷한 기능들을 모듈로 그룹화 하면 이를 독립적으로 평가하면서 필요에 따라 변경할 수도 있는 장점이 있다. 즉, 기능별로(혹은 여러 기능별로) 하는 일(task)을 블랙박스의 입/출력, 즉 에너지, 재료, 정보 등에 따라 분석할 수 있다. 이 분석 자료들을 기반으로 하여 중립적 기능-해결안이 되는 개념들을 도출한다. 이 개념들은 발산-수렴이라는 설계철학에 근거하여 최종적인 해결안 개념을 도출하기 위한 여러 가지 대안이 되는 개념들로 폭을 넓혀 나가는 데 매우 유용하다.

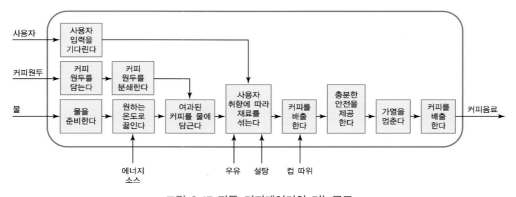

그림 3.17 자동 커피메이커의 기능구조

제품 설계팀은 당연하게 개념들을 만들어 내는 것뿐만 아니라 각 개념에 적합한 기능적 분석도 함께 수행해야 한다. 이 작업에서 설계에 영향을 미치는 여러 제한조건들에 대해서는 고려할 필요가 없지만 개념과 기능 사이의 관계가 하나로 고정되었다는 생각을 버리고 항상 창의적 사고를 통하여 관계의 수를 가능한 한 많이 도출하는 것이 바람직하다.

3.5.2 제품 개념의 기능별 구체화

기능의 구체화(specification)는 말 그대로 설계에 관한 기본적인 데이터를 찾아 명세서를 작성하는 일을 일컫는다. 앞 절에서 개념에 대한 기능을 분석할 때는 움직임이나 상태 등을 분석하여 얻은 결과들을 정량적으로 표현하지 않고 정성적으로 기술하였다.

이제는 제품 개념의 기능을 구체화 하여 각 기능에 대한 정성적인 목표를 정량화할 필요가 있다. 제품의 기능을 구체화 하는 일은 성공적인 설계를 위해 반드시 필요한 과정이다. 앞 절에서 설명한 목적나무는 고객의 필요사항들과 설계팀의 요구사항들, 즉 설계목표를 체계적으로 목록으로 만들어 이를 시각적으로 표현한 것이다. 그리고 기능구조는 이 목적을 활성화 하고 제 기능을 수행할 수 있는 방법 및 절차를 제공한다.

그렇지만 목적나무와 기능구조는 각각 목적과 기능에 대하여 특정한 제한조건들을 두지 않는다. 목적나무나 기능구조에서는 제품이 성취하고자 하는 목적과 이를 실현하기 위한 각 기능은 이른바 '스펙'이 구체적으로 기술되어 있지 않고 '빠른', '가벼운', '작은' 등과 같이 정성적으로 표현되어 있다. 즉, 물리적인 차원과 이에 대한 측정값들이 아직 구체적으로 결정되어 있지 않은 상태이다.

따라서 이제는 정성적인 표현을 정량적인 값으로 대체함으로써 고객의 필요사항들을 설계할 제품의 (중립적 기능-해결안) 개념으로 명확하게 정의할 필요가 있다. 최종적인 개념이 상세설계 단계로 넘어갈 때 고객이 바라는 필요사항들이 그대로 공학적인 요구조건들로 반영되도록 해야 한다.

제품 개념을 구체화 하는 방법은 여러 가지 많다. 시장조사를 통해 얻은 고객의 필요사항들이 제품의 요구조건들로 제시될 수 있는 기준을 인간공학적, 미학적, 배분적, 설계 생산적, 그리고 경제적인 그룹으로 나누어 접근하거나 기술적 기능의 수행과 동시에 경제성과 인간/환경의 안전성까지 고려할 수 있는 체계를 구성하는 방법 등이 있다.

여기서는 실무에서 일반적으로 많이 사용되고 있는 성능사양(performance-specification) 방법과 품질기능전개(QFD: Quality Function Deployment) 방법을 소개하기로 한다. 성능사양 방법은 제품의 요구조건 대신에 성능에 대한 요구조건을 따지는 방법이고, 품질기능전개방법은 이와 같은 성능의 조건들을 공학적인 우선순위에 따라 점수를 부여하여 선택할 수 있도록 해주는 방법이다.

성능사양 방법은 시장조사를 통해 얻은 고객의 필요사항에서 제품의 성능에 영향을 미치는 속성들을 찾아 단위와 구체적인 값으로 성능조건을 부여하는 방법이다. 팔(Pahl)과 베이츠(Beitz)는 목적나무 또는 기능을 분석하는 과정에서 이러한 속성들을 확인할 수 있는 표 3.4와 같은 체크리스트를 개발하였다.

표 3.4 성능사양을 위한 체크리스트

성능과 관련한 단어	예
기구학적 구조	크기, 높이, 폭, 길이, 지름, 공간, 개수, 정렬 따위
운동학	움직임 형태, 이동 방향, 속도, 가속도 따위
힘	힘의 크기와 방향, 주파수, 무게(하중), 변형, 강성, 탄성, 안전성 따위
에너지	출력, 효율, 손실, 마찰, 압력, 온도, 가열, 냉각, 저장, 용량, 변환 따위
재료	재료의 물리적/화학적 성질, 재료 추가 따위
신호	입/출력 종류, 형태, 표시, 제어 장치 따위
안전	안전 수칙, 방어 시스템, 오퍼레이션, 작동 및 환경적 안정성 따위
인간공학	인간·기계 연관성, 명확한 배치, 빛, 심미적 요소 따위
제작	생산 조건/방법/종류, 최대 치수, 품질 및 공차 따위
품질	시험 및 측정의 제어 가능성, 규칙과 표준의 적용
조립	특별 규정, 설치 조건, 기어의 이송 제한, 틈새, 처리 특성 따위
작동	정숙, 마모, 특별 조건, 지역적 조건(가혹 및 열대 환경 등) 따위
유지보수	검사, 교환 및 수선, 도색, 세정 따위
재활용	재사용, 재처리, 폐기물 처리/저장 따위
가격	최대 생산 비용, 공구 사용 비용, 투자 감가상각 따위
스케줄	개발 종료일, 프로젝트 계획/조정, 제품 출하일 따위

표 3.4를 참조하여 필요한 성능에 대한 속성을 규정할 때 특히 주의해야 할 것은 다음과 같다. 고객의 필요사항에서 "…이었으면 한다.", "…이면 좋겠다."와 같은 희망사항과 "…은 꼭 필요하다.", "…은 반드시 있어야 한다."와 같은 강력한 요구사항을 구분해야 한다. 희망사항은 상황에 따라 고려할 수도 또는 못할 수도 있다. 희망사항은 이를 고려하지 못하는 경우에도 설계목표를 달성하는 데 별로 큰 문제가 없다. 그러나 (강력) 요구사항이 제품의 기능으로 포함되지 않는다면, 이 경우에는 설계목표 달성이 거의 이루어지지 못할 것이다.

제품의 성능사양은 제품에 대한 각 속성을 간결하고 명확하게 정리한 표 3.4를 참조하여 결정할 수 있다. 정량적으로 표현할 수 있는 속성들, 즉 움직이는 양이나 크기, 무게, 에너지출력 등에 대한 제한조건들을 명시한다. 이는 보통 고객의 요구나 정부기관의 표준 등을 고려하여 결정한다. 특히, 정량적인 표현에서는 반드시 단위가 부여되어야 한다. 예를 들면, "규격은 $20 \times 20 \times 10$ cm이다." 또는 "무게는 10 kg보다 작다."와 같이 (등호나 부등호 형식과 함께) 표시해야 한다.

희망사항 또는 강력한 요구사항들을 구체적인 값으로 정의할 수 없는 경우에는, QFD 방법을 이용할 수 있다. QFD 방법은 고객의 요구를 제품의 품질특성에 반영하는 기법이다. 이 방법은 1970년대 초반에 일본에서 개발되었으며, 1980년대 후반에는 미국의 각 산업체로 확대되었고, 오늘날에는 제조업체뿐만 아니라 사무, 금융, 서비스업체와 같은 비 제조업체에서도 활발히 사용되고 있다.

QFD 방법에서는 어떤 작업이 연속적인 절차에 따라 수행될 때 다음 단계를 수행하기 위해 바로 전 단계의 결과를 정량적으로 평가한다. 제품설계의 경우 QFD 방법을 적용하기 위해 처음의 요구조건에 대한 사양을 결정해야 한다는 측면에서 성능사양 방법과 비슷하다. 그렇지만, QFD 방법은 이런 과정을 조직적이고 체계적으로 계속 이어갈 수 있다는 장점이 있기 때문에 성능사양 방법보다 일반화 되어 있다. 그림 3.18에는 QFD 방법으로 정보를 분석할 때 일반적으로 많이 사용되고 있는 품질의 집(house of quality)이 제시되어 있다.

그림 3.18에서 알 수 있듯이 QFD를 위한 품질의 집은 요구속성, 기술특성 등 8개의 부분으로 공간이 구분되어 있다. 이 품질의 집의 8개의 부분을 간략히 설명하면 다음과 같다.

① 요구속성(customer attributes)은 애매모호하게 표현된 비전문가들의 요구사항들이다.

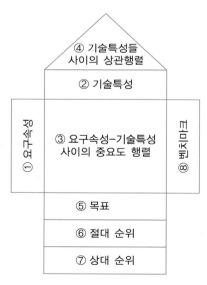

그림 3.18 QFD를 위한 품질의 집

고객이나 소비자들로부터 설문이나 면담을 통해 얻은 이 요구사항들을 가지고 일반적으로 전문가들이 모여 브레인스토밍(4.2절 참조)하여 그 내용을 정리하여 기술한다. 즉, 요구속성은 어떤 계획 또는 설계의 첫 단계에서 무엇이(WHATs) 필요한지 파악하는 단계의 결과물이다.

② 기술특성(engineering characteristics)은 ①의 각 항목을 충족시킬 수 있는 방법(HOWs)에 해당한다. 설계팀의 축적된 지식과 기술을 기반으로 하여 팀원 전체가 함께 토의하여 결정한다. 이것은 성능사양으로도 대신할 수 있다.

③ 요구속성-기술특성 사이의 중요도 행렬은 중요도에 따라 점수로 부여하여 서로 연결시키는 곳이다. 이때, 점수는 보통 1점에서 9점까지로 한다. 아주 약한 관계는 1점, 매우 강한 관계는 9점, 그리고 아무 관계가 없으면 빈칸 그대로 둔다.

④ 기술특성들 사이의 상관행렬은 품질의 집의 지붕에 해당하는 곳이다. ②의 기술특성인 해결방법들 사이를 조사하여 서로의 관계, 즉 긍정적 관계(하나가 좋아지면 다른 것도 좋아지는 관계, 플러스(+) 부호로 표현)인지 부정적 관계(하나가 좋아지면 다른 것은 나빠지는 관계, 마이너스(−) 부호로 표현)인지를 밝힌다. 보통의 관계는 부호를 한 개(+ 또는 −) 그리고 매우 강한 관계는 부호를 두 개(++ 또는 −−)로 표시한다.

⑤, ⑥, ⑦은 각각 성능향상을 위해 제시되는 목표 그리고 요구속성이 희망사항인지 강력한 요구사항인지 구분하기 위해 부여하는 절대점수 및 상대점수를 나타낸다. 이때, 절대점수는 요구속성의 각 중요도 점수에 ③에서 작성한 점수를 곱하여 해당 열 방향으로 모두 더한 점수이고 상대점수는 이와 같은 절대점수를 크기 순서로 나열할 때 붙이는 점수로서 보통 1에서 9까지의 숫자로 나타낸다.

⑧ 벤치마크는 경쟁사의 제품과 비교한 정보를 기술하는 곳이다. 이곳에는 해당 요구속성에 대한 고객의 생각, 반응, 평가 등을 기입한다. 사실 이 부분을 정리하는 이유는 제품의 충분한 시장분석이 이루어지지 않으면 경쟁제품들 사이의 정확한 비교가 불가능하기 때문이다.

그림 3.19는 4가지의 요구속성, 즉 '안전성', '신뢰성 있는', '낮은 가격', '보기 좋은 외관'에 대한 품질의 집을 작성한 비교적 간단한 예이다. 기술특성들 사이의 상관행렬 부분에 +와 ++로 표시된 것은 각각 두 기술특성들 사이에는 보통의 긍정적 관계와 매우 강한 긍정적 관계가 있다는 것을 의미한다.

	중요도	스펙 #1	스펙 #2	스펙 #3	스펙 #4	스펙 #5	스펙 #6	제작사 #1	제작사 #2
안전성	9	1	9	3		5		1	5
신뢰성 있는	7	1			3			3	5
낮은 가격	2	9		9	3		3	5	1
보기 좋은 외관	5	3				1	3	3	1
목표 정보									
절대 중요성		49	81	45	27	50	21		
상대 중요성		6	9	5	3	7	2		

← $\sum$(중요도) × (스펙점수)

그림 3.19 품질의 집의 작성 예

QFD 방법에서 품질의 집은 어떤 프로세스의 시작부터 끝까지 모든 단계에 일의적으로 적용할 수 있다는 것이 큰 장점이고 매력이다. 이를테면, 제품을 개발할 때 계획부터 생산까지의 과정에 그림 3.20과 같은 단계를 밟으면 이전 단계의 정보가 그대로 재사용되면서 끝까지 일관성을 유지할 수 있다.

QFD 방법은 제품개발 시에만 사용할 수 있는 것이 아니며, 공학적 시스템을 모델링 하거나 최적화 할 때도 비슷하게 적용할 수 있다. 즉, 각 단계별 왼쪽의 고객요구와 위쪽의 기술특성을 (고객요구)−(기술특성)과 같이 표시한다면 1단계에서는 (고객요구)−(기술특성)으로, 2단계에서는 (기술특성)−(기능요구)로, 3단계에서는 (기능요구)−(설계파라미터)로, 그리고 마지막인 4단계에서는 (설계파라미터)−(프로세스변수)와 같이 차례대로 이어갈 수 있다. 이

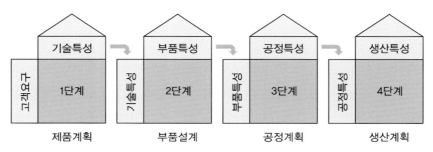

그림 3.20 QFD를 이용한 제품의 개발 단계

와 같이 QFD 방법은 처음의 요구(혹은 필요)사항들을 충족시킬 수 있는 방법들을 실무 및 이론적인 측면에서 효율적으로 찾고자 할 때 언제든지 유용하게 사용할 수 있다.

3.5.3 제품 개념의 기능별 평가와 선택

지금까지 고객의 필요사항들을 가능한 한 명확하게 규명하고 이해할 수 있는 방법들을 설명하였다. 필요사항들을 전개하여 요구사항들을 찾고 여러 수준의 목표들을 결정하기 위해 목적나무를 사용하였다. 또한 이런 요구사항들을 충족시키는 중립적 기능-해결안들을 결정하고자 기능구조를 나타내었다. 그리고 QFD 방법을 적용할 때는 성능사양들을 중요도에 따라 구분하였다.

이제 제품 개념에 대한 마지막 단계인 고객의 필요사항들을 만족시킬 수 있는 한 개 이상의 제품 개념을 준비하는 단계이다. 즉, 개념을 실현할 수 있는 여러 구체적인 방안들을 제안하는 과정이다. 제품의 설계가 기존 제품의 수정이나 재설계라 하더라도 이러한 결과물은 항상 새롭고 독창적이어야 한다. 그리고 이를 위한 여러 과정들을 체계적으로 밟아갈 때 주의해야 할 점은 특정한 방안이나 구조를 마음속으로 미리 결정해서는 안 된다는 것이다.

설계과정은 일반적으로 여러 가능한 대안들을 검토한 후에 이 중에서 최선의 해결안을 찾는 과정으로 이루어진다. 따라서 작은 실마리 하나에서 꼬리를 무는 방식으로 여러 관련 정보들을 알아내고자 할 때 흔히 사용하고 있는 브레인스토밍 기법을 이 절차에서도 사용하는 것이 바람직하다. 브레인스토밍 기법은 제안된 중립적 기능-해결안에 대한 여러 대안들을 창출해 내는 데 효과적인 방법이지만 체계적인 과정을 따르지 않거나 이에 대한 개념을 충분히 이해하지 못하면 오히려 혼란만 가중시킬 수 있으므로 주의가 필요하다. 이 기법에 대한 자세한 내용은 4.2절을 참조하기 바란다.

중립적 기능-해결안에서 대안, 즉 여러 개념들을 개발하는 순서는 다음과 같다. 우선, 각 기능에 대해 대안으로 쓸 수 있는 또 다른 기능이 있는지 살펴보고 되도록 많은 대안들을 개발할 수 있도록 노력한다. 또한 그러한 기능들을 물리적으로 달성할 수 있는 많은 수단들도 함께 개발하여야 한다. 이 역시 가능한 한 많이 제안되어야 최적의 설계방안을 도출하는 데 도움이 된다.

각 기능에 대한 개념적 아이디어를 오직 하나만 또는 몇 가지를 찾았다하더라도 제한된 범위를 벗어나지 못했다고 판단되면 미리 어떤 것을 염두에 두고 작업을 하지 않았는지 다시 한 번 검토할 필요가 있다. 기능은 '무엇이다' 라기보다는 기능을 '어떻게' 잘 표현했는지 점검하면서 표 3.5와 같은 각 기능에 대한 해결안 목록표를 만들면 큰 도움이 될 것이다. 표 3.5에서

표 3.5 각 기능에 대한 해결안 목록표

기능 \ 해결안		1	...	j	...	m
1	F_1	O_{11}	...	O_{1j}	...	O_{1m}
...	...	...	...	...	...	...
i	F_i	O_{i1}	...	O_{ij}	...	O_{im}
...	...	...	...	...	...	...
n	F_n	O_{n1}	...	O_{nj}	...	O_{nm}

각 기능은 행에 그리고 각 기능에 대한 가능한 해결안은 열에 배치되어 있다.

두 번째 단계에서는, 표 3.5의 목록표를 참조하여 각 기능에 대한 해결안을 간단하게 스케치하여 이 역시 목록으로 만든다. 이를 보통 형태학적 차트(morphological chart)라고 한다. 예를 들어, 집안에 설치된 에어컨의 배기구를 자동으로 개폐하는 장치를 설계한다고 가정해 보자. 기능분석을 통해 크게 5개의 기능, 즉 F_1 = 배기구 선택 스위치, F_2 = 신호 전달하기 (보내기), F_3 = 신호 접수하기(받기), F_4 = 신호 변환하기, 그리고 F_5 = 배기구 개폐 메커니즘 등으로 파악했다면 축적된 기존의 지식정보와 팀원들이 모여 브레인스토밍을 수행하여 얻은 결과를 그림 3.21과 같이 형태학적 차트로 나타낸다.

그림 3.21을 표 3.5와 비교해보면, O_{43}은 에어컨 배기구의 네 번째 기능인 '신호 변환하기'가 여러 해결안들 가운데 '전기모터'를 이용하여 실현된다는 것을 뜻한다. 제품의 기능에 대한 여러 (이론적으로 가능한) 해결안들을 형태학적 차트로 제시할 때는 보통 5개 정도의 해결안들을 마련하는 것이 바람직하다.

제품의 기능으로부터 개념을 개발하는 마지막 단계는 각 기능마다 하나의 해결안을 선택하여 서로 조합하는 것이다. 즉, 개별적인 개념에서 목적으로 제시된 개념설계를 완성하는 것이다. 이런 조합들 중에는 이미 예상한 모습 또는 실현 불가능한 것도 있을 수 있지만, 미리 단정을 하거나 어떤 조건으로 구속하여 조합을 형성하는 데 제한받지 않도록 하는 것이 중요하다. 항상 열린 마음으로 모든 선택된 조합들은 다 실현될 수 있고, 또 모두가 해결안이 될 수 있다는 가정 하에서 이루어져야 한다. 이는 다음에 진행될 개념들에 대한 여러 대안들을 평가하여 최적의 개념을 선택할 때 잠재적인 해결안이 모두 제시되는 것이 합당하기 때문이다.

그림 3.22는 그림 3.21의 형태학적 차트에서 얻은 대안 중에서 좀 더 세련되게 스케치를 하여 현장감을 보강한 그림이다. 개념 스케치가 만족스럽지는 않지만 형태학적 차트에 있는 개별 개념들을 그대로 모아 그린 것보다 훨씬 이해하기 쉽도록 가시화 되어 있다. 사실 창의적

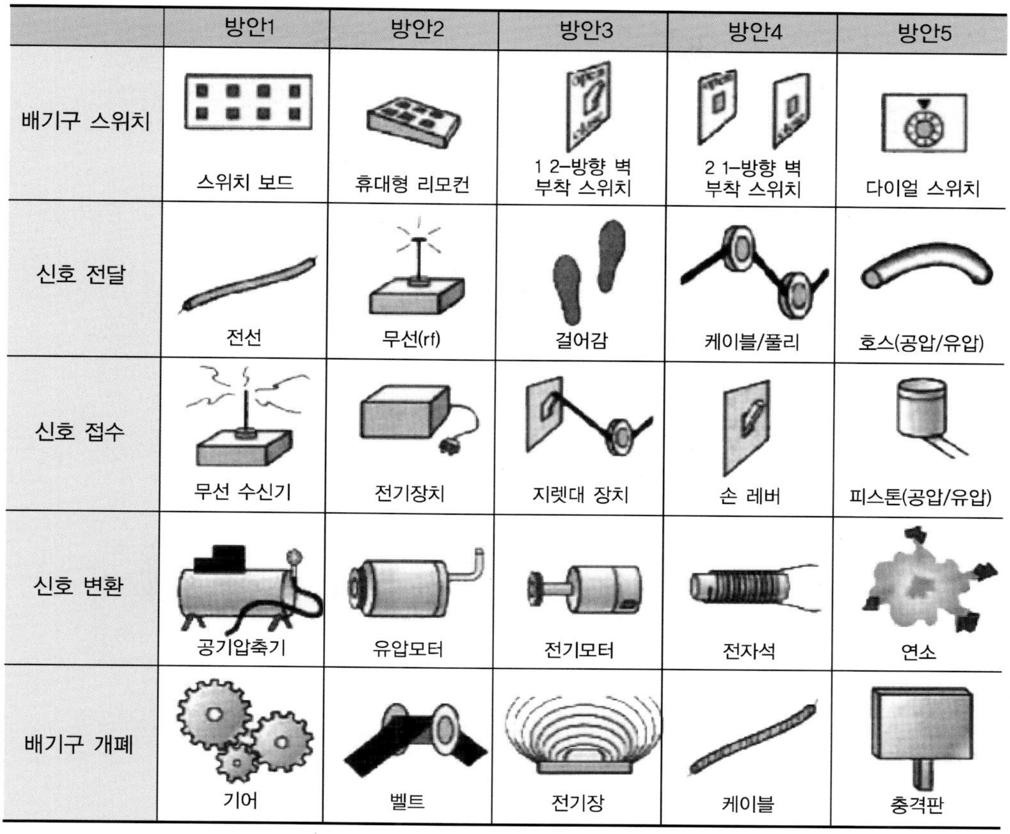

	방안1	방안2	방안3	방안4	방안5
배기구 스위치	스위치 보드	휴대형 리모컨	1 2-방향 벽 부착 스위치	2 1-방향 벽 부착 스위치	다이얼 스위치
신호 전달	전선	무선(rf)	걸어감	케이블/풀리	호스(공압/유압)
신호 접수	무선 수신기	전기장치	지렛대 장치	손 레버	피스톤(공압/유압)
신호 변환	공기압축기	유압모터	전기모터	전자석	연소
배기구 개폐	기어	벨트	전기장	케이블	충격판

그림 3.21 에어컨 배기구에 대한 형태학적 차트

인 아이디어는 스케치를 통해 드러나는 것이 보통이기 때문에 이와 같은 개념설계를 위해서 한번쯤 스케치 기술을 익혀두는 것도 좋을 것이다.

개념 스케치를 통해 개념 개발이 끝나면, 어떤 주어진 기준에 따라 각 개념을 평가하여 최종적으로 어떤 하나의 개념을 선택함으로써 개념설계를 마치게 된다. 즉, 지금까지 제안된 여러 대안들 중에서 고객의 필요를 만족하지 못하는 대안은 우선적으로 제거한다. 또한 기능들을 제품의 형상으로 스케치된 것 중에서도 설계팀의 모든 팀원들의 공학적 판단이 부정적이면 여과 과정을 거치면서 바람직한 대안으로 수정하든가 새로운 대안을 고민해야 한다.

1980년대 퓨(S. Pugh)는 정량적인 접근법으로 여러 개념들 중에서 최선의 해결안을 선택할 수 있는 방법, 즉 '퓨의 결정 매트릭스'를 제안하였다. 퓨의 결정 매트릭스는 기준이 되거나 목표가 되는 개념을 미리 선정하고, 이 기준 개념과 다른 개념을 비교 평가한다. 기준보다 좋으면 +로, 비슷하면 0으로, 그리고 기준보다 못하면 −로 나타낸다.

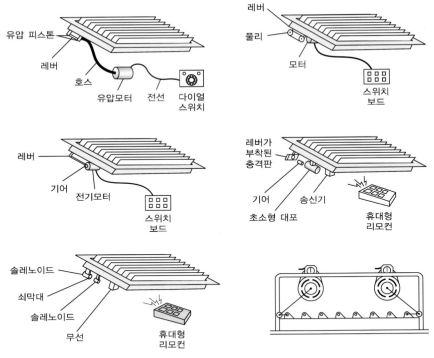

그림 3.22 에어컨 배기구에 대한 개념 스케치

평가의 기준을 찾는 좋은 방법은 설계팀의 각 구성원에게 작성된 QFD와 기능분석을 기초로 하여 10여 개 만들어달라고 요구하는 것이다. 요즘은 이런 기준들을 망라한 개념 자체를 하나의 기준 모델로 잡고 있다. 그래서 다음 중 하나를 기준 모델로 선택하고 있다.

- 산업표준이나 상업적으로 가능한 제품에서 앞선 것
- 문제에 대해 확실한 해결안이 되는 것
- 여러 대안들 중에서 설계팀원이 가장 좋아하는 것
- 가장 좋은 기능들만을 선택하여 조합한 것

기준 개념에 대해 여러 개념들을 서로 비교하여 평가표를 만들었다면 평가표의 오른쪽에 두 개의 열을 추가하여 전체 점수와 가중치 점수를 부여한다. 여기서 전체 점수는 +와 −의 차이이고, 가중치 점수는 각 +와 −에 가중치를 부가하여 합산한 점수이다. 따라서 전체 점수가 높은 개념인 경우, 즉 +가 많은 개념은 기준 개념과 비교하여 어떤 점(기능)이 강점인지 파악할 수 있다. 그리고 −로 나타난 기능에 대해서는 요구조건을 충족하려면 무엇을 보강해야 하는지, 아니면 정말로 이런 요구를 충족하기 어려운지 그래서 대안에서 제거해야 하는지

표 3.6 해결안 측정등급표

11점 척도	설명	5점 척도	설명
0 1	완전히 무용의 해결안 매우 부적절한 해결안	0	부적절함
2 3	취약한 해결안 부족한 해결안	1	취약함
4 5	괜찮은 해결안 만족스러운 해결안	2	만족함
6 7 8	훌륭한 해결안(몇 가지 단점) 훌륭한 해결안 매우 훌륭한 해결안	3	훌륭함
9 10	탁월한 해결안(요구사항을 능가함) 이상적인 해결안	4	탁월함

살펴볼 수 있다.

만약 대부분의 개념들이 어떤 기준에서 비슷한 점수이면 어느 하나를 채택하지 않는 이상 지식수준을 더 높여 보다 엄격히 따지면서 새로운 개념을 찾아봐야 한다는 것도 예상할 수 있다. 그리고 퓨의 결정 매트릭스는 가장 높은 점수를 얻은 개념을 새로운 기준으로 삼아 다른 개념들과 다시 비교해보면서 계속 반복할 수 있는 장점도 있다.

퓨의 결정 매트릭스는 가중치와 측정등급이라는 정량적인 값을 가지고 여러 개념들을 평가하는 방법이다. 가중치는 퍼센트나 소수점으로 나타내며, 모든 가중치의 합은 1이 되어야 한다. 그리고 측정등급은 평가기준의 중요성에 따라 표 3.6과 같이 점수로 나타낸다. 기준에 대한 지식이 상세하지 않을 때는 5점 척도(0~4)를, 그리고 기준에 대한 정보가 확실할 때는 11점 척도(0~10)를 사용한다.

한 예로, 정원에 떨어진 낙엽을 치우는 청소기에 대한 몇 가지 개념들을 평가해 보기로 한다. 이 경우 제안된 개념들은 다음과 같다. 떨어진 낙엽을 청소하면서 이 낙엽들을 둘둘 말아 난방용 불쏘시개로 재활용하는 청소기, 모인 낙엽을 자루에 담아 쉽게 처리하는 청소기, 낙엽을 가루로 만들고 여기에 라임을 섞어서 정원에 다시 뿌리는 청소기, 그리고 화학약품을 써서 낙엽을 분해하여 물과 섞어 배출하는 청소기이다. 표 3.7은 청소기에 대한 퓨의 결정 매트릭스이다.

표 3.7에서 각 설계기준에 대한 가중치를 통해 청소기에 대해서는 대중적 선호도와 신뢰성을 중시하고, 또한 측정등급을 통해서는 제안된 개념들 각각의 특징이나 강점에 대한 정보를 파악할 수 있다. 표 3.7에서 슬래시(/) 위에 표시된 숫자는 측정등급을 의미하고, 아래쪽은 각

표 3.7 청소기에 대한 퓨의 결정 매트릭스

설계기준 가중치 비교개념	표준 부품 사용 0.08	안정성 0.12	단순성 및 유지 보수 0.10	내구성 0.10	대중적 수용 0.18	신뢰성 0.20	개발비 비용 0.03	구매 비용 0.04	성능 0.14	합계 1.00
① 재생 청소기	3 / 0.24	5 / 0.60	2 / 0.20	4 / 0.40	9 / 1.62	6 / 1.20	1 / 0.03	1 / 0.04	3 / 0.42	4.78
② 자루 청소기	9 / 0.72	10 / 1.20	10 / 1.00	8 / 0.80	6 / 1.08	7 / 1.40	10 / 0.30	10 / 0.40	8 / 1.12	8.14
③ 라임 청소기	5 / 0.40	6 / 0.72	7 / 0.70	7 / 0.70	8 / 1.44	6 / 1.20	3 / 0.09	4 / 0.16	5 / 0.70	6.16
④ 화학 청소기	8 / 0.64	10 / 1.20	9 / 0.90	8 / 0.80	9 / 1.62	7 / 1.40	2 / 0.06	8 / 0.32	8 / 1.12	8.18

측정등급에 해당 설계기준의 가중치를 곱한 값, 즉 가중된 측정등급을 의미한다.

따라서 표 3.7을 통해 청소기에 대한 여러 대안들 중에서 합계, 즉 가중된 측정등급의 합이 높은 자루 청소기와 화학 청소기가 설계기준을 잘 만족시키므로 최종 개념으로 선택할 수 있다. 다만, 두 경우의 점수가 비슷하고, 또한 세심하게 한 번 더 점검한다는 차원에서 한 개념의 강점을 다른 개념에 접목하는 방식으로 하여 결정 매트릭스를 다시 작성해 보는 것도 바람직하다.

 ## 연습문제

헤어드라이기, 초음파가습기, 믹서기, 선풍기, 휠체어, 청소로봇 등과 같은 생활용품들을 보다 성능 좋게, 보다 경제적으로 등 여러 가지 고객들의 필요를 충족시킬 수 있는 개선된 또는 혁신적인 제품을 설계하기 위하여 다음과 같은 절차에 따라 공학문제를 설정하시오.

(1) 인터뷰나 설문조사를 통하여 고객들의 필요사항들을 파악한다.

(2) 고객의 필요사항들과 관련된 여러 정보들을 수집한다.

(3) 고객의 필요사항들을 공학적 요구사항들로 정리하기 위하여, 즉 제품의 설계목표를 구체적으로 설정하기 위하여 목적나무를 그린다.

(4) 기능나무 및 기능구조를 작성하고, 이를 기반으로 하여 중립적 기능−해결안이 되는 개념들을 도출한다.

(5) 품질의 집을 작성하고, 이를 분석하여 제품 개념의 기능을 구체화 하고 각 기능에 대한 정성적인 목표를 정량화 하여 설계사양들을 정리한다.

(6) 제품 개념들을 실현할 수 있는 여러 구체적인 방안들을 제안한다.

(7) 퓨의 결정 매트릭스를 작성하고, 최종 제품 개념을 선택한다.

CREATIVE ENGINEERING DESIGN

4장
창의적
아이디어
발상법

4.1 개요

아인슈타인에게 어떻게 낙제생이 세계 최고의 과학자가 되었는지 묻자 다음과 같은 네 가지 비결을 소개했다. "고정관념을 깨뜨리고, 문제를 정확하게 파악하고, 생각지도 못한 새로운 아이디어를 개발하고, 새로운 해결책을 발전시켜라." 이와 같이 고정관념을 깨고 다양한 각도에서 창의적으로 문제를 찾고, 분석하고, 종합하여 해결책을 제안하는 과정은 특히 공학설계 과정에서 매우 중요하다.

그래서 이 장에서는 이러한 과정을 체계적으로 그리고 창의적으로 진행할 수 있는 기법인 브레인스토밍(brainstorming) 기법, 트리즈(TRIZ) 기법, 스캠퍼(SCAMPER) 기법, SWOT 분석법, 만달아트(mandal-art) 기법 그리고 그 외의 여러 창의적 아이디어 발상법들을 간략히 소개하기로 한다.

4.2 브레인스토밍 기법

브레인스토밍은 미국의 광고회사 BBDO(Batten, Barton, Durstine and Osborn)사의 사장 오즈번(A. Osborn)이 고안한 회의방식의 일종이다. 그는 BBDO 사의 창립자 중 한 사람이며 광고제작의 책임자였다. 그 당시는 개인이 광고제작 작업을 하는 것이 당연시 되고 있었다. 하지만 그는 "디자이너가 광고 문안을 발상해도 좋지 않을까?"라고 생각했다. 그래서 디자이너, 광고문안자, 경영담당자의 구분을 없애고, 자유롭게 광고 발상을 위한 기본 규칙으로 집단기법을 생각하였다. 그리고 수차례의 시행착오 끝에, 1941년 자사의 직원들과 함께 브레인스토밍을 생각해내고 실용화했다.

그리고 오즈번은 이후에 미국에서 가장 큰 창의성 재단인 창의교육재단(Creative Education Foundation)을 설립하여 창의성 관련 연구와 교육에 기여하였다. 오즈번은 "사람은 집단으로 일할 때 두 배 더 많은 아이디어를 낸다."고 말했다. 이와 같은 오즈번의 주장과 같이 공학 특성상 새로운 아이디어를 창출해야 하는 공학설계 과정에서 팀워크, 즉 팀의 구성원들이 상호협력하는 과정은 필수적이라 할 수 있다.

브레인스토밍은 창의기법 중에서 확산기법의 자유연상법에 속한다. 대부분의 확산기법들은 브레인스토밍의 발전된 형태이다. 개발자인 오즈번은 브레인스토밍이라는 이름이 나오게 된

배경을 다음과 같이 기술하였다. "처음에 참석자들이 이 일을 브레인스톰(brainstorm) 회의라고 불렀다. 이름은 적절했다. 즉, 브레인스톰이란 독창적인 문제를 향해 돌진하기 위해 머리를 사용하는 것이다. 결국 각자가 같은 목적을 갖고 용감하게 특공대처럼 돌격하는 것이다."

브레인스토밍이라는 단어는 본래 '정신병의 발작'이란 의미를 지니고 있었다. 왜냐하면 브레인스토밍에 참석한 사람들은 돌진하는 특공대처럼 극도의 긴장상태에서 브레인스토밍에 참석하기 때문이다. 브레인스토밍이란 이름은 브레인 '뇌'에서 스톰 '폭풍'과 같은 발상을 하는 회의 풍경에서 유래된 것이다.

4.2.1 브레인스토밍의 기본원칙

아이디어 발상을 위한 회의에서, 그 회의가 주로 토론을 위한 회의가 되고 실제 필요한 아이디어 발상은 잘 되지 않는다는 것을 오즈번은 알게 되었다. 그래서 오즈번은 자신을 포함한 모든 회의 참석자들이 제안한 아이디어의 가치를 즉시 판단하지 않고 일정 시간 판단을 보류하고 계속해서 아이디어들을 자유롭게 제안하도록, 즉 '판단보류' 규칙을 정하였다.

브레인스토밍을 효과적으로 실행하기 위해서는, '판단보류' 규칙을 포함한 다음과 같은 4가지의 기본적인 규칙들을 지켜야 한다. 이 4가지의 규칙들은 확산기법 그 자체의 기본적인 특징을 잘 나타내고 있다.

① 판단보류(deferment-of-judgment)
② 자유분방(free-wheeling)
③ 질보다 양(quantity yield quality)
④ 결합개선(combination and improvement)

첫 번째 규칙(판단보류): 회의참석자는 아이디어를 제안하는 것에만 전념하고 이에 대한 판단은 나중에 하는 것이 좋다는 규칙이다. 자신이 제안한 아이디어에 대해 다른 사람들이 질문하고 반론을 한다면, 아이디어 제안자는 자기주장을 지키기 위해 하나하나의 아이디어를 고집하게 되고 새로운 아이디어 발상을 할 수 없게 된다. 그래서 이를 규칙으로 정한 것이다. 아이디어의 좋고 나쁨 혹은 중요한 것, 그렇지 못한 것에 대한 분류나 비판은 물론이고 그 아이디어에 대한 개인적인 경험이나 의견을 표현하지 못하도록 한다. 그러면 다른 사람들로부터 비판을 받지 않기 때문에 상상력이 더욱 활기를 띠며, 뇌에 폭풍이 일어나는 것과 같은 현상이 가능해진다.

두 번째 규칙(자유분방): 첫 번째 규칙인 판단보류는 이것저것 비판하는 것을 보류한다는 뜻이다. 그러면 누구나 자유롭게 생각나는 대로 말할 수 있게 되어 회의참석자들의 발언은 활성화되며, 무엇을 말해도 좋고, 바보 같은 말을 해도 된다는 자유분방한 분위기가 만들어진다.

세 번째 규칙(질보다 양): 어떤 아이디어라도 비판, 평가를 하지 않고 아이디어만을 대량으로 내놓는 것이 우선적으로 중요하다. 아이디어를 평가하고 선정하는 것은 나중에 하면 된다. "초보 사냥꾼이라도 자꾸 쏘다 보면 명중한다."라는 말이 있듯이, "점점 아이디어의 양이 많아지면 양질의 아이디어도 그 속에서 나온다."라는 사고에 기초한다.

네 번째 규칙(결합개선): 내 아이디어를 다른 누군가가 더 연구하여 결합하고 개선시켜 보다 의미 있는 아이디어로 발전시킬 수 있다는 규칙이다. 제안된 아이디어들은 모두 우리의 것이라고 생각하면서, 아이디어들에 대한 결합과 개선을 통하여 그의 질을 높여가는 것은 브레인스토밍의 특징을 잘 나타낸다.

4.2.2 브레인스토밍 기법의 전개방식

브레인스토밍 기법의 전개방식, 즉 구체적인 진행방법은 다음과 같다.

① 주제를 구체적으로 선정한다.

주제 선정이 모호하거나 잘못되면 브레인스토밍이 원만하게 이루어지지 않는다. 따라서 주제는 구체적으로 표현되어야 하며 이해하기 쉬워야 한다.

② 참석자 전원의 얼굴이 잘 보이도록 테이블과 의자를 배치한다.

회의 장소는 안정적이고 평범해야 하며, 테이블은 타원형이나 정사각형이 좋으며, 참석자 전원의 얼굴이 잘 보이도록 의자를 배치해야 한다. 테이블 형태가 긴 사각형인 경우에는, 구석진 자리에 앉은 사람은 심리적으로 발언하지 않아도 되는 듯한 착각에 빠지기 쉽다. 이러한 문제점이 생기지 않도록 적절한 테이블 형태를 선택해야 한다.

③ 모조지 또는 화이트보드 등을 준비한다.

칠판에 모조지를 붙이거나 화이트보드를 준비하고, 제안된 아이디어들을 그 위에 매직펜으로 쓴다. 기록할 때 축소복사가 가능한 전자칠판을 사용하면 더욱 편리하다.

④ 진행자는 회의 분위기를 잘 조성할 수 있는 사람으로 선정한다.

진행자는 브레인스토밍의 4가지 규칙들을 확실히 지키며, 의견이 활발하게 개진될 수 있도록 자유분방한 분위기를 조성하고, 참석자 서로가 철저하게 협력할 수 있도록 한다. 또한, 진행자는 모든 참석자들을 잘 이끌면서 동시에 주제의 방향에서 흐름이 벗어나지 않도록 해야 한다.

⑤ 참석자들은 여러 분야의 전문가들로 구성한다.

오즈번은 적정 참석자의 수를 10명 정도로 말하고 있지만, 통상적으로 6~8명 정도가 적절하다. 참석인원 중에 주제에 관한 전문가는 반수 이하로 구성하고, 다른 여러 분야의 전문가들이 모일 수 있도록 신경을 쓴다. 가능하면 같은 계층에 속한 사람들을 모으는 것이 바람직하며, 적어도 권위를 내세우는 사람들은 제외시키는 것이 좋다.

⑥ 발언을 전부 기록하고 키워드로 요약한다.

기록용지에는 '주제'와 '아이디어 번호'를 기입해두고, 진행자 또는 서기가 참석자들의 발언을 모두 적는다. 발언을 기록할 때 요약을 잘해야 하며, 이를 구체적으로 기술하기 위해 키워드를 적절히 사용한다. 예를 들어 "아침식사 전에 하루의 방침을 정하고, 전철 안에서 구체적인 방안을 생각한다."라고 하는 발언을 '사전준비' 등으로 요약하면 안 된다. "아침식사 전에 방침을 정하고, 전철 안에서 구체화 한다." 정도로 정리하는 것이 좋다.

⑦ 아이디어 발상회의 시간은 1시간 이내로 하고, 그 이상의 시간이 소요되면 휴식시간을 갖는다.

발상회의 시간은 1시간 정도가 적당하다. 주제에 따라 다르겠지만, 1시간이면 최소한 100개 정도의 안이 나올 수 있다. 회의시간이 더 필요하면, 도중에 몇 분간 휴식을 취하는 것이 효과적이다.

⑧ 브레인스토밍의 결과에 대한 평가는 하루 정도 지난 후에 실시한다.

제안된 아이디어들에 대한 평가는 하루 정도 지난 후에 '독창성' 및 '가능성'에 중점을 두고 실시한다. 이때는 아이디어에 대한 비평과 판단이 허용된다. 이 평가과정에서 여러 가지 아이디어들이 결합되고 개선되어 보다 수준 높은 아이디어가 도출되는 경우가 많다.

브레인스토밍이 유쾌하고 유익하게 이루어지기 위해서는 위에서 언급된 내용 이외에 브레인스토밍 할 때 '하지 말아야 할 것'과 '고려해야 할 것'을 요약하면 각각 다음과 같다.

〈하지 말아야 할 것〉

① 팀장이 먼저 이야기한다.
② 참석자가 차례대로 돌아가면서 발언한다.

③ 전문가만 발언한다.

④ 특별한 장소(예: 회의실)에서만 진행한다.

⑤ 진지한 대화나 토론만 한다.

⑥ 메모지를 채우기 위한 메모만 한다.

〈고려해야 할 것〉

① 주제의 초점을 명확하게 한다.

② 나름대로 규칙을 정한다.

③ 도출된 아이디어들을 자유롭게 기록한다.

④ 아이디어에 번호를 매긴다.

⑤ 경우에 따라서는 단계를 쉬지 않고 곧장 뛰어넘는다.

⑥ 적절한 휴식을 취한다.

4.2.3 카드 브레인스토밍 기법

브레인스토밍(BS: brainstorming)의 경우는, 발언하면서 기법을 전개하기 때문에 적극적으로 발언하는 사람과 지위가 높은 사람이 중심이 되는 경향(문제점)이 있다. 이러한 브레인스토밍의 단점을 시정하기 위하여, 일본 창조개발연구소 소장인 다카하시 마코토는 카드를 이용한 브레인스토밍, 즉 '카드 BS'기법을 제안하였다. 카드 BS기법은 참석자 전원이 모두 고르게 의견을 제안할 수 있도록 고안된 기법이다.

카드 BS기법은 문제파악, 문제해결, 마케팅 그리고 제품개발 시 어떤 단계에서도 이용할 수 있는 매우 편리한 기법이다. 또한 카드 BS기법은 개인이 글을 쓸 때에도 이용할 수 있다. 쓰고자 하는 글의 내용을 생각했다면 어쨌든 처음은 그 생각대로 카드에 글을 써간다. 그리고 생각이 멈췄을 때에는, 책상 위에 이제까지 써넣은 카드들을 나열한 후 반복해서 읽고, 또한 다음의 발상을 해나간다. 이와 같이 카드 BS기법은 개인발상 또는 집단발상에서 카드를 사용하며, 나중에 이 카드들을 이용하여 아이디어들을 쉽게 정리할 수 있는 기법이다.

- **카드 BS기법의 특징**

① 일부 발언자들이 독점하는 것을 방지하기 위해, 순번에 따라 모든 참석자들이 평등하게 발언하도록 한다.

② 항상 발언이 엇갈리며 차분히 생각할 수 없는 브레인스토밍의 단점을 없애기 위해, 침묵

하며 사고하는 시간을 갖는다.

③ 브레인스토밍에서는 사회자 또는 서기가 참석자의 발언을 기입하기 때문에, 발언에 대한 느낌이나 의미가 바뀌는 경우가 있다. 이와 같은 문제점을 해소하기 위해, 발표자 자신이 직접 카드에 기입하는 방식을 취한다.

④ 침묵사고와 구두발언을 병행하고, 개인발상과 집단발상을 융합한다.

⑤ 브레인스토밍의 4가지 규칙(판단보류, 자유분방, 질보다 양, 결합개선)은 카드 BS기법에서도 똑같이 적용된다.

• 카드 BS기법의 전개방식

① 진행자를 미리 정해둔다.

진행자는 회의진행을 맡는 동시에, 시간을 체크하며, 그리고 발상 참석자도 겸한다.

② 참석자들은 테이블을 중심으로 둥글게 둘러앉으며 카드를 지급받는다.

참석자는 6~8명 정도로 구성하며, 원형 또는 정사각형의 테이블을 중심에 두고 앉는다. 참석자 한 사람당 50장 정도의 카드를 지급받는다. 이 카드에 아이디어들을 전부 기입한다.

③ 주제에 대해 서로 말한다.

주제는 미리 정해둔다. 참석자들이 모였다면, 아이디어 발상을 위한 조건, 주의사항 등을 먼저 알리고, 서로 이야기를 주고받는다.

④ 참석자 각자 '5분 간' 개인적으로 아이디어 발상을 실시한다.

각자 생각한 것을 자신의 카드에 기입한다. 이때 한 장의 카드에 한 가지의 아이디어를 쓰는 것을 원칙으로 한다.

⑤ 순서대로 아이디어를 발표하고 카드를 나열한다.

각자 차례대로 한 장씩 자신의 카드를 다 읽고, 그 카드를 테이블 한가운데에 모든 참석자들이 볼 수 있도록 나열한다. 한 사람이 끝나면, 그 다음 사람이 아이디어를 발표한다. 만약 다른 참석자가 자기의 아이디어를 먼저 발표했을 경우에는, 자기가 가지고 있는 같은 내용의 카드는 버린다.

⑥ 발표된 아이디어에 대해 질문하거나 자기의 아이디어에 추가한다.

다른 참석자의 발표를 듣고 이해되지 않는 부분이 있다면, 그것에 대한 평가를 제외한 질문을 한다. 또한 발표를 들으면서, 그것을 힌트 삼아 자기가 가지고 있는 카드에 아이디어를 추가한다.

⑦ 발표 후 다시 '5분 간' 개인적으로 아이디어 발상을 실시한다.

참석자 2~3명이 아이디어를 발표한 다음, 다시 개인발상의 시간을 가지며, 각자 카드에 아이디어를 기입한다. 5분이 되면 종료한다.

⑧ 다시 차례대로 아이디어를 발표하고 카드를 나열한다.

⑨ 개인적인 아이디어 발상, 차례대로 아이디어 발표 그리고 카드 나열을 제한된 회의시간까지 반복한다.

⑩ 카드에 적힌 아이디어들을 평가하고 정리한다.

발상된 아이디어들은 모두 카드에 기록되어 있다. 이를 평가한 후 정리하여 결론을 내린다.

연습문제 4.2

창의적 아이디어 발상법인 1) 브레인스토밍 기법, 2) 카드 브레인스토밍 기법을 활용하여 "에너지 효율이 높은 자동차를 만들려면 어떻게 하면 되겠는가?"라는 공학문제를 해결할 수 있는 창의적인 아이디어들을 제안하시오.

4.3 트리즈 기법

트리즈(TRIZ)는 러시아에서 처음으로 만들어졌으며 러시아어로 'Teoriya Resheniya Izobretatelskih Zadatch (Theory of Inventive Problem Solving)'의 약자이다. 이를 우리말로 표현하면 '창의적 문제해결 방법'이다. 트리즈는 1946년 구소련의 특허심사관이었던 알츠슐러(G. S. Altshuller)에 의해서 개발되었다. 그는 오랫동안 특허분석을 하던 중 약 20만 건의 특허 중에서 창의적으로 문제를 해결한 획기적인 특허들을 약 2만 건 분류하여 창의적 아이디어 발상법을 제안하였다.

표 4.1에는 알츠슐러가 기존의 특허를 분석하여 개발한 특허의 수준별 분류가 정리되어 있다. 5가지로 분류한 특허분석 내용을 살펴보면 다음과 같다.

• 수준 1~2는 사소한 개선의 정도에 지나지 않는다.
• 수준 3~4는 누가 보아도 창의적이라고 할 만하다.

표 4.1 특허의 수준별 분류

수준	발명의 내용	비율(%)	필요한 지식
1	해당분야 전문가들의 익숙한 방법을 이용한 해결책	32	개인적 지식
2	현재의 시스템에 기능을 추가하여 얻어지는 개선	45	동일 산업 내 지식
3	현재 시스템의 획기적인 개선	18	타 산업 내 지식
4	신개념의 시스템 창조	4	기술이 아닌 과학
5	획기적 신개념의 선구자적 발견	1	새로운 과학

• 수준 5는 우연한 경험 등을 통한 획기적 신개념의 발견에 해당한다.

또한, 그는 트리즈를 통하여 대부분의 제품 및 시스템들은 어떤 진화의 법칙을 통하여 개발되어 왔다는 것을 알게 되었다. 따라서 어떤 시스템을 새롭게 개발할 때 이러한 진화의 법칙을 이용하게 되면 보다 현실적이고 의미 있는 결과를 도출할 수 있다는 것을 알아내었다.

4.3.1 트리즈의 특성

그림 4.1은 트리즈에 의한 문제해결 과정을 나타낸다. 트리즈에 의한 문제해결 과정에서 요구되는 기본적인 원칙은 다음과 같다.

① "문제해결 시간의 감소와 혁신적인 해결책을 얻는 사고를 향상시키기 위해 프로세스를 체계화할 수 있을까?"에 대한 문제의식을 갖는다.

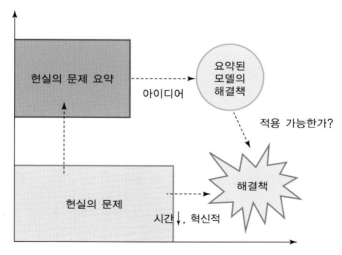

그림 4.1 트리즈에 의한 문제해결 과정

② 현실의 문제를 요약하여 브레인스토밍 등의 아이디어 발상법을 사용하여 요약된 모델의 해결책을 제안한다.

③ 제안된 해결책을 현실의 문제에 적용한다. 만일 적용이 불가능하다면 다시 아이디어를 창출하여 새로운 해결책을 제안한다.

④ 적용 가능한 아이디어는 문제해결 시간의 감소는 물론이며 이전의 해결책보다 더 혁신적이어야 한다.

창의적 문제해결 방법인 트리즈의 기대효과를 요약하면 다음과 같다.

① 제품개발 시 발생되는 문제점들을 해결하기 위해 트리즈 기법을 적용하면 문제를 개선하는 수준 정도가 아니라 창조적이며 혁신적인 문제해결이 가능하다.

② 제품 및 부품들을 기능위주로 분석함으로써 다른 부품이 기능을 대신하거나 해당 부품이 필요한 기능을 수행하도록 하는 수정된 설계가 가능하므로 개발비용을 절감할 수 있다.

③ 제품의 진화과정을 예측함으로써 시장을 선점할 수 있는 제품개발이 가능하다.

④ 특허 데이터베이스를 통해 유사 특허를 피하면서 제품을 설계제작할 수 있으므로 특허 방어 및 시장선점이 가능하다.

4.3.2 트리즈 기법이 추구하는 3대 요소

트리즈 기법이 추구하는 3대 요소, 즉 이상해결책, 모순 그리고 자원에 대해 살펴보기로 한다.

① 이상해결책(IFR: Ideal Final Result), 이상성(ideality)

• 어떤 시스템의 유용한 기능은 최대화 시키고 유해한 기능은 최소화시킴으로써 최적의 이상적인 해결책이 된다.

• 가장 이상적인 시스템은 요구하는 모든 기능을 수행할 수 있으나 그에 수반되는 공간, 에너지, 유지보수 등을 요구하지 않는다.

• 이상적인 시스템은 존재할 수 없지만 이런 이상의 개념은 해결책 도출 시 심리적 타성과 사고의 관성(그림 4.2)을 제거하는 데 유용하다.

• '이상해결책'과 '이상성'은 각각 다음과 같이 표현된다.

$$이상해결책 = \frac{\sum 유용한 기능 \uparrow}{\sum 유해한 기능 \Downarrow} \tag{4.1}$$

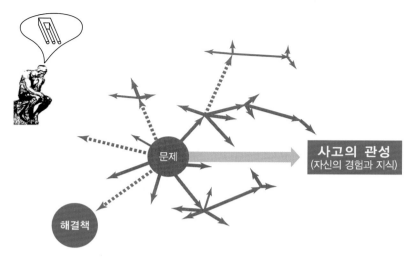

그림 4.2 사고의 관성

$$이상성 = \frac{효과 \Uparrow}{비용 \Downarrow} \rightarrow \infty \qquad (4.2)$$

이상해결책이 되기 위해서는 유용한 기능의 합이 최대화 그리고 유해한 기능의 합이 최소화 되어야 한다. 그리고 이상성은 효과를 최대화, 비용을 최소화하여 무한대의 크기를 목표로 한다.

② 모순(contradiction)
- 대부분의 기술적인 문제들은 한 가지 이상의 모순을 포함하고 있다.
- 대부분의 창의적인 발명들은 이러한 모순을 제거하거나 극복하여 혁신적인 해결책을 제 안한다.
- 모순제거를 위한 방법으로 그림 4.3에 표시된 바와 같이 기술적 모순을 제거하기 위해

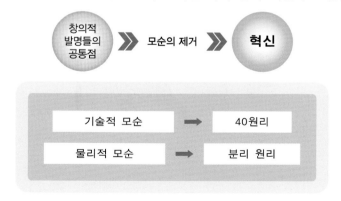

그림 4.3 모순제거를 위한 방법

40가지 발명원리와 물리적 모순을 제거하기 위해 시간과 공간에 의한, 그리고 전체와 부분에 의한 분리의 원리가 적용된다.

③ 자원(resource)

- 자원은 문제해결을 위해 이용할 수 있는 모든 것을 의미하며, 일반적으로 문제의 주변 환경에서 쉽게 얻을 수 있는 것을 사용한다.
- 평소에 중요하게 생각하지 않던 자원 요소에 대하여 새로운 관심을 가져야 하며, 자원을 적절히 활용하여 문제해결 비용을 감소시켜야 한다.

4.3.3 트리즈 기법의 적용

트리즈에서 말하는 창의적 문제는 공학적 대립과 모순(technical contradiction)을 가지고 있는 문제를 의미한다. 대립과 모순이라는 의미는 시스템의 어떤 특성 또는 파라미터들(무게, 크기, 색, 속도, 강도 등)을 향상시키고자 할 때 시스템의 다른 특성이나 파라미터들이 악화되는 경우를 말한다. 이러한 문제를 해결하기 위해서는 일반적으로 트레이드오프(trade-off) 기법을 적용한다. 트레이드오프는 시스템의 대립을 근본적으로 제거하는 것이 아니라 시스템의 유해한 작용은 그대로 지니고 있으면서 단지 그 정도를 완화시키는 것이다.

예를 들어 프로펠러 비행기의 속도를 증가시키기 위해서는 추력을 크게 해야 하는데, 이것은 프로펠러의 크기에 좌우된다. 따라서 큰 추력을 얻기 위하여 프로펠러의 크기를 증가시키면 비행 시 속도는 증가하지만 착륙 시 그림 4.4에서 보는 바와 같이 프로펠러가 지면에 부딪히는 문제가 발생하게 된다. 이것을 해결하기 위해서는 결국 착륙바퀴 고정장치 길이를 길게 설계할 수밖에 없다. 이러한 경우에는 착륙 시 자세제어가 어렵기 때문에 일반적으로 착륙이

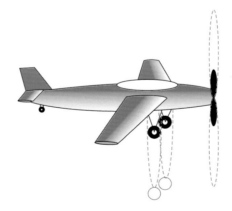

그림 4.4 프로펠러 크기와 착륙 시 바퀴 고정장치 길이와의 트레이드오프

가능한 바퀴 고정장치 길이를 먼저 결정하고 최대한 크게 할 수 있는 프로펠러 크기를 결정하게 된다. 이러한 방법은 고전적인 최적설계 방법 중의 하나로 볼 수 있다.

그러나 근본적으로 시스템의 공학적 대립과 모순이 해결되지 않는 한 시스템 개선의 궁극적인 목표에 도달할 수 없다. 따라서 트리즈에서는 시스템의 공학적 특성에 대한 모순을 제거하기 위한 방법으로 40가지 발명원리(표 4.2)와 39가지 공학파라미터(표 4.3)들을 사용한다. 이를 체계적으로 적용하기 위하여 알츠슐러가 수많은 특허들을 분석하여 만든 그림 4.5에 표시된 39가지의 공학파라미터들을 행렬로 배치하여 만든 모순행렬표(contradiction matrix)를 함께 사용한다. 공학적 모순상황은 두 가지의 공학파라미터들이 서로 충돌하기 때문에 개

표 4.2 40가지 발명원리

1. 분할	13. 반대로하기	25. 셀프서비스	37. 열 팽창
2. 추출	14. 곡률증가	26. 복제	38. 산화가속
3. 국소적 성질	15. 역동성	27. 일회용품	39. 비활성환경
4. 비대칭	16. 과부족조치	28. 기계적 시스템의 대체	40. 복합재료
5. 결합	17. 차원바꾸기	29. 공기식/수압식 구조물	
6. 범용성	18. 기계적 진동	30. 유연한 막 또는 얇은 필름	
7. 포개기	19. 주기적 작동	31. 다공질 재료	
8. 평형추	20. 유익한 작용의 지속	32. 색깔변경	
9. 선행반대조치	21. 고속처리	33. 동질성	
10. 선행조치	22. 전화위복	34. 폐기 및 재생	
11. 사전예방	23. 피드백	35. 속성변환	
12. 높이 맞추기	24. 매개체	36. 상전이	

표 4.3 39가지 공학파라미터

1. 움직이는 물체의 무게	14. 강도	27. 신뢰성
2. 움직이지 않는 물체의 무게	15. 움직이는 물체의 내구성	28. 측정의 정확성
3. 움직이는 물체의 길이	16. 움직이지 않는 물체의 내구성	29. 제조의 정밀성
4. 움직이지 않는 물체의 길이	17. 온도	30. 외부에서 물체에 가해지는 해로운 인자
5. 움직이는 물체의 면적	18. 밝기	31. 물체에 의해서 생기는 해로운 인자
6. 움직이지 않는 물체의 면적	19. 움직이는 물체가 소비하는 에너지	32. 제조의 용이성
7. 움직이는 물체의 체적	20. 움직이지 않는 물체가 소비하는 에너지	33. 사용의 편이성
8. 움직이지 않는 물체의 체적	21. 파워(힘×속도)	34. 보수성
9. 속도	22. 에너지 손실	35. 적응력
10. 힘	23. 물질의 손실	36. 장치의 복잡성
11. 응력, 압력	24. 정보의 손실	37. 제어의 복잡성
12. 모양	25. 시간의 손실	38. 자동화의 수준
13. 물체의 안정성	26. 물질의 양	39. 생산성

그림 4.5 모순행렬표의 작성 예시

선하고자 하는 특징과 악화되는 특징이 동시에 발생하게 된다. 그림 4.6은 이와 같은 특징들을 표시한 모순행렬표의 구체적인 한 예이다.

악화되는 특징 → / 개선하고자 하는 특징 ↓	움직이는 물체의 무게	움직이지 않는 물체의 무게	움직이는 물체의 길이	움직이지 않는 물체의 길이	움직이는 물체의 면적	움직이지 않는 물체의 면적	움직이는 물체의 체적	움직이지 않는 물체의 체적	속도	힘	응력, 압력	모양	물체의 안정성	강도
	1	2	3	4	5	6	7	8	9	10	11	12	13	14
1 움직이는 물체의 무게			15, 8, 29, 34		29, 17		29, 2, 40, 28		2, 8, 15, 38	8, 10, 18, 37	10, 36	10, 14	1, 35, 19, 39	28, 27
2 움직이지 않는 물체의 무게				10, 1, 29, 35		35, 30		15, 35, 14, 2		8, 10, 19, 35	13, 29	13, 10	26, 39, 1	28, 2, 10, 27
3 움직이는 물체의 길이	8, 15, 29, 34				15, 17, 4		7, 17, 4, 35		13, 4, 8	17, 10, 4	1, 8, 35	1, 8, 10, 29	1, 8, 15, 34	8, 35, 29, 34
4 움직이지 않는 물체의 길이		35, 28				17, 7, 10, 40		35, 8, 2, 14		28, 10	1, 14, 35	13, 14	39, 37, 35	15, 14
5 움직이는 물체의 면적	2, 17, 29, 4		14, 15				7, 14, 17, 4		29, 30, 4	19, 30	10, 15	5, 34, 29, 4	11, 2, 13, 39	3, 15, 40, 14
6 움직이지 않는 물체의 면적		30, 2, 14, 18		26, 7, 9, 39						1, 18, 35, 36	10, 15	1, 15, 29, 4	2, 38	40
7 움직이는 물체의 체적	2, 26, 29, 40		1, 7, 4, 35		1, 7, 4, 17				29, 4, 38, 34	15, 35	6, 35, 36, 37		28, 10, 1	9, 14, 15, 7
8 움직이지 않는 물체의 체적		35, 10	19, 14	35, 8, 2, 14					2, 18, 37	24, 35	7, 2, 35		34, 28	9, 14, 17, 15
9 속도	2, 28, 13, 38		13, 14, 8		29, 30, 34		7, 29, 34			13, 28	6, 18, 38, 40	35, 15	28, 33, 1	8, 3, 26, 14
10 힘	8, 1, 37, 18	18, 13, 1	17, 19, 9	28, 10	19, 10, 15	1, 18, 36, 37	15, 9, 12, 37	2, 36, 18, 37	13, 28		18, 21, 11	10, 35	35, 10, 21	35, 10
11 응력, 압력	10, 36	13, 29	35, 10, 36	35, 1, 14, 16	10, 15	10, 15	6, 35, 10	35, 24	6, 35, 36	36, 35, 21		35, 4, 15, 10	35, 33, 2	9, 18, 3, 40
12 모양	8, 10, 29, 40	15, 10	29, 34, 5	13, 14	5, 34, 4, 10		14, 4, 15, 22	7, 2, 35	35, 15	35, 10	34, 15		33, 1, 18, 4	30, 14
13 물체의 안정성	21, 35, 2	26, 39, 1	13, 15, 1	37	2, 11, 13	39	28, 10	34, 28	33, 15	10, 35	2, 35, 40	22, 1, 18, 4		17, 9, 15
14 강도	1, 8, 40, 15	40, 26	1, 15, 8, 35	15, 14	3, 34, 40, 29	9, 40, 28	10, 15	9, 14, 17, 15	8, 13, 26, 14	10, 18, 3	10, 3, 18, 40	10, 30	13, 17, 35	

그림 4.6 공학적 모순상황이 표시된 모순행렬표

연습문제 4.3

트리즈 기법을 이용하여 다음 공학문제들에 대한 해결책을 제안하시오.

(1) 그림 4.7과 같이 건축 기초공사에서 땅 속에 큰 말뚝을 박고 있다. 말뚝의 끝이 뾰족하면 쉽게 땅 속으로 말뚝을 박을 수 있지만 끝이 뾰족한 말뚝은 쉽게 움직이게 되어 안정적이지 못하다. 말뚝을 쉽게 박을 수 있으면서 동시에 안정적으로 유지될 수 있는 말뚝을 설계하시오.

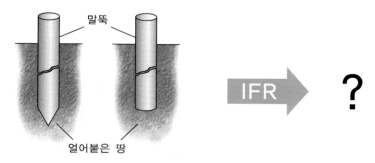

그림 4.7 건축 기초공사에서 땅 속에 큰 말뚝 박기

(2) 그림 4.8과 같이 산(acid)에서 시료가 부식되는 정도를 연구하고 있다. 산을 담은 용기가 부식되어 산이 오염되므로 정확한 실험이 어렵다. 이를 해결할 수 있는 이상적인 해결책을 제안하시오.

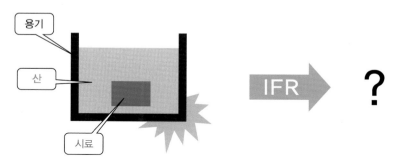

그림 4.8 산(acid)에서 시료가 부식되는 정도 연구

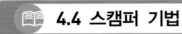
4.4 스캠퍼 기법

스캠퍼(SCAMPER)는 7가지 핵심 아이디어 발상법, 즉 ① 대치(Substitute A↔B), ② 결합(Combine A+B), ③ 응용(Adapt), ④ 수정/축소/확대(Modify/Minify/Magnify), ⑤ 다른 용도로 사용(Put to other uses A→C), ⑥ 제거(Eliminate A), ⑦ 역배치/재구성(Reverse/Rearrange)의 각 영어단어의 첫 글자들을 하나의 단어형태로 나타낸 것이다. 스캠퍼 기법은 해결하고자 하는 문제에 7가지의 기본적인 질문을 적용하여 새로운 아이디어를 이끌어내는 방식이다. 이 기법은 1971년 에이벌(B. Eberle)이 브레인스토밍 기법을 만든 오즈번이 아이디어 창출을 위해 만든 체크리스트(checklist) 기법을 보완하여 발전시킨 아이디어 발상법이다.

먼저 스캠퍼 기법의 기초가 된 체크리스트 기법을 간략히 소개하기로 한다. 체크리스트 기법은 어떤 일을 수행하고자 할 때 중요사항들이 누락되지 않도록 하나씩 체크하기 위한 일람표를 이용하는 방법이다. 이 방법은 일상생활에서도 흔히 사용되고 있는 방법이라 "누가 이 방법을 처음 고안했는가?"라고 질문한다면 정확히 대답할 수 없을 것이다. 그것은 인류의 지혜 혹은 자연발생적인 것이라고 할 수 밖에 없기 때문이다. 예를 들면 우리가 해외여행을 떠날 때 가지고 갈 물건들의 목록을 미리 만들어두었다가 출발 전에 이를 점검하는 일은 보편적으로 이루어지고 있다.

이와 같은 일반적인 체크리스트 기법은 실수를 하지 않기 위한 소극적인 기법이다. 그러나 오즈번은 적극적인 기법으로 다음과 같이 9가지 핵심 포인트로 구성된 체크리스트, 즉 '오즈번 체크리스트'를 제안하였다.

① 다른 것으로의 전용

"다른 사용방법은 없을까?", "지금 있는 상태에서 또는 개조해서 새롭게 다른 것으로 사용할 수 있는 방법이 있는지?"라고 질문한다.

② 다른 응용

"그밖에 이와 비슷한 것은 없을까?", "과거에 비슷한 것은 없었을까?", "무언가 모방할 것이 없을까?", "누군가를 보고 배울 수는 없을까?"라고 질문한다.

③ 수정

"새로운 변경은 없을까?", "의미, 색, 움직임, 소리, 냄새, 양식, 형태 등을 수정할 수 없을까?", "그 외의 수정은 없을까?"라고 묻는다.

④ 확대

"무엇을 추가할 수 없을까?", "좀 더 시간이 필요한가?", "보다 강하게, 보다 높게, 보다 길게, 보다 두껍게 할 수 없을까?" 그리고 빈도, 부가적 가치, 재료의 추가, 복제, 배가, 과장 등에 관한 다양한 질문들을 던진다.

⑤ 축소

무언가 축소시킬 수 없을까? 보다 작게, 농축, 미니어처화, 보다 낮게, 보다 짧게, 보다 가볍게, 생략, 유선형으로, 분할 할 수 없을까? 비밀스럽게 할 수 없을까? 등을 묻는다.

⑥ 대용

"무언가 대용할 수 없을까?", "재료, 제조공정, 동력, 음색, 맛, 냄새 등에 대해 다른 것으로 대용할 수 없을까?" 라고 질문한다.

⑦ 재배열

"요소, 패턴, 레이아웃, 순서, 원인과 결과, 스케줄 등을 바꿀 수 없을까?" 라고 질문한다.

⑧ 역전

긍정과 부정을 바꾸면, 반대로 하면, 뒤로 역행하면, 상하를 뒤집으면, 역할을 바꾸면, 신발을 바꾸면, 테이블을 돌리면, 다른 쪽으로 향하게 하면 등과 같이 반대 측 효과에 대하여 고민해 본다.

⑨ 결합

혼합, 합금, 진열, 앙상블, 유닛의 조합, 아이디어의 조합 등에 관해 발상해 본다.

이제 위에서 설명된 체크리스트 기법을 보완하여 발전시킨 스캠퍼 기법에 대해 설명하기로 한다. 스캠퍼 기법은 비교적 쉽게 적용할 수 있고 창의성을 향상시키는데 도움이 되어 널리 사용되고 있는 아이디어 발상법이다. 스캠퍼(SCAMPER)의 7가지의 기본적인 질문내용은 다음과 같다.

① 대치(Substitute): 제품의 본질적인 기능을 유지하면서 다른 재료나 부품으로 대치하기 (예: 종이컵, 고무장갑)
② 결합(Combine): 다른 기능을 가지는 두 가지 이상의 제품들을 결합하기(예: 지우개 달린 연필, 시계 겸 라디오, 복합 프린터기)
③ 응용(Adapt): 다른 물건이나 제품의 기능을 응용하기(예: 장미덩굴 → 철조망)
④ 수정/축소/확대(Modify/Minify/Magnify): 기존 제품을 수정, 축소, 확대하기(예: 휴대용 카세트)

⑤ 다른 용도로 사용(Put to other uses): 기존 용도를 다른 용도로 사용하기(예: 톱밥 →
   합판제작)

⑥ 제거(Eliminate): 기존 제품의 불필요한 부분을 제거하기(예: 씨 없는 수박)

⑦ 역배치/재구성(Reverse/Rearrange): 기존 제품의 기능 또는 특성을 재구성하거나 역
   으로 배치하기(예: 장갑 → 발가락 양말)

스캠퍼 기법은 사고를 패턴화 하여 새로운 용도개발, 품질개선, 실용성 증진 등 다양한 분
야에 적용할 수 있으며 문제를 인식하고 그에 대한 해결책을 도출하는 것을 습관화 하는 데
도움이 된다. 아이디어를 막연하게 제안하다보면 쉽게 한계에 부딪히게 된다. 그러나 스캠퍼
기법을 이용하면 아이디어의 확장과 응용을 비교적 쉽게 할 수 있다. 스캠퍼 기법을 적용하기
위해서는 첫째, 자신이 생각하는 주제를 분리시켜야 하며 둘째, 분리된 주제에 대하여 각 단계
에서 스캠퍼 7가지의 질문들을 점검하면서 어떤 아이디어가 새롭게 나오는지 확인해야 한다.

맥도널드 창업자인 크록(R. Kroc)은 이 기법을 통해서 많은 아이디어들을 얻었다. 예를 들
면, 단지 햄버거만 파는 것이 아니라 점포와 부동산을 동시에 판매하는 '다른 용도로 사용하
기'를 했고, 서비스하는 종업원을 없애고 손님이 직접 햄버거를 가져다 먹는 식으로 기존의 것
에서 불필요한 요소를 '제거하기'를 시도하였다. 또한 햄버거를 먹기 전에 주문하면서 돈을 먼
저 지불하는 방식을 채택하여 기존 패턴을 '재구성'하였다.

표 4.4에는 스캠퍼 기법을 활용하기 위한 순서와 질문방식들이 요약되어 있다.

표 4.4 스캠퍼 기법을 활용하기 위한 순서와 질문방식

구분		주요 질문
대치하기(Substitute)		이것이 없으면 무엇으로 대치할 수 있을까?
결합하기(Combine)		다른 것과 결합할 수 있을까?
응용하기(Adapt)		A를 B에만 쓰는 것이 아니라 C에도 쓰면 어떨까?
수정 하기	수정(Modify)	모양, 기능, 재질, 색상 등을 새롭게 바꿀 수 있을까?
	확대(Magnify)	시간, 횟수, 크기, 높이, 두께, 길이, 무게 등을 확대할 수 있을까?
	축소(Minify)	시간, 횟수, 크기, 높이, 두께, 길이, 무게 등을 축소할 수 있을까?
다른 용도로 사용하기(Put to other uses)		기존의 용도 말고 다르게 활용할 수 없는가?
제거하기(Eliminate)		어느 부분을 제거하면 더 편리하거나 이로운 점은 없는가?
재구성 하기	재구성(Rearrange)	다른 형태로 재구성하면 어떨까?
	역배치(Reverse)	부품들의 위치를 서로 바꾸어 보면 어떨까?

4.5 SWOT 분석법

SWOT(Strength/ Weakness/ Opportunity/ Threat) 분석법은 아이디어 발상법이기도 하지만 현재 상황을 제대로 진단하고 향후 계획수립에 활용하는 기법으로 잘 알려져 있다. 특히 경영전략 기법으로 주로 활용되고 있으며, 기업의 외부환경을 분석하고, 강점(strength) 및 약점(weakness), 그리고 기회(opportunity) 및 위협(threat) 요인들을 규정하고, 이를 토대로 마케팅 전략을 수립하는 기법이다.

SWOT 분석을 통해 기업의 내부환경을 분석하여 장점 및 약점을 이해할 수 있으며, 기업의 외부환경 분석을 통해서 새로운 기회 및 위협 요인들을 찾을 수 있다. 표 4.5에는 SWOT 분석 시 점검해야 할 전략(SO전략, ST전략, WO전략, WT전략)이 제시되어 있다.

표 4.5 SWOT 분석 시 점검해야 할 전략

구분	기회요인(O)	위협요인(T)
강점(S)	기회를 살리고 강점을 활용하는 전략(SO전략)	강점을 살리되 위협을 줄이는 전략(ST전략)
약점(W)	기회를 살리되 약점을 감안하는 전략(WO전략)	위협과 약점을 동시에 고려하는 전략(WT전략)

강점은 경쟁기업과 비교하여 소비자로부터 강점으로 인식되는 것은 무엇인지, 약점은 경쟁기업과 비교하여 소비자로부터 약점으로 인식되는 것은 무엇인지, 기회는 외부환경에서 유리한 기회요인은 무엇인지, 위협은 외부환경에서 불리한 위협요인은 무엇인지를 찾아낸다. 기업 내부의 강점과 약점을, 기업외부의 기회와 위협을 대응시켜 기업의 목표를 달성하려는 SWOT 분석에 의한 4가지 마케팅 전략의 특성은 다음과 같다.

① SO(강점-기회)전략: 시장의 기회를 활용하기 위해 강점을 사용하는 전략을 선택한다.
② ST(강점-위협)전략: 시장의 위협을 회피하기 위해 강점을 사용하는 전략을 선택한다.
③ WO(약점-기회)전략: 약점을 극복함으로써 시장의 기회를 활용하는 전략을 선택한다.
④ WT(약점-위협)전략: 시장의 위협을 회피하고 약점을 최소화 하는 전략을 선택한다.

SWOT 분석법의 가장 큰 장점은 내부 및 외부 환경들을 동시에 판단할 수 있다는 것이다. SWOT 분석 이외의 다른 분석들은 내부와 외부 환경 중 하나만을 집중하는 경향이 있지만 SWOT 분석법의 경우는 내부와 외부의 모습을 동시에 판단할 수 있기 때문에 장기적인 안목에서도 유리하다. 또한 분석자체가 간단명료하게 정리되어 있어서 쉽게 문제점을 파악할 수 있다. 시간에 쫓기는 상위 책임자들은 긴 설명문보다 짧고 명료한 요약문을 선호한다. 그래서 장황한 사업 환경과 내부적인 요인들을 A4용지 한 장으로 명료하게 볼 수 있는 SWOT 분석은 특히 상위 책임자들에게 매력적이다. 그렇지만 SWOT 분석의 이러한 특징은 장점이기도 하지만 때로는 단점도 될 수 있다.

SWOT 분석 내용을 정확하게 이해하기 위해서는 제반사항에 관한 지식이 있어야 한다. 왜냐하면 이 분석은 장황한 설명문 형식이 아니라 추가설명이 없이 짧은 문장으로 표현되어 있기 때문이다. 따라서 이에 대한 기초적인 지식이 없다면, SWOT 분석 자체를 이해할 수 없으며 이해하더라도 부분적인 면에서 그릇된 해석을 할 수 있기 때문이다. SWOT 분석 내용을 명료한 문장으로 표현하는 것이 쉽지는 않지만 국내외 환경 영향을 한두 줄로 짧고 간결하게 정리할 수 있어야 한다. 이 뿐만 아니라 간략하게 정리되어 제시되는 약점이나 위협에 관해서도 체계적으로 결정 책임자에게 설명할 수 있어야 한다.

일반적으로 SWOT 분석을 통하여 내외부적인 장단점을 파악한 뒤 구체적인 개선을 위한 전략적인 아이디어가 추가로 요구된다. 이에 대한 구체적인 사례로 세계적인 커피전문점인 스타벅스의 SWOT 분석에 대해 살펴보기로 한다.

• 스타벅스의 SWOT 분석

세계적인 커피전문점인 스타벅스의 장점, 단점, 기회, 위협은 각각 다음과 같다.

① 장점(strength)
• 테이크아웃(take-out) 커피전문점 시장 선도 기업
• 커피의 품질이 좋고, 지속적인 양질 커피원료 공급체계
• 종업원 중심의 기업문화 지향
• 높은 브랜드 인지도

② 단점(weakness)
• 환경문제가 되는 일회용품 사용
• 높은 가격
• 과도한 미국풍 분위기에 의한 다양성 부족
• 직영 매장체제로 인한 높은 관리비용

③ 기회(opportunity)
• 젊은 층의 커피문화 확산

- 신세대 문화와 결합가능
- 바쁜 일상 속에 휴식 공간 제공
- 소비자층의 고급화 선호 경향

④ 위협(threat)
- 커피전문점의 경쟁심화
- 불안정적인 원두커피 원료가격
- 소규모 바리스타(즉석에서 커피를 전문적으로 만들어 주는 사람)에 의한 커피 맛의 다양화
- 낮아지는 커피가격

위에 열거된 SWOT 분석을 통하여 스타벅스는 어떤 전략을 세울 필요가 있을까? 특히 위험요소로 분류된 커피 맛의 다양화와 낮아지는 커피가격은 스타벅스가 반드시 생존을 위해서 해결해야 하는 항목들이다. 따라서 이러한 분석을 토대로 커피 맛의 다양화, 저가 및 양질의 원두확보, 대형커피숍이 아닌 소규모 미니 스타벅스 지점, 커피 이외의 다양한 먹거리 제공 등 구체적인 개선전략에 대한 아이디어 도출이 이어져야 한다.

 ## 4.6 만달아트 기법

만달아트(mandal-art)는 일본의 디자이너인 이마이즈미 히로아키가 개발한 아이디어 발상법이다. 만달아트는 manda+la+art가 결합된 용어인데, manda+la는 "목적을 달성한다." 는 뜻이며, mandal+art는 "목적을 달성하는 기술"을 의미한다.

만달아트를 작성하는 과정은 비교적 간단하다. 통상적으로 표 4.6에 표시된 정사각형 9개로 이루어진 표, 즉 만달아트를 그리고 그 가운데에 주제를 기입한다. 따라서 8개의 빈 칸을 그

표 4.6 만달아트

A	B	C
H	주제	D
G	F	E

주제를 해결하기 위한 아이디어로 채우는 과정이 기본적인 만달아트를 이용한 아이디어 도출 과정이다. 이렇게 도출된 개별 아이디어에 대하여 다시 만달아트를 실시하여 계속적으로 연결 고리를 가지는 만달아트를 수행할 수 있다.

4.6.1 만달아트 작성

만달아트를 작성하는 순서를 정리하면 다음과 같다.

① 9개의 정사각형으로 구성된 표를 만든다.
② 가운데 칸에 아이디어 도출을 위한 주제를 기입한다.
③ 나머지 8개의 칸에 주제와 관련된 아이디어들을 키워드 형태로 기입한다. 빈 칸을 모두 채워야 한다는 의무감이 많은 아이디어들을 도출하도록 한다.
④ 8개의 도출된 아이디어에서 필요시 다시 주제로 잡고 만달아트를 수행한다(표 4.7의 확장 만달아트 참조).

표 4.7 확장 만달아트

확장1-1	확장1-2	확장1-3		확장2-1	확장2-2	확장2-3		확장3-1	확장3-2	확장3-3
확장1-4	확장1	확장1-5		확장2-4	확장2	확장2-5		확장3-4	확장3	확장3-5
확장1-6	확장1-7	확장1-8		확장2-6	확장2-7	확장2-8		확장3-6	확장3-7	확장3-8

확장4-1	확장4-2	확장4-3		확장1	확장2	확장3		확장5-1	확장5-2	확장5-3
확장4-4	확장4	확장4-5		확장4	**주제**	확장5		확장5-4	확장5	확장5-5
확장4-6	확장4-7	확장4-8		확장6	확장7	확장8		확장5-6	확장5-7	확장5-8

확장6-1	확장6-2	확장6-3		확장7-1	확장7-2	확장7-3		확장8-1	확장8-2	확장8-3
확장6-4	확장6	확장6-5		확장7-4	확장7	확장7-5		확장8-4	확장8	확장8-5
확장6-6	확장6-7	확장6-8		확장7-6	확장7-7	확장7-8		확장8-6	확장8-7	확장8-8

• 만달아트를 수행할 때 고려해야 할 사항

① 각 칸에 쓰여 있는 아이디어는 무엇을 의미하는가?
② 작성된 8개의 아이디어들의 상관관계는 무엇인가?
③ 작성된 아이디어들을 그룹핑 하여 묶을 수 있을까?
④ 새로운 만달아트를 수행하기 위한 주제를 선정할 필요가 있는가?
⑤ 여러 사람들이 동시에 만달아트를 수행하면 더 좋은 아이디어를 많이 도출할 수 있으므로 같이 아이디어를 도출할 팀원이 있는가?

• **만달아트 작성 예: 8구단 드래프트 1순위**

표 4.8은 일본 야구선수 오타니가 만달아트 기법을 이용하여 고등학교 1학년 때 세운 목표 달성표이다. 만달아트는 표 4.8과 같이 9개의 정사각형을 하나로 하는 작은 만달아트 9개로 구성된다. 먼저 중앙의 만달아트 중앙에 자신이 목표하고자 하는 목표를 적고 주위의 8개의 정사각형 안에 그 목표를 위해 필요한 것들을 적는다. 8개를 필수적으로 적어야 하기 때문에 생각하지 못했던 창의적인 것들이 나오기도 한다. 그렇게 중앙의 만달아트가 완성되면 정방형으로 작은 목표들이 흩어져 각각의 만달아트 중앙을 채우게 된다. 그리고 같은 방법으로 하위 목표를 채우기 위해 9개의 정사각형을 채우게 되면 만달아트가 완성된다.

오타니는 '8구단 드래프트 1순위'를 목표로 삼고 만달아트를 수행했다. 이 목표를 달성하기 위해 좀 더 구체적으로 기초체력에 대한 목표, 투구에 관한 4가지 목표, 그리고 3가지는 인성에 관한 목표를 정하였다. 어린 선수시절부터 단순히 실력만 가지고는 성공할 수 없다고 생각했다는 것이 대단하다. 그리고 운이 필요하다는 것도 알고 있었고 그 운이라는 것이 우연히

표 4.8 일본 야구선수 오타니의 만달아트 작성 예

몸 관리	영양제 먹기	FSQ 90kg	인스텝 개선	몸통강화	축을 흔들리지 않기	각도를 만든다	공을 위에서 던진다	손목강화
유연성	몸 만들기	RSQ 130kg	릴리즈 포인트 안정	제구	불안정함을 없애기	힘 모으기	구위	하체 주도로
스태미너	가동역	식사 저녁 7수저 (가득) 아침 3수저	하체강화	몸을 열지않기	멘탈 컨트롤 하기	볼을 앞에서 릴리즈	회전수 업	가동역
뚜렷한 목표, 목적을 가진다	일희일비 하지않기	머리는 차갑게 심장은 뜨겁게	몸 만들기	제구	구위	축을 돌리기	하체강화	체중증가
펀치에 강하게	멘탈	분위기에 휩쓸리지 않기	멘탈	8구단 드레프트 1순위	스피드 160km/h	몸통강화	스피드 160km/h	어깨주위 강화
마음의 파도를 만들지말기	승리에 대한 집념	동료를 배려하는 마음	인간성	운	변화구	가동역	라이너 캐치볼	피칭을 늘리기
감성	사랑받는 사람	계획성	인사하기	쓰레기 줍기	부실청소	카운트볼 늘리기	포크볼 완성	슬라이더의 구위
배려	인간성	감사	물건을 소중히 쓰자	운	심판분을 대하는 태도	늦게 낙차가 있는 커브	변화구	좌타자 결정구
예의	신뢰받는 사람	지속력	플러스 사고	응원받는 사람이 되자	책읽기	직구와 같은 폼으로 던지기	스트라이크에서 볼을 던지는 제구	거리를 이미지한다

만들어지지 않는다고 생각했다. 운이라는 것이 하늘이 내리는 것이 아니라 인사하고 겸손한 행동에서 나온다고 그는 판단해서 이와 같은 인성에 관한 것들을 만달아트에 포함시켰다.

• 만달아트 활용사례: 신차 발표회

만달아트를 활용하여 매스컴 관계자들을 불러 신차 발표에 대한 대중홍보(PR)를 위한 아이디어를 도출해 보기로 한다.

만달아트 주변의 칸은 모두 8개로 구성되어 있으며, 어쨌든 이 8개의 모든 칸들을 채워야한다는 강제력이 부여되면 필사적으로 머리를 집중해야만 한다. 빈칸을 하나씩 채우다 보면 기존에 가지고 있던 지식이나 경험 또는 기발한 생각이 자연스럽게 떠오르게 된다. 표 4.9와 표 4.10은 각각 첫 번째와 두 번째 만달아트이다. 여기서 중요한 점은 제목이 될 만한 가능성(단어)을 모두 만달아트에 적는다. 또한, 아이디어들을 멈추지 않고 써 내려 간다. 만달아트를

표 4.9 신차 발표회를 위한 첫 번째 만달아트

〈첫 번째 만달아트〉

연비	멋있다	XXX (디자이너 이름)
미니밴이지만 마력	제목?	경쟁자보다 200만 원 싸다
넓은 차내 공간	8인승	

표 4.10 신차 발표회를 위한 두 번째 만달아트

〈첫 번째 만달아트〉

연비	멋있다	XXX (디자이너 이름)
미니밴이지만 마력	제목?	경쟁자보다 200만 원 싸다
넓은 차내 공간	8인승	

〈두 번째 만달아트〉

도어 포킷	접히는 뒷자석	헤드 클리어런스
뒷자석의 발 아래	넓은 차내 공간? 어디가?	계기판 주변
T아래 공간	트렁크	운전석

다 채웠으면 여백에도 적고 페이지 수를 늘려 계속 적어본다. 만달아트는 자유로운 메모이므로 자신만 아는 약어를 써도 좋다.

4.6.2 5W 만달아트

만달아트를 수행할 때 유의할 점은 아이디어를 찾는 것과 도출된 아이디어를 선택하고 판단하는 일은 별개임을 명심해야 한다. 그리고 만달아트는 최소한 8개의 빈 공간에 아이디어들을 모두 채워야 하는 부담이 있다. 이렇게 만들어진 만달아트 아이디어를 실제 기획단계로 넘어가는 것이 중요하다. 기획단계에서 사용하는 만달아트를 '5W 만달아트(그림 4.9)'라고 부른다. 5개의 질문 5W(Who, When, Where, What, Why), 즉 누가, 언제, 어디서, 무엇을, 왜라는 질문을 던지면서 새로운 아이디어를 도출하기 위한, 즉 기획(How)단계로 넘어간다.

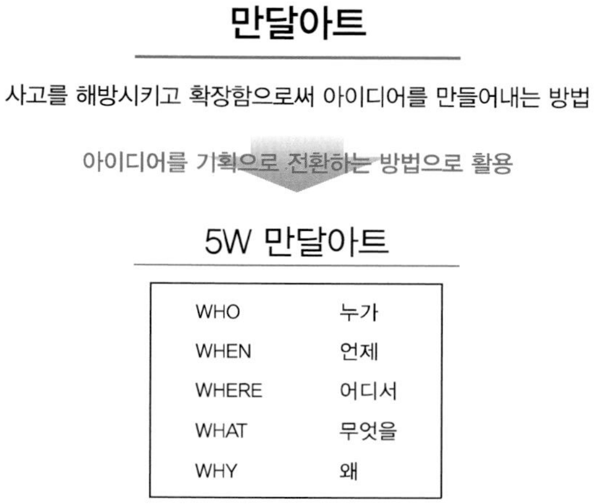

만달아트
사고를 해방시키고 확장함으로써 아이디어를 만들어내는 방법

아이디어를 기획으로 전환하는 방법으로 활용

5W 만달아트

WHO	누가
WHEN	언제
WHERE	어디서
WHAT	무엇을
WHY	왜

그림 4.9 5W 만달아트

• 5W 만달아트 수행절차

1) 5W의 틀을 만달아트에 기입한다.
2) 한 가운데 칸에 WHO, 아래에 WHY, 위에 WHAT, 왼쪽에 WHERE, 오른쪽에 WHEN을 배치한다.
3) 만달아트에서 세로축인 WHAT – WHO – WHY는 주체적인 행동의 축이고, 가로축인 WHERE – WHO – WHEN은 주인공을 둘러싼 환경의 축이다(그림 4.10).

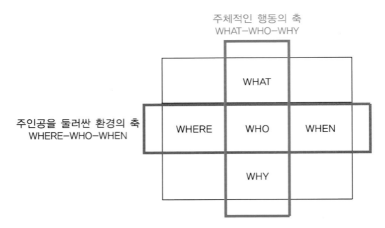

그림 4.10 5W 만달아트의 행동 및 환경 축

4) 5W 만달아트의 핵심: 항상 5W 전체를 시야에 두고 아이디어를 기획이라는 구체적인 형태로 만들어가야 한다.

5) 5W로 정리된 만달아트 전체가 HOW가 된다.

6) 5W를 분해하고 각각을 명확히 해감으로써 실행조건이 갖추어지고 기획으로 정리할 수 있다.

7) 분해와 확장이 자유로운 5W 만달아트에서 신축적으로 아이디어들을 구조화 하여 전체를 한눈으로 파악한 후 '기획'으로 완성한다(그림 4.11).

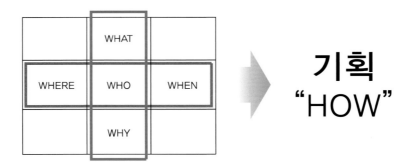

그림 4.11 5W 만달아트가 기획으로 완성되는 과정

4.7 그 외의 아이디어 발상법

4.7.1 브레인라이팅 기법

브레인라이팅(brain writing) 기법은 독일의 형태분석법 연구자인 홀리거(Holiger)가 개발한 침묵의 집단발상법이다. 그는 1968년 시작된 독일 직업훈련 코스 '로 백(Low back)' 중에서 이 기법을 공개했다. 시종 침묵한 채로 개인에게 아이디어를 발상하도록 하면서, 집단발상의 장점도 살리는 사고방법이다. 브레인라이팅 기법은 다음과 같은 진행방식을 취했기 때문에 처음에는 '6-3-5방법'이라고 불렸다.

① 6명이 참석한다.
② 참석자 각자가 아이디어를 3개씩 생각하여 이를 5분 안에 브레인라이팅 용지(표 4.11)에 기입한다.
③ 5분 후에 이 용지를 옆 사람에게 전달한다.
④ 2~3단계를 예정된 시간 또는 예정된 횟수까지 반복한다.

브레인라이팅 기법은 참석자 전원이 무언으로 발상작업을 한다는 것이 가장 큰 특징이다. '침묵의 브레인스토밍'이라는 별명이 붙은 것처럼, 참석자는 구두발상을 하지 않고, 개개인이 브레인라이팅 용지에 아이디어를 써넣고, 용지를 옆 사람에게 건네주며 차례대로 기입하면서 집단발상을 해나간다.

표 4.11 브레인라이팅 용지의 예

주제 : _____

구분	A	B	C
I			
II			
III			
IV			
V			
VI			

- 브레인라이팅 기법의 특징

① 참석자 모든 사람들이 평등하게 사고한다는 점에서, 브레인스토밍의 발언자가 특정인으로 치우치는 경향을 배제한다.

② 침묵을 통한 개인발상을 한다는 점에서, 브레인스토밍의 발언을 통해 사고가 방해되는 단점을 없앤다.

③ 용지에 본인이 직접 기입하기 때문에, 사회자가 발언을 대신 기입하는 브레인스토밍에서 발언에 대한 느낌이나 의미가 바뀔 수 있는 문제점을 해소한다.

④ 집단 인원이 몇 명이라도 가능하다. 브레인라이팅 기법은 많은 인원이 함께 참석할 수 있고, 짧은 시간 내에 문제 도출 회의와 아이디어 회의를 실시할 수 있다.

- 브레인라이팅 기법의 전개방식

① 진행자는 회의를 진행하며, 시간을 체크하고, 자신 또한 발상의 참석자로서 발표한다.

② 참석 인원수는 6명이 원칙이지만, 반드시 6명으로 한정할 필요는 없으며, 몇 명이라도 상관없다.

③ 진행자는 처음에 주제를 참석자 전원에게 알리고, 주제 선정에 문제가 없는지 확인한다.

④ 브레인라이팅 용지를 참석자 전원에게 나누어주고, 표제란에 주제를 기입한다.

⑤ 처음 5분 간, 참석자는 각자 3가지 아이디어를 용지의 가로 첫 번째 줄에 나열된 A, B, C 칸에 써넣는다.

⑥ 5분 후, 용지를 왼쪽 옆 사람에게 전달한다.

⑦ 각자 5분 간 3가지의 아이디어를 오른쪽 사람이 건네준 용지의 두 번째 줄에 기입한다.

⑧ 각자 앞의 사람이 기입한 첫 번째 줄의 아이디어를 보면서, 이것을 발전시킨 것 또는 완전히 새로운 아이디어를 두 번째 줄에 써넣는다.

⑨ 또 5분이 경과하면 용지를 돌리고, 세 번째 줄에 아이디어를 기입한다.

⑩ 위와 같은 방법으로 마지막 줄까지 같은 작업을 반복한다.

⑪ 참석자 전원이 아이디어 평가를 실시한다.

모든 라운드가 종료되면, 진행자는 참석자에게 각자 자기 곁에 있는 브레인라이팅 용지에 기입된 아이디어들을 평가하게 하고, 좋다고 생각되는 아이디어를 2~3개 정도 선택하여 표시하도록 한다. 이것을 기본으로 하여 모든 참석자들이 서로 이야기를 주고받으며 더욱 발전된 효과적인 아이디어를 창출한다.

4.7.2 결점 열거법

미국 GE(제너럴 일렉트릭)사의 자회사인 핫 포인트사에서 고안한 결점 열거법(bug list)은 이름 그대로 우선 주제에 대한 결점사항들을 열거하고 분석한 다음, 각 결점마다 구체적인 아이디어를 도출하는 방법이다. 일반적으로 브레인스토밍(BS: brainstorming)을 하여 주제에 대한 모든 결점들을 찾아낸다. 많은 사람들이 또는 한 사람이 참석하든 모두 가능하다. BS는 '결점을 찾아내는 BS'와 '그것을 실현하는 BS'로 2차에 걸쳐 BS회의를 하는 것이 특징이다.

• 결점 열거법의 전개방식

① 주제를 제시한다.

② 결점 열거 BS(제1차 회의)를 실시한다. 주제의 결점들을 열거한다.

③ 중점평가를 한다. 열거된 것 중 중요한 결점들을 골라낸다.

④ 개선 BS(제2차 회의)를 실시한다. 골라낸 각 결점들에 대한 개선책을 생각한다.

• 결점 열거법 적용사례: 안경

【 안경의 결점 】

① 안경테가 망가지기 쉽다.

② 렌즈가 유리면 깨지기 쉽다.

③ 귀에 잘 맞지 않는다.

④ 운동을 할 때 방해가 된다.

⑤ 원근 양용으로 된 것이 없다.

위에 열거된 결점들에 대해 BS를 실시한다. 그리고 다음은 중점평가로, 결점을 기능, 소재, 성질 등의 특성으로 나누고 중요한 결점들을 골라내어 그 결점마다 개선 BS를 실시한다. 예를 들어 ①의 결점은 티타늄 소재를 사용하면 강해진다. ②의 결점은 플라스틱 렌즈를 사용한다. 그리고 ③의 결점은 형상기억합금을 사용하는 것으로 해결한다.

4.7.3 희망 열거법

미국 GE(제너럴 일렉트릭)사의 자회사인 핫 포인트사에서 고안한 희망 열거법(wish list)은 "이렇게 되었으면 한다. 이렇게 되면 좋겠다."라고 하는 꿈과 희망, 욕구를 점점 불러일으키고 문제의 해결책과 개선책을 얻는 기법이다. 이 기법은 결점 열거법, 즉 먼저 결점들을 분석한 다음 각 결점별로 해결을 위한 구체적인 아이디어를 도출하는 기법과 반대되는 기법이라 할 수 있다.

- **희망 열거법의 전개방식**

2회에 걸쳐 회의를 한다는 점이 특징이며, 다음과 같은 절차에 따라 진행한다.

① 주제를 제시한다.

② 희망 열거 BS(제1차 회의)를 실시한다.

③ 중점평가를 한다. 중심이 되는 희망사항들을 골라낸다.

④ 개선 BS(제2차 회의)를 실시한다. 골라낸 각 희망사항에 대한 개선책을 생각한다.

희망 열거법은 혼자서도 가능하지만, 5～6명에서 10명 이하의 팀으로 실시하는 것이 좋다. 우선 회의 장소에 있는 칠판 위에 모조지를 붙이거나 화이트보드를 준비하고, 참석자 전원은 서로 얼굴을 볼 수 있도록 앉는다. 사회자가 제시한 주제를 근거로, BS기법으로 희망사항들을 생각해내고, 그것들에게 번호를 부여하고 내용을 기입한다.

이 기법은 가능한 한 편안한 상태에서 이루어지는 것이 좋으므로, 복장은 간편하게 하고, 미리 이러한 분위기가 되도록 노력한다. 그리고 사회자는 유머가 있고 리더십이 뛰어난 사람을 선정하는 것이 좋다.

회의시간은 1회당 1시간 정도, 길어도 2시간 이내에 끝내는 것이 바람직하다. 만일 그 이상의 시간이 요구되는 주제인 경우에는 주제를 분할하여 여러 회로 나누어 실시하는 것이 좋다.

또한 같은 주제에 대해 어느 정도(50～100) 희망사항들이 도출되면, 그날은 BS를 그만 두고, 그 다음 날 계속 진행하는 것이 좋다. 그러면 전 날 회의에서 제안된 희망사항들을 결합하거나 새로운 각도에서 연상을 불러일으켜 의미 있는 발전을 보일 가능성이 높다.

- **희망 열거법 적용사례: 만년필**

【 만년필의 희망사항 】

① 항상 잉크가 나온다.

② 잉크가 절대로 뚝뚝 떨어지지 않는다.

③ 절대로 종이에 걸리지 않는다.

④ 두 가지 색 이상 사용할 수 있도록 한다.

⑤ 어떤 방향으로도 부드럽게 쓸 수 있다.

⑥ 굵게도 가늘게도 자유롭게 나눠 쓸 수 있다.

⑦ 주머니에 넣을 때에는 작게 된다.

⑧ 펜촉이 영구히 닳지 않는다.

⑨ 뚜껑이 없어도 괜찮다.

⑩ 잉크를 바꿔 넣지 않아도 좋다.

⑪ 아래로 떨어져도 펜촉이 부러지거나 휘어지지 않는다.

이러한 희망사항들을 50～100개 정도 열거하고, 그 안에서 도움이 될 만한 것들을 고른 다음에 그것들을 실현하는 방법을 생각해낸다. 예를 들어 ⑨의 뚜껑이 없는 만년필의 경우, 볼펜에는 뚜껑이 없는 노크식이 있다. "이 방법은 만년필에서는 불가능한가?"와 같이, 아이디어를 순차적으로 발전시켜 간다.

4.7.4 특성요인도 기법

특성요인도(cause and effect diagram)에서 특성은 결과를 그리고 요인은 원인을 의미한다. 즉, 특성요인도 기법은 문제의 결과(특성)가 어떠한 원인(요인)으로부터 일어났는지 그 인과관계를 살펴보고, 도식화(특성요인도)해서 문제점을 파악하고 해결책을 생각하는 기법이다.

특성요인도는 그 모양의 특징이 그림 4.12와 같이 물고기 뼈와 같아 '물고기 뼈 그림'이라고도 불린다. 그림 4.12의 화살표 앞쪽에는 특성, 즉 문제가 되고 있는 결과, 인과 활동의 문제점을 기입하고, 그 특성에 영향을 주고 있다고 생각되는 요인들을 큰 것부터 작은 것까지 큰 뼈, 중간 뼈, 작은 뼈로 순차적으로 기입한다. 이와 같이 문제의 모든 요인들의 인과관계를 체계적으로 빠짐없이 정리하면 문제의 원인과 결과를 명확하게 파악할 수 있어서 보다 합리적인 해결책을 수립할 수 있다는 것이 이 기법의 장점이다.

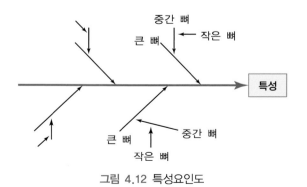

그림 4.12 특성요인도

• **특성요인도 기법의 전개방식**

① **문제의 특성(결과)을 정한다.**

이때는 "무엇이 어떻게 문제인가?"를 알기 쉽게 표현한다. 희망 열거법 또는 결점 열거법에 의해 문제들을 추출하고, 그중에서 선정하는 것도 하나의 방법이다

② **요인들을 생각해낸다.**

먼저 브레인스토밍을 실시하여 문제 요인들을 생각해낸다. 요인들을 정리하여 비슷한 내용들을 모아서 분류한다. 중요한 것은 큰 뼈의 위치에 그려 넣는다.

③ **특성요인도를 완성시킨다.**

큰 뼈에 중간 뼈와 작은 뼈를 추가하여 최종적인 특성요인도를 완성시킨다. 그림 4.13은 특성요인도의 한 구체적인 예로 '발전장치 고장'에 대한 특성요인도이다.

④ **중점 요인들을 분석하여 해결책을 도출한다.**

팀원 모두 함께 누락된 요인이 없는지 체크한다. 그리고 큰 뼈의 요인이 중간 뼈, 중간 뼈의 요인이 작은 뼈에 그려져 있는지, 그 인과관계가 확실하게 파악되어 있는지 체크한다. 마지막으로 특성요인도에서 중요하다고 생각되는 중점 요인들을 골라 그것을 O로 둘러싸거나 포인트를 명확하게 한다. 팀원이 골라낸 중점 요인들에 대하여 이것들을 집중 분석하여 최선의 해결책을 도출한다. 또한, 부수적으로 특성요인도에 작성자 이름, 작성 연월일 등을 기입해두면 추후에 편리하다. 제목을 기입하는 일도 잊지 말아야 한다.

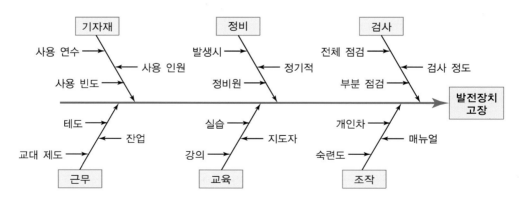

그림 4.13 '발전장치 고장'에 대한 특성요인도

5장
공학문제 해결을 위한 기술 및 도구

5.1 개요

3장에서 공학문제를 설정하는 방법에 대해 다루었다. 즉, 인간의 삶의 질을 개선시키고자 하는 필요사항들을 공학적인 요구사항들로 정리하고 이를 해결하기 위한 해결안을 제시하는 방법에 대해 설명하였다. 이 장에서는 공학문제에 대해 개념적으로 설계된 해결안을 구체화 하는 과정인 상세설계 과정에서 필요한 기본이 되는 기술 및 도구들을 다룬다.

우선 공학문제 해결을 위해 사용되는 공학재료들의 기계적, 전자기적, 광학적 및 열적 특성과 그 활용에 대하여 설명한다. 다음, 대표적인 공학적 시스템인 기계시스템, 열유체시스템 그리고 메카트로닉스시스템에 관한 과학적 지식과 기술을 설명한다. 좀 더 구체적으로 말하면 기계시스템의 힘과 운동에 관한 문제를 해결하기 위해서는 정역학, 고체역학, 동역학, 기구의 운동 및 기계진동, 그리고 열유체시스템의 에너지에 관한 문제를 해결하기 위해서는 열역학, 유체역학과 열전달 등에 관한 과학적 지식과 기술이 필요하다. 또한 기계시스템 및 열유체시스템을 바람직하게 작동시키기 위해서는 전기전자 및 기계시스템이 병합된 메카트로닉스시스템에 관한 기술도 습득하여야 한다.

각 시스템에 관한 기본적인 공학적 지식뿐만 아니라, 기계시스템, 열유체시스템, 메카트로닉스시스템 등이 혼합되어 이루어진 일반적인 시스템을 실제로 현실적 제한조건들을 고려하면서 최적으로 설계하고 제조할 수 있는 기술이 요구된다. 또한 제품이나 시스템의 성능과 경제성을 극대화 할 수 있는 기술인 제어자동화 기술도 습득해야 할 것이다. 그래서 이 장에서는 이와 같은 공학문제 해결을 위한 과학적 지식과 기술들에 대한 핵심적인 내용들을 개략적으로 언급하기로 한다.

요사이는 컴퓨터의 도움 없이는 일상생활이 안 되는 시대가 되었다. 하물며 공학과정에서는, 즉 공학문제를 분석하고 종합하는 설계과정은 컴퓨터 없이는 이루어질 수 없는 시대가 되었다. 컴퓨터는 공학문제를 신속하고 정확하게 또한 경제적으로 해결하는 데 없어서는 안 되는 도구이다. 공학문제 해결을 위해 전문가들이 잘 개발해 놓은 상용 컴퓨터 소프트웨어만 잘 익히면 공학적 지식이 좀 미흡하더라도 공학문제를 만족스럽게 해결할 수 있게 되었다.

일반적으로 널리 사용되고 있는 공학 관련 컴퓨터 프로그램은 C-언어, FORTRAN, MATLAB, MATHEMATICA 등이 있으며, 설계된 제품을 생산하기 위하여 도면화 하는 과정인 전산제도를 위한 상용 소프트웨어는 AutoCAD, Pro/ENGINEER, CATIA 등이 있다. 그리고 공학 관련 문제해결을 위한 상용 소프트웨어는 ANSYS, NASTRAN, ABAQUS,

ADINA, FLUENT 등이 있다. 위에 소개된 공학 관련 컴퓨터 프로그램과 상용 소프트웨어들의 사용법을 잘 익히면, 이 프로그램 및 소프트웨어들이 공학문제 해결을 위한 도구로 긴요하게 쓰일 것이다. 그래서 이 장에서는 또한 이와 같은 공학문제 해결을 위한 도구인 대표적인 공학 관련 컴퓨터 프로그램 및 상용 소프트웨어들의 특징들을 간략히 소개하기로 한다.

📖 5.2 공학재료의 특성과 활용

공학문제 해결을 위해 우선적으로 고려해야 할 사항이 최적의 재료선정 문제이다. 공학설계 요건에 부합하는 물성을 가지며, 생산과 관련된 경제성과 최종제품의 안전성까지 고려해야 하는 재료선정 문제는 제품개발에서 가장 기본이 된다.

공학재료는 일반적으로 금속과 합금, 세라믹, 유리와 유리−세라믹, 복합 재료, 폴리머, 반도체로 분류하고 있다. 금속과 합금은 강도, 연성 및 성형성이 좋고 전기 및 열 전도성이 우수하다. 그래서 금속 및 합금 재료는 자동차, 건설, 교각, 항공우주 등의 산업에서 매우 중요한 필수적인 공학재료로 사용된다. 세라믹은 무기결정재료로 높은 강도, 우수한 절연 및 단열 특성 그리고 고온 및 부식 환경에 대한 저항성이 강하지만 취성이 큰 소재이다. 이와 같은 특성을 갖는 세라믹 소재는 소형 전자기기 및 광통신 기자재에 사용되고 있다. 유리는 비정질의 무기 고체재료로 용융상태로부터 만들어지며, 열처리를 통해 강도를 높일 수 있다. 유리−세라믹은 작은 결정핵이 생성될 수 있도록 풀림(annealing)처리 하여 열충격이나 파괴에 대한 저항성을 높인 재료이다. 복합재료는 서로 다른 2개 이상의 재료들로 만들어지며, 이 재료는 개별 재료에서는 발견할 수 없는 기계적 성질의 조합을 보여준다. 폴리머는 상대적으로 강도가 약하지만 비강도가 요구될 때 선호하는 재료이지만, 고온 환경에서는 적합하지 않은 재료이다. 폴리머는 세라믹처럼 내식성이 높고 절연 및 단열 특성이 좋으며, 연성 또는 취성을 갖으나 구조, 온도 및 변형속도에 따라 좌우된다. 반도체는 독특한 전기 및 광학적 특성을 가지므로 전기전자 및 통신 부품을 만드는 데 필수적인 재료이다.

이와 같이 다양한 특성을 가진 공학재료들을 설계목적에 따라 적절히 선정하기 위해서는 사용 환경, 제작성, 수명, 경제성 그리고 재료의 기계적, 전자기적, 광학적, 열적, 화학적 특성 등을 고려해야 한다. 이제 공학재료의 특성 및 활용에 대하여 좀 더 자세히 살펴보기로 한다.

5.2.1 재료의 기계적 특성

금속 또는 세라믹 재료의 가장 중요한 용도는 기계나 구조물의 재료로 쓰이는 것이다. 이러한 재료들이 파괴되는 유형 및 기준을 살펴보면 다음과 같다.

- 항복강도(yield strength): 탄성변형을 넘어서 소성변형이 발생하여 영구 변형이 발생하는 응력이다.
- 인장강도(tensile strength): 최대 인장하중에 해당하는 응력이다.
- 굽힘강도(bending strength): 막대의 양 끝을 지지하고 중간부분을 누를 때 재료가 견딜 수 있는 강도이다.
- 충격인성(impact toughness): 노치가 있는 재료가 파괴되지 않고 충격에 견딜 수 있는 에너지로서, 재료의 인성은 온도에 따라 크게 좌우된다. 어느 온도 이상에서는 연성파괴 그리고 어느 온도 이하에서는 취성파괴가 이루어진다. 이렇게 재료의 기계적 특성이 연성에서 취성으로 천이되는 온도를 연성-취성천이온도(DBTT: Ductile-Brittle Transition Temperature)라고 하며 금속 구조재료 선정 시 중요한 고려사항 중의 하나이다.
- 피로강도(fatigue strength): 항복강도보다 낮은 응력이 반복적으로 작용할 때 재료가 견디어 낼 수 있는 강도이다.
- 크리프(creep): 재료에 일정한 하중을 부가한 채로 방치하면 점점 변형하는 성질로서 금속재료의 경우 고온에서만 이러한 현상이 발생한다.
- 경도(hardness): 뾰족한 물체에 의해 재료에 홈이 생기는 깊이와 넓이를 측정하여 물질의 단단함과 무른 정도를 나타내는 지수이다.

일반적으로 재료의 강도가 높다고 얘기할 때는 인장강도를 의미한다. 탄성한계, 즉 항복강도를 초과하면 재료는 소성변형이 발생하고, 금속재료는 하중을 지탱할 수 있는 여력이 있으므로 계속하여 강도는 인장강도까지 증가한다. 볼트의 경우 재료가 일단 영구변형이 되면 기계적 체결의 목적을 만족하지 못하게 되므로, 자동차 또는 교량 등에 사용되는 고강도 볼트 소재의 경우 항복강도가 매우 중요한 기계적 특성이다. 자동차 외판 강재의 경우 충돌의 위험에 대한 안전장치로서 외판 강재에 소성변형이 발생하더라도 강도가 계속 증가하고 충격에 견딜 수 있어야 한다. 그러므로 이러한 경우에는 인장강도 및 충격인성이 매우 중요한 기계적 특성으로 고려되어야 한다. 때로는 DBTT가 중요한 기계적 특성일 때도 있다. 대부분의 구조 재료는 DBTT가 낮을수록 우수한 재료이다. 그림 5.1은 DBTT의 중요성을 보여주는 제2차 세계대전 중 영하의 날씨에서 재료의 취성으로 파단 된 리버티(Liberty)호의 모습이다.

그림 5.1 영하의 날씨에서 재료의 취성으로 파단된 Liberty호의 전경

    재료의 기계적 특성을 고려해야 할 구체적인 예들을 좀 더 살펴보기로 한다. 극지에서 달리는 자동차의 경우 DBTT가 영상보다 높은 온도라면 취성파괴 모드를 보이면서 충격에 매우 민감하게 되어 위험한 사고가 발생할 것이다. 굴삭기의 붐 및 암 부품의 경우 바위산 및 콘크리트 벽을 반복하여 깨는 작업 모드에서 자주 사용되므로 피로강도가 중요한 기계적 특성이다. 자동차의 엔진 소재는 주철에서 가벼운 고온 알루미늄 합금으로 변천되었다. 마그네슘 합금은 알루미늄보다 더 가벼운 소재이나, 이 소재는 현재 자동차의 엔진 소재로 활발히 사용되지 못하고 있다. 그 이유는 마그네슘 합금이 크리프강도, 즉 고온에서의 강도가 열악하기 때문이다.

5.2.2 재료의 전기적 특성

1) 전기전도성

    전기전도성(electrical conduction)은 재료의 두 지점에 전위차가 주어졌을 때, 즉 전기장이 인가되었을 때 단위시간당 얼마나 많은 전하가 이동할 수 있는가를 의미하며, 그 척도로는 주로 전기전도도를 사용한다. 전도성 유발인자가 전자인 경우는 특별히 전자전도성 그리고 이온인 경우는 이온전도성으로 구분한다. 전기전도도의 단위는 $\Omega^{-1} \cdot m^{-1}$ 또는 $S \cdot m^{-1}$ (siemens/meter)을 사용한다. 전기재료는 전기전도도에 따라 다음과 같이 구분한다.

- **도체(conductor):** 수많은 자유전자가 재료 내부에 존재하고, 전자의 이동이 매우 원활하여 전기가 잘 통한다. 주로 금속이 이에 속하며, 통전을 위한 와이어, 각종 전자장비 내의 회로들을 연결시키는 도전재료 등 그 응용 범위가 매우 넓다. 전기전도도는 은, 구리, 금, 알루미늄 순으로 우수하다.
- **반도체(semiconductor):** 도체와 부도체의 중간 영역의 전기전도도를 가진다. 실리콘, 게르마늄 등과 같은 반도체는 순수한 상태에서는 전기가 잘 통하지 않아 부도체에 가깝지만, 불순물의 첨가나 작동조건에 따라 전기전도도가 커지기도 한다. 반도체는 다이오드와 트랜지스터 등으로 이루어진 집적회로의 기본이 되며, MOS(Metal Oxide Semiconductor) 등을 기본으로 한 고집적 부품, 컴퓨터의 CPU, 태양전지 그리고 발광소자 등에 널리 응용되고 있다.
- **부도체(non-conductor 또는 insulator):** 실질적으로 자유전자가 없어 전기전도도가 매우 낮다. 그래서 유전체가 아닌 경우에는 절연 이외의 특별한 용도로 사용되지 않는다.
- **초전도체(superconductor):** 매우 낮은 온도에서 전기저항이 0에 가까워지는 초전도현상이 나타나는 도체이다. 초전도체 내부에 전류가 흐르게 되면, 외부 구동력이 없이도 계속해서 전류가 흐르는 상태를 유지한다. 초전도체는 핵자기공명장치, 에너지저장장치, 자기부상열차 등에 응용되며, 전선으로 응용되는 경우 열에너지 손실이 없는 전자의 이동이 가능해진다.

2) 유전체 거동

유전체 거동(dielectric behavior)은 재료에 전기장을 인가하였을 때 재료 내부의 전기적 극성을 띤 분자들이 전기장과 반대방향으로 정렬하여 재료의 표면이 전기를 띠게 되는 현상이다. 유전체 거동에 대한 척도로는 주로 유전상수를 사용한다. 이는 축전지의 두 전극 사이가 진공인 경우와 유전체재료로 채워졌을 경우 전기용량의 비율로 정의된다. 전기재료는 또한 유전체 거동에 따라 다음과 같이 구분한다.

- **강유전체(ferroelectrics):** 외부의 전기장이 없이도 자발적으로 분극이 되면서, 동시에 외부 전기장에 의하여 분극의 방향이 역전될 수 있는 재료를 말한다. 소위 퀴리(Curie)온도, 즉 온도 상승으로 강자성체나 강유전체가 그 성질을 잃게 되는 임계 온도 이하에서는 전기 쌍극자 상호작용에 의해 자발적 분극을 이루고 있다가 그 이상에서는 열 진동에 의해 분극을 잃게 된다. 이와 같은 강유전체의 자발적 분극 및 역전 현상을 이용하여, 전원을 꺼도 내용이 남아 있는 비휘발성 기억소자(FeRAM: Ferroelectric Random Access

Memory)가 개발되었다. 또한, 라이터 점화장치 및 전자시계의 진동자는 강유전체의 압전기(piezoelectricity)를 이용한 것이며, 온도변화에 따라 자발적 분극의 변화가 생기는 초전기(pyroelectricity)를 이용한 적외선 감지소자 등도 개발되었다.

• 반강유전체(anti-ferroelectrics): 쌍극자가 모두 같은 방향으로 배열되어 있는 강유전체와는 달리, 반강유전체는 특정 축을 중심으로 정확히 마주보는 위치에 전기쌍극자가 있어서 전체 자발분극이 0이 된다. 그리고 반강유전체는 자기장의 변화에 따른 전기 분극이 히스테리시스를 가지지 않으며, 결정구조가 대칭 중심을 가져 압전성이 나타나지 않는 특징이 있다.

• 상유전체(paraelectrics): 자발분극, 잔류분극이 없는 보통 유전체로서, 유전율이 큰 경우 전기용량을 확보하기 위해 소형 콘덴서의 유전체로 활용될 수 있다.

그림 5.2에는 각종 전기재료가 사용된 부품의 예들이 나열되어 있다.

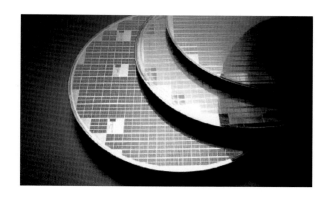

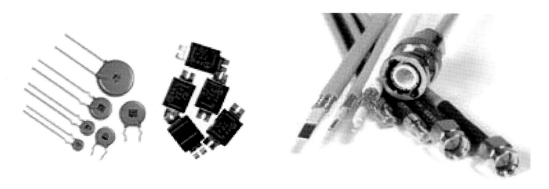

그림 5.2 각종 전기재료가 사용된 부품

5.2.3 재료의 자기적 특성

금속 또는 세라믹 재료의 자기적 특성은 각 구성원소의 전자구조에 의하여 자성특성이 나타나며, 또한 각 재료의 미시적 구조(microstructure)가 자성특성에 밀접하게 연관되어 있다. 이러한 자성재료는 전기기계부품인 모터, 발전기, 변압기 등에 사용되며, 또한 기록매체인 하드디스크, 비디오/오디오 테이프 등에도 사용되고 있다. 그리고 텔레비전, CD 플레이어, 스피커, 전화기 등의 전자부품에도 광범위하게 사용되고 있다. 이러한 자성재료들이 자기장에서 반응하는 유형을 살펴보면 다음과 같다.

- 강자성(ferromagnetism): 자기장의 세기에 따라 자기유도가 급격히 증가하는 재료로 인접한 원자들의 자기모멘트가 한 방향으로 정렬되어 커다란 순자기모멘트를 나타낸다. 대표적인 재료로는 Fe, Ni, Co와 이들의 합금이 강자성의 특성을 나타낸다. 또한, 인접한 원자들의 자기모멘트가 반대로 배열되어 순자기모멘트가 0의 값을 갖는 재료를 특히 반강자성(antiferromagnetism)이라 한다. 대표적인 반강자성 재료로는 Mn, Cr, MnO, NiO 등이 있다.

- 페리자성(ferrimagnetism): 세라믹재료는 각 구성원소의 자기모멘트 크기 및 성분의 정량비가 다르며, 또한 이러한 세라믹 자석의 결정구조는 반평형 스핀 쌍을 유발시켜 금속의 순자기모멘트의 값보다 낮은 값을 나타낸다. 이러한 자성특성을 강자성과 구분하여 페리자성이라 한다. 이러한 세라믹자석은 강자성과 비교하여 전기적인 절연특성이 우수하며 또한 전기적 손실이 적어 고주파수 전자부품에 많이 사용되고 있다. 대표적인 재료로는 $MgAl_2O_4$가 있다.

- 상자성(paramagnetism): 상자성 재료는 가해진 자기장에 평행하게 자기모멘트가 배열되어 자기특성을 나타낸다. 그러나 이러한 재료는 각각의 자기모멘트가 서로 상호작용을 하지 않으며 모든 자기모멘트를 배열하기 위해서는 상당히 큰 자기장이 필요하다. 또한, 이러한 재료에서 자기모멘트 배열 현상은 가해진 자기장이 제거되면 바로 자기모멘트 배열현상이 없어지게 된다. 따라서 상자성 재료는 자성효과가 작으며, 대표적인 재료로는 Al, Ti, Cu 합금 등이 있다. 또한 강자성 및 페리자성 재료 중 미세구조의 크기가 임계값보다 작은 경우 자기모멘트의 에너지가 작아 열에너지에 의하여 자기모멘트의 배열이 무질서하게 되어 상자성의 특성을 나타낸다. 이러한 특성을 초상자성(superparamagnetism)이라 한다.

- 반자성(diamagnetism): 반자성 재료는 자기모멘트 배열이 가해진 자기장에 반대로 배열

되어 자화율이 0보다 작은 값을 가진다. Cu, Ag, Si, Au, Al 등이 대표적인 재료이며, 이 재료들은 상온에서 반자성 특성을 나타낸다.

그림 5.3에는 각종 자성재료가 사용된 부품의 예들이 나열되어 있다.

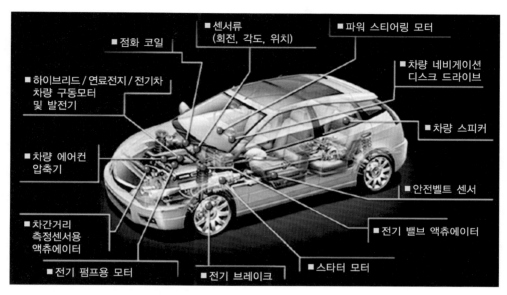

그림 5.3 각종 자성재료가 사용된 부품

5.2.4 재료의 광학적 특성

재료의 기본적인 광학적 특성은 광자(photon)의 매질입사에 대한 반사, 투과, 흡수, 산란, 굴절 등을 들 수 있다. 이와 같은 광학적 특성을 갖는 재료는 의학, 제조, 천문학, 첨단 정보통신 등 다양한 분야에서 사용되고 있다. 또한 광학재료의 특징은 재료 자체에서 방출되는 광자의 방출 그리고 광자와 재료와의 상호작용을 다루는 분야로 확대되어, 최근에는 전자재료와 광학재료를 결합한 융합기술인 광전자공학(optoelectronics; 빛과 전기 신호를 상호교환할 수 있는 기능을 포함한 기술의 총칭) 분야는 광 방출 다이오드, 태양전지, 반도체레이저, 각종 디스플레이 등 다양한 첨단 전자산업의 발전을 이끌어가고 있다.

- 투과(transmission): 광에 대하여 투명하기 위해서는 우선 반사 및 흡수가 일어나지 않고 가시광 영역의 광자를 투과시켜야만 한다. 일반적으로 광학적 밴드 갭을 가지는 반도체 및 절연체가 여기에 해당된다. 하지만 밴드 갭이 3.2eV(전자볼트; $1eV=1.602\times10^{-19}$J)보다 작은 반도체의 경우, 가전자대의 속박전자들은 가시광역의 광자의 에너지를 흡수하여 전도대로 여기(excitation)되기 때문에 가시광역에 대하여 불투명하게 된다. 따라서 광학적 밴드 갭이 약 3.2eV보다 큰 반도체(wide-gap semiconductor) 및 절연체(insulator)는 가시광역의 광자를 투과하기 때문에 투명하게 되므로 기능성 유리, 태양전지 및 다양한 디스플레이의 투명전극재료로 사용되고 있다. 대표적인 재료로는 ITO, GZO, AZO 등이 있다.

- 반사(reflection): 광자 빔이 재료에 입사되었을 때 광자는 가전자대의 전자와 상호작용을 한다. 금속의 경우 가전자대의 전자는 거의 모든 파장대의 광을 흡수하여 더 높은 에너지 준위로 여기할 수 있으며, 여기된 전자들이 더 낮은 에너지 준위로 천이되면서 광자를 재 방출하게 된다. 이것을 반사라고 한다. 금속의 경우 원소에 따라 전자의 여기 및 천이 에너지가 다르기 때문에 방출되는 광자의 에너지, 즉 파장에 따라 고유한 색깔을 나타낸다. 응용분야로는 다양한 색상의 금속 코팅막, 열선반사유리(적외선 반사에 의한 열의 출입 차단), 반사 방지용 코팅(자동차의 백미러, 태양전지의 표면코팅, 광학렌즈), 광섬유(전반사 원리를 이용) 등이 있다. 재료로는 Cr, Ni, TiN, SiO_2, TiO_2, SiN 등이 있다.

- 흡수(absorption): 입사광선 중 재료에 의해 반사되거나 투과되지 않은 것은 흡수된다. 충분한 에너지를 가진 광자가 재료 내부의 전자를 더 높은 에너지 준위로 여기시킬 수 있을 때 흡수가 일어난다. 따라서 에너지 밴드 갭이 없는 금속의 경우 전자는 광자의 에너지를 흡수하여 더 높은 에너지 준위로 여기 된다. 반도체의 경우, 재료의 밴드 갭보다 더 큰 에너지를 가진 광자만을 흡수할 수 있으며, 절연체는 밴드 갭이 너무 크기 때문에 광의 흡수는 일어나기 힘들며 투과가 일어난다. 광통신, 리모컨 수신부, 광센서 등에 응용되는 광다이오드(photodiode), 광전자기파 흡수 재료를 이용하여 레이더, 적외선 등을

흡수시키는 기술인 스텔스(stealth) 기술, 난방 온수용 집열판 등에 사용되는 태양열 이용 장치 그리고 광촉매 등에 활용되고 있다. 대표적인 재료로는 CdTe, CdS, TiO_2 등이 있다.

- 굴절(refraction): 광자는 투과되는 과정에서 매질의 종류에 따라 진행 속도가 달라지기 때문에 서로 다른 매질의 경계면을 통과할 때 진행경로가 바뀌게 된다. 이를 굴절이라고 하고 그 정도를 굴절률이라고 한다. 매질의 굴절률은 파장에 의존하며, 입사한 다른 파장의 빛은 다른 방향으로 굴절된다. 응용분야로는 광섬유, 렌즈(현미경, 안경, 천체망원경 등), 프리즘을 이용한 분광기 등이 있다. 대표적인 재료로는 $LiNbO_3$, $BaTiO_3$, SiO_2 등이 있다.

그림 5.4에는 플랙시블 디스플레이, 태양광발전 등 각종 광학재료가 응용된 예들이 나열되어 있다.

그림 5.4 여러 가지 광학재료의 응용

5.2.5 재료의 열적 특성

재료의 열적 특성은 부분적으로 전자의 움직임과 재료구조의 진동에 의해 발생하는 독립적 탄성파인 포논(phonon)에 의해 설명될 수 있으며, 재료에 따라 다르게 발생한다. 금속에서는 전자가 주요인이고 격자결함, 미세조직, 가공공정에 의해서도 좌우되며, 세라믹, 반도체 및 폴리머는 포논(또는 격자진동)이 주요인이고 기공과 2차상, 격자결함 또한 상당히 영향을 미친다.

열적 특성은 기반산업에서 첨단산업에 이르기까지 광범위하게 응용되지만, 열적 특성에 의해 발생되는 응력으로 재료가 파손될 수 있기 때문에 설계 및 제작 또는 재료선정 시 주의가 요구된다. 주요 응용분야는 반도체 칩의 방열설계, 고온 내열재료, 극한 및 초고온상태에서 사용되는 특수재료 그리고 에너지 절약을 위한 단열재료 등이 있다. 재료의 열적 특성은 다음과 같이 분류할 수 있다.

- **열용량**(heat capacity): 물체의 온도를 단위 온도만큼 상승시키는 데 소요되는 열량을 의미하며, 물체의 온도가 얼마나 쉽게 변하는지 알려주는 값이다. 열용량은 질량과 비열용량의 곱으로 계산되며, 단위질량당 열용량을 비열(specific heat)이라고 한다. 열용량이 큰 재료는 실내외의 열 이동을 최소화 시킬 수 있는 단열재로 사용되고, 열용량 변화와 같은 물리적, 화학적 특성의 변화를 측정하는 재료의 열분석법 등에 사용된다.
- **열팽창**(thermal expansion): 재료가 가열될 때, 분자 또는 원자들의 운동이 활발해져 분자 또는 원자들의 평균거리가 커짐에 따라 그 부피가 증가하는 현상을 의미한다. 내열유리는 열팽창률이 작아서 온도변화가 급격하더라도 깨지지 않는 성질을 지닌다. 또한 열팽창계수가 다른 두 재료를 용착 또는 접합시켜 만든 바이메탈 온도 스위치는 온도의 고저에 따라 접점의 개폐를 조절할 수 있다.
- **열전도도**(thermal conductivity): 어떤 물체표면 사이의 온도 차이에 의해 야기된 물체의 단위면적당 열흐름율을 나타내는 값이다. 높은 열전도 특성을 이용한 열교환기는 화력·핵발전소, 가스터빈, 가열장치 등의 부품인 보일러, 증발기, 과열기, 응축기 등에 사용된다.
- **열충격**(thermal shock): 재료를 급격한 온도변화에 노출시켰을 때 생기는 온도변형력에 의해 물체가 충격을 받아 손상되는 현상을 의미한다. 열충격 저항성이 높은 재료는 철강 제련 시 용광로의 내벽으로 사용되는 내화점토질 벽돌, 고알루미나 벽돌 등이 있다.

그림 5.5에는 재료의 열적 특성이 우주선 날개부, 우주선 외장 내열 타일 등 우주선에 적용된 예들이 제시되어 있다.

(a) 2.2 km 상공에서 우주선에 가해진 열응력

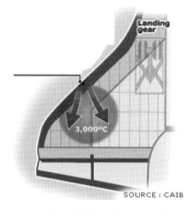

(b) 우주선 날개부에 가해진 열응력

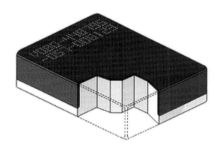

(c) 우주선 외장 내열 타일

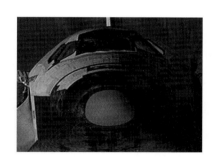

(d) 열응력에 노출된 우주선 전면부

그림 5.5 열적 특성이 우주선에 적용된 예

📖 5.3 기계시스템에 관한 기술

기계시스템은 엔지니어들이 고안하고 설계한 대로 유용한 일을 하거나 주어진 하중을 견딜 수 있도록 제작된다. 일례로 자동차는 어떤 주어진 속도 범위 내에서 안전하게 달릴 수 있도록 설계 제작된 대표적인 기계시스템이다. 자동차를 제작하기 위해서는 우선적으로 바퀴를 구동시키려면 어느 정도의 동력을 낼 수 있는 엔진을 장착해야 하고, 엔진에서 발생된 에너지가 어떻게 변환되어 바퀴까지 전달되어 유용한 일을 하게 되며, 차체뿐만 아니라 승객과 화물에 의한 하중을 견디려면 차체가 어떠한 구조로 설계되어야 하는지를 면밀히 검토해야 한다.

기계시스템은 주어진 환경에 따라 여러 가지 힘이나 모멘트를 받고 운동을 한다. 기계시스템에 대한 이러한 힘과 운동을 체계적으로 분석하고 종합하기 위해서는 정역학, 고체역학, 동역학, 기구의 운동 그리고 기계진동 등에 관한 과학적 지식과 기술을 습득하여야 한다.

5.3.1 정역학

역학이란 물체에 작용하는 힘의 영향에 대해 다루는 학문이다. 그래서 힘이란 무엇인지를 먼저 간략히 설명하기로 한다. 힘은 물체를 움직이거나 변형시키는 역할을 한다. 장난감 자동차에 힘을 가하면 힘을 준 방향으로 굴러가는 것을 볼 수 있다. 또한 클립에 손가락으로 힘을 가하면 클립이 쉽게 휘어지는 것을 경험하기도 한다. 이와 같이 힘은 방향성이 있고 크기도 가지기 때문에 벡터로 표시해야 한다. 여러 힘들이 한 곳에 작용하는 경우에는 이들을 벡터합성법(평행사변형 법칙)에 의해 합성하여 합성된 벡터로 나타낼 수 있다.

실제로 힘과 관련된 문제를 풀 때에는 우선 작용하는 힘을 계산하는 데 가장 편한 좌표계를 선정해야 한다. 주로 사용하는 좌표계는 직각좌표계, 극좌표계, 원통좌표계, 경로좌표계, 구좌표계 등이다. 같은 힘을 기술하더라도 선택하는 좌표계에 따라 서로 다른 힘의 성분을 갖게 된다. 그 이유는 좌표계를 이루는 단위벡터의 방향이 서로 다르기 때문이다.

어떤 경우에는 힘을 가해도 물체가 움직이지 않는다. 그 예로 평탄한 곳에 주차된 트럭을 손으로 밀면 쉽게 움직이지 않는다(그림 5.6). 그 이유는 손으로 가하는 것과 같은 크기의 힘이 지면에서 정반대 방향으로 트럭에 작용하고 있기 때문이다. 이와 같이 트럭이 접촉하는 지면으로부터 받는 힘을 마찰력이라고 한다. 그리고 마찰력은 항상 운동을 저지하는 방향으로

그림 5.6 인간과 트럭 사이의 힘의 평형

작용한다. 트럭이 움직이지 않는 것은 손으로 가하는 힘과 지면으로부터 받는 마찰력이 상쇄되어 그 합력이 0이 되기 때문이다. 이러한 마찰력의 크기는 접촉하는 두 물질의 재료와 표면상태에 따라 정해지는 마찰계수와 수직반력의 곱으로 표시된다. 반력은 두 물체가 접촉할 때 생기는 힘인데, 항상 상대 물체를 떠미는 쪽으로 작용한다. 트럭에 작용하는 수직반력은 접촉면인 지면에 수직한 방향, 즉 위로 작용한다. 이 수직반력은 트럭에 작용하고 있는 중력과 크기가 같고 방향이 반대이기 때문에 서로 상쇄되어 합력이 0이 된다. 따라서 지면과 평행인 방향과 수직인 방향으로 힘의 합이 모두 0이 되어 트럭은 움직이지 않게 된다. 이러한 상태를 힘의 평형이 이루어졌다고 말한다.

그림 5.7과 같이 장난감 차에 작용하는 모든 힘을 도식적으로 그려놓은 것을 자유물체도 (free body diagram)라고 한다. 힘을 해석하기 위해서 자유물체도를 정확하게 그리는 것이 매우 중요하다. 그 이유는 작용하는 힘 중에 하나라도 자유물체도에서 제외하거나 힘의 방향을 잘못 표현한다면 물체의 운동을 잘못 해석할 수밖에 없기 때문이다.

그림 5.8과 같이 벽에 손으로 힘을 가하면 변형이 일어나지 않는 것처럼 보인다. 이것은 벽의 탄성계수가 매우 커서 변형이 작게 일어나 눈으로 직접 확인하기 어렵기 때문이다. 그러나 그림 5.9에 표시된 스프링에 힘을 가하면 쉽게 변형되는 것을 관찰할 수 있다. 이와 같이 모든 물체는 탄성을 가지고 있지만, 그 정도를 나타내는 탄성계수의 값이 물질에 따라 매우 다르기 때문에 물체의 힘과 운동을 해석할 때 물체의 변형을 포함시킬 것인지 안 할 것인지를 먼저 판단해야 한다.

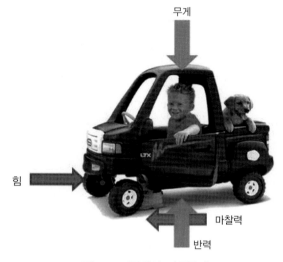

그림 5.7 자동차의 자유물체도

그림 5.8 탄성계수가 큰 벽　　　　　　그림 5.9 탄성계수가 작은 스프링

이제 정역학에 대해 설명하기로 한다. 정역학(statics)은 넓은 의미에서 운동량(momentum)이 시간에 따라 변하지 않는 물체에 작용하는 힘과 그로 인해 발생하는 효과를 다루는 역학이다. 그리고 힘에 의한 물체의 변형까지 취급하는 분야를 고체역학 또는 재료역학이라고 한다. 이러한 고체역학과 구별하여 좁은 의미에서의 정역학은 변형이 없다고 가정한 정지한 구조물에서 작용하고 있는 힘을 다루는 역학이다.

어떤 구조물 전체가 운동이 없고 구조물 각 요소가 변형이 없다면, 구조물을 이루는 각각의 요소는 정지된 상태에 있으며, 전체 구조물뿐만 아니라 각각의 요소가 모두 정적평형 상태로 힘의 평형을 유지하고 있다. 이와 같은 상태에 놓여 있는 교량과 같은 트러스 구조물에 작용하는 힘을 구하는 문제가 정역학 문제이다. 그림 5.10과 같은 교량을 설계할 때, 차량, 바람

(a) 트러스트교

(b) 현수교

그림 5.10 트러스트교와 현수교

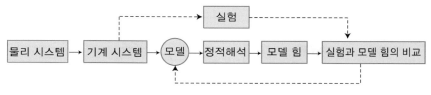

그림 5.11 기계시스템의 정적해석 과정

등 예상되는 여러 가지로 인한 하중을 계산하는 정역학적 문제를 해결하여 그 하중을 충분히 지탱할 수 있는 구성 요소들로 교량을 건설해야 한다.

기계시스템의 정적 해석은 일반적으로 그림 5.11과 같은 과정을 거친다. 먼저 기계시스템을 면밀히 살펴보고 그 시스템에 작용하는 모든 힘을 빠짐없이 나열한다. 이를 바탕으로 기계시스템의 특성을 충분히 표현할 수 있는 개념적 모델(conceptual model)을 구성한다. 이때 복잡한 실제 기계시스템을 설계 또는 해석 목적에 따라 그리고 우리가 풀 수 있는 수준의 수학적 모델로 만들기 위한 여러 가지 가정들을 고려한다. 기계시스템을 질점, 강체, 또는 변형체 중 어떤 것으로 가정하는 것이 좋은 지를 결정하는 단계이다. 일단 모델이 결정되면 그 시스템에 작용하는 힘들 사이의 상호관계를 결정하기 위해서 역학법칙을 적용한다. 이러한 힘의 해석은 우리가 원하는 정보를 제공할 수 있어야 한다.

우선 모델을 가지고 해석적인 방법으로 어떤 관심 있는 곳에 작용하는 힘을 구한 결과와 실제 기계시스템에 대해 실험적으로 구한 결과를 비교 검토하여 모델의 타당성을 검증한다. 만약 해석적으로 구한 결과와 실험적으로 구한 결과가 만족할 만한 범위 내에서 일치하지 않는다면 기계시스템에 대한 모델링이 잘못된 것이다. 이 경우에는 기존에 고려한 가정들을 적절하게 바꾸어 다른 수학적 모델을 구성해서 만족할 만한 해석 결과를 얻을 때까지 수정과 해석을 반복해야 한다.

정역학에서 관심을 갖는 물체에 작용하는 힘은 벡터물리량이므로 우선 벡터의 성질에 대해 알아야 한다. 그리고 정역학적 문제를 해결하기 위해서는 기본적인 물리법칙인 뉴턴의 제 1법칙과 제 3법칙에 대해 관심을 가져야 한다. 제 1법칙은 "질점에 작용하는 합력이 0이면 정지한 질점은 계속 정지한 상태로 있으며, 운동하는 질점은 직선 경로를 따라 일정 속도로 운동한다."는 것이다. 그리고 제 3법칙은 "두 물체 사이에 작용하는 힘은 크기가 서로 같고, 방향은 반대이며, 일직선상에 놓인다."는 것이다.

뉴턴의 운동법칙은 원칙적으로 질점에 적용되는 법칙이다. 따라서 질점에 작용하고 있는 힘은 모두 집중하중(concentrated force)이다. 엄밀한 의미에서 집중하중은 존재하지 않으나 힘이 가해지는 면적이 작아 점으로 가정할 수 있는 경우에는 집중하중으로 간주할 수 있다.

뉴턴의 운동법칙은 질점뿐만 아니라 여러 질점으로 구성된 질점계, 질점 사이의 거리가 일정하게 유지되는 강체, 그리고 변형체에도 적용될 수 있다. 가장 간단한 문제는 정지해 있는 질점에 여러 개의 힘이 동시에 작용할 때 몇몇 미지의 힘을 구하는 것이다. 질점이 정적 평형상태를 유지하기 위해서는 뉴턴의 제 1법칙에 의해 합력이 0이어야 한다. 따라서 질점에 작용하는 모든 힘을 고려한 후, 그 합력을 0으로 놓고 미지수를 구하면 된다.

좀 더 복잡한 문제는 강체에 작용하는 미지의 힘을 구하는 것이다. 정적 평형상태의 강체를 다루므로 힘과 모멘트의 평형방정식을 이용하여 미지수를 결정한다. 구조물 전체에 작용하는 힘과 구조물을 지지하고 있는 부분의 힘(대부분 미지수)을 포함시킨 자유물체도를 작성한 후, 힘과 모멘트의 평형방정식들을 이용하여 미지의 힘과 모멘트들을 계산할 수 있다. 또한 각각의 요소에 대한 자유물체도를 기반으로 그 요소에 작용하는 힘을 계산한다. 요소가 주변 환경으로부터 어떤 종류의 지지(support)를 받는가에 따라 그 지지부에서 받는 힘이 달라진다. 구부러지는 줄로 지지되어 있으면 줄에 의해서는 항상 당기는 힘을 받으며, 짧은 링크에서는 그 링크의 길이 방향의 힘이 작용하며, 매끄러운 지지부에서는 오직 수직 반력만을 받는다.

일반적으로 트러스 구조는 직선 요소들이 서로 핀으로 연결되어 있으므로 자유로운 회전이 허용된다. 따라서 핀을 통해 힘에 의한 모멘트는 전달되지 않고 오직 힘만이 하나의 요소에서 인접한 다른 요소로 전달된다. 트러스를 구성하는 부재(member)에 작용하는 힘은 그 요소를 압축하거나 인장한다. 그 부재를 길이 방향으로 누르는 힘을 압축력(compressive force), 잡아당기는 힘을 인장력(tensile force)이라고 한다. 여기서 압축력 또는 인장력은 부재의 단면 전체에 균일하게 가해지는 분포력(distributed force)으로 볼 수 있다. 압축력과 인장력을 그 부재의 단면적으로 나눈 것을 각각 압축응력(compressive stress)과 인장응력(tensile stress)이라고 한다.

그림 5.12는 대표적인 트러스 구조 중의 하나인 하우(Howe) 트러스라고 부른다. 이 구조물이 전체적으로 정적 평형을 이루기 위해서는 트러스를 구성하는 모든 부재들도 평형을 이루어야 한다. 그림 5.13과 같은 부재의 양 끝점 A와 B에서 힘 $\overrightarrow{F_A}$와 $\overrightarrow{F_B}$가 작용하고 있는 경우를

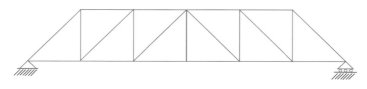

그림 5.12 하우 트러스

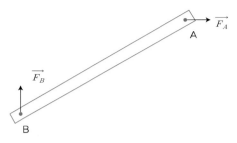

그림 5.13 트러스 부재에 작용하는 힘

생각해 보자. 부재가 정적 평형을 이루기 위한 조건은 임의의 점에 대해 작용하는 힘의 모멘트가 0이고, 힘의 합이 0이어야 한다(뉴턴 제 1법칙). 임의의 점을 A라고 간주하여 위의 두 조건들을 수식으로 표현하면 다음과 같다.

$$\overrightarrow{M_A} = \overrightarrow{r_{B/A}} \times \overrightarrow{F_B} = 0 \tag{5.1}$$

$$\sum \overrightarrow{F} = \overrightarrow{F_A} + \overrightarrow{F_B} = 0 \tag{5.2}$$

식 (5.1)이 성립하려면 두 벡터 $\overrightarrow{r_{B/A}}$와 $\overrightarrow{F_B}$는 서로 평행이어야 한다. 즉 $\overrightarrow{F_B}$는 부재 AB에 평행한 방향의 힘이어야 한다. 그리고 식 (5.2)에 의해 힘 $\overrightarrow{F_A}$는 힘 $\overrightarrow{F_B}$와 크기가 같고 방향이 반대이어야 함을 알 수 있다. 따라서 부재의 두 끝 A와 B에 가해지는 힘은 모두 부재를 압축하거나 인장하는 방향으로 작용한다.

그림 5.14와 같이 세 개의 부재로 구성된 트러스 구조에서 각각의 부재에 작용하고 있는 힘을 계산하는 경우를 고려해 보자. 부재를 연결하는 A, B, C 점에 작용하고 있는 외력은 각각 $\overrightarrow{F_A}$, $\overrightarrow{F_B}$, $\overrightarrow{F_C}$ 라고 가정한다. 편의상 세 부재에 모두 인장력 $\overrightarrow{F_{AB}}$, $\overrightarrow{F_{BC}}$, $\overrightarrow{F_{AC}}$ 가 작용하고 있는 것으로 간주하면, 그림 5.15와 같은 자유물체도를 그릴 수 있다. F_{AB}, F_{BC}, F_{AC} 중 어

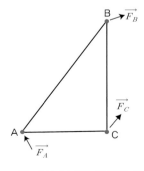

그림 5.14 세 개의 부재로 구성된 트러스 구조

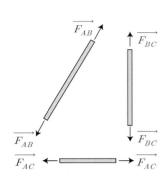

그림 5.15 부재에 대한 자유물체도

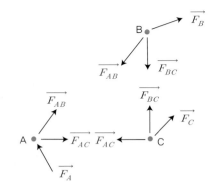

그림 5.16 핀에 대한 자유물체도

떤 것이든지 음이 되면 그 부재에는 인장력 대신에 압축력이 작용하게 된다. 그림 5.16은 부재를 연결하는 핀 A, B, C에 대한 자유물체도이다. 핀에 작용하고 있는 힘은 뉴턴의 제 3법칙에 의해 부재에 작용하고 있는 힘과 비교하면 크기는 같지만 방향이 반대인 점에 유의하자. 세 개의 핀에 대해 모두 3개의 평형방정식이 유도되므로, 이를 풀면 주어진 외력 $\overrightarrow{F_A}$, $\overrightarrow{F_B}$, $\overrightarrow{F_C}$에 대해 부재에 작용하는 힘 $\overrightarrow{F_{AB}}$, $\overrightarrow{F_{BC}}$, $\overrightarrow{F_{AC}}$를 모두 구할 수 있다. 세 개의 부재와 세 개의 핀을 모두 합치면 전체 구조물이 되는데, 이때 내력 $\overrightarrow{F_{AB}}$, $\overrightarrow{F_{BC}}$, $\overrightarrow{F_{AC}}$ 는 모두 상쇄되고 오직 외력 $\overrightarrow{F_A}$, $\overrightarrow{F_B}$, $\overrightarrow{F_C}$만 남는다는 것도 주지할 사항이다.

분포력은 물체의 전체나 표면의 일부에 분포되어 가해지는 힘들을 의미한다. 물체 전체에 가해지는 힘으로는 중력과 부력이 있는데 이러한 힘을 물체력(body force)이라고 한다. 이에 반해 어떤 힘은 물체의 표면에 가해지는데 이를 표면력(surface force)이라고 한다. 표면력은 두 물체가 닿는 모서리나 접촉면의 상호작용에 의해 또는 공기나 물 등 유체에 의한 압력에 의해 가해진다. 이러한 힘이 어떤 선을 따라 분포될 때는 선하중(line load), 그리고 일정한 면에 분포될 때는 면하중(area load)이라고 한다. 물체가 물, 기름, 공기 등 유체 속에 있으면 유체로부터 힘을 받게 된다. 움직이는 유체로부터 받는 힘을 계산하기 위해서는 유체역학을 알아야 한다. 정지된 유체로부터 받는 압력(hydrostatic pressure)에 가해지는 면적을 곱하면 힘이 되며, 이것도 분포력의 일종이다.

문제를 보다 간단하게 취급하기 위해 분포력을 이에 상당하는 집중력으로 놓고 접근하는 경우가 많다. 중력은 물체의 무게중심에 집중력으로 가해진다고 간주하고 문제를 푼다. 부력은 물체의 부피 중심에 작용하는 집중력으로 생각한다. 표면에 분포되는 힘은 그 면적의 도심(centroid)에 가해지는 집중력으로 가정할 수도 있다. 트러스 구조의 교량 위에 열차가 정지해 있다면 기차의 무게에 의한 힘은 2차원 해석에서는 선하중으로 간주할 수 있으며, 또한 이러한 분포력도 열차의 중앙에 작용하는 집중력으로 놓고 문제를 해결하기도 한다.

구조물을 이루는 부재의 단면에 작용하는 힘을 알아야만 그 부재 단면의 치수를 결정할 수 있다. 부재를 이루는 재료마다 항복되는 압축응력과 인장응력이 서로 다르기 때문이다. 따라서 구조물에 작용하는 힘을 충분히 견딜 수 있도록 부재의 단면을 설계해야 한다. 항복응력이 2배가 되는 재료를 사용한다면 그 부재의 단면적을 반으로 줄일 수 있다. 일반적으로 설계기준은 예상되는 하중의 2배 이상을 견딜 수 있도록 단면적을 정하고 있다. 그 이유는 구조물의 안전을 고려하여 안전계수를 2 이상으로 하기 때문이다. 그러나 안전계수를 너무 높이면 필요 이상으로 교량을 튼튼하게 제작하는 것이 되므로 건설비가 증가되어 경제성이 떨어지게 된다. 따라서 안전상 문제가 없는 범위 내에서 최소 단면적을 갖도록 하는 것이 바람직하다.

5.3.2 고체역학

고체역학(solid mechanics)은 정역학의 이론을 강체에서 변형체로 확장하여 적용한 경우라고 볼 수 있다. 따라서 정역학에서는 변형이 없다고 간주한 튼튼한 트러스 구조에 대해서 생각하지만, 고체역학에서는 그 구조가 받는 변형을 면밀하게 이론적으로 분석하게 된다. 고체역학에서 사용하는 모든 이론들은 실험적 결과들과 엄밀한 비교를 통해 그 타당성이 수세기 동안에 걸쳐 검증되고 확립된 것이다.

고체역학은 여러 질점으로 구성된 질점계의 평형상태에 대해 관심을 갖는다. 정지상태에 있는 질점계만을 다루므로 질점계는 평형상태에 있다고 간주된다. 질점계에서는 외부로부터 작용하는 외력들(external forces)뿐만 아니라 질점계를 구성하고 있는 질점 사이의 내력들(internal forces)도 존재한다. 그러나 이러한 내력들은 모두 서로 크기가 같고 방향이 반대이기 때문에 합하면 상쇄되어 0이 된다. 따라서 한 질점계가 평형상태에 있으면 외력의 벡터 합이 0이 되어야 한다. 뿐만 아니라 모든 힘은 질점계 내에 있는 임의의 점에 대한 모멘트의 합도 0이 되어야 한다. 이 두 조건은 완전 강체가 평형상태에 있기 위한 필요충분조건으로 정역학에서도 사용된다.

변형체에 대한 필요충분조건은 그 물체에 작용하는 외력계와 또 원래의 계에서 분리된 임의의 한 부분외력계가 위에서 언급한 두 조건들을 동시에 만족시켜야 된다. 역학시스템을 분리하는 최선의 방법은 분리된 부분의 주변에 대한 그림을 주의 깊게 그린 후에, 그곳에 작용하는 외력들을 전부 표시하는 것이다. 즉 분리된 부분에 대한 자유물체도를 정확하게 그리는 것이 필수적이다.

변형체를 해석할 때는 다음과 같은 기본적인 세 단계에 따라 그 모델을 해석한다.

① 힘과 평형조건의 연구
② 변형과 기하학적 적합조건의 연구
③ 힘-변형 관계의 적용

첫 번째 단계는 이미 앞에서 설명하였듯이 힘과 모멘트의 합이 전체 외력계와 부분 외력계에서 모두 0이 되어야 한다는 것이다. 그림 5.17과 같이 스프링상수가 다른 두 스프링 k_1과 k_2가 수직으로 직렬로 연결되어 있고 그 위에 무거운 추 W가 놓여 있을 경우를 고려하자. 첫 번째 단계에서 각각의 스프링에 대해 자유물체도를 그리면, 스프링 k_1과 k_2에 작용하는 압축력은 모두 W로 같다. 두 번째 단계는 변형이 기하학적으로 맞아야 된다는 조건을 따져야 한다. 따라서 추의 무게로 내려온 거리는 두 스프링의 변형을 합한 $\delta_1 + \delta_2$와 같아야 한다. 최종적으로 세 번째 단계에서 $W = k_1\delta_1 = k_2\delta_2$의 관계식을 이용하면 추가 내려온 거리 $W(k_1 + k_2)/k_1 k_2$를 구할 수 있다.

가장 간단한 시스템은 세 번째 단계인 힘-변형 관계를 고려하지 않고 힘을 결정할 수 있는 시스템인 정정시스템(static determinate system)이다. 위의 예(그림 5.17)에서 스프링에 작용하는 힘을 구하는 문제라면 첫 번째 단계만 거치면 된다. 그러나 대부분의 경우는 그림 5.18과 같이 변형을 고려하지 않고는 힘을 결정할 수 없는 부정정 시스템(static indeterminate system)이다.

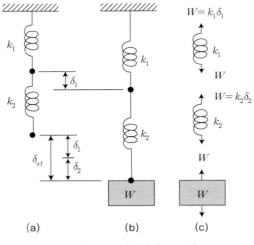

그림 5.17 직렬연결 스프링

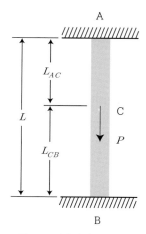

그림 5.18 부정정 구조물

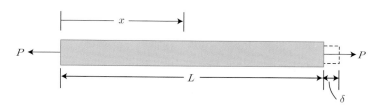

그림 5.19 1축 하중을 받는 균일 단면봉

　단면적이 일정한 긴 강철봉이 그 축 방향으로만 하중을 받는 경우에 최대신장이 처음 길이의 0.1 % 이하로 작은 경우에 대하여 하중과 변형관계를 알아보자. 그림 5.19와 같은 강철봉의 최초 단면적이 A이고, 길이가 L일 때, 하중 P가 양 끝에 작용하여 봉을 δ만큼 늘어나게한다면 하중과 변형 사이에 다음과 같은 선형 관계식이 성립된다.

$$\frac{P}{A} = E\frac{\delta}{L} \tag{5.3}$$

여기서 비례상수 E를 탄성계수라고 한다. 그리고 P/A는 단위면적에 대한 힘의 차원을 가지고 있으며 이를 인장응력(tensile stress)이라 부르고, δ/L은 무차원의 물리량으로 변형률(strain)이라고 부른다.

　탄성계수 E는 단위면적에 대한 힘의 차원을 가지며 재료에 따라 고유한 값을 갖는다. 일례로 강(steel)의 탄성계수를 E_S라 하면, 대략적으로 황동, 알루미늄, 유리, 나무의 탄성계수는 각각 $0.5E_S$, $0.33E_S$, $0.3E_S$, $0.053E_S$이다.

식 (5.3)을 변형 δ에 대해 풀면 다음과 같이 표현할 수 있다.

$$\delta = \frac{PL}{AE} \tag{5.4}$$

이 식은 훅(Hooke)의 법칙을 나타내는 수식이며, 대부분의 재료들은 변형이 매우 작은 범위 내에서 하중과 변형 사이에 비례관계가 성립하는 특성을 갖는다.

이러한 비례관계는 인장 하중을 받는 경우뿐만 아니라 휨이나 비틀림을 받는 경우에도 나타난다. 비례관계가 성립하는 부재는 길이가 단면적의 치수보다 훨씬 큰 (적어도 5배 이상) 경우이며, 이러한 부재를 세장부재(thin member)라고 한다. 보(beam), 기둥(column), 축(shaft), 봉(rod), 링크(link) 등이 세장부재에 포함된다. 차량, 교량, 주택 등 모든 공학구조물을 자세히 관찰해 보면 하중을 받고 있는 부재의 대부분이 이러한 세장부재로 구성되어 있음을 알 수 있다.

이제 금속재료에서 나타나는 일반적인 특성인 하중-변형 관계에 대하여 간략히 살펴보기로 한다. 클립(paper clip)을 책과 책상 사이에 끼운 후, 그 끝을 가볍게 눌렀다가 놓아주면 클립은 원래 상태로 돌아온다. 이와 같이 하중을 제거하면 동시에 사라지는 변형을 탄성변형(elastic deformation)이라고 한다. 클립에 하중을 가할 때 큰 변형을 일으키기 위해서는 큰 하중이 필요하다는 것을 알게 된다. 영구변형을 일으키지 않는 응력의 최댓값을 탄성한도(elastic limit)라고 부른다. 하중을 더욱 증가시키면 그 하중을 제거하여도 클립이 완전히 원래대로 되돌아오지 않고, 그 변형의 일부가 남게 된다. 이렇게 하중이 제거되어도 사라지지 않는 변형을 소성변형(plastic deformation)이라고 한다.

일반적으로 구조물에 사용되는 부재는 탄성한도 내의 응력을 받도록 설계되며, 금속재료를 가공하여 다른 형상으로 만들 때는 소성변형을 일으키도록 하중을 가한다. 비교적 가느다란 부재를 그 축에 평행한 방향으로 인장력을 가하여 정량적인 응력-변형률 관계를 얻을 수 있는데, 이러한 시험을 인장시험(tensile test)이라고 한다. 그림 5.20은 강(steel)에 대한 일반적인 응력-변형률 곡선을 나타낸다.

재료의 성질이 방향과 관계없이 일정한 것을 등방성재료(isotropic material)라고 말한다. 입방체의 재료를 구성하고 있는 분자의 배열상태가 완전히 불규칙하다면 입방체를 어떤 경사면으로 잘라도 그 구성요소들의 통계적 배열상태는 서로 같다. 그리고 어느 한 입방체의 축들에 대한 탄성적 성질의 평균값들도 좌표축의 방향과 관계없이 모두 같다. 이러한 등방성 재료에 대해 변형률이 응력에 비례하는 경우에 대해서만 생각하기로 한다. 하중이 가해지는 방향을 x축이라고 하면, 봉(rod)에 대해 응력 σ_x와 변형률 ϵ_x 사이에는 다음과 같은 선형 관계식이 성립한다.

$$\sigma_x = E\epsilon_x \qquad (5.5)$$

이 식은 축 하중에 대한 훅의 법칙의 한 형태이며, 탄성계수 E는 그림 5.20에서 변형률이 작은 선형 영역에서 직선의 기울기와 같다.

고무줄을 당기면 줄의 길이가 늘어남에 따라 단면적이 줄어드는 것을 볼 수 있다. 이와 마찬가지로 봉에서도 길이 방향으로 하중을 가할 때, x축 방향의 변형률이 증가함에 따라 봉은 횡방향으로 수축이 일어나는 것을 추측할 수 있다. 그리고 그 횡방향의 압축변형률(ϵ_y 또는 ϵ_z)과 길이 방향의 인장변형률 ϵ_x의 비가 일정하다는 것도 발견할 수 있다. 이 일정한 비를 푸아송(Poisson)의 비라고 하며, 강철에서는 대략 0.3의 값을 갖는다.

재료의 파단과 관련된 몇 가지 용어들을 알아보기로 하자. 클립의 경우에 단 1회의 작용으로 파단을 일으키지 못할 정도의 작은 하중 또는 변형이라도 하중이 반복적으로 가해지면 파단을 초래할 수 있다. 이와 같이 반복하중으로 인한 파단과정을 피로(fatigue)라고 부른다. 한 재료가 어떤 지정된 횟수(백만 번 또는 천만 번)의 작용을 받아도 파단되지 않을 최대응력을 그 재료의 피로강도(fatigue strength)라고 부른다. 특히 철 금속에는 무한 횟수의 하중을 작용하여도 그 재료가 파괴되지 않을 응력수준이 존재하는데, 그와 같은 실질적 무한수명에 상응하는 응력수준을 피로한도(fatigue limit)라고 부른다.

다른 부분에 비해 단면적이 유난히 좁아드는 부분을 노치(notch)라고 하며, 이러한 노치가

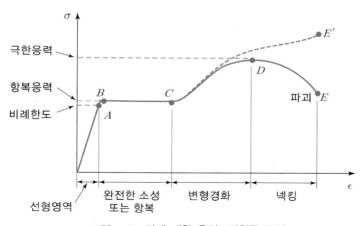

그림 5.20 강에 대한 응력–변형률 곡선

있는 부재는 노치 근처에서 파단이 주로 발생한다. 톱니와 같이 노치 부근에서 재료의 기하학적 형상이 급변하는 현상을 응력집중(stress concentration)이라고 한다. 피로균열은 응력집중의 원인이 되는 구멍이나 뾰족한 노치에서 생성되어 성장하는 경우가 대부분이다. 따라서 노치의 형상을 갖는 기름구멍, 나사 홈 등은 피로파괴에 의한 파단의 잠재적 근원이 되는 곳이므로 설계 시에 특별히 주의해야만 한다. 상온에서는 대부분의 공학재료의 응력 – 변형률 관계가 하중의 지속시간에 영향을 받지 않는다. 그러나 온도가 어느 정도 이상 올라가게 되면 응력이 일정하더라도 시간이 지남에 따라 변형이 증가하게 된다. 이러한 현상을 크리프(creep)라고 부른다.

끝으로 구조물의 안정을 위협하는 좌굴에 대해 간략하게 알아보도록 하자. 기둥 같이 얇고 높은 구조물이 구조물의 위로부터 수직하중을 받는 경우에 그 하중에 대한 휨 작용에 대해서 효과적으로 저항한다. 그러나 수직하중의 값이 임계값 보다 커지면 연직상태가 불안정해져서 불의의 측면하중이나 진동 같은 작은 교란에 구조물이 비틀리거나 측면 방향으로 크게 휘어지게 된다. 이러한 현상을 좌굴이라고 한다(그림 5.21). 좌굴의 예를 압축하중을 받는 음료수 캔에서 쉽게 관찰할 수 있다. 작용하는 하중의 값이 작으면 캔의 외벽은 원통형을 유지하면서 연직방향으로 균일하게 압축된다. 그러나 하중이 너무 커지면 그 상태는 불안정하게 된다. 그래서 작은 측면 하중에도 원통이 휘어 나오고 들어가면서 주름을 이루고 좌굴이 발생하게 된다.

(a) 철도레일에서의 좌굴

(b) 중공관에서의 좌굴

그림 5.21 좌굴 현상

고체역학에서 다루는 대상은 대부분 힘-변형, 비틀림모멘트-비틀각 또는 휨모멘트-곡률 등의 관계가 선형으로 표시되는 경우이다. 이러한 시스템을 선형시스템이라고 하며 선형시스템에서는 중첩의 원리(principle of superposition)가 성립된다. 중첩의 원리란 어떤 시스템에 힘, 비틀림모멘트, 휨모멘트가 동시에 가해지면, 그때 시스템의 변형된 크기는 각각에 해당하는 변형, 비틀각, 곡률에 의한 변형의 크기를 모두 더한 값과 같다는 원리이다. 마찬가지로 선형시스템에서는 집중하중과 분포하중이 동시에 가해지는 보에서의 처짐량은 각각의 처짐량을 구해서 더한 것과 같다.

5.3.3 동역학

동역학(dynamics)은 물체에 작용하는 힘과 그로 인해 발생하는 운동을 해석하는 역학이다. 정역학은 운동량이 시간에 따라 변하지 않는 물체에 대한 힘과 모멘트의 평형에 대해 다루지만, 동역학에서는 운동량이 시간에 따라 변하는 물체에 대한 해석에 그 관심을 집중한다. 따라서 동역학에서는 뉴턴의 제 2법칙과 제 3법칙을 주로 이용하여 운동방정식을 유도한다. 넓은 의미에서 동역학은 진동이라는 특수한 운동도 포함하지만, 그 분야의 중요성 때문에 별도로 분리하여 기계진동 또는 기계역학이라는 분야에서 다루고 있다. 동역학은 다음과 같이 크게 두 가지 분야로 구분한다.

① **운동학**(kinematics): 운동의 원인은 고려하지 않고 변위, 속도, 가속도 그리고 시간 사이의 운동의 기하학에 관심을 갖는다.
② **운동역학**(kinetics): 물체에 작용하는 힘, 물체의 질량 그리고 물체의 운동 간에 존재하는 관계에 관심을 갖는다. 주어진 힘에 의해 일어나는 운동을 예측하거나 또는 임의의 운동을 발생시키기 위하여 필요한 힘을 구할 때 이용된다.

기구의 운동에 대해서는 다음 절에서 다루기로 하고, 여기서는 운동역학 부분만을 설명하기로 한다. 그래서 달리는 트럭에 제동을 걸어 완전히 정지할 때까지의 제동거리를 구하는 경우에 대하여 생각해 보기로 한다. 트럭의 제동거리를 계산하는 것이 관건이라면 트럭이 아무리 크다 하더라도 그것을 하나의 점으로 가정하고 문제를 푸는 것이 쉽고 간편하다. 이렇게 물체를 질점(particle)으로 가정하는 것이 가장 단순한 모델링이다. 질점으로 모델링한다는 것은 물체의 모든 질량이 한 점에 집중되어 있으며 물체의 크기는 없다고 간주하여 회전을 무시하는 경우이다. 일반적으로 차량의 제동거리는 달리는 속도, 차량과 노면과의 마찰계수에 따라 결정된다.

그러나 빗길이나 눈길에서 달리는 트럭에 제동을 급하게 걸면 차량이 미끄러지면서 회전하게 된다. 이때는 차량을 더 이상 질점으로 가정할 수 없다. 그 이유는 차량이 노면에서 회전하는 운동을 무시할 수 없기 때문이다. 어떤 경우에는 차량이 90° 회전할 수도 있고, 심한 경우에는 180° 회전하여 차량의 앞뒤가 바뀌는 상태에 놓이기도 한다. 그림 5.22와 같이 차선을 이탈한 차량이 도로 난간을 부수고 논밭에 뒹굴고 있는 것이나 중앙선을 넘어 맞은편에 놓여 있는 끔찍한 장면을 뉴스에서 가끔씩 접한다. 만약 미끄러진 차량이 다른 차량이나 도로 구조물에 부딪히지 않았다면 차량의 변형은 발생하지 않는다. 이러한 경우 차량의 회전운동을 고려하기 위해서는 차량의 크기를 반드시 고려해야 한다. 이와 같이 물체의 크기를 고려한 모델링을 강체(rigid body) 모델링이라고 한다.

미끄러진 트럭이 다른 차량이나 주변 물체와 충돌하여 찌그러짐이 발생하였다면 문제는 달라진다. 이 경우에는 더 이상 트럭을 변형이 일어나지 않는 강체로 가정할 수 없으며, 트럭을 변형체(deformable body)로 놓고 문제를 풀어야 한다. 이러한 경우 트럭의 운동을 해석하는 문제는 매우 어렵고 복잡한 문제가 된다. 트럭 전체의 운동과 찌그러진 부분이 어떻게 변형되었는지도 동시에 해석해야 하기 때문이다.

힘은 물체에 직선운동을 일으킬 뿐 아니라 회전운동을 유발시키기도 한다. 물체의 한 점을 고정시키더라도 물체에 가해지는 힘의 작용선이 그 고정된 점을 지나지 않는 경우에는 힘은 물체를 고정점을 중심으로 하여 회전시키려고 한다. 이와 같이 힘이 물체를 회전시키려는 효과는 힘의 크기가 클수록, 그리고 고정점에서 힘의 작용선에 수선을 그을 때 그 수선의 길이가 길수록 커진다. 이 수선의 길이를 모멘트 팔(moment arm)이라고 하고, 힘의 크기와 모멘트 팔을 곱한 것을 힘의 모멘트 크기라고 한다. 힘의 모멘트 방향은 작용하는 힘과 모멘트 팔이 이루는 평면에 항상 수직이다. 따라서 힘의 모멘트도 벡터로 표시되는 물리량이다.

그림 5.22 교통사고로 인한 차량 변형

5.3.4 기구의 운동

기계는 저항성이 있는 구성요소들로 결합되어 있으며, 이 구성요소들이 외부에서 가해진 에너지에 의해 상대운동을 하면서 동력전달을 통하여 외부에 유용한 일을 하는 시스템을 말한다. 저항성이 있는 구성요소들에 의하여 상대운동만을 발생하는 기계시스템을 기구라고 정의한다. 그리고 기구의 상대운동을 예측하기 위한 학문을 기구학이라고 한다.

기구의 상대운동은 병진운동과 회전운동으로 구분되며, 일반적으로 기구가 원하는 위치에서 원하는 속도 및 가속도를 발생할 수 있도록 기구의 구성요소들을 설계하는 데 관심을 갖는다. 이러한 기구의 운동관점에서 구성요소들을 설계할 때, 주로 구성요소들의 치수와 형상 그리고 연결 메커니즘을 고려한다. 즉, 기구의 구성요소들의 치수, 형상, 연결 메커니즘에 의하여, 이 기구의 원하는 위치가 시간에 따라 변하게 되고, 그 위치에서의 속도 및 가속도를 예측할 수 있다.

1) 회전운동을 병진운동으로 변환하는 기구

① 랙-피니언(rack-pinion)

랙-피니언(그림 5.23)은 회전운동을 병진운동으로 또는 병진운동을 회전운동으로 바꾸는 데 주로 사용된다. 편평한 랙이 오른쪽으로 수평이동하면 원형모양의 기어인 피니언은 반시계방향으로 회전하고, 랙이 왼쪽으로 수평 이동하면 피니언은 시계방향으로 회전한다. 하지만 일반적으로 자동차의 조향장치에서와 같이 운전대에 고정되어 있는 피니언이 회전하면 베어링으로 지지되어 있거나 오일로 윤활 되어 있는 표면에 놓여 있는 랙이 병진운동을 일으키게 하는, 즉 회전운동을 병진운동으로 바꾸는 장치에 많이 사용된다.

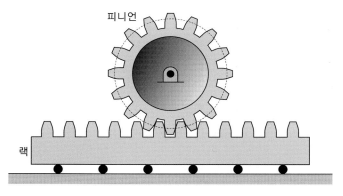

그림 5.23 랙-피니언 기구

랙-피니언은 자동차의 조향장치에 많이 사용되고 있다. 그 이유는 비록 자동차 조향장치에 사용되는 또 다른 기계 메커니즘인 리서큘레이팅 볼(recirculating ball) 방식보다 백래시(backlash)가 작고, 피드백(feedback)이 훨씬 정확하고, 조향감(steering feel)도 더 우수하기 때문이다. 자동차의 조향장치 외에도, 랙-피니언은 컴퓨터 저장 드라이버에 있는 자기 디스크 위의 입출력 헤드 위치선정에 사용된다. 그리고 랙-피니언 레일에서, 철도차량(locomotive)의 엔진에 달려있는 피니언이 레일 사이에 설치되어 있는 랙과 맞물려서 철도차량이 경사가 급한 언덕을 올라가게 할 때도 사용된다.

② 캠(cam)

회전운동을 병진운동으로 바꾸는 기계부품으로서 랙-피니언 이외에도 캠이 많이 사용된다. 특수한 형상을 가지는 원동절(driver)을 종동절에 직접 접촉시켜 종동절을 직선 왕복운동 시키는 기구를 캠 장치라고 하고, 특수한 형상을 가지는 원동절을 캠이라고 한다. 캠은 주로 내연기관에서 밸브 개폐와 여러 가지 공작기계를 포함한 자동기계에서 회전운동을 병진운동으로 변환할 때 많이 사용된다.

캠의 궤적곡선과 종동절의 운동이 하나의 평면 내에 있을 때를 평면 캠이라고 하고 그렇지 않은 경우를 입체 캠이라고 한다. 평면 캠으로는 종동절이 왕복 각운동을 하는 요동 캠, 편심 원판을 사용한 원판 캠, 원호와 직선으로 이루어지는 접선 캠, 원호가 연속되어 이루어지는 원호 캠이 있다(그림 5.24).

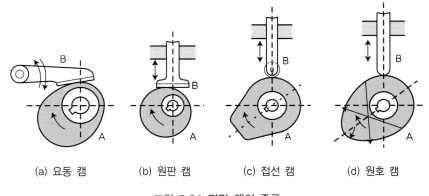

(a) 요동 캠   (b) 원판 캠   (c) 접선 캠   (d) 원호 캠

그림 5.24 평면 캠의 종류

2) 병진운동을 회전운동으로 변환하는 기구

① 4절 링크기구

4개의 바(bar)를 핀으로 연결해서 폐회로 모양으로 만든 것을 4절 링크기구(그림 5.25)라고 한다. 핀으로 연결된 각 조인트는 한 개의 자유도를 가지고, 두 개의 링크가 구속되면 정정시스템(determinate system)이 된다. 일반적으로 평면운동을 하도록 설계되고, 한 개의 링크는 고정되어 있으며 이 고정된 링크를 그라운드링크(grounded link)라고 한다. 고정된 링크 옆의 한 링크를 병진 또는 회전시키면 고정된 링크 옆의 다른 링크는 종속운동을 하게 된다. 이때 외력을 가해서 병진 또는 회전운동을 하게 하는 링크를 입력링크(input link)라고 하고, 종속운동을 하는 링크를 종속링크(follower link)라고 한다. 따라서 한 링크가 고정되어 있기 때문에 입력링크의 움직임이 정해지면, 종속링크의 거동이 쉽게 계산된다. 그라쇼프(Grashof) 법칙에 의하면, 링크들 사이에 연속적인 상대운동이 가능하려면 가장 짧은 링크와 가장 긴 링크의 길이의 합이 다른 두 링크의 길이의 합보다 길지 않아야 한다.

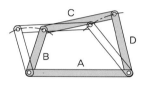

그림 5.25 4절 링크기구

② 슬라이더-크랭크(slider-crank) 기구

슬라이더-크랭크 기구(그림 5.26)는 병진운동을 회전운동으로 변환시키는 대표적인 기구

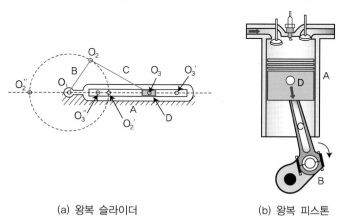

(a) 왕복 슬라이더   (b) 왕복 피스톤

그림 5.26 슬라이더-크랭크 기구

중의 하나이다. 이 기구는 엔진에서 볼 수 있듯이 무한대의 길이를 가지는 그라운드링크의 한 쪽 끝에 입력링크로서 슬라이더가 연결되고 그라운드링크의 다른 쪽 끝은 출력링크인 크랭크가 연결되어서 4절 링크기구를 이룬다. 엔진 실린더에서 피스톤에 연결된 슬라이더에 가해지는 왕복운동이 커플러링크(coupler link)인 커넥팅로드(connecting rod)를 통하여 크랭크의 회전운동을 발생시킨다. 하지만 펌프의 경우처럼 슬라이더-크랭크 기구는 회전운동을 병진운동으로 변환하기도 한다.

엔진에서 사용되는 슬라이더-크랭크 기구에서 슬라이더가 왕복운동 방향을 변환하는 시점을 사점(dead center)이라고 한다. 크랭크와 커넥팅로드가 일직선으로 쫙 펴졌을 때의 슬라이더 위치가 상사점(top dead center)이고, 슬라이더가 크랭크축과 가장 가까이 위치할 때가 하사점(bottom dead center)이다. 엔진과 펌프 이외에도 슬라이더-크랭크 기구는 너클조인트(knuckle joints)의 토글메커니즘(toggle mechanism), 기계프레스(mechanical press), 왕복 피스톤형 공기압축기 등 다양한 용도로 사용되고 있다.

5.3.5 기계진동

진동(vibration)은 시스템 내의 운동에너지와 위치에너지 크기가 주기적으로 변하는 현상을 말한다. 기계시스템에 질량과 탄성(스프링)이 존재하면 그 시스템은 고유한 진동수로 반복운동을 하려는 특성을 가지며, 이러한 진동수를 고유진동수(natural frequency)라고 한다. 거의 모든 기계시스템은 질량과 탄성을 가지고 있으므로 질량과 탄성의 크기에 따라 결정되는 그 시스템의 고유진동수가 있다. 정지된 기계시스템에 에너지가 공급되면 그것으로 인해 진동하게 되는데, 대부분의 시스템에는 에너지를 발산하는 감쇠(damping)요소도 포함되어 있어 시간이 경과하면 진동이 멈추게 된다. 그렇지만 시스템의 외부로부터 시스템의 고유진동수와 일치하는 진동수를 갖는 에너지가 가해지면 이때는 공진(resonance)이라는 위험한 현상이 발생하게 된다.

유리잔을 쇠 젓가락으로 치면 고유한 음이 발생한다. 이것이 진동현상이며 유리잔이 떨면서 동시에 소리도 발생하는 것이다. 그러나 이 현상은 시간이 지나면 곧 사라져 버리는데 감쇠가 존재하기 때문이다. 도자기나 쇠로 만든 잔이나 동일한 유리잔이라도 물을 조금 부어넣은 후에 다시 젓가락으로 치면 이전과는 다른 소리가 들린다. 이러한 현상은 시스템의 질량과 탄성이 변해서 고유진동수가 바뀌었기 때문이다. 이와 같이 시스템의 특성이 바뀌면 그것을 타격했을 때에 발생하는 소리도 달라진다. 열차가 정거장에 섰을 때 역무원이 쇠망치로 기차의 바퀴를 두드리는 광경을 간혹 목격할 수 있다(그림 5.27). 이는 기차의 안전을 점검하는 수단으

그림 5.27 기차바퀴의 정비

로 바퀴에서 나는 소리를 듣고 바퀴의 균열 여부를 알아보기 위함이다.

진동에 의한 각종 영향에 대하여 간략히 살펴보기로 한다. 항공기의 날개와 같이 진동으로 인한 피로파괴가 있을 수도 있으며, 우리 인간에게 자연의 무서움을 알게 해주는 지진 또한 진동에 의한 피해이다. 특히, 지진에 의한 공진으로 인해 원자력발전소나 주요 건물들이 무너진다면 그 피해는 엄청날 것이다. 이 밖에도 자동차 크랭크축의 회전 그리고 선반, 밀링머신 등 공작기계가 회전할 때 진동이 조금이라도 발생한다면 부품이나 제품의 정밀도는 기대할 수 없다. 이밖에도 우리가 일반적으로 관심을 가지고 있는 자동차, 기차, 항공기, 선박, 기계, 교량, 건축물 등에서 진동문제는 시스템의 성능과 안정도에 악영향을 줄 수 있으므로 공학설계 시 반드시 고려되어야 한다.

공학설계 시 진동문제를 잘 고려하지 못한 대표적인 사례인 타고마 다리를 소개하기로 한다. 미국 현대 건축기술의 자존심이었던 타코마 다리는 시속 190 km의 초강풍에도 견딜 수 있도록 설계되었다. 1940년 미국의 시애틀 근처에 있는 타코마 해협을 횡단하는 이 다리가 강풍이 불었을 때 점점 크게 흔들리다가 무너진 것도 공진현상 때문이었다(그림 5.28). 총 길이 853 m이었던 이 다리는 두 개의 주 탑에 의해 케이블로 연결되어 지지되고 있었다. 주 탑의 높이는 각각 126 m이었고 서로 840 m 떨어져 있었다. 현수교였던 이 다리는 약한 바람이 불어도 좌우로 흔들리는 경향이 있었다.

1940년 시속 67 km의 바람을 동반한 폭풍이 1시간 이상 불었다. 바람이 타코마 다리를 지나면서 주기적으로 소용돌이를 일으키면서 다리는 옆으로 흔들리는 동시에 노면이 비틀리는 비틀림 진동까지 발생하였다. 그 결과 교량은 2시간도 안 되어 붕괴되고 말았다. 이 다리는 흔들리는 다리의 고유진동수와 바람의 진동수가 일치하면서 점점 진폭이 커지다가 결국에는 다리의 강도가 이를 견디지 못하고 무너지고만 것이다. 유체역학 전문가가 포함된 조사단은 다

그림 5.28 공진으로 붕괴된 타고마 다리

리의 붕괴원인을 조사하였고, 유체의 주기적인 와류(vortex)에 의해 진동이 발생했다는 사실도 발견하였다. 타코마 다리 붕괴사건을 토대로 샌프란시스코의 금문교에도 대대적인 보수작업이 이루어졌고, 안전한 현수교를 건설하는 데 필요한 설계지침도 만들어졌다.

📖 5.4 열유체시스템에 관한 기술

열유체시스템은 내연기관, 발전시스템 등의 동력발생, 쾌적한 환경으로 삶의 질을 좋게 만드는 냉동공조, 그리고 마이크로/나노기술, 바이오기술 등을 접목한 융합 분야 등 거의 모든 공학 분야에서 핵심적인 부품 또는 시스템으로 사용된다. 일반적으로 기계시스템들을 구동하기 위해서는 작동유체가 필요하고 이 작동유체의 흐름을 적절하게 제어할 필요가 있다. 또한 동력발생 및 냉동공조 시스템의 경우에는, 특히 열을 계측하여 바람직한 열전달이 이루어지도록 제어할 필요가 있다. 따라서 열 및 유체와 관련된 기본적인 역학들을 이해해야만 산업현장 또는 일상생활에서 필요한 시스템들을 설계하고 나아가서 개선 및 응용할 수 있을 것이다. 여기서는 열역학, 유체역학 및 열전달 등 열유체시스템에 관한 과학적 지식과 기술에 관한 기본적인 개념들을 다룬다.

5.4.1 열역학

열역학(thermodynamics)은 물질의 상태변화에 따른 성질들을 연구하는 학문으로 에너지, 일 및 열 사이의 관계를 체계화함으로써 발전해왔다. 열(thermos)과 움직임(dynamics)의 합성어인 열역학은 어원에서와 같이 열 또는 에너지가 처음 상태에서 어떤 나중 상태로 움직이는지를 거시적으로 다루는 학문이다. 여기서 어떠한 시스템(주위와 분명한 경계로써 분리된 물질의 집합)의 상태를 먼저 정의해보자. 시스템의 모든 측정할 수 있는 성질들이 일정한 값을 가질 때(균일할 때), 그 시스템은 어떤 상태에 있다고 말한다.

예를 들면 콜라캔을 냉장고에 두었더니 그 온도가 4℃가 유지되었다면, 콜라캔은 시스템이 되고 그 온도는 그 시스템의 성질이 된다. 콜라캔의 현재 상태의 온도를 4℃라고 표현할 때, 그 현재 온도는 콜라캔이 이전에 어느 상점의 냉장고에 있었던지 어떻게 운반되어 왔던지 아무 상관없다. 이러한 성질을 열역학적인 성질(property)이라고 한다. 열역학적인 성질의 예를 들면 압력, 온도, 체적, 에너지, 엔트로피 등이 있다. 만약 열역학적인 성질이 처음 상태에서 어떤 경로를 거쳐 다시 처음 상태로 되돌아오면 사이클(cycle)을 이룬다고 한다.

위에서 설명된 콜라캔의 온도는 4℃로 내부 전체에 걸쳐 균일하다는 것을 전제로 하였다. 만일 콜라캔 내부에서 윗부분은 5℃이고 아랫부분은 3℃로 균일하지 않다면, 위에서 아래로 열이 전달되어 결국 시간이 충분히 흐른 뒤에는 콜라캔 내부 전체의 온도가 4℃로 균일하게 될 것이다. 이를 열역학적으로 평형을 이룬다고 말한다. 콜라캔은 냉장고에서 꺼내어 실내에 두면 시간이 흐른 뒤 콜라캔의 온도는 실내온도와 같게 될 것이다. 열역학에서는 콜라캔이 냉장고 내에 있는 상태와 실내로 꺼내진 상태, 두 평형상태 사이를 다루게 된다. 그러나 얼마나 빨리 두 상태변화가 일어나는지는 열역학을 통해서는 알 수 없고 열전달(heat transfer)을 통하여 알 수 있다.

우선, 압력, 온도, 일 등 기본적인 열역학적인 성질들을 간략히 설명하기로 한다.

① **압력(pressure)**: 영어의 초성을 따서 P로 표현하고 어떤 면을 누르는 단위면적당의 힘으로 정의한다.

$$P = F/A \tag{5.6}$$

여기서 F는 힘이고 A는 면적을 나타낸다. 압력의 단위는 N/m²이고 국제단위계에서 파스칼(Pascal)이라고 부르고 방향에 관계없이 일정한(isotropic) 값을 가진다.

② **온도(temperature)**: 적절한 기준점에 대하여 시스템이 따뜻하거나 차가운 정도를 정량

화 또는 수치화 한 것이다. 섭씨온도는 대기압에서 물의 빙점과 비등점을 0℃, 100℃로 각각 기준온도로 정하여 수치화 한 것이다. 수증기, 물, 얼음이 공존하는 삼중점(triple point)을 273.16K(K는 켈빈(Kelvin)으로 읽음)로 정한 온도를 절대온도 또는 열역학적 온도라고 하며, 섭씨온도와의 관계식은 다음과 같다.

$$t\,[°C] \;=\; T\,[K] \,-\, 273.15 \tag{5.7}$$

③ 일(work): 벡터량인 힘과 같은 방향으로 시스템이나 물체가 움직인 거리를 곱한 양으로 정의한다. 그림 5.29에서 피스톤이 2에서 1의 위치로 아주 천천히 마찰 없이 dx만큼(단면적 A일 때 부피변화 dV만큼) 움직일 경우 내부압력 P에 의해 외부로 한 일은 다음과 같다.

$$\delta W = PAdx = PdV \tag{5.8}$$

일의 단위는 에너지와 같은 Joule[J]의 단위를 가진다. 상태 2에서 1까지 변화할 때 기체가 피스톤에 해준 일은 $W_{2-1} = \displaystyle\int_{2}^{1} PdV$로 그림 5.29에서 곡선의 아래 부분의 면적이 된다. 그림 5.30에서처럼 상태 1과 2의 이동경로가 다르게 되면 적분값이 달라져 일이 달라지기 때문에 일은 엄밀히 말하면 열역학적인 성질이 아니다. 따라서 일의 미소변화량을 완전미분량 dW로 쓰지 않고 δW로 써서 경로에 의존함을 나타낸다.

열역학은 제1법칙과 제2법칙을 기초로 하여 실제적인 공학문제에 적용된다. 열역학 제 1법칙은 에너지 보존법칙으로 불리며, 그림 5.31의 줄(J. Joule)의 실험을 통하여 기술되었다. 그림 5.31에서 점선으로 나타낸 시스템은 외부로부터 열의 공급/방출이 없는 단열된(adiabatic) 시스템으로 가정한다. 이때 외부에서 날개를 이용하여 시스템 내부의 기체를 저어주면, 즉 일

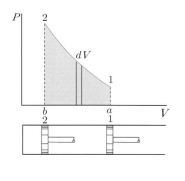

그림 5.29 일의 정의

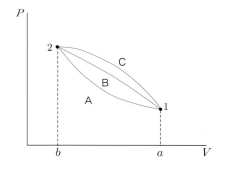

그림 5.30 일의 경로 의존성

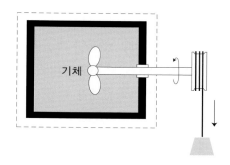

그림 5.31 줄(Joule)의 실험

(기계에너지)을 공급하게 되면 기체의 온도가 올라간다. 그런데 날개를 빨리 회전하다 늦추던지, 같은 속도로 회전시키던지 어떠한 경로를 거쳤던지 상관없이, 최종 전해준 일의 양 만큼 기체의 에너지(상태)가 증가(변화)하게 되는 것을 관찰할 수 있다.

따라서 두 상태 사이의 단열일 W_{ad}는 상태가 변화된 과정과는 무관하고 최초와 최종 상태에만 관계된다. 따라서 수학적으로 완전미분가능하여 새로운 에너지함수 E로 표현할 수 있다.

$$E_2 - E_1 = - W_{ad12} \qquad (5.9)$$

여기서 첨자 1, 2는 시스템의 상태를 의미한다. 그리고 시스템의 전체 에너지 변화 dE는 내부열에너지, 운동에너지, 위치에너지 등을 포함하여 다음과 같이 쓸 수 있다.

$$dE = d\left[U + \frac{1}{2}mv^2 + mgz \right] \qquad (5.10)$$

여기서 dU는 시스템의 내부 상태에만 관계되는 에너지의 차이로서 내부에너지라고 한다.

외부와 물질이동이 없는 밀폐된 시스템의 경우에도, 실제로는 열의 유출입이 있는 경우가 많다. 이때 두 상태 사이에서 외부로부터 시스템으로 유입된 열(Q_{12})은 외부로 일(W_{12})을 하고 나머진 전체 내부에너지를 증가($E_2 - E_1$)시키는 데 사용되어 전체 에너지는 보존이 된다.

$$Q_{12} = E_2 - E_1 + W_{12} \qquad (5.11)$$

여기서 에너지 E가 완전미분량이더라도 일 W가 불완전미분량이므로 열 Q도 불완전미분량이 된다. 따라서 미소한 상태변화의 경우 다음 식이 성립한다.

$$\delta Q = dE + \delta W \qquad (5.12)$$

열기관은 사이클을 이루므로 사이클 동안 전체 내부에너지 변화량 dE는 0이 된다. 따라서 사이클 동안 시스템으로 공급한 열량을 Q_1, 시스템에서 방출된 열량을 Q_2라 하면, 순 유입된 열량 $Q_1 - Q_2$는 열기관이 외부로 한 순일(net work) W_{net}와 같게 되고, 열기관의 효율 $\eta = W_{net}/Q_1$로 정의된다. 그림 5.30에서 C경로를 따라 상태 2-1로 변한 후 A경로로 1-2로 복귀하는 사이클을 고려하면, W_{net}는 $P-V$선도에서 곡선 C와 A로 둘러싸인 면적이 된다.

대부분의 기계시스템은 부피팽창에 의해 피스톤을 움직이거나 축을 회전시켜 동력을 발생하거나 공급받는다. 축의 회전에 의한 일을 구분하여 축일(shaft work) W_s라 하며, 보통 외부로 축일을 하는 경우를 양(+)으로 본다. 외부압력을 일정하게 유지하면서 축을 회전시켜 단열된 밀폐된 시스템의 부피를 팽창시키는 경우, 시스템의 에너지는 다음과 같이 표현된다.

$$Q_{12} = U_2 - U_1 + W_{s12} + P(V_2 - V_1) = 0 \tag{5.13}$$

여기서 $P = P_1 = P_2$이므로 시스템으로 공급한 축일은 다음과 같이 새로운 열역학적 상태량인 엔탈피 H의 차이로 표현된다.

$$-W_{s12} = U_2 + P_2 V_2 - (U_1 + P_1 V_1) = H_2 - H_1 \tag{5.14}$$

엔탈피 H는 $U + PV$로 정의되고, 부피팽창에 의한 일을 포함하는 개념이므로 축일에 관심이 있을 때 많이 사용된다. 또한 엔탈피는 열역학 제 1법칙에서 차이로서만 정의되었으므로 편의상 어떤 기준을 잡은 후 표 또는 식으로 상태량을 제공하면, 두 상태 사이의 얻을 수 있는 축일을 간단하게 계산할 수 있다.

실제 물리 현상에서는 두 상태 사이에서 에너지는 보존되어 열역학 1법칙을 만족하지만, 한 쪽 방향으로만 상태변화가 일어나는 경우가 많다. 한 예로, 열은 고온부에서 저온부로 자연적으로 전달되지만, 저온부에서 고온부로 자연적으로 이동하지는 않는다. 두 번째 예로, 고체와 고체 사이의 마찰은 항상 기계에너지를 열로 발산시킨다. 반면에 발생된 열을 모아도 원래의 기계에너지로 만들 수는 없다. 즉 기계에너지를 열로 변환하기는 쉬워도 열을 기계에너지 또는 전기에너지로 변환하기는 어렵다. 세 번째 예로, 2개의 밀폐된 방에 두 기체를 분리하여 보관한 뒤, 두 방 사이의 문을 열면 두 기체가 균일하게 섞이게 된다. 반대로 섞인 두 기체는 자연적으로 분리되지 않는다. 외부에서 어떤 일 또는 작용을 하지 않은 채로, 즉 자연적으로 처음 상태로 돌아가지 못하는 과정을 비가역과정(irreversible process)이라 부르며, 그 반대인 가역과정(reversible process) 또는 이상적인 과정과 구분한다. 이러한 방향성을 나타내는 경험, 실험결과 등을 일반화 하여 열역학 제 2법칙이 체계화 되었다.

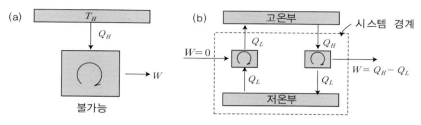

그림 5.32 클라우지우스와 켈빈−플랑크 서술의 대등성

클라우지우스(Clausius)는 "열은 저온부에서 고온부로 자연적으로 전달되지 않는다."라고 서술하였다. 그리고 켈빈(Kelvin)과 플랑크(Planck)는 "단일 열원으로부터 열을 전달받아 사이클의 과정으로 열을 일로 변화시킬 수 있는 열기관은 없다."라고 서술하였다. 그림 5.32(a)의 열기관을 보면 고온부에서 Q_H의 열을 받아 전부 일 W를 만들고 있으므로 공급된 열은 전부 일로 변환되어 열역학 1법칙은 만족한다. 그러나 이는 불가능하다고 말하였으므로 가능한 일 W는 Q_H보다 작아야 하고 $Q_H - W$만큼 외부로 버려야 한다. 즉, "효율 100 %의 열기관은 없다."와 같은 표현이 된다. 클라우지우스의 서술이 틀렸음을 가정하면, 그림 5.32(b)와 같이 우측 열기관이 저온부로 배출하는 열 Q_L과 같은 양을 저온부에서 자연적으로 고온부로 전달할 수 있다. 이때 점선으로 표현된 부분을 새로운 열기관으로 생각하면 단일 열원인 고온부에서 $Q_H - Q_L$을 받아 같은 양의 일을 하므로, 효율 100 %의 열기관이 존재하게 되어 클라우지우스의 서술에 위배된다. 따라서 켈빈−플랑크의 서술과 클라우지우스의 서술이 대등함을 알 수 있다.

열기관이 사이클로 동작하기 위해서는 2개의 다른 열원이 필요하며 저온부로 열 Q_L을 방출하여야 하고, 열기관의 효율식에서 Q_L은 0이 될 수 없어 효율 η는 항상 100 %보다 작게 된다.

$$\eta = \frac{W}{Q_H} = \frac{Q_H - Q_L}{Q_H} = 1 - \frac{Q_L}{Q_H} < 1 \tag{5.15}$$

열기관의 최대효율을 알아야 열기관의 최적설계가 가능하다. 1824년 카르노(S. Carnot)는 두 개의 다른 온도의 등온열원(等溫熱源) 사이에서 동작하고 이상적 가역적인 과정으로만 구성된 사이클의 개념을 발표하였다. 켈빈−플랑크 서술을 통해 어떠한 열기관도 카르노 사이클보다 높은 효율을 낼 수 없음을 증명할 수 있다. 따라서 열기관을 이용하여 발전을 하는 경우 카르노 사이클에 의해 효율이 열역학적으로 제한을 받게 된다.

또한 카르노 사이클의 효율 η는 약간의 수학적인 과정을 통하여 다음과 같이 온도만의 함수로 표현할 수 있다.

$$\eta = 1 - Q_L / Q_H = 1 - T_L / T_H \tag{5.16}$$

따라서 쉽게 다음 식을 유도할 수 있다.

$$Q_L / Q_H = T_L / T_H \text{ 또는 } Q_H / T_H - Q_L / T_L = 0 \tag{5.17}$$

식 (5.17)은 T_H의 고온부와 T_L의 저온부 사이에 카르노 열기관을 두어 사이클을 구성하여 유도된 결과임을 기억해야 한다.

사이클에서 유입된 열을 양(+)으로 표기하면 다음과 같은 중요한 식이 유도된다.

$$\frac{Q_H}{T_H} + \frac{-Q_L}{T_L} = \oint \left(\frac{\delta Q}{T} \right)_{id} = 0 \tag{5.18}$$

수학적으로 말하면, 열량은 경로에 의존하여 δQ로 표현되지만, 이상적인 과정에서는 $\delta Q / T$가 경로에 의존하지 않으므로 완전미분량이 되어 열역학적인 성질 dS로 표현된다.

$$dS = \left(\frac{\delta Q}{T} \right)_{id} \tag{5.19}$$

여기서 S를 엔트로피(entropy)라고 한다.

엔트로피도 엔탈피, 내부에너지 등과 같이 상태의 차이로 정의되고 실제 과정의 경우에는 약간의 유도과정을 거쳐 다음 식을 얻을 수 있다.

$$dS = \left(\frac{\delta Q}{T} \right)_{id} > \left(\frac{\delta Q}{T} \right)_{real} \tag{5.20}$$

이 식에서 시스템이 열을 방출하면($\delta Q < 0$) 엔트로피는 감소할 수 있고, 단열된($\delta Q = 0$) 실제 시스템에서 일어나는 모든 과정은 항상 엔트로피가 증가됨을 알 수 있다. 따라서 앞에서 예로든 현상들이 방향성을 가지고 일어난다는 것을 이해할 수 있다.

지금까지 설명한 열역학 제 1, 2법칙을 기반으로 냉동, 열기관 등의 열유체시스템을 사이클로 단순화 하고 각 상태에서 열역학적 성질을 계산한 뒤 상태 사이에서의 열과 일의 교환을 상태값을 이용하여 계산한다. 그리고 마지막으로 각 기관의 열효율을 이상적인 과정에 한하여 구하게 된다.

5.4.2 유체역학

물질은 일반적으로 고체, 액체 또는 기체로 이루어져 있다. 유체는 부드럽고 쉽게 변형될 수 있는 물질을 말하며, 액체와 기체가 이에 속한다. 이러한 유체는 횡방향의 힘인 전단력을 받으면 연속적으로 변형을 일으키게 된다. 따라서 정지되어 있거나 운동 중인 유체에 작용하는 힘에 따른 유체의 거동을 연구하는 학문이 유체역학이다. 유체역학도 고체역학과 마찬가지로 유체 관련 기본 방정식들은 뉴턴의 운동법칙을 적용하여 유도된다.

유체에 작용하는 힘은 크게 중력장에서의 무게와 같이 유체 자체에 작용하는 힘과 유체의 표면에 작용하는 힘으로 구분할 수 있다. 다시 유체 표면에 작용하는 힘은 압력에 의한 힘과 전단력으로 나눌 수 있다. 즉, 유체라는 물질에 작용하는 힘은 중력, 압력 그리고 전단력이 있다. 이러한 힘들이 유체에 작용하여 유체에 가속도가 발생하게 되고 결국 유체가 흐르게 된다.

유체정역학은 유체 입자간의 상대운동이 없이 정지되어 있거나 유체가 한 개의 덩어리처럼 일정한 속도로 거동할 때 유체에 작용하는 힘에 관심을 갖는 역학이다. 정지된 유체에 작용하는 힘은 주로 중력과 압력이다. 자연환경 하에서는 수면 위에 공기가 있고 그 공기가 수면을 누르는 힘은 수면 위에 있는 공기의 무게이다. 그리고 수면에 작용하는 압력은 공기의 무게를 단위면적당의 힘으로 표현한 것이고, 이것을 대기압이라고 한다.

그림 5.33은 대기압을 측정하는 수은기압계이며, C점에는 대기압 P_{atm} 이 작용하고 B점에는 A점이 완전 진공이므로 높이 h인 수은의 무게가 누르고 있다. B점과 C점에는 같은 힘이 작용하고 있기 때문에 높이가 동일하게 유지되고 있다. B점 위에 있는 수은의 무게 W_{HG}는 다음과 같이 계산된다.

$$W_{HG} = \gamma_{HG} A h \tag{5.21}$$

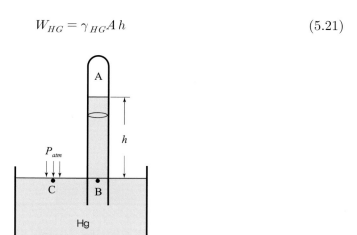

그림 5.33 수은기압계

여기서 A는 유리관의 단면적이고 γ_{HG}는 수은의 비중량(단위체적당의 무게)이다. 따라서 대기압 P_{atm}는 다음과 같다.

$$P_{atm} = W_{HG}/A = \gamma_{HG}h \qquad (5.22)$$

그리고 유체의 수면으로부터 깊이 h인 곳에서의 압력 P는 수면의 대기압에 유체의 깊이만큼의 유체에 의한 압력을 더해야 한다. 즉,

$$P = P_{atm} + \gamma h \qquad (5.23)$$

여기서 γ는 유체의 비중량이다.

그림 5.34와 같이 댐에 가두어진 물에 의해 댐에 미치는 힘을 알고자 한다면 댐 전후의 압력차를 알아야 한다. 그러나 수면 위와 댐의 우측에는 동일하게 대기압이 작용하고 있으므로 댐의 미소면적 dA에 작용하는 힘 dF는 깊이에 따라 크기가 달라진다.

$$dF = (P - P_{atm})dA = \gamma h \, dA \qquad (5.24)$$

따라서 댐이 물(유체)에 의해 받는 전체 힘은 다음과 같다.

$$F = \int_A dF = \int_A \gamma h \, dA \qquad (5.25)$$

유체 속에 잠긴 물체가 받는 부력도 그림 5.35에서와 같이 유체 속에서의 압력의 작용에 의한 결과이다. 물체의 수면에 가까운 쪽에서는 다른 곳에 비해 깊이가 얕으므로 부력이 작아서 압력이 향하는 방향으로 가해지는 힘이 상대적으로 작지만 물체의 아래쪽에서는 깊이가 깊으므로 이에 따라 압력이 크면서 압력이 향하는 방향은 위로 향한다. 따라서 전체적으로는 물체 표면에서 작용하는 압력의 차이로 인해 물체가 위로 향하는 부력을 받게 된다. 이것을 아르키

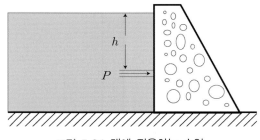

그림 5.34 댐에 작용하는 수압

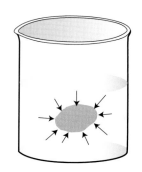

그림 5.35 물체가 받는 부력

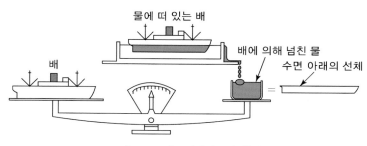

그림 5.36 아르키메데스의 원리

메데스(Archimedes)의 원리라고 한다.

　선박이 물에 뜨는 원리인 아르키메데스의 원리(그림 5.36)에 대해 간략히 설명하기로 한다. 물에 떠있는 물체에는 그 물체가 밀어낸 물의 무게와 같은 크기의 힘이 위쪽으로 작용한다. 이와 같이 물체를 위쪽으로 밀어 올리는 힘(부력)과 그 물체에 작용하는 중력이 평형상태에서 그 물체는 물에 뜨게 된다. 배가 쇠붙이로 되어 있어도 배 안에는 공간이 많으므로, 배 전체의 무게가 물속에 잠긴 부분의 부피에 대한 물의 무게, 즉 부력이 평형상태에서 배는 뜨게 된다. 선박이 수면 위에 떠 있게 할 수 있는 것은 아르키메데스의 원리에 근거를 두고 있다. 아르키메데스의 원리는 물에 잠긴 물체는 잠긴 부분의 부피에 대한 물의 무게만큼 부력을 발생시킨다는 원리이다. 즉, 배의 무게는 물에 잠겨있는 부분의 물의 무게와 같다.

　어떤 물체가 유체 속에 완전히 잠겨 있거나 혹은 일부만 잠겨 떠있다거나 하면 이때 물체가 유체로부터 받는 힘이 부력이다. 부력은 중력이 작용할 때 유체 속에 있는 정지 물체가 유체로부터 받는 중력과 반대방향의 힘으로 쉽게 말하면 물에 뜨려는 힘을 말한다. 물체가 유체 속에 들어가면 유체로부터 압력을 받게 되는데 이때 받은 압력은 깊이에 비례하여 커지며, 물체의 위쪽과 아래쪽에서 받는 압력의 차이에 의해서 발생하는 부력은 아래쪽에서 위쪽으로

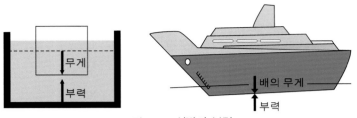

그림 5.37 선박의 부력

작용하기 때문에 물체의 무게가 가벼워진다. 부력의 크기는 유체에 잠긴 물체의 부피만큼의 유체의 무게와 같다(그림 5.37). 물체가 물위에 떠 있을 때 물체는 지구의 중력에 의해서 아래로 힘(무게)을 받고, 물의 부력은 위로 작용한다. 이때 두 힘이 같으면 물체는 물위에 떠 있게 된다.

- 물체의 무게 = 물의 부력
- 물체의 비중량 × 물체의 부피 = 물의 비중량 × 물속에 잠긴 물체의 부피

유체의 흐름은 파이프 내를 흐르는 유동의 경우에서와 같이 고체로 된 경계로 둘러싸인 내부를 흐르는 내부유동과 비행기나 자동차에서와 같이 유체 사이를 지나가는 물체 주변의 외부유동으로 구분한다. 파이프 내를 흐르는 유동은 대표적인 내부유동으로 일상생활에서도 흔히 볼 수 있다. 그림 5.38과 같이 파이프 전후에서 압력차가 있으면 유체는 흐르게 된다. 또한 유체의 점성으로 인해 파이프 벽면에서는 유동과 반대방향으로 마찰력이 발생하게 되고, 중력도 유체의 유동에 영향을 준다. 이와 같이 유체에 작용하는 모든 힘들을 고려하면 다음과 같은 유체의 운동방정식을 구할 수 있다.

$$F_I = F_p - F_\tau - F_g \tag{5.26}$$

여기서 F_I는 관성력, F_p는 압력힘, F_τ는 마찰력 그리고 F_g는 중력의 유동방향 성분이다.

그림 5.38에 표시된 바와 같이 파이프가 수평과 임의의 각을 가지고 경사진 상태에서 올라가는 유동의 경우에는 유동의 반대방향으로 중력 F_g의 영향이 작용하게 되고 유동방향으로 작용하는 힘은 미소 유체질량 δm에 작용하는 중력 δmg의 유동방향의 성분 F_g는 $\delta mg\sin\theta$이다. 마찰력은 유체가 가지는 점성계수로 인해 발생하는 힘으로 일반적으로 항상 존재하지만 해석의 편의상 마찰의 영향을 무시하는 경우도 있다. 이 경우에는 유동 중인 유체에서의 힘의 평형방정식이 다음과 같이 간략화 된다.

$$F_I = F_p - F_g \tag{5.27}$$

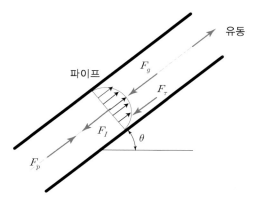

여기서 관성력 F_I는 미소 유체질량 δm과 유체의 가속도 a의 곱, 즉 $F_I = \delta ma = \delta mv(dv/dx)$ 이고, 압력은 유동이 진행하는 방향으로 감소하므로 압력에 의한 힘 $F_p = -(dP/dx)\delta V$ 이며, 중력에 의한 힘 $F_g = \delta mg\sin\theta$ 이다. 따라서 식 (5.27)을 다음과 같이 표현할 수 있다.

$$\delta m\,v\frac{dv}{dx} + \delta\,V\frac{dP}{dx} + \delta m\,g\sin\theta = 0 \tag{5.28}$$

이제 유체가 한 일을 구해보기로 하자. 유체가 한 일은 유체에 작용하는 힘과 힘이 작용하는 방향으로 유체가 움직인 거리를 곱하면 된다. 그러므로 식 (5.28)을 미소 유체체적 δV로 나누고 유동방향의 거리 dx를 곱하면 다음과 같이 단위 유체체적 당 속도, 압력 및 중력에 의해 한 일을 나타내는 식이 유도된다.

$$\rho v\,dv + dP + \rho gdz = 0 \tag{5.29}$$

이 식을 적분하면 속도에너지, 압력에너지 및 중력에 의한 위치에너지로 구성된 베르누이 (Bernoulli) 식이 유도 된다. 즉, 유체가 층류(laminar flow)로 흘러갈 때 속도, 압력 및 위치 세 가지 종류의 에너지를 합한 값이 일정하다는 원리가 성립한다.

$$\frac{\rho v^2}{2} + P + \rho g z = \text{일정} \tag{5.30}$$

예를 들어 물이 분사되는 호스를 하늘을 향해 잡고 있으면, 호스에서 나온 물은 위로 올라가면서 압력변화는 없지만 위치에너지가 증가하고 속도에너지가 감소하므로 속도가 점점 작아져서 결국 더 이상 올라가지 못하고 정지된 후 다시 중력의 작용으로 떨어지게 된다. 또한 평면에 놓인 파이프가 그림 5.39와 같이 유체가 흐르는 단면적이 변하는 경우 그 내부의 유체유

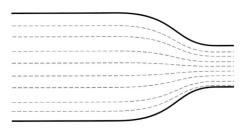

그림 5.39 단면적이 좁아지는 파이프 내에서의 유체 운동

동에 대하여 생각해 보기로 한다. 점선은 유체의 흐름의 경로를 표현한 것이다. 여기서 파이프는 수평으로 놓여 있으므로 높이(위치에너지)의 변화는 없다. 베르누이의 원리에 의하여 파이프의 단면적이 좁아지면서 유체의 속도는 증가하게 되고 유체의 압력은 감소하게 된다.

그러나 파이프의 단면적이 급격하게 변하던지 속도가 매우 빨라져서 유체의 흐름이 소용돌이치는 난류(turbulent flow)로 변하는 경우에는 베르누이의 원리가 적용되지 않는다. 이러한 현상의 예는 야구와 같은 스포츠나 비행기가 뜨는 원리에서도 볼 수 있다. 그림 5.40과 같이 투수가 공을 던지면서 공에 스핀을 가하게 되면 공에 있는 실밥으로 인해 주변의 공기가 회전하게 된다. 진행하는 공에서 보면 공을 향해 불어오는 기류와 공 주변의 와류로 인해 유속이 빠른 쪽이 발생하게 되고 유속이 느린 쪽에 비해 압력이 감소하여 마그누스(Magnus) 힘이라고 하는 기체역학적인 힘이 작용하여 공의 진로가 휘이게 된다. 이러한 원리는 테니스에서도 마찬가지로 선수들이 공에 스핀을 걸어서 공의 진행방향을 변화시키고 있다. 또한 같은 원리를 비행기 날개의 경우에서도 볼 수 있다. 그림 5.41에서와 같이 날개의 윗면을 진행하는 공

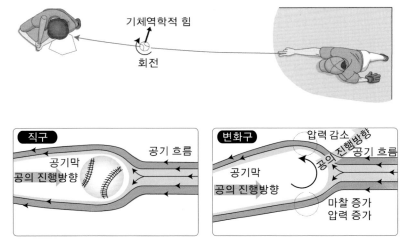

그림 5.40 야구공에 작용하는 기체역학적인 힘

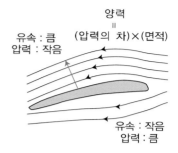

양력
=
(압력의 차)×(면적)

유속 : 큼
압력 : 작음

유속 : 작음
압력 : 큼

그림 5.41 비행기의 양력 발생원리

기가 아랫면에서 보다 빠르기 때문에 발생하는 압력의 차이로 인해 양력이 발생하고 비행기는 뜰 수 있게 되는 것이다.

유체의 마찰의 영향을 고려해야 하는 유동은 매우 흔하게 볼 수 있다. 산유국의 어느 위치에서 생산된 원유를 파이프를 통해 1300 km 떨어진 다른 곳으로 송유해야 한다고 가정해 보자. 파이프 내에서 유동을 발생시키는 기본적인 구동력은 유체의 압력차다. 즉, 유체는 압력이 높은 곳에서 압력이 낮은 곳으로 밀려가게 된다. 그러나 파이프 벽에서 발생하는 마찰력으로 인해 에너지 손실이 발생하게 되므로 이를 극복하기 위해서는 적절한 곳에 에너지를 적절히 공급해 주어야 한다. 에너지를 공급해 주는 방법으로는 중간위치에 펌프들을 설치하여 해결한다. 이와 비슷한 사례로, 각 가정으로 수돗물을 원활하게 공급하기 위해서는 정수장으로부터 나온 수돗물을 펌프로 충분히 가압하여 에너지를 충분히 공급해야 한다. 이와 같이 고체 벽으로 둘러싸인 파이프 내의 유동에서는 압력에 의한 힘과 마찰력이 서로 반대 방향으로 작용하고 있다.

그러나 유체 속에서 이동하거나 유체의 유동 중에 있는 물체가 받는 힘의 경우는 다르다. 즉, 흐르는 유체와 계면을 형성하고 있는 고체 경계면 사이에는 마찰과 함께 압력의 영향이 복합적으로 작용한다. 그림 5.42에서와 같이 물체 주변을 유체가 흐르는 경우에는 물체의 표면에 유동과 같은 방향으로 마찰력이 발생하고 물체의 앞부분에는 물체에 가해지는 압력에 의한 힘이 작용하며, 그 힘의 결과로 물체가 받는 힘을 양력과 항력으로 구분한다. 유동으로 인해 발생하는 유동과 같은 방향의 힘을 항력이라 하고 유동에 수직인 힘을 양력이라 한다. 일상생활에서 매우 흔하게 사용하고 있는 자동차의 경우 유체 중에서 앞을 향해 달려가고 있는 유체로부터 받는 항력이 크다면 앞으로 나가기 어려워질 것이다. 그러므로 자동차 차체의 외형 설계 시 공기에 의한 항력이 작게 발생할 수 있도록 설계함으로써 자동차의 효율을 높이고자 한다.

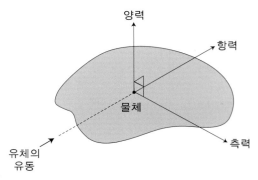

그림 5.42 물체가 유동으로 인해 받는 힘

일반적으로 알려진 바에 의하면 압력으로 인한 항력은 물체의 형상에 따라 다르고 마찰에 의한 항력은 표면의 저항이 작을수록 좋다. 유선형 물체의 경우는 표면을 매끄럽게 하면 두 가지의 항력을 모두 줄일 수 있다. 그리고 골프공의 경우에는 표면에 딤플을 주어 거칠게 만들어 주면 마찰항력은 어느 정도 증가되지만 압력항력이 많이 감소되므로 표면이 거친 골프공이 같은 힘을 받더라도 더 멀리 갈 수 있다.

5.4.3 열전달

우선, 그림 5.43에 있는 구체적인 예를 가지고 열전달과 열역학의 차이를 설명하기로 한다. 필름캔에 온도 77K인 액화질소를 붓고 뚜껑을 닫은 후 어느 정도 시간이 경과되면 필름캔이 폭발하게 되어 뚜껑이 날아가게 될 것이라는 것을 쉽게 예상할 수 있다. 그림 5.44는 필름캔의 폭발현상을 해석하기 위하여 열의 흐름을 모델링한 것이다.

그림 5.44에서 처음에는 필름캔의 내부와 외부의 압력(화살표 표시)이 같지만, 시간이 지남에 따라 외부로부터 열 Q가 전달되어 액체질소를 증발시켜 내부의 압력이 점점 증가하게 된다. 압력의 차이에 의해 결국 필름캔의 뚜껑이 열리게 된다. 그림 5.44의 우측 그림에서 필름캔의 내부공간의 온도 77K, 외부 공기의 온도 298K, 그리고 필름캔의 내부 및 외부의 표면 온도를 각각 T_i, T_o로 나타낼 때, 온도 차이에 의해 열 Q가 전달되고 필름캔의 재질을 철,

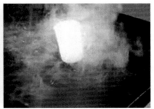

그림 5.43 액화질소에 의한 필름캔의 폭발 실험

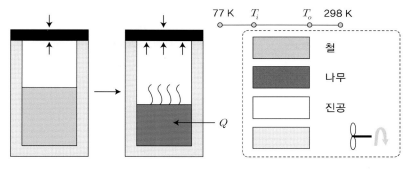

그림 5.44 필름캔의 폭발현상의 모델링

나무, 진공 등으로 바꾸더라도 총 열전달량 Q[J]는 변하지 않는다. 그러나 실험을 해보지 않더라도 열이 잘 전달되는 철로 만든 경우가 진공이나 나무로 만든 경우 보다 필름캔이 더 빨리 터질 것이라는 것을 예상할 수 있다. 이렇게 캔이 터질 것인지 아닌지 그 여부를 다루는 열역학과는 달리, 열전달(heat transfer)은 얼마나 빨리, 즉 두 상태 사이의 온도변화 속도를 다루는 학문으로 열의 전달현상에 관심을 갖는다.

열이 전달되는 현상에 대하여 알아보기로 한다. 클라우지우스가 언급한 바와 같이 열은 고온부에서 저온부로 전달된다. 온도의 차이가 있어야만 열이 전달되므로 온도 차이가 열전달의 구동력이 된다. 온도 차이에 물리상수인 볼츠만상수(Boltzmann constant, 1.34×10^{-23} J/K)를 곱하게 되면 단위는 에너지와 같은 줄(J)이 된다. 다시 말하면 온도 차이는 어떠한 열적인 에너지의 차이로 해석할 수 있고 그 차이에 의해 열이 전달된다고 생각해도 좋다.

물은 수위가 높은 곳에서 낮은 곳으로 이동한다. '수위'는 물의 위치를 나타내는 말로 물의 위치에너지 차이에 의해서 물이 움직인다. 공기는 압력이 높은 곳에서 낮은 곳으로 움직인다. 압력은 힘/면적으로 $[\text{N/m}^2]$의 단위를 가지는데, 그 단위의 분모와 분자에 각각 길이차원을 곱하게 되면 $[\text{J/m}^3]$으로 단위부피당의 에너지로 생각할 수 있다. 즉, 압력을 공기가 보유한 에너지로 해석하면 이 역시 에너지의 차이에 의하여 공기가 움직이게 된다. 전기도 전압이 높은 곳에서 낮은 곳으로 이동한다. 전압은 볼트(Volt)의 단위를 가지지만 실제 이동하는 전자의 전하(1.6×10^{-19} C)를 곱하게 되면 줄(J)의 단위로 바뀌어 역시 에너지로 해석할 수 있다. 이와 같이 열을 포함한 모든 전달현상은 에너지의 차이에 의하여 일어난다는 사실을 기억하자.

다음, 열전달의 속도에 대하여 알아보기로 한다. 주어진 시간에 얼마나 많은 열량(J)이 전달되는 지를 열전달율(heat transfer rate)이라 하고 열전달율의 단위는 와트($W(= \text{J/s})$)로서 파워(power)와 같은 단위를 가진다. 그림 5.44에서 필름캔의 재질이 바뀔 때 열전달율도 달라지는 것을 관찰할 수 있다. 이것은 열을 전달하는 정도가 물질에 따라 달라지는 것을 의미한다. 푸리에(Fourier)는 동일한 재료에 대하여 단면적 A와 길이 $\triangle L$을 다양하게 가공한 후 양 끝단의 온도차 $\triangle T$를 일정하게 유지하면서 열전달율 $\dot{Q}$을 측정하였다. 이때 열전달율 $\dot{Q}$이 단면적 A와 온도차 $\triangle T$에 비례하고 길이 $\triangle L$에 반비례함을 밝혀내었다.

$$\dot{Q} \propto A\triangle T/\triangle L \tag{5.31}$$

그리고 식 (5.31)에서 비례상수를 물질마다 달리하여 열을 전달하는 정도를 나타내었고, 이를 열전도도(heat conduction coefficient) k라고 하였다. 고체 층을 통하여 열이 전달되는 것을 전도(conduction)열전달이라 하고, 이를 다음과 같은 푸리에(Fourier) 식으로 표현한다.

$$\dot{Q} = kA\frac{\triangle T}{\triangle L} \tag{5.32}$$

여기서 고체에서의 열은 고체 내부에 배열된 원자들의 진동의 형태로 전달되고, 특히 전기적인 도체의 경우 자유전자의 이동에 의해 직접 전달되기도 한다. 따라서 전기적인 도체는 열적인 도체인 경우가 많다. 그림 5.45는 물질에 따른 열전도도의 분포를 나타낸다.

푸리에 식 (5.32)를 약간 변형시킨 전도열전달 식에서 $\triangle L/kA$가 $\triangle T$에 의해 전달되는 열의 흐름 $\dot{Q}$에 대한 일종의 저항으로 전기저항 식에서 전기저항과 대응되는 것을 알 수 있다.

$$\dot{Q} = \frac{\triangle T}{\triangle L/kA} = \frac{\triangle T}{R_t} \leftrightarrow i = \frac{\triangle V}{\triangle L/\sigma A} = \frac{\triangle V}{R_e} \tag{5.33}$$

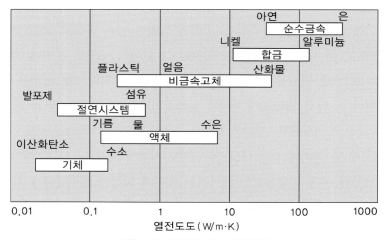

그림 5.45 물질에 따른 열전도도

여기서 열의 흐름 $\dot{Q}$와 전류 i 그리고 온도차 $\triangle T$와 전압차 $\triangle V$가 상사관계에 있음을 알 수 있다. 또한 열전도도 k는 전기전도도 σ(비저항의 역수)와 대응되고, 열저항(thermal resistance) R_t는 전기저항 R_e와 대응됨을 알 수 있다. 이 상사성을 이용하면, 이미 잘 알고 있는 전기회로의 해석법을 적용하여 전도열전달율을 비교적 쉽게 해석할 수 있다.

그림 5.46에는 얇은 판(슬라브)의 양쪽 면에 뜨거운 유체와 차가운 유체를 흘려줄 때 온도 분포를 그래프로 나타내었다. 얇은 고체 판을 가로지르는 방향으로만 온도가 변한다는 1차원과 온도가 시간에 따라 변하지 않는다는 정상상태로 가정하기로 한다. 고체 판의 왼쪽 면에서부터 오른쪽으로 x축을 잡으면 푸리에 식은 다음과 같이 표현된다.

$$\dot{Q} = -kA\frac{dT}{dx} \tag{5.34}$$

또한 그림 5.46에서 슬라브의 왼쪽 면을 통해 전해진 열이 어떠한 x위치의 (지면에 수직한) 면으로도 동일한 양으로 전해져야 정상상태가 유지된다. 즉, 전도열전달율 $\dot{Q}$이 일정하게 되므로 $T-x$ 그래프에서 기울기 dT/dx가 일정하게 되어 그림 5.46에 표시된 바와 같이 고체 내부의 온도가 선형적으로 변한다는 것을 알 수 있다. 또한 양쪽 표면온도를 $T_{s,1}$, $T_{s,2}$라고 할 때 고체 부분을 전기회로도와 유사하게 저항으로 표시하고 저항값을 L/kA로 표시할 수 있다. 전기회로이론에 의하면, 열전달율(전류)은 온도차(전위차)를 저항으로 나누어 쉽게

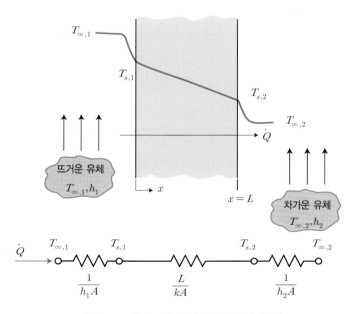

그림 5.46 슬리브를 통한 전도열전달 해석

구할 수 있다.

고체 내부의 전도열전달 외에도 유체의 유동이 있을 경우는 유체가 정지한 경우에 비해 일반적으로 열전달이 더 크게 일어난다는 것을 경험적으로 알고 있다. 날씨가 더울 경우 부채질이나 선풍기 바람을 이용하면 열을 더 빨리 잃어 빨리 시원해지는 것을 생각하면 된다. 정지한 유체의 경우 고체와 유사하게 전도열전달이 일어나지만, 움직이는 유체의 경우에는 분자의 브라운(Brown) 운동에 의한 전도도 일어난다. 그와 동시에 유체가 움직임으로써 고온부의 열을 가지고 직접 저온부로 전달할 수 있기 때문에 유체의 유동이 있는 경우 열전달을 대류(convection)열전달이라고 한다.

이 경우는 유체-고체의 경계면에서의 열전달이 중요하고, 경험적으로 열전달 면적이 넓어지거나 유체와 고체 표면의 온도 차이가 클수록 열전달이 크게 되므로, 대류열전달 식은 간단히 다음과 같이 표현할 수 있다.

$$\dot{Q} = hA\triangle T \tag{5.35}$$

여기서 h는 대류열전달계수, A는 열전달 면적 그리고 $\triangle T$는 온도차이다. 1차원 정상상태 가정 하에서 식 (5.35)를 열저항식으로 표현하면, 이때 $1/hA$가 대류열저항이 된다.

이제는 그림 5.46에 주어진 열회로도를 해석할 수 있게 되었다. 두 유체의 온도차를 세 가지의 전도 및 대류에 의한 열저항 값들의 합으로 나누면 열전달율 $\dot{Q}$를 구할 수 있다. 열저항의 개념은 열전달율을 쉽게 계산할 수 있다는 장점 이외에도 더 중요한 장점이 있다. 예를 들어 그림 5.46의 첫 번째 대류열저항 $1/h_1 A = 100$ K/W, 두 번째 전도열저항 $L/kA = 0.1$ K/W, 그리고 세 번째 대류열저항 $1/h_2 A = 10$ K/W라고 하자. 이 경우 전체 열저항은 110.1 K/W가 된다. 열저항을 반으로 줄여 열전달율을 두 배로 향상시키고 싶을 때 반드시 첫 번째 대류열저항을 줄이는 방향으로 문제를 접근해야 한다. 반대로 고체판을 더 열전도가 잘 되는 고체로 대체한다든가 세 번째 대류열저항을 줄이는 방법은 전체 열전달율을 거의 변화시키지 못한다. 이와 같이 열저항의 개념은 어떤 열전달항이 열전달율에 지배적으로 영향을 주는지 분석하는 데 큰 도움을 준다.

이제 대류열전달 식 (5.35)에 대해 좀 더 알아보자. 대류열전달은 전술한 바와 같이 전도열전달과 유체의 움직임에 의해 직접 열을 전송하는 것의 합으로 기술된다. 기체의 전도열전달은 유체의 열전도도에 의해 결정되므로 제어가 거의 불가능하다. 반면에 유체의 움직임, 즉 유체속도가 증가할수록 직접적인 열전송율은 증가하게 된다. 이때 대류열전달계수 h는 유체속도에 민감하게 반응한다. 또한 유체속도가 같을 때에도 유체와 고체와의 열교환 면적 A를 증가시키면 비례적으로 대류열전달율이 증가된다. 이 개념은 에어컨의 실외기(냉매의 응축기)에서 관찰되는 핀(fin)에서 찾을 수 있다. 즉, 얇은 면(fin)들이 냉매가 흐르는 튜브에 붙어서 냉매의 응축열을 더 빨리 발산시키는 작용을 한다.

전도 및 대류 열전달 외에도 유체의 상변화(증발/응축)를 이용하면 더 큰 열전달을 이룰 수 있고, 고온에서는 진공 중에서도 복사열전달을 통하여 열이 전달된다. 최근에 크게 관심을 갖는 신재생에너지 및 기존의 열을 이용하는 에너지 분야, 쾌적 냉동/공조 분야뿐만 아니라 거의 대부분의 전자기기에서의 열 발산 및 제어의 중요성이 점점 커지고 있다. 이를 감안할 때 여러 가지의 열전달에 관한 지식을 열유체시스템 설계 시에 적용하여야 함은 자명하다.

5.5 메카트로닉스시스템에 관한 기술

메카트로닉스(mechatronics)는 메카니즘 혹은 메카닉스(mechanism or mechanics)와 일렉트로닉스(electronics)의 합성어로서 1975년경 일본에서 만들어져 1980년 전후로 정착된 조어이다. 즉 메카트로닉스의 메카는 기구나 기계요소 등에 관한 기계기술을 의미하고, 트로닉스는 전기 및 전자, 컴퓨터공학, 제어알고리즘과 제어요소들이 융합된 전자기술을 의미한다. 따라서 메카트로닉스는 기계적 요소와 전기, 전자적 요소를 모두 적재적소에 사용하여, 종래의 기계적이거나 아날로그적 혹은 하드웨어적인 자동화를 전기 및 전자적, 디지털적 혹은 소프트웨어적인 자동화로 바꾸는 기술을 의미한다. 그리고 이러한 특징을 가진 시스템이나 기기를 각각 메카트로닉스시스템 또는 메카트로닉스기기라고 한다.

메카트로닉스의 사고방식은 1960년대 자동화 및 에너지 절감을 위해서 주창되었던 '기전일체화', 즉 기계와 전기, 전자를 일체화시켜 그 기능을 향상시키고자 한 생각과 같은 것이다. 그러나 메카트로닉스가 종전의 '기전일체화' 기술과는 다른 최대의 특징은 마이크로프로세서를 포함한 마이크로일렉트로닉스라는 새롭고도 유용한 구성요소가 더해져서 메카트로닉스 기술의 본격적인 발전이 가능하게 되었다. 그래서 마이크로프로세서를 이용한 기계의 지능화, 즉 메카트로닉스 기술이 산업의 대 변혁을 가져온 소위 3차 산업혁명이 1970년대에 도래하게 된 것이다.

메카트로닉스시스템 설계 시 고려되어야 할 기본적인 분야는 기계공학, 전기공학, 전자공학, 제어공학, 컴퓨터공학 등이다. 메카트로닉스시스템 설계자는 아날로그 및 디지털 회로, 마이크로프로세서 기반 요소들, 기계장치, 센서, 구동기, 제어기 등을 적절히 선정할 수 있어야 하며,

이들을 조합하여 설계된 메카트로닉스시스템이 원하는 목적을 달성할 수 있도록 종합적인 지식을 습득해야 한다.

오늘날 대부분의 기계장치는 전기 및 전자 부품과 컴퓨터를 이용한 메카트로닉스시스템으로 구성되어 있다. 즉, 센서를 통해 기계장치의 상태를 모니터링하고 필요에 따라서는 제어기를 설계하여 최적의 제어입력을 생성하여 구동기를 작동하게 하여 사용자의 요구조건에 맞는 동적시스템이 되도록 한다. 이러한 메카트로닉스시스템은 수많은 기계, 전기 및 전자 부품들로 이루어진 시스템이다. 메카트로닉스시스템의 예는 비행기의 제어 및 항법 시스템, 자동차의 전자연료분사장치와 ABS(Anti-lock Brake System), 로봇과 수치제어(NC: Numerical Control) 기계장치와 같은 자동화 생산시스템, 3D 프린터, 차량 시뮬레이터, 수술용 로봇, 가상현실(VR: Virtual Reality)기 등이 있다. 심지어는 에어컨, 세탁기, 청소용 로봇, 장난감 등과 같이 가정용품에도 메카트로닉스시스템이 적용되고 있다.

그림 5.47은 전형적인 메카트로닉스시스템의 모든 구성요소들과 외부 기계시스템, 센서(sensor), 구동기(actuator), 제어기들이 어떻게 구성되어 데이터들을 서로 주고받는지에 대한 흐름을 보여준다. 각종 센서는 시스템의 상태 및 입/출력의 상태를 탐지하며, 구동기는 시스템이 운동이나 행동을 취할 수 있는 구동력을 만들어낸다. 디지털장치들은 센서로부터 받은 입력신호를 기반으로 하여 설계된 제어기에 의해 구동기로 보낼 출력신호를 결정하여 시스템을 제어한다. 인터페이싱(interfacing) 회로는 센서로부터 측정된 아날로그 신호를 디지털 신호로 변경하는 A/D변환기(Analog to Digital converter), 컴퓨터에서의 출력신호인 디지털

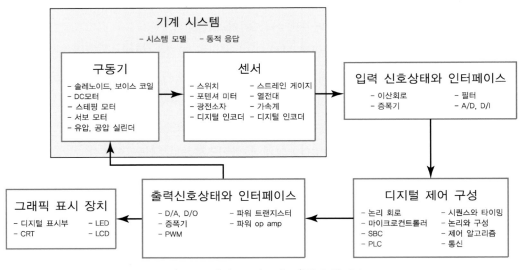

그림 5.47 메카트로닉스시스템의 구성 요소

신호를 아날로그 신호로 변환하는 D/A변환기(Digital to Analog converter), 디지털 신호를 입출력하는 DIO(Digital Input and Output)장치 등이 포함되어 컴퓨터와 외부 기계시스템의 데이터를 주고받도록 입출력장치 사이를 연결하는 역할을 한다. 그리고 그래픽표시장치(graphical displays)는 사용자에게 가시적인 응답을 제공한다.

본 절에서는 이러한 메카트로닉스시스템의 기본적인 부품들, 즉 컴퓨터 인터페이스, 마이크로프로세서, DIO장치, A/D 및 D/A 변환기, 센서, 구동기 등에 관해 간략히 소개하기로 한다.

5.5.1 컴퓨터의 기본 구성

현재 사용되고 있는 대부분의 컴퓨터는 기억장치에 저장된 프로그램을 순서대로 불러내어 처리하는 저장형 프로그램(stored program) 방식을 취한다. 컴퓨터는 그림 5.48에 표시된 바와 같이 입력, 출력, 기억, 연산 및 제어의 기본적인 5가지의 기능을 수행하고 있다.

① 중앙처리장치(CPU: Central Processing Unit)

컴퓨터의 5가지 기본 기능을 관장하는 중심부이다. 이를 단순히 프로세서라고도 한다. CPU는 산술 및 논리연산을 하는 연산기(ALU: Arithmetic and Logic Unit), 컴퓨터 전체의 동작을 제어하는 제어기(control unit), CPU 작업에 필요한 데이터를 일시적으로 저장하기 위한 몇 개의 레지스터들(registers)로 이루어져 있다.

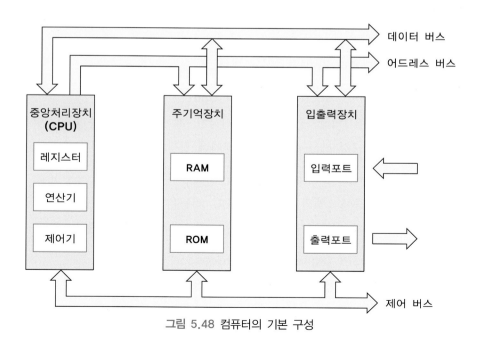

그림 5.48 컴퓨터의 기본 구성

② 주기억장치(memory unit)

프로그램 또는 데이터를 저장하는 곳으로 ROM(Read-Only Memory)과 RAM (Random-Access Memory)으로 구성되어 있다.

③ 입출력장치(I/O(Input/Output) unit)

컴퓨터에 정보를 입력하든가 외부로 정보를 출력하기 위한 장치이다.

④ 버스(bus)

CPU와 주기억장치, 입출력장치의 각 구성요소 및 외부시스템 사이의 정보 전달을 위한 통로로 제어 버스(control bus), 어드레스 버스(address bus), 데이터 버스(data bus) 세 가지로 구성되어 있다.

컴퓨터에서 중앙처리장치에 의해 레지스터의 데이터나 내부메모리의 데이터를 외부시스템으로 보내거나 외부기기 또는 센서에서 데이터를 받아 저장하기 위해서 다음과 같은 순서로 진행된다. 먼저 제어 버스를 통해 데이터를 입력할 것인지, 출력할 것인지를 결정한 후 어드레스 버스를 통해 어느 시스템에 연결하여 데이터를 입출력할 것인지 주소를 내어 보낸다. 마지막으로 정해진 주소의 시스템에 데이터 버스를 통해 데이터를 받거나 보내거나 한다. 이 동작은 보통 수십 ms에서 수 μs 정도의 빠른 시간 안에 거의 동시에 순차적으로 이루어진다.

5.5.2 마이크로프로세서

마이크로프로세서는 다음과 같이 분류하고 있다.

① 마이크로프로세서(MPU: Micro Processor Unit)

중앙처리장치에서 주기억장치를 제외한 연산장치, 제어장치 및 각종 레지스터들을 단지 1개의 집적회로(IC: Integrated Circuit) 소자에 집적시킨 것으로 PC에 주로 사용된다.

② 마이크로컨트롤러(MCU: Micro Controller Unit)

마이크로프로세서 중에 1개의 칩 내에 CPU 기능은 물론이고 일정한 용량의 메모리 (ROM, RAM 등)와 입출력제어 인터페이스 회로까지 내장되어 있다.

③ 디지털신호처리기(DSP: Digital Signal Processor)

디지털신호를 하드웨어적으로 처리할 수 있는 집적회로이며, 영상, 음성 등을 신호처리 하는 데 사용한다.

마이크로컨트롤러(MCU)에는 CPU, ROM, RAM, I/O 포트(직렬, 병렬), 타이머/카운터 (timer/counter), 인터럽트(interrupt) 처리기가 하나의 반도체 칩에 집적되어 있다. 따라서 주변장치들을 센싱 및 제어하기 위한 I/O 처리능력과 타이머/카운터, 통신포트 내장 및 인터럽트 처리능력이 뛰어나다. 또한 비트(bit) 조작이 용이하고, 소형이며, 가격이 저렴하고, 융통성 및 확장성이 있다. 따라서 마이크로컨트롤러는 다음과 같이 다양한 분야에 응용되고 있다.

- **계측분야:** 의료용 계측기, 오실로스코프 등
- **가전제품:** 전자레인지, 가스오븐, 전자밥솥, 세탁기 등
- **군사분야:** 미사일 제어, 우주선 유도제어 등
- **통신분야:** 휴대폰, 모뎀, 유무선전화기, 중계기 등
- **사무기기:** 복사기, 프린터, 플로터, 하드디스크 구동장치 등
- **자 동 차:** 점화타이밍제어, 연료분사제어, 변속기제어 등

5.5.3 인터페이스

인터페이스는 CPU와 외부기기의 사이에 위치하여 데이터 표현형식의 차이와 동작 타이밍을 조정하고 양자의 사이에서 정확한 데이터가 전달될 수 있게 하는 회로를 지칭한다. 컴퓨터 측정제어 분야에서의 인터페이스는 외부의 센서와 구동기를 컴퓨터와 접속시켜 정보전달이 제대로 이루어지도록 하는 컴퓨터 기능을 말한다. 컴퓨터 인터페이스는 외부기기와 컴퓨터의 서로 다른 정보형태를 변환하여 통일시켜야 하고, 또한 컴퓨터 내부의 정보통로인 어드레스 버스(address bus), 데이터 버스(data bus) 및 제어 버스(control bus) 중 필요한 버스 선을 외부기기의 필요한 신호 선과 연결될 수 있도록 제작하여야 한다. 컴퓨터를 이용하여 시스템을 제어하는 일반적인 계측제어시스템은 그림 5.49와 같이 구성되어 있다.

컴퓨터를 이용한 계측제어 분야에서 주체인 컴퓨터는 객체인 목표물의 현재 상태를 센서

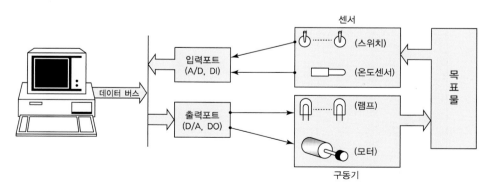

그림 5.49 계측제어시스템의 구성요소

(검출기)를 통해 입력받아서(계측), 객체의 상태를 판단한 뒤 구동기에 적절한 조작량을 출력해서 객체의 상태를 목표로 하는 상태로 만들어 간다.

CPU와 외부기기 사이에서 주고받게 되는 신호가 아날로그인가, 디지털인가에 따라 또한 신호의 레벨이나 극성에 따라 어떠한 형태의 인터페이스가 필요하게 되는지 그 구성을 생각할 필요가 있다. 이때 컴퓨터가 처리할 수 있는 신호가 디지털형인 데 비해 목표물의 상태는 아날로그형 신호로 나타나는 것이 대부분이고 일부만이 디지털형으로 표시된다. 또한 구동기를 조작하는 데 필요한 신호도 아날로그형과 디지털형이 있다. 주체와 객체의 취급 신호가 다를 때는 말할 것도 없고, 취급 신호가 모두 디지털형으로 같을 때라도 일반적으로 신호의 크기나 종류가 다르기 때문에 신호 변환기가 필요하다. 이렇게 원활한 신호의 입출력을 위해 필요한 장치를 신호 입출력용 컴퓨터 인터페이스라고 하며, 대표적인 것으로 D/A변환기, A/D변환기, DIO장치 등이 있다.

5.5.4 A/D변환

기계장치의 온도나 압력, 변위, 가속도 등의 물리량을 계측하고자 하는 경우에 이들 상태를 검출하여 전기신호로 변환하는 센서를 사용하게 된다. 일반적으로 센서 출력은 아날로그 전압인 경우가 많으므로 컴퓨터의 디지털 입력포트에 바로 입력할 수 없다. 따라서 아날로그 전압을 디지털 값으로 변환하고 컴퓨터에 입력할 수 있도록 하는 과정이 필요하다. 이 과정을 A/D변환이라 하고 그 회로를 A/D변환기라고 한다. 그림 5.50은 A/D변환기를 이용하여 기계장치의 물리량을 컴퓨터에서 측정하는 개념도를 나타낸다.

A/D변환방식은 양자화(quantization) 시키는 방법과 변환속도에 따라 여러 가지로 구분

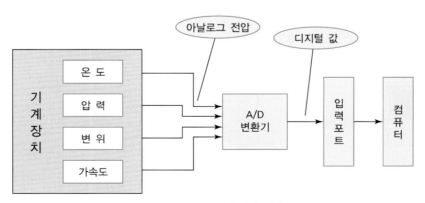

그림 5.50 A/D변환기의 역할

한다. 표 5.1에는 A/D변환방식에 따른 그 특징들이 요약되어 있다. 이 중에서 현재 가장 널리 사용되고 있는 것은 축차비교형 A/D변환기이고, 저가이면서 조작하기 쉬운 것은 추종비교형 A/D변환기이다. 디지털 변환값의 출력에는 8비트, 12비트, 16비트 등이 있고, 같은 비트라도 디지털 출력이 병렬형[그림 5.51(a)]인 것과 직렬형[그림 5.51(b)]인 것이 있다.

실제 사용할 때에는 패키지화 되어 사용이 편하고, 가격도 싸고, 정도도 높은 상용 A/D변환기를 주로 사용한다. 상용화된 A/D변환기의 대표적인 한 예로 그림 5.52에 표시된 MAX197을 소개하기로 한다. MAX197은 12비트의 분해능을 가지며, 5V에서 작동한다. 또한 프로그램을 통해서 ±5V, ±10V, 0~5V, 0~10V 중 하나를 입력전압으로 선택할 수 있다. MAX197은 8개의 아날로그 입력채널을 가지고 있으며, A/D변환시간은 6µs가 소요된다. A/D변환을 위한 트리거 신호는 내부 혹은 외부에서 입력할 수 있다. 외부트리거는 외부 신호를 기준클럭으로 하여 A/D변환을 시작하며, 내부트리거는 내부의 1MHz의 펄스신호를 8253에서 분주시켜 기준클럭으로 사용하는 것이다. MAX197은 대부분의 마이크로프로세서와 인터페이스가 가능하다. 3상 데이터 I/O 포트는 8비트의 데이터 버스를 통해서 작동하도록 설

표 5.1 A/D변환방식의 종류

A/D변환방식	적분형	비교형		
		추종비교형	축차비교형	병렬비교형
변환시간	1[ms]~200[ms]	0.4[µs]~200[ms]	0.4[µs]~200[µs]	수[ns]~300[ns]
변환속도	저속	저속	중속	고속
용도	계측기(비교적 낮은 주파수를 측정하는 주파수 카운터, 디지털 전압계)	계측기(디지털 전압계)	계측기(주파수 카운터) 센서 입력용 음성신호의 통신·기록	화상신호처리, 고속통신 의료용

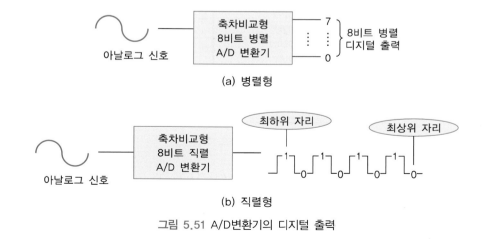

(a) 병렬형

(b) 직렬형

그림 5.51 A/D변환기의 디지털 출력

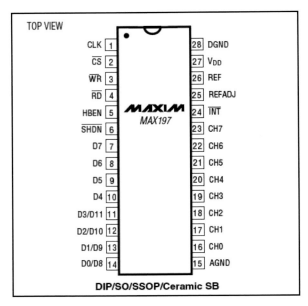

그림 5.52 MAX197의 외형도

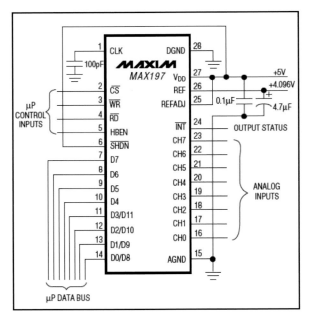

그림 5.53 MAX197의 작동선도

계되어 있고, 모든 로직 입출력은 대부분의 TTL/CMOS(Transistor Transistor Logic/ Complementary Metal-Oxide Semiconductor)와 병행할 수 있다. 그림 5.53은 MAX197 의 간단한 인터페이스 작동선도이다.

5.5.5 D/A변환

디지털 신호를 아날로그 전류나 전압으로 변환하는 것을 D/A변환이라 한다. 아날로그 전압에 의해 구동되는 장치를 컴퓨터로 제어하고자 하면 컴퓨터의 2진수 출력을 아날로그 전압으로 바꾸기 위하여 반드시 D/A변환기가 필요하다.

D/A변환방식에는 여러 가지 있지만, 그림 5.54에 표시된 2진 가중저항형과 R-2R 사다리형이 자주 사용된다. 2진 가중저항형은 구성이 간단하지만 비트수가 많아질수록 저항값의 범위가 커져서 정도가 떨어지고, 또 저항치가 커지면 온도 드리프트나 스위칭 속도가 늦어지는 결점이 있다. R-2R 사다리형은 구성이 좀 복잡하지만 저항치가 R, 2R뿐이므로 고정도와 고속성을 얻을 수 있어 현재 D/A변환기에 가장 많이 사용되고 있다.

실제 사용할 때에는 패키지화 되어 사용이 편하고, 가격도 싸고, 정도도 높은 상용 D/A변환기를 주로 사용한다. 상용화 된 D/A변환기로 AD7837을 소개한다. AD7837은 2개의 채널과 12-비트의 데이터 비트를 가지고 있는 D/A변환기이다. AD7837은 고속 데이터 전송과 인터페이스 로직을 이용하여 마이크로프로세서와 호환할 수 있도록 설계되어 있다. AD7837은 더블 버퍼링된 8비트 데이터버스 구조를 가지고 있어서, 두 번의 쓰기(write) 신호에 의해 데이터가 업 로딩 된다. AD7837의 14번 핀, 비동기식 LDAC신호가 들어오면 AD7837이 래치(latch)되고 아날로그 신호가 출력된다. AD7837은 ±10V의 출력을 낼 수 있다. 그림 5.55는 AD7837의 핀 구성이고, 그림 5.56은 AD7837의 핀들의 기능을 나타내는 블록선도이다.

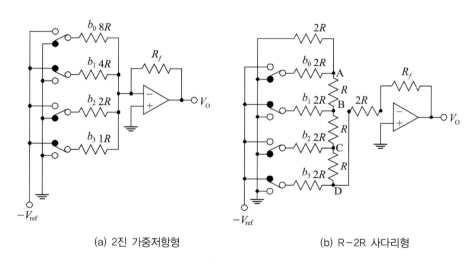

(a) 2진 가중저항형   (b) R-2R 사다리형

그림 5.54 대표적인 D/A변환방식(4비트)

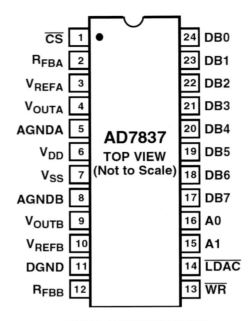

그림 5.55 D/A변환기(AD7837)

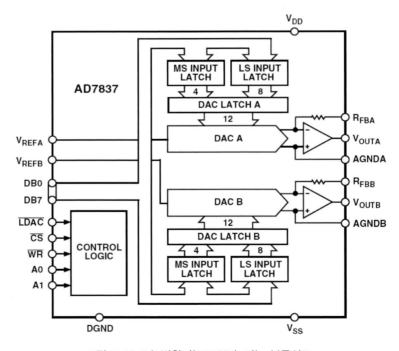

그림 5.56 D/A변환기(AD7837) 기능 블록선도

5.5.6 센서

메카트로닉스시스템에서 기계장치의 물리량을 컴퓨터를 이용하여 측정하기 위해서는 물리량에 비례하여 전기적인 신호(즉, 전압, 전류 등)로 변환할 수 있는 센서가 필요하다. 기계장치에서 관심 있는 물리량은 온도, 압력, 위치, 속도, 가속도, 회전각도, 각속도, 각가속도 등 다양하다. 이러한 특정한 물리량을 측정하기 위한 적절한 센서를 선정하기 위해서는 가격, 크기, 무게, 출력의 형태(디지털 또는 아날로그), 인터페이싱, 분해능, 감도, 선형성, 응답시간, 주파수응답, 신뢰성, 정확성, 반복정밀도 등의 특성들을 고려해야 한다. 이 특성들이 센서의 성능, 경제성, 용이성, 응용력 등을 결정한다.

로봇과 같은 동적인 기계시스템을 제어하기 위해 대표적으로 많이 사용되는 물리량은 위치 또는 회전각도이다. 로봇이나 공작기계와 같은 시스템의 거동을 제어하기 위해서는 그 시스템의 각 부분이 어디에 위치하고 있는가를 정확히 알아야 한다. 이와 같이 위치나 회전각도를 측정하기 위해서는 그림 5.57과 같은 퍼텐쇼미터(potentiometer) 그리고 그림 5.58과 같은 증분(incremental)형 또는 절대(absolute)형 로터리인코더(rotary encoder) 등과 같은 센서를 사용해야 한다.

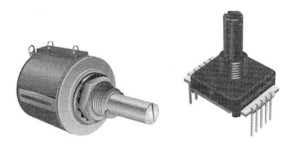

그림 5.57 퍼텐쇼미터의 외관

(a) 증분형

(b) 절대형

그림 5.58 로터리인코더의 외관(오토닉스 ㈜)

5.5.7 구동기

대부분의 메카트로닉스시스템은 어떠한 운동을 하는 기계장치에 적용된다. 이 운동은 가속도와 변위를 발생시키는 힘 또는 토크에 의해 만들어진다. 구동기(actuator)는 이러한 운동을 생성시키기 위해 사용되는 장치이다. 기계장치의 운동을 위한 구동기의 종류는 솔레노이드, 전기모터, 유압실린더, 유압로터리모터, 공압실린더 등 종류가 다양하다.

구동기 가운데 가장 대표적인 것 중의 하나인 DC서보모터의 구조(그림 5.59) 및 구동원리 (그림 5.60)에 대해 간략히 살펴보기로 한다. DC서보모터는 그림 5.60과 같이 계자 코일에 일정한 전류를 흐르게 하면 암페어(Ampere)의 오른손법칙에 의해 계자 철심이 자화되어 N, S극에 자계가 발생하고, 전기자 코일은 자계 중에 노출하게 되어 전기자 코일에 전류를 흘리면 자기력이 발생하게 한다. 플레밍(Fleming)의 왼손법칙에 따라 전류가 W에서 Z방향으로 흐르는 코일의 부분에서는 자기력이 밑으로 작용하고 전류가 Y에서 X방향으로 흐르는 코일 부분에서는 위로 작용하여 전체적으로 전기자 코일을 시계방향으로 회전시키려는 토크가 발생한다. 전기자 코일이 회전하여 현재 위치에서 90°를 넘어서면, 브러시에 접촉하는 정류자의 위치가 바뀌고 XY, WZ 부분에 흐르는 전류의 방향이 바뀐다. 이번에는 자기력이 XY에서 밑으로 작용하고 WZ에서 위로 작용하여 같은 방향으로 회전을 계속한다. 이것은 270°까지 계속되고 270°를 넘어서서 본래 위치로 돌아가면, 다시 전류방향이 바뀌고 토크도 같은 방향으로 작용하게 된다. 만약 역회전을 시키려면 계자 전류나 전기자 전류 중 어느 하나의 방향을 바꾸면 된다.

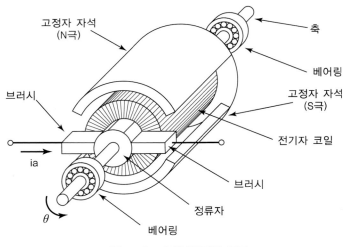

고정자 자석 (N극)
축
브러시
베어링
고정자 자석 (S극)
전기자 코일
브러시
i_a
정류자
θ
베어링

그림 5.59 DC서보모터의 구조

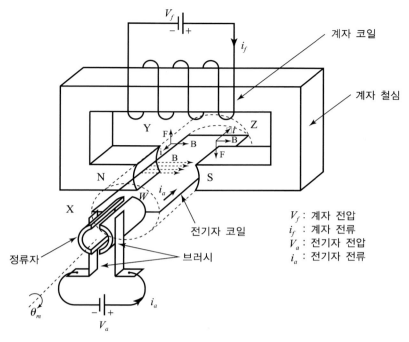

계자 코일

계자 철심

V_f : 계자 전압
i_f : 계자 전류
V_a : 전기자 전압
i_a : 전기자 전류

전기자 코일

정류자

브러시

그림 5.60 DC서보모터의 구동원리

5.5.8 메카트로닉스시스템의 예: XY-직교로봇

메카트로닉스시스템의 한 예로서 XY-직교로봇을 소개한다. XY-직교로봇은 기본적으로 2개의 직선이송기구를 결합한 것이다. 직선이동 축을 직각으로 결합하여 XY직교좌표계로 이루어지는 2차원 평면상의 임의의 위치로 대상물을 이송하는 장치이다. 1축의 직선이송장치는 그림 5.61과 같이 구성된다. 그림 5.61의 1축 직선이송기구는 직선운동 변환기구로서 상판이 너트와 고정되어 볼스크류의 회전에 따라 직선이동을 하게 된다. 이때 너트가 볼스크류와 같이 회전하는 것을 방지하고, 상판의 흔들림을 막기 위해 LM가이드(linear motion guide)를 따라 상판이 이동하도록 구성되어 있다. LM가이드는 정밀도를 높이기 위한 중요한 수단으로써 기구에 부가되는 하중의 크기 그리고 직선이송의 행정거리 등에 따라 선정해야 한다. 구동기로서는 AC서보모터를 이용하고, 위치 및 속도 정보는 모터축에 연결된 인코더를 통해 획득하게 된다.

따라서 그림 5.61과 같은 1축 직선이송기구 상판 위에 또 다른 1축 직선이송기구를 얹어 결합하면 그림 5.62와 같은 XY-직교로봇이 구성된다. 그림 5.62에서 리밋 스위치는 XY-직교로봇의 운전영역의 한계지점에 배치되어, 상판이 이 지점을 통과하면 제어기에 위험신호를 보

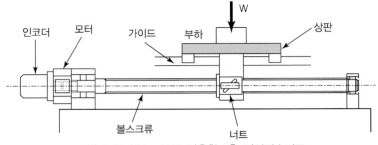

그림 5.61 볼스크류를 이용한 1축 직선이송기구

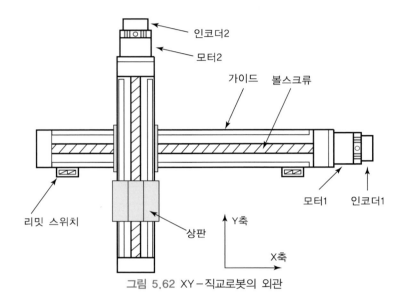

그림 5.62 XY-직교로봇의 외관

내게 된다. 이에 따라 제어기는 직선이송기구의 상판이 운전영역을 벗어나는 것을 감시할 수 있게 된다.

XY-직교로봇은 가장 기초적인 로봇의 형태라 할 수 있으며 설계에 따라 다양한 형태가 될 수 있다. 작업대상을 2차원 평면상의 원하는 장소에 위치시킬 수도 있으며, 임의의 속도로 임의의 궤적을 따라 움직일 수 있으므로 여러 가지 용도로 사용할 수 있다. 실제적인 적용 예로는 XY-플로터, 머시닝센터나 NC선반에서 가공물의 이송기구 등이 있다. 그 외에도 각종 자동화 기기에서 공작물 및 부품의 이송 또는 공구의 이동용으로 많이 사용된다.

그림 5.63은 PC를 이용한 XY-직교로봇의 위치제어시스템을 구성한 예이다. 2축의 모터를 동시에 제어해야 하므로 2개의 D/A변환기가 필요하고, 로터리인코더에서 나오는 회전각도를 측정하기 위해 2개의 카운터가 필요하다. PC를 이용하여 디지털제어를 실현하며, X방향 및

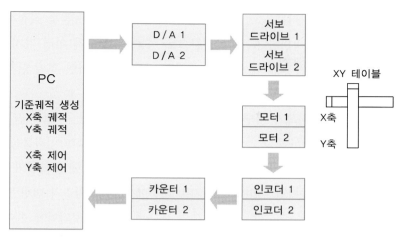

그림 5.63 PC를 이용한 XY-직교로봇의 위치제어시스템의 구성도

Y방향의 성분으로 분리하여 각축의 위치제어를 수행하여 원하는 형태의 위치궤적을 만들어 낸다.

5.6 최적설계 기술

어떤 제품을 설계하고자 할 때, 현실적인 제한조건들을 고려하면서 최상의 성능을 갖도록 하는 것이 일반적이다. 제품이 요구하는 성능은 제작비용, 무게, 마모, 진동, 소음, 불량률, 강도, 수명, 열효율 및 열변형 등이 있다. 이와 같은 성능들이 서로 상충하는 경우도 있기 때문에 요구하는 모든 성능들을 동시에 향상시킬 수 있는 설계는 사실상 불가능하다. 따라서 목표로 하는 성능들을 먼저 설정한 다음, 이 성능들을 서로 적절히 트레이드오프(trade-off)하며 최상의 성능을 얻을 수 있도록 설계파라미터들을 선정하여야 한다. 이를 최적설계라 한다.

최적설계를 위한 최적화이론은 수학 및 공학 분야에서 비교적 오래된 학문 분야 중 하나이다. 공학문제를 정량적으로 표현한 성능지수함수와 설계파라미터들의 수학적 특성에 따라 그 공학문제를 최적으로 해결할 수 있는 해석적 또는 수치적 기법들이 많이 개발되어 있다. 근래에는 컴퓨터가 대용량의 프로그램도 빠른 속도로 처리할 수 있게 되어 과거에는 생각하지도 못했던 복잡한 공학문제까지도 수치적 기법을 이용해 최적 해를 구할 수 있게 되었다.

이제 '풍동용 다축 로드셀 설계' 예를 가지고 최적설계 과정을 설명하기로 한다. 첫째, 이 로드셀의 여러 성능들 중에서 목표로 하는 성능들을 설정하고, 이 목표성능들에 가장 민감하게 영향을 미치는 설계파라미터들을 선정한다. 둘째, 설정한 목표성능들을 적절히 트레이드오프 해야 할 성능지수함수를 정의한다. 그리고 끝으로 성능지수함수가 여러 가지 현실적 제한조건 하에서 최소 또는 최대가 되도록, 적절한 최적화 이론을 적용하여 첫째 단계에서 선정된 설계파라미터들의 값을 결정한다.

우선 다축 로드셀을 설계하고자 하면, 한 몸체에서 3축에 가해지는 힘들을 모두 감지할 수 있을 뿐만 아니라 각 힘에 대하여 목표성능들이 최적화 되도록 설계파라미터들을 결정해야 한다. 따라서 다축 로드셀 설계 시, 측정하고자 하는 최대하중을 고려한 로드셀의 용량설정, 로드셀의 정밀도와 정확도를 높이기 위하여 가해지는 하중에 대하여 최소의 변형변위, 로드셀의 공진을 피할 수 있는 고유진동수 그리고 로드셀의 내구력 등이 고려되어야 한다.

그리고 풍동용 로드셀의 형상을 결정할 때 고려해야 할 사항은 풍동용 프로펠러에 쉽게 설치할 수 있어야 하며, 운용하기가 적합하며, 제작하기 편리하고, 또한 보다 실용적이어야 한다. 따라서 이 로드셀은 그림 5.64와 같이 프로펠러 내부에 설치될 수 있어야 하며, 로드셀의 용량은 수직, 수평 및 축 방향에서 각각 최대 30 kgf이어야 한다. 또한 로드셀의 형상은 현재 일반적으로 상용되고 있는 그림 5.65에 표시된 쌍안경식 로드셀 모델 보다 제작하기 쉬워야 한다.

기존의 쌍안경식 로드셀은 다축에 대한 하중을 쉽게 측정할 수 있고 높은 선형 특성을 가지고 있지만 구멍의 형상이 복잡하여 가공하는 데 어려움이 있다. 또한 풍동용으로 사용하기 위해서는 중심부에 축을 설치할 수 있는 공간이 있어야 하나 이를 만족시킬 수 없다. 그래서 로드셀의 지지부는 원형이 되도록 하고, 중심부에 축이 삽입될 수 있는 구멍을 만들고, 또한 축을 지지하는 수직 및 수평 방향의 십자형태의 빔이 있는 로드셀을 설계하기로 한다.

이와 같이 최종적으로 구상한 로드셀의 형상은 3축의 하중에 대해 감지부의 민감도가 높을

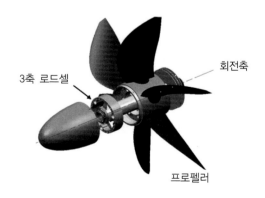

3축 로드셀   회전축

프로펠러

그림 5.64 3축 로드셀의 적용

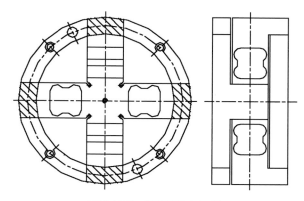

그림 5.65 쌍안경식 로드셀

것으로 예상된다. 그래서 그림 5.66에 표시된 바와 같이 로드셀의 반지름(A), 십자형 빔의 폭 2가지(B, C), 빔의 넓은 폭 부분의 길이(D) 그리고 빔의 두께(E) 등 5가지를 설계파라미터로 선정하였다.

로드셀 감지부의 재료를 선정할 때 고려해야 할 사항은 기본적으로 하중에 대한 변형률이 선형적이고, 반복하중 후에 무부하 시 원점으로 복귀되어야 하고, 또한 탄성한도가 크고 탄성계수가 작아야 한다. 그래서 본 설계에서는 저용량 로드셀에 많이 사용되며 선형성과 탄성이 좋은 재료인 알루미늄 2024−T4를 로드셀 감지부의 재료로 선정하였다.

스트레인게이지상수(gage factor)가 2.0일 경우를 기준으로 로드셀의 설계 변형률을 $500 \times 10^{-6} \pm 10 \%$로 설계하여 출력값 $1\,\mathrm{mV/V} \pm 10\,\%$를 만족하도록 설계하고자 한다. 실험계획법을 기반으로 선정된 설계파라미터의 값들을 적절히 변경하여 해석모델들을 생성하고, 유한요소해석 기법을 이용하여 그 영향을 분석하기로 한다.

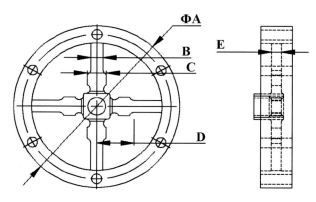

그림 5.66 로드셀의 개략도와 설계파라미터

표 5.2 설계파라미터

설계파라미터	수준(mm)	
	최소	최대
A (반지름)	70	80
B (폭 1)	4	7
C (폭 2)	6	10
D (길이)	16	18
E (두께)	4	6

표 5.3 실험계획법에 의한 실험모델

번호	설계파라미터				
	A	B	C	D	E
1	70	4	10	16	4
2	70	7	6	18	6
3	80	4	6	16	4
4	70	7	10	16	4
5	80	7	6	18	4
6	70	7	10	18	6
7	80	4	10	16	4
8	80	4	10	16	6
9	80	7	10	16	4
10	70	7	6	16	4
11	80	7	6	18	6
12	80	4	6	18	6
13	70	7	10	16	6
14	80	4	10	18	6
15	80	7	10	18	6
16	70	4	10	18	6
17	80	4	6	18	4
18	80	4	10	18	4
19	80	7	6	16	4
20	70	7	6	16	6
21	70	7	6	18	4
22	70	4	6	18	4
23	70	4	6	16	6
24	80	4	6	16	6
25	70	4	10	16	6
26	70	4	6	18	6
27	80	7	10	18	4
28	70	7	10	18	4
29	80	7	10	16	6
30	70	4	10	18	4
31	70	4	6	16	4
32	80	7	6	16	6

우선 각 설계파라미터의 범위를 표 5.2와 같이 결정한다. 그리고 5인자 2수준의 요인배치법 (factorial design)에 의해 총 32가지의 실험모델들을 표 5.3과 같이 생성한다. 이제 상용 유한요소법 해석기인 ANSYS를 이용하여 각 실험모델에 대하여 그림 5.67에 표시된 하중 및 경계조건하에서 수평, 수직 및 축 방향의 하중에 대한 변형률과 처짐량 값을 도출한다. 로드셀의 형상이 대칭이므로 수평 및 수직의 두 방향에 대한 해석은 둘 중 한 가지 방향만 수행해도 충분하다.

표 5.4는 ANSYS를 이용하여 구한 각 실험모델의 축방향 및 수평방향 하중에 대한 스트레인 게이지 부착위치의 변형률 및 처짐량을 나타낸다. 성능이 우수한 로드셀을 제작하기 위해서는 하중에 대한 전체적인 처짐량은 작고 스트레인 게이지 부착부위에 대한 변형률은 큰 것이 유리하다.

설계파라미터들을 최적화 하기 위해서는, 실험계획법에 따라 설계파라미터들을 변경한 해석모델들로부터 도출된 해석결과 값들을 통계적으로 분석할 필요가 있다. 그래서 축방향에 대한 변형률과 처짐량에 대하여 유의미한 효과를 정규성(normality) 그래프와 주 효과도를 분석하여 조사하기로 한다. 그림 5.68과 같이 표준화된 효과의 정규확률도를 통해서 축방향 변형률에 대해서는 반지름(A), 폭1(B), 두께(E)가 유의미함을, 그리고 처짐량에 대해서는 반지름(A), 폭1(B), 폭2(C), 길이(D), 두께(E) 모두가 유의미함을 알 수 있었다. 반응표면법을 이용하여 기계가공이 가능한 범위 내에서 설계파라미터들을 최적화 하기 위해서는, 직선에서 멀리 떨어져서 유의미한 효과를 가지는 설계파라미터들을 먼저 조정한 다음 다른 설계파라미터들을 미세 조정하여야 한다. 그렇지만, 본 설계에서는 수평방향 변형률에 대하여 모든 설계파라미터들이 유의미한 효과를 주기 때문에, 모든 설계파라미터들의 상관관계를 고려하면서 설

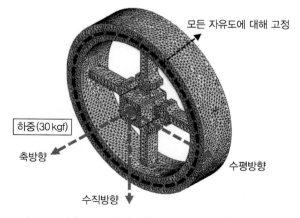

그림 5.67 유한요소해석을 위한 하중 및 경계조건

표 5.4 실험계획법에 의한 유한요소해석 결과

번호	축방향		수평방향
	변형률($\times 10^{-6}$)	처짐량(mm)	변형률($\times 10^{-6}$)
1	480.9	0.04284	324.8
2	206.0	0.01286	91.0
3	910.2	0.07785	449.8
4	398.8	0.03199	129.9
5	531.6	0.05823	273.2
6	213.4	0.01225	76.0
7	789.4	0.07605	448.5
8	399.3	0.02763	219.6
9	548.4	0.05564	243.8
10	374.4	0.03325	187.9
11	229.0	0.02131	142.0
12	454.4	0.02777	189.1
13	209.3	0.01234	78.6
14	441.5	0.02709	174.8
15	240.7	0.02034	116.9
16	309.1	0.01588	116.9
17	925.0	0.07675	381.1
18	891.0	0.07353	353.4
19	509.3	0.05815	294.0
20	200.5	0.01281	96.5
21	376.0	0.03338	195.6
22	640.7	0.04342	253.8
23	317.4	0.01663	147.4
24	402.2	0.02815	216.1
25	328.5	0.01630	146.7
26	315.2	0.01644	168.1
27	506.1	0.05525	224.1
28	393.6	0.03180	146.3
29	231.0	0.02048	126.1
30	678.2	0.04171	229.7
31	669.1	0.04388	312.6
32	243.1	0.02127	141.4

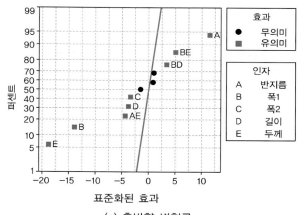

(a) 축방향 변형률

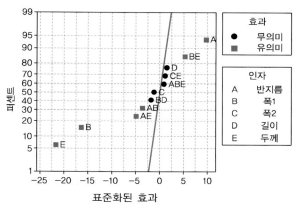

(b) 축방향 처짐량

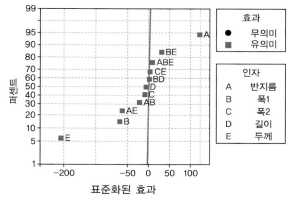

(C) 수평방향 변형률

그림 5.68 표준화된 주 효과에 대한 그래프 분석

계파라미터들을 조정하였다. 그림 5.69는 축방향 변형률의 주 효과 및 상호작용 효과에 대한 통계적 평가 분석결과를 나타낸다.

축방향 변형률과 처짐량 그리고 수평방향 변형률에 대한 주 효과와 상호작용 효과에 대하여 검정통계량을 통해 통계적 모형이 데이터를 잘 표현하고 있는지 확인하였으며, 결정계수가 97 % 이상으로 모형이 적합하다는 것을 알 수 있었다. 그림 5.69(a)는 축방향 변형률에 대한 주 효과 분석 그래프로 주 효과의 기울기가 클수록 유의미한 인자임을 나타내기 때문에, 본 로드셀 설계에서는 반지름, 폭1 그리고 두께의 효과가 유의미하다는 것을 확인할 수 있다.

그리고 그림 5.69(b)의 상호작용 효과 분석 그래프에서는 두 직선의 기울기 차이가 클수록, 그리고 서로 간격이 멀수록 유의미한 상호작용 효과라고 할 수 있다. 이러한 분석을 통해 그림 5.68의 표준화된 주 효과에 대한 그래프 분석과 그 경향이 동일한 경향이 나타남을 확인할 수 있다.

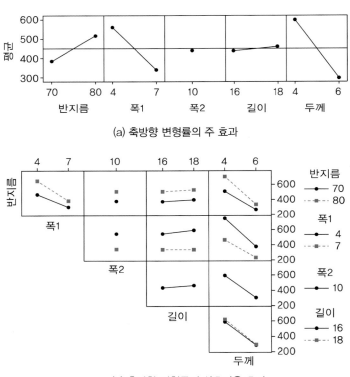

(a) 축방향 변형률의 주 효과

(b) 축방향 변형률의 상호작용 효과

그림 5.69 축방향 변형률의 통계적 평가

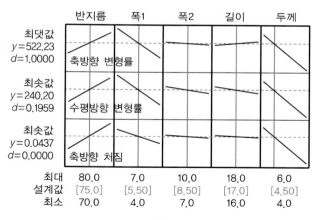

	반지름	폭1	폭2	길이	두께
최댓값 $y=522.23$ $d=1.0000$		축방향 변형률			
최솟값 $y=240.20$ $d=0.1959$		수평방향 변형률			
최솟값 $y=0.0437$ $d=0.0000$		축방향 처짐			
최대	80.0	7.0	10.0	18.0	6.0
설계값	[75.0]	[5.50]	[8.50]	[17.0]	[4.50]
최소	70.0	4.0	7.0	16.0	4.0

그림 5.70 최적화 결과

기계가공이 가능한 수준을 고려하면서 주요한 인자를 바탕으로 설계파라미터들을 반응표면 법에 의해 설계 최적화 하였다. 반응표면법에 의해 계산된 초기의 최적설계값은 반지름, 폭1, 폭2, 길이, 두께가 각각 74.7933 mm, 5.2775 mm, 8.5547 mm, 16.9781 mm, 4.5308 mm 로 나타났다. 그러나 이러한 미소단위까지 포함하는 설계치수는 기계가공에 있어서 많은 어려 움이 있을 뿐만 아니라 가공단가를 상승시키는 요인이 되므로 각 설계파라미터의 치수를 정수 값에서 0.5 mm 간격으로 조정하여 최적치수의 모델과 큰 차이가 발생하지 않는 한도 내에서 근접한 설계파라미터 값들을 선정하였다. 최종적으로 결정된 최적설계 모델은 그림 5.70에 나 타난 바와 같이 반지름 75 mm, 폭1 5.5 mm, 폭2 8.5 mm, 길이 17 mm, 두께 4.5 mm이 다. 그리고 그림 5.71은 최적설계 모델에 대한 변형률 및 응력 컨투어를 나타낸다.

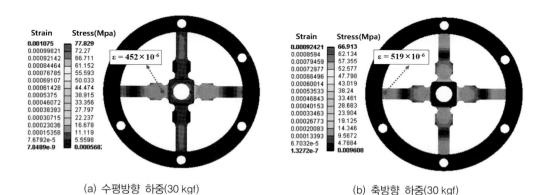

(a) 수평방향 하중(30 kgf)　　　　　　　(b) 축방향 하중(30 kgf)

그림 5.71 최적설계 모델에 대한 변형률 및 응력 컨투어

5.7 제조공정 및 생산 기술

엔지니어들은 우리 삶의 질을 풍요롭게 할 수 있는 제품을 창의적으로 구상하고 최적으로 설계하는 과정뿐만 아니라 이를 또한 경제적으로 만족스럽게 제조하고 생산하는 과정에 대해서도 관심을 갖는다. 그래서 이 절에서는 설계된 제품들을 생산하기 위한 제조공정(manufacturing process) 및 생산시스템(production system)에 대하여 설명하기로 한다.

제조공정은 자동차나 가정용품과 같이 원하는 제품을 만들기 위하여 기계, 공구 그리고 인력 등을 사용하는 과정을 말한다. 제조공정은 소재를 가공하는 방법에 따라 주조, 소성가공, 사출성형, 절삭가공 등의 세부공정으로 나눈다. 한편 생산시스템은 기업에서 제품을 생산하기 위하여 필요한 자원들이 결합된 시스템을 말한다. 생산에 필요한 자원에는 제품의 수요예측, 생산계획, 일정계획과 판매와 관련된 모든 사항들이 포함되며, 제품의 생산을 통하여 원하는 목표를 달성하기 위해서는 주어진 자원들을 유기적으로 결합시키는 생산시스템이 바람직하게 구성되어야 한다.

이제 대표적인 제조공정과 생산시스템에 대하여 살펴보기로 한다.

5.7.1 주조공정

주조(casting)공정은 용해된 금속을 주형에 부어 식히는 방법으로 원하는 제품을 만드는 제조공정이다. 금속주조공정은 그림 5.72에서와 같이 용융금속이 주형이라고 하는 틀 속으로 주입된 후, 주형 안에 금속이 응고되면서 주형의 모양대로 만들어진다. 주형을 만들기 위해서는 먼저 모형을 제작해야 하는데, 모형제작에 쓰이는 재료는 나무, 금속, 석고, 합성수지, 파라핀 왁스 등 다양하다. 나무를 사용하여 제작한 모형을 목형(wood pattern)이라 하며, 목형이 가

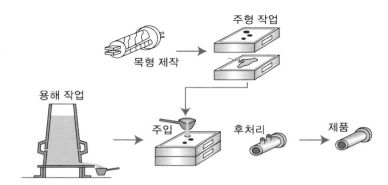

그림 5.72 사형주형을 이용한 주조공정도

(a) 용해로

(b) 용탕 주입

그림 5.73 용해로와 용융금속을 주형에 주입하는 장면

공성 및 가격 면에서 장점이 있으므로 일반적으로 많이 사용된다. 그림 5.72에서와 같이 목형을 넣고 모래를 채워서 다진 다음 목형을 뽑아내면 목형과 같은 모양의 빈 공간이 생긴다. 이 공간에 쇳물이 흘러들어갈 통로와 기타 주조에 필요한 부분을 설치한 것을 주형이라고 한다. 주형을 만드는 데 사용된 모래를 주물사라고 한다. 그림 5.73은 용해로와 용융금속을 주형에 주입하는 장면을 보여준다.

용융금속을 주형 안으로 주입한 후 금속이 응고하면 주형 속에서 주물을 꺼내고 표면을 청소한 후, 주물에 불필요하게 붙어 있는 위쪽의 탕구부나 상하 주형 사이의 플래시를 제거한다. 이렇게 주형에서 주물을 꺼낸 후 행하는 작업을 후처리라고 한다.

이러한 주조기술은 5천년 이상의 역사를 가진 인류 역사상 가장 오래된 금속 가공방식 중의 하나이며, 일상생활용품, 농기구, 미술품, 무기류 등을 제작하는 데 많이 사용되었다. 주조의 장점으로는 용융금속을 주형의 빈 공간에 채워서 제품을 만들기 때문에 다른 제조공정기술과 거의 같은 제품을 제조할 수 있고, 경도가 높아서 다른 방법으로 가공이 어려운 합금으로 된 제품들을 제조할 수 있으며, 제조해야 할 제품의 크기나 무게의 제한을 거의 받지 않는다. 하지만 주조는 금속을 용융시켜 응고시키는 과정에서 발생하는 각종 주물결함으로 인하여 기계적 성질이 떨어지고, 치수 정확도가 떨어지는 단점이 있다.

(a) 실린더 라이너

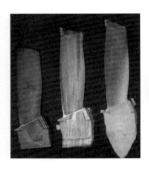
(b) 터빈 블레이드

(c) 베어링 링

그림 5.74 주조 제품의 예

그림 5.74는 주조제품의 예들을 보여준다. 실린더 라이너, 터빈 블레이드, 베어링 링, 크랭크축, 피스톤, 기차바퀴, 포신, 가로등, 밸브, 베어링 그리고 장식품 등과 같은 각종 기계 및 산업설비의 부품에서부터 일상생활용품에 이르는 다양한 제품들이 주조공정을 통하여 제조된다.

5.7.2 소성가공 및 사출성형 공정

소성가공(plastic working)공정은 재료를 원하는 형상의 금형에 넣은 후 소성변형을 이용하여 필요한 형상이나 기계적 특성을 얻는 제조공정이다. 소성변형은 재료에 힘을 가하여 변형을 일으킨 후에 힘을 제거하여도 재료가 원래의 형태로 완전히 복귀되지 않고 남은 변형을 의미한다. 소성가공은 변형되는 재료의 체적이 비교적 큰 체적성형과 재료의 표면적이 넓은 판재성형으로 나누어진다. 체적성형을 하는 소성가공공정에는 압연, 단조, 압출, 인발 등이 있고, 판재성형을 하는 소성가공공정에는 전단, 굽힘, 디프드로잉, 스피닝 등이 있다.

1) 압연

압연(rolling)은 고온이나 상온의 재료를 회전하는 2개의 롤러 사이로 통과시켜 판 및 형재를 만드는 소성가공공정으로 압연온도에 따라 열간압연과 냉간압연으로 분류한다. 열간압연은 큰 변형을 줄 수 있고 품질이 균일한 제품을 짧은 시간에 능률적으로 대량생산할 수 있다. 그리고 냉간압연은 제품을 정확한 치수로 가공할 수 있고 제품의 기계적 성질도 개선할 수 있어 제품의 최종 완성 작업으로 활용한다. 그림 5.75는 압연공정을 나타낸다. 그림 5.75(a)는 소재를 롤러 사이를 몇 단계 통과시켜 박판으로 만드는 것이며, 그림 5.75(b)는 소재가 측면롤러와 폭이 좁은 롤러 사이를 순차적으로 통과하면서 점차 목표로 하는 단면형상으로 압연되고

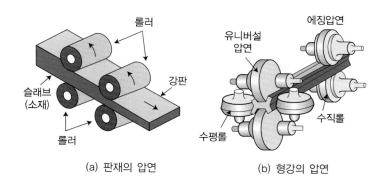

(a) 판재의 압연	(b) 형강의 압연

그림 5.75 압연공정

있는 것을 보여준다. 이 압연공정을 통하여 형강, 선재, 레일 등이 만들어진다.

2) 단조

단조(forging)는 상온 또는 가열 상태의 금속을 정적 또는 동적인 압력을 가하여 원하는 형상으로 성형하는 가공을 말한다. 단조는 작업 온도에 따라서 냉간가공(cold working), 온간가공(warm working) 그리고 열간가공(hot working)으로 구분된다. 냉간가공은 상온상태에서 가공하고, 온간가공은 재료의 재결정온도 이하의 적당한 온도로 가열된 상태에서 가공하며, 열간가공은 재료의 재결정온도 이상으로 가열해서 가공한다.

단조온도는 금속 재질, 단조물의 크기 등을 고려하여 결정한다. 일반적으로 고온일수록 변형저항이 작아 많은 변형이 가능하고, 가공변형이 없는 조직이 얻어지며, 복잡한 형상의 단조가 용이하다는 장점이 있다. 하지만 필요 이상의 높은 온도로 가열하거나 장시간 가열하면 재질이 변하기 쉬우므로 이를 조심해야 한다. 표 5.5는 각 재료별 열간 단조의 온도 범위를 나타낸다. 온도가 낮으면 조직은 미세하여져서 기계적 성질은 개선되지만, 가공 후 재료 내부에 잔류응력이 남게 되고, 변형량이 상대적으로 적어 가공시간이 많이 걸리고 에너지 소모도 많다.

표 5.5 재료별 열간 단조의 온도범위

재료	열간 단조의 온도
알루미늄합금	400~450℃
구리합금	625~950℃
합금강	925~1250℃
티타늄합금	750~795℃
내열합금	975~1650℃

금속 유동선 없음   금속 유동선 절단   금속 유동선 형성

(a) 주조   (b) 절삭   (c) 단조

그림 5.76 가공방법에 따른 금속 유동선 유무

(a) 커넥팅 로드   (b) 골프 헤드

그림 5.77 단조 제품의 예

단조공정은 일반적으로 금속재료를 적당한 온도로 가열한 후에 공구로 압력을 가하여 원하는 형상과 치수로 만드는 것과 동시에 조직이나 기계적 성질을 개선하는 가공공정이다. 단조공정을 통해 가공재료가 단련되는 효과가 있을 뿐만 아니라 그림 5.76과 같이 주조나 절삭가공과는 달리 가공 후에 금속 유동선(metal flow)이 그대로 살아 있어서 조직이 치밀하게 되어 우수한 강도와 인성을 갖게 된다. 그러므로 단조품은 고도의 신뢰성이 요구되는 크랭크축, 차축, 선박의 추진기 등에 많이 사용되지만, 제품의 가격이 너무 비쌀 뿐만 아니라 형상이 너무 복잡하거나 큰 것은 가공하기가 힘들다. 그림 5.77은 단조 제품의 예이다.

단조 방식에는 금형이 없이 해머(hammer)로 제품의 형상을 만드는 자유단조(free forging)와 금형을 사용하여 제품을 만드는 형단조(die forging)가 있다.

① 자유단조

해머로 두드려서 성형하는 방법으로 절단, 늘이기, 넓히기, 굽히기, 압축, 구멍 뚫기, 비틀림, 단짓기 작업 등이 있다. 그림 5.78은 자유단조에 의한 성형 종류들을 보여준다.

② 형단조

공기압, 수압, 유압 등을 동력으로 하는 자동해머나 프레스에 금형을 부착시키고 가열시킨 소재를 상하 두 개의 금형 사이에 넣어 가압 성형한다. 모양이 복잡한 것은 한 번의 공정만으로 제품을 만들기가 어려우므로 여러 공정으로 나누어 작업하는 경우가 대부분이다. 형단조는

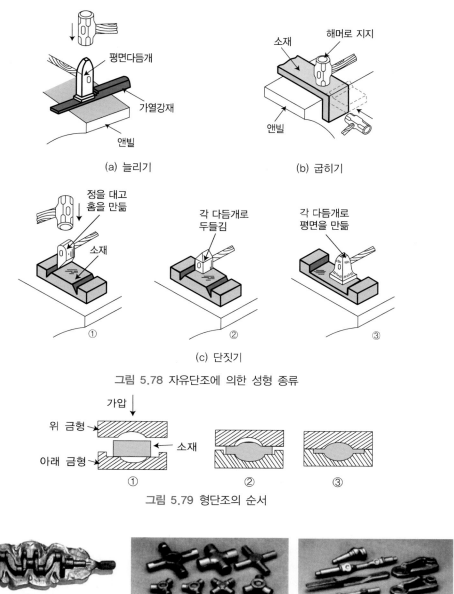

(a) 늘리기

(b) 굽히기

(c) 단짓기

그림 5.78 자유단조에 의한 성형 종류

그림 5.79 형단조의 순서

(a) 형단조 금형의 예

(b) 형단조 제품의 예

그림 5.80 형단조 제품의 예

금형 값이 비싸지만, 균일한 제품을 능률적으로 가공할 수 있으므로 대량생산에 적합하다. 그림 5.79는 형단조의 순서를 나타내고, 그림 5.80은 형단조 제품의 예이다.

3) 압출

압출(extruding)은 그림 5.81에서 보는 바와 같이 일정한 틀 내에 들어 있는 고체상태의 소재를 가압하여 금형 밖으로 밀어내면서 가공하는 방법이다. 이 가공공정은 가래떡을 만드는 것과 매우 유사하다. 그러므로 압출된 제품의 단면은 일정한 크기와 형상을 가진다. 알루미늄, 구리, 마그네슘 등과 그 합금의 각종 단면재와 관재를 얻을 때 많이 사용되는 가공공정이다. 통상 연질의 금속이 주로 사용되었으나, 최근에는 각종 강재 및 특수강도 사용되고 있다.

압출 또한 단조와 유사하게 상온이나 열간에서 행해진다. 상온에서 행해지는 냉간 압출공정은 재료의 유동저항이 크기 때문에 펀치행정이 짧고, 다단압출과 같은 여러 단계의 압출과정을 거쳐서 성형한다. 열간 압출공정은 소재를 예열하여 유통저항을 크게 줄인 상태에서 압출하여 단면이 일정하고 길이가 긴 제품을 성형한다. 금형은 둥근 형상이나 각종 형상이 사용되며, 압출방식은 크게 직접압출(direct extrusion), 간접압출(indirect extrusion), 정수압압출(hydrostatic extrusion), 충격압출(impact extrusion)로 구분된다.

그림 5.82는 직접압출, 간접압출, 정수압압출, 충격압출 가공공정 방식을 나타낸다. 직접압출은 전방압출(forward extrusion)이라고도 하며 소재의 뒷면을 가압하는 방식이다. 간접압출은 후방압출(backward extrusion)이라고도 하며, 금형이 소재 방향으로 움직이며 가압된 액체를 가압하는 방식이며, 소재와 챔버 표면이 물리적으로 닿지 않아서 표면에서의 마찰 저항

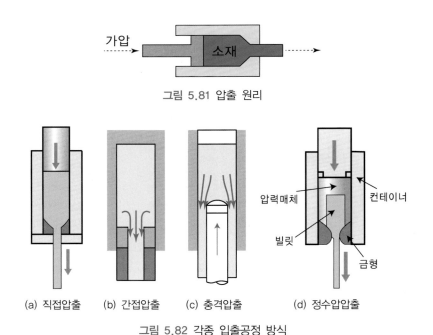

그림 5.81 압출 원리

(a) 직접압출 (b) 간접압출 (c) 충격압출 (d) 정수압압출

압력매체 컨테이너

빌릿 금형

그림 5.82 각종 입출공정 방식

그림 5.83 입출공정으로 제조한 각종 알루미늄 단면재

이 거의 없다. 충격압출은 간접압출의 변형으로 펀치를 이용하여 소재가 펀치의 외부로 는 방식이다. 정수압압출은 소재에 직접적인 압력을 가하는 것이 아니라 소재의 주위에 채워빠져나가게 하여 속이 빈 용기를 만드는 데 적합한 가공공정 방식이다. 압출은 기본적으로 연속공정이므로 1회의 압출로 동일한 단면을 가지는 긴 제품을 얻을 수 있고 치수정밀도와 표면의 정도가 높다. 그림 5.83은 압출공정으로 제조한 각종 알루미늄 단면재를 보여준다.

4) 인발

인발(drawing)은 소재를 금형의 구멍을 통과시켜 소재의 단면을 줄이는 공정으로 동일 단면의 봉, 관, 선 등을 연속 제조하는 가공공정이다. 소재는 압출이나 압연에서 어느 정도 가공된 소재를 사용한다. 그림 5.84는 인발가공의 예이고, 그림 5.85는 인발된 제품의 단면모양이다.

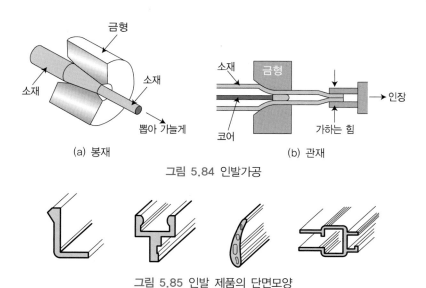

그림 5.84 인발가공

그림 5.85 인발 제품의 단면모양

5) 판재성형

연강, 구리, 알루미늄 등의 판재를 소성 변형시켜 여러 가지 모양의 제품을 만드는 가공공정을 판재성형(sheet metal working)공정이라 한다. 이 판재성형은 자동차 차체, 세탁기나 냉장고의 케이싱과 같이 형상이 복잡한 것을 생산할 경우에 주조나 단조에 비하여 재료손실이 적고 비교적 쉽게 만들 수 있어서 대량생산에 적합하다. 또한 판재성형으로 생산된 제품은 표면상태가 좋으며 표면처리가 쉽다.

① 전단가공

전단(shearing)가공은 그림 5.86(a)와 같은 펀치와 금형을 이용하여 판재를 주어진 치수와 모양으로 절단하는 가공으로 가공 목적에 따라 블랭킹(blanking)과 피어싱(piercing)으로 나누어진다. 블랭킹은 그림 5.86(a)와 같은 펀치와 금형을 이용하여 그림 5.86(b)와 같이 판재에서 원하는 형상의 제품을 따내는 가공이고, 피어싱은 그림 5.86(c)와 같이 블랭킹과는 반대로 판재에 원하는 형상의 구멍을 뚫는 가공이다.

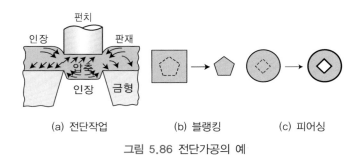

(a) 전단작업   (b) 블랭킹   (c) 피어싱

그림 5.86 전단가공의 예

② 굽힘가공

굽힘(bending)가공은 그림 5.87과 같이 금형과 펀치, 롤러 등에 의해 원하는 모양으로 판재를 굽히는 가공이다. 그런데 판재를 굽힐 때 재료가 완전히 소성변형 되지 않아서 굽힘압력을 제거하면 변형이 어느 정도 회복되는 현상이 일어나는데 이 현상을 스프링백(spring back)

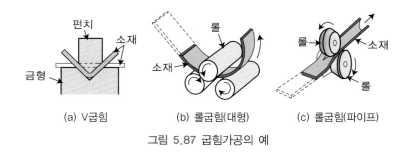

(a) V굽힘   (b) 롤굽힘(대형)   (c) 롤굽힘(파이프)

그림 5.87 굽힘가공의 예

이라 한다. 그러므로 굽힘가공에서는 스프링백을 고려하여 판재를 원하는 변형보다 더 크게 변형시킬 수 있도록 힘을 가하여야 한다.

③ 디프드로잉

디프드로잉(deep drawing)은 그림 5.88과 같이 블랭킹 한 재료를 사용하여 원통형, 각통형, 반구형 등의 바닥은 있으나 이음매가 없는 용기를 신속하게 성형하는 공정으로 식기, 세면기 등을 가공하는 데 이용된다. 이 디프드로잉은 초기 금형 비용이 비싸므로 생산량이 충분히 확보된 경우에만 채택해야 한다.

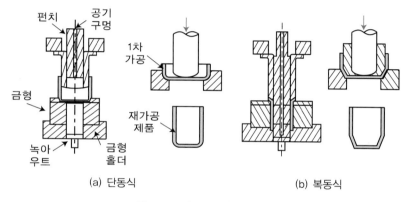

그림 5.88 디프드로잉 가공의 예

④ 스피닝

스피닝(spinning)은 그림 5.89와 같이 선반(lathe)의 주축에 가공하고자 하는 성형용 금형을 고정하고, 이 금형에 판재를 대고 축과 함께 고속 회전시키면서 스피닝 공구로 판재를 금형에 밀어 붙여서 원하는 형상을 만드는 공정이다. 이 스피닝은 압력용기의 측판처럼 원형 판재로 대칭형의 제품을 소량으로 생산하는 경우에 금형의 비용을 절약하여 적은 비용으로 제품을 만들 수 있는 방식이다.

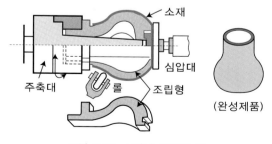

그림 5.89 스피닝 가공의 예

6) 사출성형

사출성형(injection molding)은 플라스틱 재료에 열을 가하여 용해시킨 다음에 압력을 가하여 금형 안으로 밀어 넣는 후에 고화시켜서 성형하는 가공법이다. 여기서 사출이란 용융된 플라스틱 재료를 금형 안으로 밀어 넣는 것을 말한다. 사출성형은 복잡한 형상을 쉽게 제조할 수 있고, 설비나 원재료의 비용이 저렴하고 제품의 생산 사이클 시간이 매우 짧으므로 대량의 플라스틱 제품들을 값싸고 빠르게 생산할 수 있는 장점을 가지고 있다.

사출성형기는 그림 5.90에 표시된 바와 같이 크게 사출장치, 형체장치, 유압장치, 제어장치와 프레임으로 구성되어 있다. 일반적으로 사출성형기는 인라인 스크루형이 사용되고 있으며, 사출성형기의 구동방식은 대부분 유압식이지만 최근에는 서보모터를 이용한 전동식도 보급되고 있다. 그리고 사출장치는 그림 5.91에 표시된 바와 같이 세부적으로 호퍼(hopper), 가열실린더, 스크루, 노즐, 유압모터, 유압실린더 등으로 구성되어 있다.

호퍼는 고체 알갱이 형태의 원료를 일정량 저장하면서 실린더 내부로 주입하는 장치이다. 가열실린더는 실린더 외부에 밴드히터가 부착되어 있어 재료를 녹일 수 있는 발열장치가 구비된 실린더이다. 스크루는 회전하면서 재료를 이송하는 장치이다. 노즐은 용융된 재료를 금형

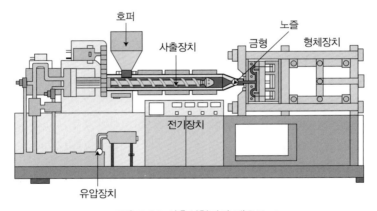

그림 5.90 사출성형기의 개요도

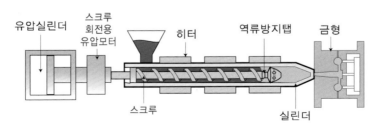

그림 5.91 사출장치의 상세도

쪽으로 밀어내는 부분이며, 실린더에 비하여 노즐의 단면적이 매우 작기 때문에 용융된 재료가 고속으로 빠져나간다. 유압모터는 스크루의 회전을 위하여 사용된다.

사출성형공정은 그림 5.92에 표시된 바와 같이 가소화, 충진, 보압, 냉각, 이형의 5단계로 이루어진다. 가소화는 원료 수지를 용융하는 것을 의미한다. 호퍼에 담겨져 있는 분말 또는 고체상태의 원료가 가열실린더 내로 공급되면, 실린더 벽면으로부터 공급되는 열에 의하여 원료가 용융된다. 충진은 금형의 내부의 성형품 공간에 용융 수지를 채우는 것을 의미한다. 보압은 사출이 끝난 후 수지의 역류 방지를 위해 스크루를 계속 밀어주는 상태를 유지하는 것을 말한다. 보압은 수축률 보상에 도움을 주고 수지의 역류를 방지한다. 냉각은 수지의 열변형 온도이하에서 용융 수지를 냉각하기 위하여 일정시간 금형온도를 유지하여 수지를 고화시키는 과정이다. 냉각에는 수냉 또는 공냉을 사용하고, 통상 보압과 냉각은 동시에 진행된다. 이형은 그림 5.93에서 보는 바와 같이 성형된 제품을 금형으로부터 분리해 내는 것을 말한다. 이형을

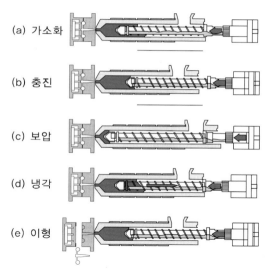

그림 5.92 사출성형공정 절차: (a) 가소화, (b) 충진, (c) 보압, (d) 냉각, (e) 이형

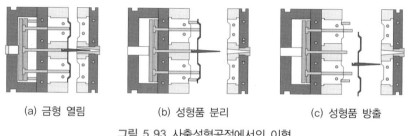

(a) 금형 열림   (b) 성형품 분리   (c) 성형품 방출

그림 5.93 사출성형공정에서의 이형

함으로써 사출성형의 한 사이클이 완료된다.

5.7.3 절삭가공공정

절삭가공(machining of metals)공정은 그림 5.94에서와 같이 공작물보다 경도가 큰 절삭공구를 사용하여 공작물로부터 칩(chip)을 깎아내어 원하는 형상의 제품을 만드는 가공공정이다. 절삭공구는 바이트, 드릴, 커터 등과 같이 비교적 큰 칩을 발생시키는 것과 숫돌과 같이 가루형태의 칩을 발생시키는 것이 있다. 주조 또는 단조와 같은 가공공정을 통해서는 정밀도가 높은 제품을 얻는 데 한계가 있지만, 절삭가공공정은 보다 정밀한 제품을 제조하기 위하여 사용된다. 그래서 절삭가공공정은 일반적으로 환봉, 각재, 판재 등의 소재 또는 주조, 단조 등으로 1차 가공된 공작물들을 공작기계를 사용하여 2차로 가공하기 위하여 주로 사용되는 가공공정이다.

대표적인 공작기계로는 선반, 밀링머신, 드릴링머신, 셰이퍼, 연삭기 등이 있다. 전통적인 공작기계에 수치제어(NC: Numerical Control) 또는 마이크로프로세서가 내장된 CNC(Computerized

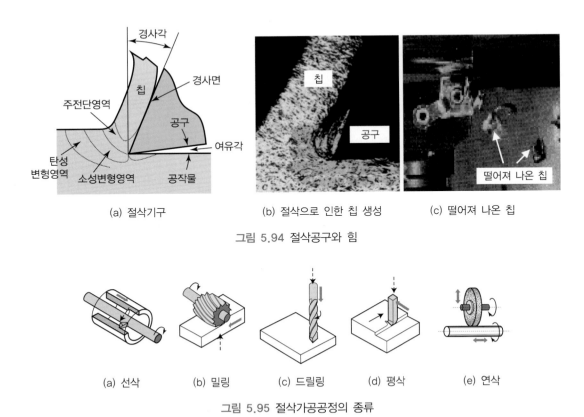

(a) 절삭기구   (b) 절삭으로 인한 칩 생성   (c) 떨어져 나온 칩

그림 5.94 절삭공구와 힘

(a) 선삭   (b) 밀링   (c) 드릴링   (d) 평삭   (e) 연삭

그림 5.95 절삭가공공정의 종류

Numerical Control) 기술이 접목되어 입체가공, 복합가공 등 어려운 형상가공, 고속가공, 고정도가공이 가능하게 되었다. 이와 같이 절삭가공공정은 기계부품의 복잡한 형상을 보다 쉽고 정밀하게 가공할 수 있도록 발전하여 왔다.

그림 5.95는 대표적인 절삭가공공정의 종류들을 보여준다. 그림 5.95에 표시된 바와 같이 절삭공구와 공작물의 형태에 따라 절삭가공공정은 다양하게 분류된다. 대표적인 절삭가공공정은 선삭, 밀링, 드릴링, 평삭, 연삭 등이다.

이제 선삭, 밀링, 드릴링, 평삭, 연삭 등 대표적인 절삭가공공정들을 개략적으로 살펴보기로 한다.

1) 선삭

선반은 공작물의 회전운동과 절삭공구의 직선운동에 의하여 공작물을 절삭하는 공작기계이다. 선반은 그림 5.96에 표시된 바와 같이 주축대(headstock), 왕복대(carriage), 심압대(tailstock) 그리고 베드 등으로 구성되어 있다. 선반의 각 구성부품을 좀 더 살펴보면, 주축대에는 전기모터의 동력을 받아 회전하는 주축(spindle)과 주축에 가공물을 고정하는 고정척이 설치되어 있다. 왕복대에는 공구대가 설치되어 있어 공구를 좌우로 이송시키는 역할을 한다. 심압대에는 가공 중에 공작물이 휘어지지 않도록 주축대의 반대쪽에서 공작물을 지지하는 센터가 장착되어 있으며, 센터의 끝은 뾰족하여 공작물의 회전중심과 맞닿는다. 그리고 베드는 주축대, 왕복대 및 심압대를 지지하는 역할을 한다.

그림 5.97에서 보는 바와 같이 심압대에 센터 대신에 드릴을 장착하면 선반에서 드릴링 가

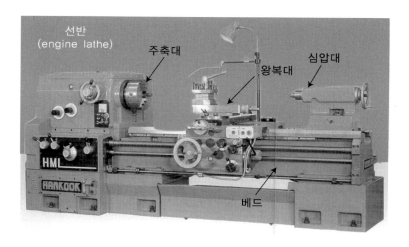

그림 5.96 선반

그림 5.97 선반을 이용한 다양한 절삭가공의 종류

그림 5.98 CNC 선반

그림 5.99 미니선반

공도 할 수 있다. 그림 5.97에는 선반을 이용한 다양한 절삭가공의 종류들이 예시되어 있다. 최근 들어 선반 작업의 유연성을 증대시키기 위하여 기존의 선반에 컴퓨터 수치제어기능이 부가되어 자동화 기능이 부여된 CNC 선반이 보편화 되고 있다(그림 5.98). 또한 소형의 공작물 가공하기 위하여 그림 5.99와 같은 미니선반도 개발되고 있다.

2) 밀링

밀링(milling)은 여러 개의 절삭날을 가지고 있는 밀링커터(milling cutter)라고 하는 절삭공구를 회전시키고 공작물을 이송시키면서 절삭하는 가공법을 말한다. 그림 5.100은 평면가공, 정면가공, 홈가공, 기어가공 등 대표적인 밀링가공의 예들을 보여준다. 밀링가공은 이와 같은 가공뿐만 아니라 나사, 캠 등의 절삭가공과 절단가공, 각도가공, 윤곽가공, 총형가공 등 다양한 형태의 가공이 가능하다. 그림 5.101은 밀링가공 시 사용되는 대표적인 공구인 정면밀링커트, 엔드밀, 총형밀링커터를 보여준다.

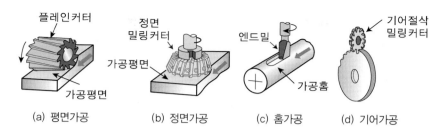

(a) 평면가공   (b) 정면가공   (c) 홈가공   (d) 기어가공

그림 5.100 밀링가공의 예

(a) 정면밀링커터   (b) 엔드밀   (c) 총형밀링커터

그림 5.101 밀링가공 공구 종류

(a) 수평 밀링머신   (b) 수직 밀링머신

그림 5.102 수평 밀링머신 및 수직 밀링머신의 구조

밀링머신은 수평, 수직 및 만능 밀링머신으로 구분되지만 작동원리에서는 큰 차이가 없다. 그림 5.102는 수평 밀링머신과 수직 밀링머신의 구조를 나타낸다. 밀링머신의 이해를 돕기 위하여 밀링머신의 주요 부분인 칼럼(column), 니(knee), 새들(saddle), 테이블(table)에 관하여 간단히 설명하기로 한다. 칼럼은 밀링머신의 본체로서 앞면은 미끄럼 면으로 되어 있으며, 니는 미끄럼 면을 따라 상하로 이동할 수 있다. 니는 새들과 테이블을 지지한다. 새들은 테이블을 지지하며, 새들과 테이블이 서로 직각방향으로 움직일 수 있는 구조이다. 가공물은 테이블 위에 고정된다.

그림 5.103 밀링가공으로 제작된 제품 예

수평 밀링머신은 주축이 테이블과 수평으로 되어 있으며 평면가공, 홈가공 등에 편리하다. 수직 밀링머신은 주축이 테이블과 수직으로 되어 있으며, 평면가공, 홈가공, 단면가공, 측면가공 등이 용이하다. 만능 밀링머신은 구조가 수평 밀링머신과 거의 비슷하나 테이블이 상하, 좌우로 움직일 뿐만 아니라, 45도로 회전시킬 수 있다. 그림 5.103은 밀링으로 가공한 제품들의 예를 보여준다. 산업용 기계제품류 외에 골프채와 같은 운동기구도 밀링가공으로 제조된다.

3) 드릴링

드릴링(drilling)은 그림 5.104에서 보는 바와 같이 주축에 드릴을 고정하여 회전시키면서 아래 방향으로 이송을 주어 테이블 위에 고정되어 있는 공작물에 구멍을 뚫는 가공법이다. 드릴링머신은 주축에 고정된 공구의 종류에 따라서 그림 5.105에서 보는 바와 같은 여러 가지 다양한 종류의 가공이 가능하다. 드릴링은 공작물에 단순히 구멍을 뚫는 가공이지만, 리밍(reaming)은 리머(reamer)라는 절삭공구를 이용하여 뚫린 구멍의 치수를 정확하게 가공하여 구멍의 정밀도를 높이는 가공이다. 보링(boring)은 뚫린 구멍을 넓히고 구멍의 형상을 바로

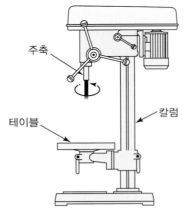

그림 5.104 드릴링머신의 구조

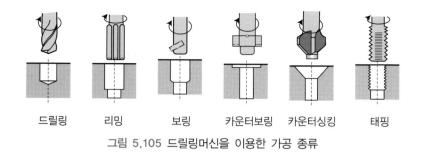

| 드릴링 | 리밍 | 보링 | 카운터보링 | 카운터싱킹 | 태핑 |

그림 5.105 드릴링머신을 이용한 가공 종류

(a) 직립 드릴링머신   (b) 레이디얼 드릴링머신

그림 5.106 드릴링머신의 종류

잡는 가공이다. 카운터보링(counter boring)은 나사의 머리가 들어갈 부분을 가공하는 것이며, 카운터싱킹(counter sinking)은 접시머리나사의 머리 부분이 들어갈 수 있도록 입구부분을 깔때기 모양으로 가공하는 것이다. 태핑(tapping)은 탭(tap)이라는 공구를 사용하여 구멍의 안쪽에 암나사를 가공하는 것이다.

드릴링머신은 직립 드릴링머신, 레이디얼 드릴링머신, 다축 드릴링머신, 다두 드릴링머신 등 종류가 다양하다. 기계의 이름은 세분화 되어 있지만 기본적인 구동방법은 크게 다르지 않으며, 이해를 돕기 위하여 그림 5.106에서 보는 바와 같은 직립 드릴링머신과 레이디얼 드릴링머신에 대해서 간략히 소개한다. 직립 드릴링머신은 주축의 상하 운동으로 테이블 위에 고정된 공작물을 가공한다. 레이디얼 드릴링머신은 칼럼에 돌출된 암(arm)에 주축이 연결되어 있으며, 암은 칼럼을 중심으로 회전이 가능하고 주축은 암 위를 반지름방향으로 이동할 수 있다. 그러므로 직립 드릴링머신보다는 훨씬 자유롭게 주축의 위치를 이동시키면서 구멍가공이 가능하다. 레이디얼 드릴링머신은 무겁고 대형인 공작물의 가공에 적합하며 드릴링머신 중 가장 많이 사용된다.

4) 평삭

평삭(planing)은 공작물의 표면을 평평하게 깎는 가공을 말한다. 밀링으로도 평면 절삭이 가능하지만, 통상적으로 평삭이라 함은 그림 5.107에서 보는 바와 같이 공구와 공작물의 상대적인 직선운동으로 표면을 가공하는 것을 의미한다. 그림 5.107은 평삭에서의 절삭운동 방법을 보여준다. 그림 5.107(a)의 경우는 셰이퍼(shaper)에서 테이블에 고정된 공작물을 적절하게 이송한 후 공구를 움직여서 절삭을 하는 것이고, 그림 5.107(b)의 경우는 이와 반대로 플레이너(planer)에서 공구를 적당한 위치까지 이송한 후, 공작물이 설치된 테이블을 움직여서 절삭운동을 하는 것이다. 그림 5.108은 셰이퍼와 플레이너의 실물을 보여준다. 그림 5.108에서 볼 수 있듯이 셰이퍼는 평면가공 이외에 수직면, 홈, 경사면 가공과 같은 여러 다양한 가공에 이용되며, 플레이너는 대형의 공작물을 올려놓고 가공할 수 있으므로 주로 중량이 나가는 대형공작물의 평면가공에 많이 이용된다.

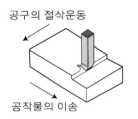 

(a) 공구의 절삭운동(셰이퍼) (b) 공작물의 절삭운동(플레이너)

그림 5.107 평삭에서의 절삭운동 방법

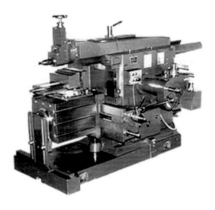 

(a) 셰이퍼 (b) 플레이너

그림 5.108 평삭 공작기계의 종류

5) 연삭

연삭(grinding)은 그림 5.109에서와 같이 공작물보다 단단한 입자를 결합하여 만든 연삭숫돌(grinding wheel)을 회전시켜 공작물의 표면을 깎아내는 가공법이다. 결합재에 의하여 고정되어 있는 단단한 입자가 매우 미세한 절삭 날의 역할을 한다. 그림 5.110과 그림 5.111은 각각 연삭숫돌의 종류와 평면연삭기를 보여준다.

연삭가공한 제품의 표면 거칠기는 주로 연삭 숫돌입자의 크기에 의해 결정된다. 또한 그림 5.112에서와 같이 연삭은 공작물의 외면, 내면, 평면, 수직면, 경사면, 홈 등의 가공뿐만 아니라 나사, 기어, 캠 등의 불규칙한 표면의 가공도 가능하다. 연삭가공은 바이트나 밀링커터와 같은 절삭가공에 비하여 금속 제거율은 낮으나, 다른 절삭가공에 비하여 월등히 높은 정밀도를 나타낸다. 또한 경질재료의 가공이 용이하고 연삭숫돌의 입자가 탈락하면 자생작용으로 새로운 입자가 나오므로 계속하여 연삭작업을 진행할 수 있다.

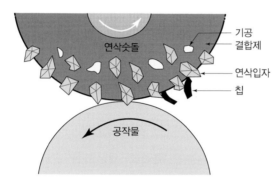

그림 5.109 연삭 개념도

그림 5.110 연삭숫돌의 종류

그림 5.111 평면연삭기

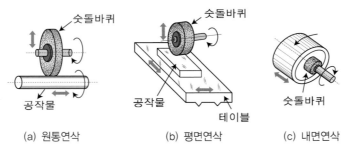

(a) 원통연삭   (b) 평면연삭   (c) 내면연삭

그림 5.112 연삭작업의 예

5.7.4 생산시스템

생산시스템(manufacturing system)은 제품을 제조하기 위하여 필요한 제반 자원들이 결합된 시스템을 의미한다. 좁은 의미의 생산시스템은 제조 활동이 이루어지는 공장과 생산설비를 의미하지만 최근에는 생산을 위해 필요한 공간, 설비, 정보, 인력, 자본 등 제반 자원들로 이루어진 시스템을 의미한다. 확장된 의미에 포함된 정보는 생산할 제품의 설계도를 포함하여 제조공정의 작업지시서, 관련 특허, 노하우 등을 의미한다. 인력에는 직접적인 생산을 담당하는 기능 인력과 생산에 대한 계획을 수립하고 자원을 적절히 배정하는 의사결정을 담당하는 관리 인력이 포함된다. 공간과 설비의 확보, 운영, 유지, 보수에 필요한 비용과 인력에 대한 인건비, 자재 구매비용 등 생산시스템을 원활하게 운영하기 위하여 필요한 자본도 생산시스템의 중요한 요소이다.

생산시스템은 제조업체에서 그 기업의 경쟁력을 결정하는 매우 중요한 요소 중의 하나이다. 생산시스템은 원자재가 여러 단계의 작업을 거쳐서 완성된 제품으로 변화하는 과정을 말하며, 이 과정을 면밀히 관리하여 품질을 보장하고 원가를 낮출 수 있어야 한다. 또한 예측된 시장의 수요에 따라 원자재와 부품들을 필요한 순간에 필요한 수량을 확보하는 계획을 수립하고 이를 실행할 수 있어야 한다. 이 외에도 적절한 인력을 확보하고 훈련하는 것, 합리적인 의사결정 체계를 구축하는 것, 생산기술을 지속적으로 발전시키는 것 등이 생산시스템의 경쟁력을 확보하는 데 반드시 필요하다.

1) 생산시스템의 구성

생산시스템의 가시적인 형태 중 가장 큰 규모를 가진 것은 공장의 부지와 건물이다. 이러한 공간은 작업장, 창고, 사무실 등으로 나뉘어 사용된다. 공장의 입지를 결정하는 과정에는 다음과 같은 여러 가지 요소들이 고려되어야 한다.

- **물류 거리**: 주요 구매처와 납품처에 되도록 가까운 위치
- **물류를 위한 교통**: 원자재의 반입과 완성품의 배송이 용이한 위치
- **거주 환경**: 인력을 쉽게 확보할 수 있도록 양호한 거주지와 멀지 않은 위치
- **행정적인 규제**: 공장 건물의 높이, 면적과 생산 활동에서 발생하는 소음, 진동, 폐기물 등의 규제에 저촉되지 않는 위치
- **비용**: 확보된 예산 한도 내에서 부지와 건물을 구매 또는 임차할 수 있는 위치

또 다른 가시적인 부분은 제품생산을 위한 장비들이다. 5.5.2와 5.5.3절에서 언급된 소성 및 절삭 가공공정을 위한 장비뿐만 아니라 조립, 결합, 도장, 검사, 포장을 위한 장비들이 생산시스템에 포함된다. 그리고 공장 내에서 자재들을 옮겨주는 자재취급(material handling) 장비인 산업용 로봇, 컨베이어 벨트, 무인반송차(AGV: Automated Guided Vehicle), 자동창고, 지게차, 크레인 등이 필요에 따라 다양하게 사용되고 있다. 이러한 장비들을 어디에 설치하는가에 따라 공장의 생산성이 큰 영향을 받을 수 있다. 그림 5.113은 생산시스템 중에서 대표적인 물류장비인 산업용 로봇, 무인반송차, 자동창고를 보여준다.

(a) 산업용 로봇   (b) 무인반송차   (c) 자동창고

그림 5.113 생산시스템 중에서 대표적인 물류장비

인적자원도 생산시스템을 구성하는 핵심 중의 하나이다. 직접적인 생산활동에 참여하는 작업자는 앞에서 언급한 생산장비들을 이용하여 재료의 형태와 성질을 변화시키는 역할을 담당한다. 이러한 생산활동을 지원하기 위하여 이송, 검사, 유지보수 등을 담당하는 현장인력이 필요하다. 또한, 생산을 위한 전반적인 계획을 수행하는 엔지니어들이 필요하며, 이들은 가공방법을 결정하고, 자재의 수급 계획을 세우고, 생산목표를 설정하는 업무 등을 담당한다.

또한, 생산시스템을 원활하게 운영하기 위해서는 다양한 정보들을 획득할 필요가 있다. 예측된 수요, 월별 및 주별 생산계획, 필요한 자재의 수량, 생산할 제품의 설계도, 생산방식을 설명하는 공정도, 생산장비의 작동 설명서와 유지보수 설명서, 작업자의 노하우 등이 생산시스템을 위한 정보에 포함된다. 그리고 이러한 정보가 효율적으로 교환되고 보관될 수 있는 정보시스템의 중요성도 간과할 수 없다.

그림 5.114는 생산시스템의 주요 활동을 보여준다. 다음 1개월 또는 1분기의 생산계획을 세우기 위하여 예측된 수요를 사용하고 생산계획에 기초하여 1주일 또는 하루의 생산량을 일정계획을 통하여 설정한다. 생산계획은 필요한 원자재의 양을 산출하는 데에도 사용되며, 현재 보유하고 있는 양을 고려하여 얼마나 많은 양을 언제 구입할 것인가를 자재 수급계획을 통하여 결정한다. 실질적인 가공, 조립, 검사, 포장, 이송 등을 위하여 공정설계를 통하여 세부적인 가공방법과 절차를 결정하고 가공제품을 검사하기 위한 검사계획을 수립하는 것도 필요하다. 이러한 활동을 통하여 원자재가 원자재 공급자로부터 생산시스템으로 들어오고 다양한 가공을 위하여 공장의 장비 위치에 따라 이송되며, 이러한 생산과정을 통하여 완성된 제품들은 여러 시장으로 배송된다.

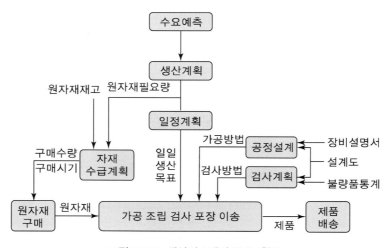

그림 5.114 생산시스템의 주요 활동

2) 생산시스템의 분류

생산시스템은 일반적으로 제품종류, 생산시기, 제품 당 생산량에 따라 분류하고 있다. 제품 종류에 따른 분류는 생산되는 제품이 개별적으로 구분될 수 있는가를 기준으로 분류하는 방법이다. 자동차, TV 등과 같이 한 대, 두 대로 셀 수 있는 개별 제품을 생산하는 생산시스템을 개별 제품(discrete product) 생산시스템이라고 한다. 이와는 대조적으로 생산 제품이 개별적으로 셀 수 없고 주로 단위를 붙여서 생산량을 정의하는 경우가 있다. 대표적인 사례는 생산량을 휘발유 몇 리터로 표시하는 정유공장, 발전소 그리고 제철소 등이 있으며, 이러한 생산시스템을 공정(process) 생산시스템이라고 한다. 그림 5.115는 자동차공장의 개별 제품 생산시스템과 정유공장의 공정 생산시스템의 예를 보여준다.

생산시기에 따른 분류는 주문 시점과 생산 개시 시점 중 어느 것이 더 빠른가에 따른 것이다. 구매자가 제품의 규격, 기능, 성능 등을 요구할 수 있는 제품은 주문이 들어온 후에 생산하는 것이 합리적이다. 이러한 제품에는 그림 5.116에 표시된 선박, 항공기, 플랜트 등이 포함되며 이러한 제품들을 생산하는 시스템을 주문 생산시스템이라고 한다. 주문 생산과 달리 생산업체가 소비자의 요구를 분석하여 제품의 규격, 기능, 성능 등을 정할 수 있는 경우를 재고

(a) 개별 제품 생산 시스템   (b) 공정 생산 시스템

그림 5.115 생산시스템의 예

그림 5.116 주문생산제품의 예

생산시스템이라고 한다. 이 경우는 생산된 제품으로 줄어든 재고를 보충하게 되며 대부분의 제품이 이 범주에 속한다.

생산시스템을 분류하는 세 번째 기준은 제품의 종류가 몇 가지이고 각 제품마다 생산량이 얼마나 되는가이다. 그림 5.117에 표시된 바와 같이 한 기업이 생산하는 제품의 종류가 적지만 상대적으로 각 제품의 생산량이 많은 경우를 소품종 대량생산으로 분류한다. 이와는 반대로 제품의 종류가 다양하고 각 제품의 생산량이 적은 경우는 다품종 소량생산이다. 소품종 대량생산의 대표적인 사례는 화장지 업체이다. 두루마리 화장지와 박스에 담긴 티슈를 생산하는데 제품의 종류가 그다지 많은 편이 아니다. 하지만 각 제품의 생산량은 매우 많아 하루 생산량이 수만 개에 이를 수 있다. 전구 또는 형광등 제조업체, 나사와 못 제조업체 등이 이러한 소품종 대량생산에 해당된다. 다품종 소량생산에 해당하는 기업은 주로 항공, 우주, 방위산업 분야이다. 미국의 보잉사의 예를 보면 다양한 기종들을 생산하지만 그 생산량이 많지 않다. 우리나라 공군이 40대를 도입한 F-15 전투기도 지난 30여 년 간의 생산량이 1600여 대에 불과하다. 이러한 다품종 소량생산의 경향은 이 분야의 부품업체에서 더욱 극명하게 드러난다. 한 예로 비행기의 뼈대를 이루는 부품을 생산하는 업체를 들 수 있는데 여러 기종들의 다양한 뼈대 부품을 소량 생산하고 있다.

이 두 가지 분류의 중간에 있는 것이 중품종 중량생산이다. 소품종 대량생산을 통해 많은 소비재가 값싸게 공급되어 우리의 생활을 풍족하게 해주었지만 경제적 여유가 늘어남에 따라 개인의 취향에 따라 다양한 선택을 원하게 되었다. 또한, 사회의 기능이 복잡해짐에 따라 다양한 기능을 담당하는 여러 제품들도 필요하게 되었다. 이러한 욕구를 충족시키기 위하여 제품의 종류가 상당히 다양하면서 생산량도 적지 않은 중품종 중량생산 시스템이 만들어졌다.

최근에는 품종의 분화가 더욱 세분화 되면서 다품종을 대량생산하는 체제로 변화하는 모습을 보여주고 있다. 이러한 사례로 들 수 있는 것은 프린터인데, 2010년도 삼성전자가 판매하

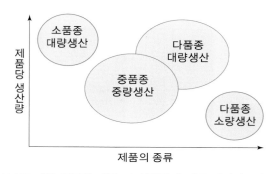

그림 5.117 제품 종류와 제품 당 생산량에 따른 생산시스템의 분류

고 있는 모델이 62개에 달하고 있다. 이는 구매자의 요구가 컬러 대 흑백, 잉크젯 대 레이저, 스캔, 복사, 팩스의 부가기능 유무, 인쇄해상도, 인쇄속도 등으로 다양하게 분화된 결과이다. 또 다른 사례는 휴대폰이다. 이는 소비자들의 다양한 취향을 만족시키기 위한 것으로 현재 삼성전자에서 판매하는 모델이 170가지에 이르고 있다. 이러한 휴대폰 모델 중 인기가 높은 것은 한 달에 20만 대 이상 팔리고 있기 때문에 생산량도 상당히 많아서 다품종 대량생산에 해당된다고 말할 수 있다.

3) 생산자동화

생산자동화는 사람이 수행하던 작업을 자동화 기기가 대신 수행하도록 하는 것이다. 자동화의 목적은 다음과 같다.

- 시간 당 제품 생산량을 늘리기 위하여
- 제품의 가격을 낮추기 위하여
- 품질을 향상시키기 위하여
- 육체적으로 힘든 작업과 해로운 환경에서 진행되는 작업을 없애기 위하여

생산시스템을 자동화하는 방식은 제품의 종류와 생산량에 따라 다르다. 소품종 대량생산에서는 제품의 변화가 거의 없기 때문에 특정한 제품만을 빠르게 제작할 수 있는 특수 자동화 장비, 즉 전용기계를 사용하며, 장비들 사이에서 제품을 옮겨주는 이송장비도 컨베이어 벨트와 같은 고정식 장비를 사용한다. 이러한 방식은 소수의 제품 종류를 빠르게 생산할 수 있지만 생산하려는 제품이 바뀌었을 때 이를 수용할 수 없기 때문에 고정식 자동화로 분류된다.

이와 반대로 다품종 소량생산에서는 여러 종류의 제품들을 생산해야 하기 때문에 수치제어 공작기계와 같은 범용기계를 사용하고 이송장비로도 범용인 천장크레인 그리고 지게차 등이 주로 사용된다. 여기에서는 단위 작업이 주로 자동화 되기 때문에 단위자동화라고 불리기도 한다. 중품종 중량생산 또는 다품종 대량생산에서는 여러 제품들을 상당히 많이 생산해야 하기 때문에 마이크로프로세서를 이용한 프로그램 가능한 장비들이 주로 사용된다. 그 사례로는 수치제어 공작기계, 산업용 로봇, 무인반송차 등이 있다. 이러한 장비들은 단순히 프로그램만을 바꿔서 다른 제품을 생산할 수 있는 유연성을 가지고 있기 때문에 이 방식을 유연자동화 또는 프로그래머블 자동화라고 말한다.

5.8 계측 및 제어 기술

엔지니어들은 일반적으로 기계시스템 및 열유체시스템에 관한 역학적 지식과 제조공정 및 생산 기술을 적용하여 사회적인 욕구들을 충족시킬 수 있는 제품들을 개발하는 데 관심을 가지고 있다. 그러나 시스템 자체뿐만 아니라 외부 환경에 불확실성이 존재하는 경우에는 전통적인 기술만으로는 사회적 욕구를 충족시키기 힘든 경우도 많다. 예를 들어 어떤 환경에서도 만족스러운 승차감을 갖는 차량을 개발하고자 한다면, 우선적으로 어떤 주어진 고정된 상태에서 바람직한 성능을 낼 수 있는 스프링과 댐퍼로 구성된 현가장치를 설계한다. 그러나 승객 또는 짐의 무게에 따라 차량 자체의 하중이 변할 수도 있고 도로 사정에 따라 외부환경이 변할 수도 있으므로 이와 같은 시스템의 불확실성이 존재하는 상태에서 어떤 주어진 고정된 상태에서 설계된 현가장치로는 만족스러운 승차감을 얻을 수 없게 된다. 이때에는 전통적인 기술로 개발된 현가장치에 계측제어기술을 접목하여 시스템의 불확실성에 강인한 메카트로닉스 시스템을 설계함으로써 보다 성능이 우수하고 강인한 제품을 개발하여 점점 더 강화되는 사회적 욕구를 충족시킬 수 있고 나아가 제품의 고부가가치화를 실현하는 데 기여할 수 있다.

5.8.1 계측기술

기술의 발달과 제품의 수요 증대로 고품질 제품을 생산할 수 있는 각종 기계와 대량 생산이 가능한 각종 생산공정이 요구됨에 따라 산업현장에서 자동제어시스템은 더욱더 중요시 되고 있다. 자동제어시스템은 생산공정의 운전이나 조업 중에 측정을 반복하여 요구되는 품질을 지속적으로 유지할 수 있는 제품을 자동적으로 생산하게 한다. 따라서 자동제어시스템에서는 계측기술이 기본이 된다. 산업현장의 생산공정에서 이루어지는 계측을 공업계측(industrial instrumentation)이라 하고, 여기서 계측이라 함은 사물의 상태를 측정, 제어하기 위한 방법, 장치, 측정, 그리고 이에 따른 처치를 고안하고 실행함을 의미한다.

사람들은 물의 온도를 나타낼 때 각 사람의 감각에 의하여 뜨거운 물이다 또는 차가운 물이다라고 표현한다. 이와 같이 정성적으로 표현하면 물의 온도를 정확하게 표현할 수 없으며, 같은 사람이라고 해도 그때의 상황에 따라 다르게 표현하기도 한다. 따라서 물의 온도를 정확하게 표현하고자 하면 몇 °C의 물이라는 방식으로 정량적으로 표시해야 한다. 여러 가지 사실들을 이와 같이 양으로 표현하면 보편적인 표시방법으로 기록할 수 있다. 이렇게 어떤 물리량을 수치를 사용하여 표시하는 과정을 계측이라 한다.

어떤 물리량을 계측할 때 기준량과 비교하여 그 배수로 표시한다. 막대의 길이가 5 m라고 하면 기준량 1 m의 5배이다 라는 식으로 표시한다. 이 기준량을 단위(unit)라고 한다. 우리가 관심을 갖는 측정 대상의 물리량들은 다양하지만, 일반적으로 질량, 길이, 시간, 이 세 물리량들을 기본적인 물리량으로 하고 그 외의 물리량들은 기본적인 물리량들의 조합으로 나타내고 있다.

1) 계측의 정확도와 오차

계측에서 오차는 어떤 물리량의 측정에 의해 얻어진 값(측정값)에서 실제값을 뺀 값을 의미한다. 계측 시 오차가 작을수록 계측의 정확도는 높다고 말한다. 어떤 물리량을 측정할 때에는 되도록 정확한 값을 얻기 위해 노력하지만 측정에는 오차가 수반되며, 오차와 오차율은 각각 다음과 같이 표현된다.

$$오차 = 측정값 - 실제값 \qquad (5.36)$$
$$오차율 = 오차/실제값 \times 100(\%) \qquad (5.37)$$

그리고 오차는 계통 오차와 우연 오차로 구분한다.

① 계통 오차

계통 오차(systematic error)는 주어진 원인에 의해 규칙적으로 발생하는 오차이다. 계통 오차에는 온도, 습도, 압력 등 외부의 영향으로 인해 발생하는 규칙적 오차, 측정기 자체의 고유적 오차인 계기 오차(instrumental error), 그리고 측정자의 버릇, 부주의, 미숙련으로 인해 발생하는 개인 오차(personal error) 등이 포함된다. 특히 측정자의 부주의에 의한 오차를 과오(mistake)라고 하며, 이 오차는 원인을 알면 쉽게 시정할 수 있다.

② 우연 오차

같은 계측기에 의해 같은 방법으로 측정하여 계통 오차를 시정하였음에도 측정값이 일치되지 않고 조금씩 틀린 결과가 발생할 수 있다. 이 오차는 전혀 우연적인 원인(측정실 내의 온도의 미소변동, 공기의 요동, 측정대의 미소진동, 관측자의 주의력이나 감각의 변동 등)에 의해 발생되는 것이며, 이를 우연 오차(accidental error)라고 한다. 이 오차는 피하기가 매우 어렵다. 따라서 이를 제거하기 위해서는 같은 측정을 여러 번 반복하고 측정값의 빈도분포를 조사하여 통계적으로 최적 값을 나타내는 방법을 사용한다.

2) 계측기의 구성

그림 5.118은 일반적인 계측기의 구성을 나타낸다. 측정대상에서 측정량을 검출부(sensor)

계측기

| 측정대상 | → | 검출부 | → | 전송부 | → | 표시부 | → |

검출 → 변환　　　　증폭 → 전송　　　　지시 → 기록

그림 5.118 계측기의 구성

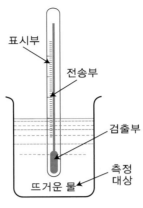

표시부

전송부

검출부

측정
대상

뜨거운 물

그림 5.119 물의 온도 측정

에서 검출하여 신호로 변환시키고 전송부(transmitter)에 보내며, 이곳에서 증폭시켜 전송신호로 바꾸고 표시부에 보내어 이곳에서 지시, 기록을 하게 된다. 수은온도계로 유리그릇에 담긴 물의 온도를 측정하는 경우, 측정대상은 뜨거운 물이고 수은을 넣은 온도계의 둥근 부분이 검출부이다. 온도는 둥근 부분 부피의 팽창으로 바뀌고 수은의 부피 변화에 따른 신호는 모세관 막대의 수은의 길이로 전송되어 유리관에 새겨진 눈금에 의해 지시된다(그림 5.119).

3) 계측량의 변환

센서에서 검출된 측정량은 일반적으로 한 번 다른 계측량으로 변환된 후 확대, 지시된다. 계측량의 변환 방법으로는 기계적 변환, 유체적 변환, 광학적 변환, 전기적 변환, 기타의 변환 등이 있다.

① 기계적 변환

변위의 확대는 그림 5.120에 표시된 지렛대, 기어, 나사, 탄성지렛대에 의한 회전변위의 변환이 많이 사용된다. 또한 무게, 힘, 압력, 응력 등을 측정하기 위해 코일 스프링, 링크 스프링, 벨로스, 부르동관 등(그림 5.121)의 탄성체 변환기가 사용된다. 그림 5.122는 봉의 원심력을 이용하여 회전속도를 변위로 변환하는 원심조속기이다. 그림 5.123은 온도를 변위로 바꾸

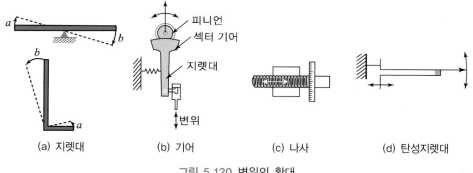

| (a) 지렛대 | (b) 기어 | (c) 나사 | (d) 탄성지렛대 |

그림 5.120 변위의 확대

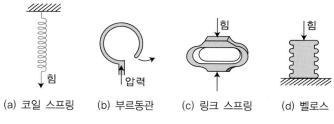

| (a) 코일 스프링 | (b) 부르동관 | (c) 링크 스프링 | (d) 벨로스 |

그림 5.121 탄성체 변환기

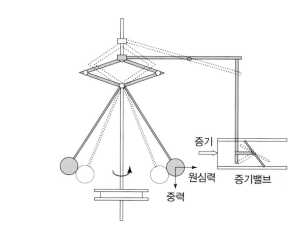

그림 5.122 원심조속기

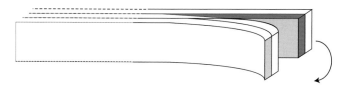

그림 5.123 바이메탈

는 변환기로서 온도변화를 선팽창계수가 다른 박판을 서로 겹친 바이메탈(bimetal)을 사용하여 끝부분이 처지는 변위로 변환하여 검출한다.

② 유체적 변환

그림 5.124에 표시된 압력계(manometer)는 유체의 압력을 액체 기둥의 높이의 변화로 나타내는 변환기이다. 이것은 구조가 간단하며 정확도도 좋고 취급하기가 쉬워 널리 사용되고 있다.

그림 5.125는 액체의 유속을 압력계의 액체 기둥의 높이의 변화로 나타내는 유속계인 피토관(Pitot tube)이다. 피토관의 우측에 전압력을, 좌측에 정압을 유도하며 h는 동압을 표시한다. 그림 5.126은 진동판과 노즐 사이의 간극의 미소변위로 압력을 바꾸는 변환기인 공기 마이크로미터(air micrometer)이다. 이것은 노즐 앞에 있는 진동판과의 간극 변동에 의해 노즐에서 분출되는 공기의 유량 또는 압력이 변하는 것을 이용한다.

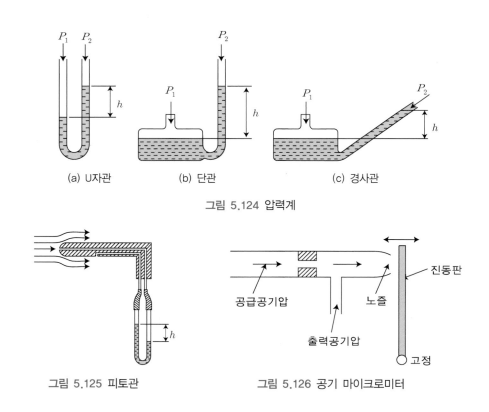

(a) U자관   (b) 단관   (c) 경사관

그림 5.124 압력계

그림 5.125 피토관   그림 5.126 공기 마이크로미터

③ 광학적 변환

그림 5.127과 같이 거울 M을 천천히 돌리면 광원 A에서의 반사광선은 확대되어 2θ가 되

는 점 B로 진행한다. 이것을 광지렛대(optical lever)라고 한다. 그림 5.128과 같이 평행평면에 다듬질한 광학평판(optical plate)을 측정면 B와 미소각도 δ만큼 경사지게 하여 단색광을 비추면 광선의 일부는 A의 밑면에서 반사되고 나머지의 일부는 A를 투과하여 B면에서 반사되어 앞의 반사광과 비슷하게 된다. 따라서 이 두 광선의 광로차는 δ가 작을 때 AB 사이의 간극 d의 2배가 된다. 이 경우 명암의 간섭무늬가 생겨 요철(凹凸)이 측정된다. 빛의 파장을 λ라 하면 무늬 사이의 높이 차는 $\lambda/2$가 된다.

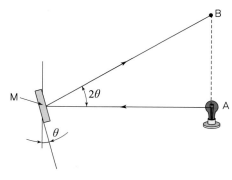

그림 5.127 광지렛대

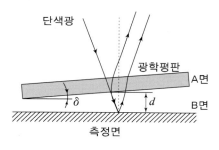

(a) 광학평판과 측정면에서의 빛의 반사

(b) 간섭무늬

그림 5.128 광지렛대의 원리

④ 전기적 변환

압전효과(piezo electric effect)를 가진 결정체인 수정, 로셀 염, 티탄산 바륨 등의 판에 압력을 가하면 가한 압력에 비례하는 기전력이 발생한다. 이와 같은 판에서 발생하는 기전력을 이용하면 힘, 압력, 가속도, 진동 등의 물리량들을 측정할 수 있다. 또한 그림 5.129에 표시된 두 종류의 금속선 양쪽 끝을 접합한 열전대(thermo couple)는 한쪽 접점에 접촉시켜 온도차를 기전력으로 변환하여 측정하고 싶은 온도를 계측한다. 그림 5.130은 광전관을 이용하여 변

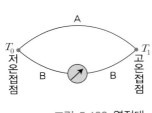

그림 5.129 열전대

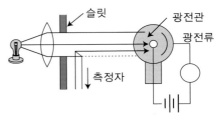

그림 5.130 광전관

위를 측정하는 원리를 나타낸다. 알칼리 및 알칼리 토류 금속의 매끄러운 면에 빛이 닿게 되면 기전력이 발생(광전효과, photoelectric effect)하며 빛의 양에 따라 기전력의 크기가 변한다.

저항선 스트레인 게이지(wire strain gauge)(그림 5.131)는 힘 또는 변위를 저항 변화로 변환시킨다. 힘, 진동 등을 피에조 저항효과(piezo resistance effect), 즉 외력을 가하면 변형에 비례하여 전기저항이 변하는 현상을 가진 결정체(실리콘, 게르마늄 등)에 가해서 발생하는 저항 변화량을 측정한다. 또한 그림 5.132에 표시된 차동변압기는 변위를 인덕턴스(inductance)의 변화를 통해 전압으로 변환시키는 대표적인 예이다.

철, 니켈, 니켈합금과 같은 강자성체에 자계(magnetic field)를 가하면 변형이 생기며, 변형을 일으키면 변형에 대응해서 자화의 세기가 변한다. 이 성질을 이용하면 힘을 전기용량의 변화를 통해 전압으로 변환시킬 수 있으며, 이를 전기용량변환기(그림 5.133)라고 한다.

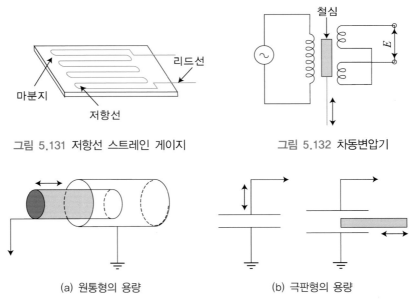

그림 5.131 저항선 스트레인 게이지

그림 5.132 차동변압기

(a) 원통형의 용량

(b) 극판형의 용량

그림 5.133 전기용량변환기

⑤ 기타의 변환

앞에서 소개된 변환기들 외에도 초음파나 방사선을 이용한 변환기도 많이 사용된다. 그림 5.134와 같이 측정하고자 하는 물체에 초음파를 발사시켜 반사파를 수신기로 받아 두께, 깊이, 액체의 면 등을 측정할 수 있다. 또한 유체의 속도나 유량을 측정하기 위해서는 도플러 효과 (Doppler effect)를 이용한 초음파 유량계가 사용된다. 이와 같이 초음파는 방사선이나 X선과 더불어 비파괴검사 등에서 많이 사용되고 있는 변환방식이다.

그림 5.134 초음파 두께 측정기

4) 자동제어기기용 센서

센서는 대상물의 상태나 대상물을 둘러싼 주변의 상태에 대한 정보(물리적인 양 또는 화학적인 양)를 계측 및/또는 변환하는 요소이다. 측정될 대상은 구체적으로 길이, 위치, 속도, 가속도, 힘, 온도, 습도, 압력, 전기, 자기, 물질의 성분 및 구조 등이 있다. 이러한 계측 및/또는 변환 과정에서는 여러 가지 물리, 화학적 법칙들이 이용될 수 있기 때문에 같은 계측 대상에 대해서도 여러 가지 계측 방법들이나 센서들이 사용될 수 있다. 그리고 이와 같이 여러 가지의 계측된 신호들은 특히 제어시스템에서는 제어기의 입력으로 주어지므로 보통 마이크로프로세서로 된 제어기에서 다루기 가장 편리한 신호인 전압 또는 전류와 같은 전기량으로 변환되어야 한다. 출력이 전압 또는 전류 등의 전기량으로 변환되는 센서는 쉽게 이용될 수 있지만, 기계량, 열유체량, 광량, 또는 주파수 등으로 변환되는 경우에는 적절한 회로를 추가하여 이에 대응하는 전기량으로 재 변환할 필요가 있다.

일반적으로 자동제어기기에서 사용되는 센서들은 다음과 같은 특성을 갖는 것이 바람직하다.

- 감도, 정도, 선형성, 그리고 응답성이 좋아야 한다.
- 드리프트(drift)가 작고, 안전성과 신뢰성이 좋아야 한다.
- 플랜트의 특성이나 외부 환경의 영향을 작게 받아야 한다.
- 조작하기 간편하고 보수성이 좋아야 한다.
- 내구성이 좋고 가격이 저렴해야 한다.

위와 같은 특성들을 만족시킬 수 있는 센서를 선정하여 바람직한 제어시스템을 구성하는 것도 중요하지만, 한편 센서에 덧붙여 사용하는 하드웨어나 소프트웨어 측면에서의 보강도 효과적이다. 예를 들면, 감도가 부족한 경우에는 증폭기를 첨가하고, 다른 신호의 영향을 감소시키기 위해서는 여러 가지 하드웨어나 소프트웨어적인 처리가 필요하다. 이와 같이 신호처리의 소프트웨어를 개발해서 하드웨어의 문제점들을 보강할 수 있으므로 신호처리의 중요성도 점점 커지고 있다.

자동제어기기에서 가장 일반적으로 사용되고 있는 대표적인 센서는 회전 기계시스템의 각변위 θ와 각속도 ω를 각각 측정할 수 있는 퍼텐쇼미터(potentiometer)와 태코미터(tachometer), 그리고 인코더(encoder) 등이다.

① 퍼텐쇼미터

퍼텐쇼미터는 병진 또는 회전 형태의 기계적 변위를 전압으로 나타내는 센서이다. 한 전압이 퍼텐쇼미터의 고정된 단자 양끝에 인가되었을 때 가변하는 단자와 접지 양끝에서 측정된 출력전압이 입력변위에 비례한다. 퍼텐쇼미터는 보통 선권선(wire wound)이나 도전성 플라스틱 저항재료로 만든다. 정밀하게 제어하기 위해서는 일반적으로 도전성 플라스틱 퍼텐쇼미터가 사용되고 있다. 왜냐하면, 이 퍼텐쇼미터는 무한의 분해, 긴 회전수명, 양호한 출력의 매끄러움, 그리고 정적 잡음이 작기 때문이다. 그림 5.135는 퍼텐쇼미터에 대한 등가회로이다.

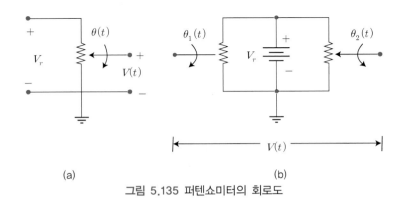

(a) (b)

그림 5.135 퍼텐쇼미터의 회로도

그림 5.135(a)는 퍼텐쇼미터의 틀이 기준점에 고정되었을 때의 경우를 나타낸다. 그리고 그림 5.135(b)에 표시된 병렬로 연결된 두 퍼텐쇼미터를 사용하면 2개의 먼 거리에 위치한 축의 각 변위를 비교할 수 있다.

② 태코미터

태코미터는 기계에너지를 전기에너지로 변환하는 장치로 일종의 소형 발전기이다. 제어시스템에서 주로 사용되는 태코미터는 그림 5.136에 표시된 직류 태코미터이다. 이 태코미터는 DC모터 축의 각속도를 측정하여 시스템의 속도제어나 안정화를 위한 속도 피드백을 제공하는 데 이용된다.

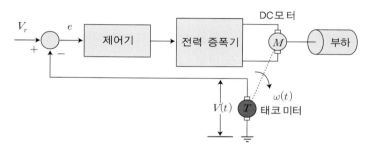

그림 5.136 태코미터를 이용한 속도 피드백 제어시스템

③ 인코더

인코더는 절대형인코더와 증분형인코더로 구분한다. 절대형인코더는 각각의 특정한 최소의 중요한 분해증분을 나타내는 구별될 수 있는 디지털 코드를 출력으로 만들어준다. 반면에 증분형인코더는 분해의 각 증분에 대하여 펄스를 만들어 주지만, 증분들 사이의 차이를 구분하지는 못한다. 실제로 인코더 형태의 선정은 경제성과 제어목적에 따라 결정된다. 일반적으로 제어시스템에서는 병진 또는 회전 변위를 디지털로 코드화된 또는 펄스 신호로 변환하는데 증분형인코더가 주로 사용된다. 증분형인코더는 구조가 간단하고, 가격이 저렴하고, 적용하기가 쉽기 때문이다. 그림 5.137에는 전형적인 증분형 로터리인코더의 구성요소, 즉 광소스, 회전디

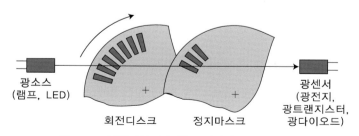

그림 5.137 전형적인 증분형 로터리인코더의 구성요소

스크, 정지마스크, 그리고 광센서가 표시되어 있다.

5.8.2 제어기술

산업현장에서, 특히 자동차, 철강, 전력, 화학, 제지 등 중화학공업에서는 제품의 고부가가
치화 및 생산성을 극대화 하기 위해서는 생산시스템의 자동화가 필수적이라고 할 수 있다. 자
동화란 공정, 장비, 시스템의 자동운용이나 제어를 의미한다. 요구되는 오차허용 범위 이내에
서 제품을 지속적으로 생산하기 위해서는 일반적으로 기계나 공정에 대하여 자동제어를 수행
해야만 한다. 산업혁명에 의하여 시작된 기술혁신의 가속화는 최근까지 주로 생산 작업에서
인간의 육체적 노동을 대치시키는 방향으로 추진되었다. 그러나 최근 컴퓨터 기술의 혁신적인
발달로 인하여 컴퓨터가 인간 두뇌의 역할을 할 수 있는 영역까지 확장됨으로써 정보의 수집
및 처리 능력을 급진적으로 향상시킬 수 있게 되었다. 컴퓨터 기술의 발달과 더불어 제어기술은
기계의 지능화에 크게 기여하고 있다. 또한 첨단기술인 마이크로 전기－기계시스템(MEMS:
Micro Electro－Mechanical System), 나노기술(nano technology), 바이오기술(bio technology)
등에서도 제어기술이 필수적으로 접목되어야만 새로운 첨단기술을 지속적으로 개발할 수 있다.
앞으로의 지식기반 정보화 사회에서 점점 더 다양화되는 사회적 욕구를 충족시킬 수 있는 신기
술을 창출하기 위해서는 모든 공학 분야에서 제어기술의 접목은 반드시 필요하다고 말할 수 있
다.

1) 제어시스템의 구조

제어시스템의 목표는 센서, 제어기 및 구동기를 제어대상 시스템인 플랜트에 적절하게 첨가
함으로써 동적 시스템의 성능과 강인성을 개선시키는 데 있다. 플랜트에 첨가되는 센서는 시
스템 내부에 있는 다양한 신호들을 측정하거나 감지한다. 제어기는 센서로부터 감지된 신호들
을 이용하여 플랜트가 바람직한 거동을 할 수 있는 제어신호를 생성하여 구동기로 보낸다. 그
리고 구동기는 제어신호를 기반으로 하여 플랜트에 적절한 파워(또는 에너지)를 공급한다. 그
림 5.138은 센서, 제어기, 및 구동기가 포함된 일반적인 제어시스템의 구조를 나타낸 블록선
도이다.

제어하고자 하는 대상 시스템을 플랜트(plant) 또는 프로세스(process)라고 하며, 차량시스
템, 산업공정시스템, 발전시스템, 핵반응시스템 등 산업현장에서 관심을 갖는 문제뿐만 아니라
사회, 경제 문제 등 에너지 저장요소를 갖는 동적 시스템이면 모두 제어 대상이 된다. 신호는
아날로그 또는 디지털적으로 표현된 전기적 신호, 기계적인 링크(link), 유공압 라인(line)

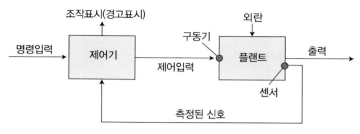

그림 5.138 일반적인 제어시스템의 구조

등에 의해 전달된다. 제어기는 기계적인 장치, 유공압적 장치, 아날로그 또는 디지털 컴퓨터 등을 이용하여 구성한다.

제어시스템은 크게 개루프(open loop) 제어시스템과 폐루프(closed loop) 제어시스템으로 구분한다. 개루프 제어시스템(그림 5.139)은 출력을 측정하는 센서가 없는 제어시스템으로서 구 동기 신호가 명령입력만으로 발생되는 제어시스템이다. 그리고 폐루프 제어시스템(그림 5.140)은 센서로부터 감지된 출력신호가 제어기와 구동기를 통하여 플랜트에 영향을 주는 제 어시스템이다. 또한, 구동기가 없고 센서 신호를 처리하여 조작표시 신호만을 만드는 시스템 을 감시(monitor) 시스템이라고 한다. 개루프 제어는 플랜트의 특성을 잘 알고 외부환경 변 화가 무시할만한 경우에 사용되고, 폐루프 제어는 정밀하고 강인한 제어가 요구될 때 사용된 다. 폐루프 제어는 플랜트의 출력을 입력단으로 피드백(feedback)하여 제어하므로 피드백제 어(feedback control)라고도 한다.

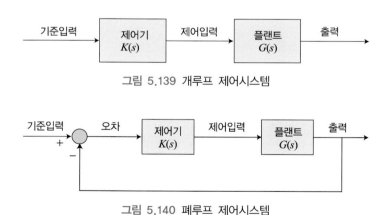

그림 5.139 개루프 제어시스템

그림 5.140 폐루프 제어시스템

제어시스템을 구성하는 자동제어기기는 제어대상인 플랜트를 실제 구동시킬 수 있는 구동 기, 플랜트에서 관심 있는 정보를 측정 및 변환할 수 있는 센서, 그리고 제어기의 역할을 하는 컴퓨터나 마이크로프로세서로 구분할 수 있다. 제어시스템은 주어진 플랜트에 구동기와 센서를 적절하게 선정하고 배치하여 제어기에 필요한 신호를 보내고 제어기는 이를 기반으로 하여 제어시스템이 요구하는 성능과 강인성을 얻을 수 있는 신호를 생성하여 구동기를 작동하는 구조로 이루어져 있다.

제어시스템 설계는 이와 같이 자동제어기기의 선정 및 배치 그리고 제어기를 설계하는 시스템 설계의 한 과정이다. 이상적으로는 제어엔지니어가 제어시스템 설계 이전 단계인 제어대상 시스템 자체 설계에도 관심을 가져야 한다. 그렇지만 일반적으로 제어엔지니어들은 이미 설계된 시스템이 보다 좋은 성능과 강인성을 갖도록 제어시스템을 추가로 설계하는 일을 수행하게 된다. 예를 들면, 대부분의 비행기는 제어시스템 없이도 작동될 수 있도록 우선 설계하고, 그 다음 비행기의 성능을 좀 더 개선하고 강인하게 하기 위하여 제어시스템을 추가로 설계한다.

2) 제어시스템의 응용

실제로 우리는 일상생활 가운데 자동차의 운전 등과 같이 제어의 원리를 알게 모르게 응용하고 있다. 산업현장에서는 제품의 생산성 향상을 위한 자동조립라인, 공구제어, 그리고 로봇 등에 제어의 원리가 응용되고 있고, 자동차, 항공기, 선박 등의 수송시스템, 우주과학 및 무기체계, 환경오염 문제 등 공학적인 문제뿐만 아니라 재고관리, 국가의 정책 수립 등 사회과학적인 문제에도 제어시스템은 응용되고 있다. 이와 같은 제어시스템의 응용분야 중에서 실제적인 제어시스템의 예들을 몇 가지 소개함으로써 제어시스템이 실제 어떤 분야에서 응용되고 있는가를 살펴보기로 한다.

① 일상생활에서의 제어시스템

일상생활에서의 제어시스템의 예는 양변기 물의 양을 조절하는 시스템을 들 수 있다. 양변기의 물이 흘러 내려가 비어진 후, 빈 양변기 물통에 물이 채워진다. 이때 일정 수위의 물이 유입되면, 물이 넘치지 않게 하기 위해서는 물의 유입이 멈춰져야 한다. 이는 물통의 수위가 부표에 의해 관찰 또는 측정되고, 수면의 높이가 정해진 높이에 도달하면 부표에 달린 지렛대의 끝이 올라가고, 지렛대의 다른 끝은 내려가게 되어 그 끝에 달린 밸브가 닫히게 되어 더 이상의 물이 물통에 유입되지 않는다.

전기다리미, 전기밥솥, 전기담요, 전기난방기, 토스터기 등의 전열기나 난방 기구에서 만약 제어가 안 된다면 과열로 인해 화재 등의 피해가 발생할 것이다. 이때 제어의 역할은 측정된 현재의 온도가 일정온도보다 높으면 자동적으로 전원을 끄게 하고, 일정온도보다 낮으면 전원을 켜서 일정온도를 유지하게 하는 것이다.

전기장판의 제어시스템을 자세히 살펴보기로 한다. 이 제어시스템은 우리가 경험을 통해서 알듯이, 방 안의 온도와 관계없이 실제 장판의 온도가 우리가 적절히 설정해 놓은 온도(목표 온도)를 유지하도록 하는 역할을 한다. 이와 같은 역할을 수행하기 위해서는 먼저 실제 장판의 온도가 측정되어야 한다. 이를 위해 바이메탈을 접점식 스위치로 사용하면 온도센서와 제어기 역할을 동시에 수행할 수 있다. 전기장판의 열선에 전기를 통하면 온도가 상승하게 되고 주어진 목표온도를 넘게 되면 바이메탈이 휘어져 스위치의 접점을 떨어지게 하여 열선으로 공급되는 전원이 차단된다(그림 5.141). 이때 열선의 온도가 떨어지게 되어 실제 장판의 온도가 목표온도를 유지하도록 한다. 이러한 일련의 과정을 "온도를 조정 또는 제어한다."라고 말한다.

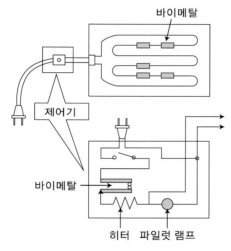

그림 5.141 전기장판의 제어시스템

② 로봇 제어시스템

로봇은 컴퓨터로 제어되는 기계이며 자동화와 밀접하게 관련된 기술이 포함되어 있다. 산업용 로봇은 자동화된 기계(로봇)가 인간의 노동을 대신하기 위하여 설계된 자동화의 특수한 분야로 정의될 수 있다. 그래서 로봇은 인간과 같은 역할을 수행한다.

그림 5.142는 '다빈치(Da Vinci)'라고 하는 수술용 로봇이 로봇팔을 이용하여 심장에 있는 환부를 직접 자르고 봉합하는 수술을 하고 있는 모습이다. 환자의 가슴에 로봇 수술기가 들어갈 수 있는 통로를 확보하고 내시경과 로봇팔 두 개로 구성된 다빈치 시스템이 심장으로 접근해 직접 환부를 수술한다. 로봇을 이용한 심장수술의 가장 큰 장점은 지름 2~3 cm의 작은 구멍만으로, 가슴을 열고 하는 기존의 수술법을 적용할 수 있다는 점이다. 또 사람의 눈보다 10배 이상 수술 시야를 확보할 수 있는 3차원 고화질 입체 영상을 만들 수 있는 로봇 카메

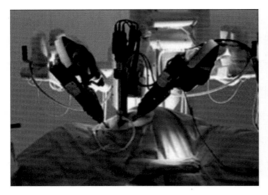
그림 5.142 수술용 로봇 '다빈치'

그림 5.143 사람의 형태를 한 춤추는 로봇

라와 손떨림 방지 시스템을 통해 의사가 정교한 수술을 성공적으로 수행할 수 있게 한다.

이와 같이 로봇 제어시스템은 심장뿐만 아니라 전립선암, 위암, 대장암, 식도암, 부인암 등 각종 질환을 치료하는 우리들의 생명과 관련된 의료 분야에도 응용되고 있다. 또한, 그림 5.143은 사람의 형태를 한 춤추는 로봇이다. 이 로봇은 사람과 같이 걷기도 하고, 계단도 오르고, 구석을 회전할 수도 있는, 사람의 움직임을 그대로 재현할 수 있는 사람 형태의 로봇이다.

③ 산업현장에서의 제어시스템

산업현장에서는 생산성 향상을 위해 단위시간당 보다 많이 그리고 질 좋은 제품을 생산할 수 있는 제어 및 자동화된 생산시스템에 대한 요구가 증대되고 있다. 1936년 포드(Ford)사의 하더(D. S. Harder)는 자동화의 개념을 "일련의 장치로서 작업과 생산공정이 스스로 이루어지는 것"이라고 설명하였다. 이러한 자동화는 과거에는 기계식 자동화였으나, 현대에는 전기, 전자 및 컴퓨터공학의 발달로 일반적으로 전자식 자동화로 컴퓨터를 사용하고 있다. 특히 자동화나 제어용으로 사용되는 컴퓨터를 프로세스 컴퓨터(process computer)라고 하며, 이러한 프로세스 컴퓨터는 자동제어의 임무도 수행한다.

제어대상 시스템인 플랜트(plant) 또는 공정(process)은 일반적으로 연속적인 공정과 불연속적인 공정으로 구분한다. 연속적인 공정은 압연공정의 두께제어, 화학공정, 발전소의 전기생산과 같이 시간적으로 연속적으로 행해지는 공정이다. 그리고 불연속적인 공정은 자동차조립 공정과 같이 개별적으로 여러 개의 부품이 생산되어 하나의 제품을 완성하는 공정을 말한다. 이러한 공정의 자동화는 단위공정의 자동화뿐만 아니라 각 단위공정 사이의 시간적 또는 수량적 조정(coordination)도 중요한 역할을 한다.

이외에도 다루는 대상에 따라, 제철소의 철 생산과 같이 물질을 대상으로 하는 공정, 화력

발전과 같이 에너지를 대상으로 하는 공정, 그리고 컴퓨터나 전산망과 같이 정보를 대상으로 하는 공정 등으로 구분하기도 한다.

공정자동화의 목적을 요약하면 다음과 같다.

- 인력, 기계, 원자재, 에너지의 효율적인 운영을 통한 경제성 향상
- 품질오차의 최소화 및 원자재에 대한 제품 비율(yield) 증가를 통한 품질 향상
- 노동의 질 향상
- 소량다품종 생산과 재고최소 생산(lean production) 등을 통한 유연성 증가
- 복잡한 공정에서의 작업자 대체를 통한 생산속도 증가

자동화시스템은 단순작업을 수행하는 작업자를 대체하는 효과, 그리고 작업자의 노동의 질을 향상시켜줄 뿐만 아니라, 작업의 신뢰성도 향상시켜 준다. 또한 고온, 고압, 유해물질 등에서 행해져야 만하는 위험한 작업환경에서의 작업들, 예를 들면 원자력발전소나 심해에서의 작업 시 자율로봇이 인간을 대신하여 작업을 수행함으로써 인간의 작업환경을 보다 안전하게 해주기도 한다. 이러한 자동화시스템은 산업체에서 자동화율과 생산성을 높이는 데 크게 기여하고, 단순작업에서 작업자를 대체하여 단순작업자들이 보다 창의적인 업무를 수행할 수 있도록 한다.

5.9 공학 관련 컴퓨터 프로그램 및 상용 소프트웨어

5.9.1 공학 관련 컴퓨터 프로그램

1) C-언어

C-언어는 응용 프로그램의 개발에 유용하게 사용되기 시작한 범용 언어로서 UNIX 운영체제에서 중심 언어로 쓰이고 있다. C-언어는 다양한 데이터구조, 풍부한 연산자와 간단한 수식 표현 등으로 응용 프로그램을 특정 분야에 한정하지 않고 편리하고 효율적으로 사용되고 있는 언어이다. UNIX 운영체제에서는 대부분의 시스템 프로그램이 C-언어로 코딩되어 있다. 그림 5.144는 C-언어로 프로그램을 작성한 예이다.

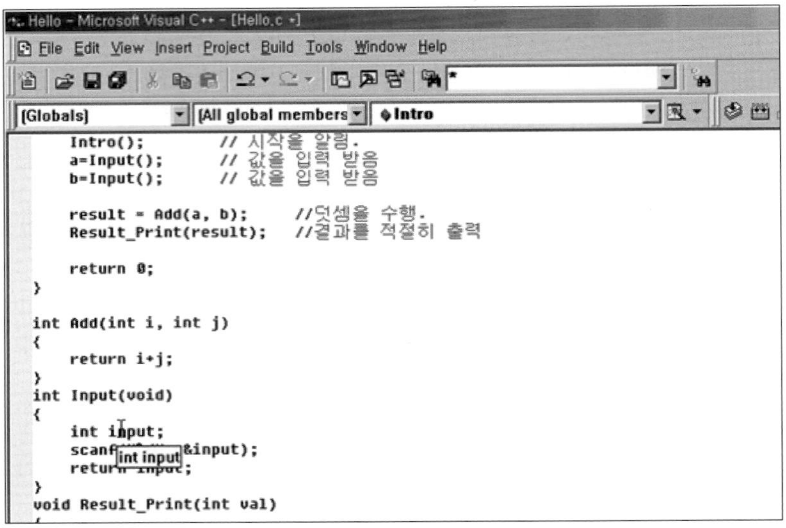

그림 5.144 C-언어로 프로그램을 작성한 예

2) FORTRAN

포트란(FORTRAN)의 이름은 FORmula TRANslation에서 만들어졌다. 이 언어의 장점은 수치해석에 관련된 다양한 내장함수를 통하여 복잡한 계산과 그래픽을 처리할 수 있는 능력이 있다는 것이고, 단점은 구조적 프로그래밍이 어렵고 입/출력 능력이 빈약하다는 것이다. IBM사가 IBM704 컴퓨터에 사용하기 위해 1954년 포트란에 대한 최초 보고서가 나온 이래로, 함수, 논리 치환문, 변수(정수, 실수, 복수의 형식과 정확성) 등의 기능들이 꾸준히 개선되었고, 구조적인 개념 도입, 개발 회사마다 차이점 표준화 등의 과정을 거치면서 계속 진보하고 있으며, 현재 포트란 2015가 발표되었다.

포트란은 기후 및 기상예측, 자원탐사, 우주항공, 유체 및 구조해석, 계산화학, 양자 및 분자 동역학 계산, 천문학, 인공위성을 포함한 군사과학, 자동차 선박 설계, 반도체설계, 금융계산 등 거의 모든 산업 분야의 초대형 과학 및 공학 계산 문제의 프로그래밍에 필수적인 언어이다. 위와 같이 특히 자연과학이나 공학에서의 중요한 거대한 계산문제들을 슈퍼컴퓨터들을 이용하여 해결하는 데 있어서 C-언어와 같이 범용 프로그래밍 언어에 속하는 프로그래밍 언어들에 비해 탁월한 효율이 있는 과학계산 전문 언어이다. 그림 5.145는 포트란 프로그램의 예이다.

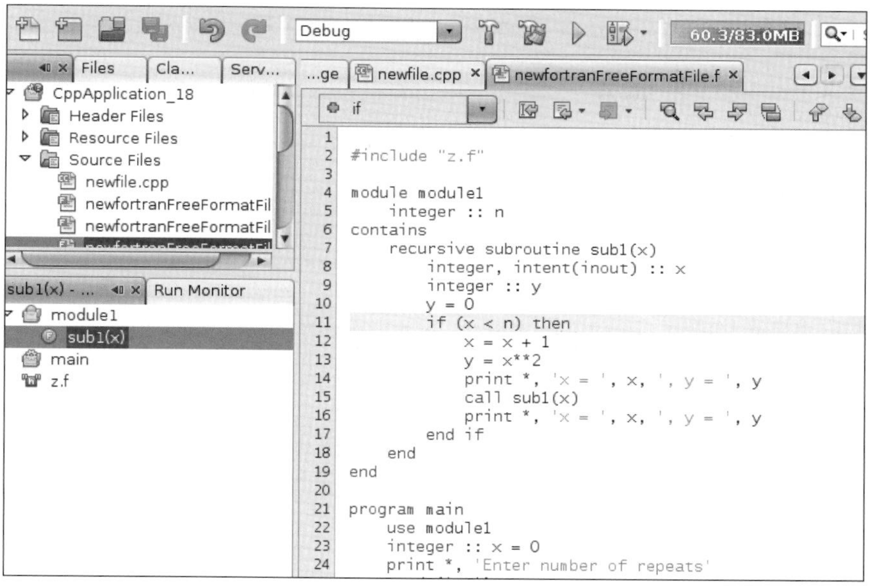
Debug
60.3/83.0MB
Files
Cla...
Serv...
CppApplication_18
Header Files
Resource Files
Source Files
newfile.cpp
newfortranFreeFormatFil
newfortranFreeFormatFil
sub1(x) - ...
Run Monitor
module1
sub1(x)
main
z.f
...ge
newfile.cpp
newfortranFreeFormatFile.f
if
#include "z.f"
module module1
integer :: n
contains
recursive subroutine sub1(x)
integer, intent(inout) :: x
integer :: y
y = 0
if (x < n) then
x = x + 1
y = x**2
print *, 'x = ', x, ', y = ', y
call sub1(x)
print *, 'x = ', x, ', y = ', y
end if
end
end
program main
use module1
integer :: x = 0
print *, 'Enter number of repeats'

그림 5.145 포트란 프로그램의 예

3) MATLAB

매트랩(MATLAB)이란 이름은 MATtrix LABoratory에서 유래하며, 여러 가지 수학 계산과 시각화를 위한 소프트웨어 패키지로서, 수치해석, 행렬연산, 신호처리, 간편한 그래픽 기능 등을 통합하여 제공하는 프로그래밍 언어이다. 매트랩의 장점은 입력된 명령을 하나씩 수행해가면서 대화식으로 결과를 나타낼 수 있다는 것이다. 이와 같은 장점과 더불어 수학, 공학, 과학 등의 분야에 관련된 수치해석, 통계, 모델링 및 분석, 제어시스템 설계 등에 대한 수치계산 과정과 결과들을 그래픽으로 가시화하는 편리성이 있을 뿐만 아니라, 다양한 실험을 지원하는 신호 및 영상처리 기능이 있기 때문에 여러 학문 분야에서 널리 사용되고 있다. 매트랩은 원래 포트란 언어로 작성되었으나, 현재는 미국의 매스웍스(MathWorks)사가 C－언어로 작성하였다. 그림 5.146은 매트랩 프로그램의 예이다.

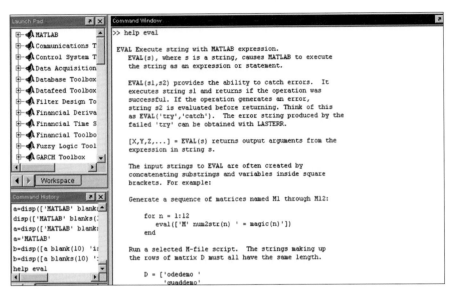

그림 5.146 매트랩 프로그램의 예

4) MATHEMATICA

매스매티카(Mathematica)는 1988년 미국의 물리학자이며 수학자인 볼프람(S. Wolfram)에 의해 "모든 수학적 문제를 다 해결할 수 있는 프로그램을 만든다."라는 목표를 가지고 개발된 수학 전문 소프트웨어로서, 수학과 그 응용에 관련된 문제나 분야이면 어디에나 사용이 가능하다. 매스매티카는 수치해석의 시각화와 대화식 입출력의 장점 이외에도 기호계산이라는 막강한 기능이 있어서 순수과학 분야뿐만 아니라 물리학, 기계공학, 전기전자공학, 컴퓨터공학, 화학, 생물학, 통계학 등에서도 활용되고 있다. 또한 최근에는 신경망이나 유전자알고리즘, 퍼지, 이미지 프로세싱, 우주공학과 같은 첨단 분야를 해석할 수 있는 알고리즘에 대한 응용 사례들도 보고되고 있다. 그림 5.147은 매스매티카 프로그램의 예이다.

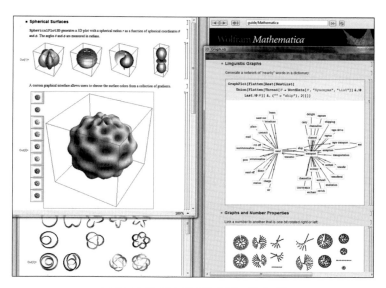

그림 5.147 매스매티카 프로그램의 예

5.9.2 전산제도를 위한 상용 소프트웨어

CAD(Computer Aided Design)는 설계결과를 생성, 수정, 해석 및 최적화에 관련된 컴퓨터 이용 기술이다. 그러므로 그래픽과 공학함수들을 이용하는 응용프로그램이 구현된 어떤 형태의 프로그램도 CAD 소프트웨어에 속한다. CAD 도구들은 단지 형상들만을 다루기 위한 형상설계 도구에서부터 해석이나 최적화에 이용되는 복잡한 응용프로그램에 이루기까지 매우 다양하다. 이 밖에도 최근에는 여러 다양한 CAD 소프트웨어가 개발되고 있다. 몇 가지 예를 들면 공차해석, 질량특성 계산 및 유한요소 모델링과 해석결과의 가시화 등을 위한 프로그램 등이 있다.

학생들이 저학년에서 다루는 CAD 시스템은 설계제도 작업을 지원하는 것으로, 기계, 전기, 건축 등 여러 공학 분야에 적용되지만 어느 것이나 대상물의 설계계산에서 제도까지 자동화에 중점을 두고 있다. CAD 시스템을 이용하면 수작업으로 도면을 그릴 때 보다 빠르고 편리할 것으로 생각되지만, 처음 도면을 그릴 때는 수작업이 훨씬 빠를 수 있다. 하지만 그려진 도면을 수정하거나 보관, 이동할 때는 CAD를 이용한 도면이 매우 효율적이다. 또한 수작업에 의한 제도와 같이 넓은 작업 공간이 필요 없으며, 설계상의 문제점을 쉽게 파악할 수 있다는 장점들도 가지고 있다.

1) AutoCAD

오토캐드(AutoCAD)는 CAD 프로그램의 대명사로 미국의 오토데스크(AutoDesk)사에서 개발한 프로그램이다. CAD시스템이 워크스테이션에서만 실행되던 1980년대 초에 오토캐드가 최초로 PC용으로 개발되어 선풍적인 인기를 일으켰고, 현재까지 CAD 프로그램의 표준으로 발전해 오고 있다. 오토캐드가 현재까지 이렇게 발전할 수 있었던 계기는 크게 두 가지 특징을 생각할 수 있다.

첫째는 범용성이다. 오토캐드는 특정한 분야에 치우치지 않고, 모든 분야에 쉽게 적용될 수 있도록 범용성을 유지해오고 있다. 최근 들어 개발되는 CAD 프로그램들은 범용성보다는 전문화된 분야로 다양하게 발전해 가고 있지만 오토캐드는 기본 범용성 위에 다양한 응용프로그램들을 설치하여 전문화를 더욱 이루어내고 있는 뛰어난 프로그램이다.

둘째는 개방형 구조이다. 오토캐드는 범용성을 살리기 위하여 다양한 개발 툴들을 사용자들에게 개방함으로써 사용자가 직접 필요한 것들을 만들어 쓸 수 있는 구조로 되어 있다.

그림 5.148은 오토캐드를 이용하여 도면을 작성한 예이다.

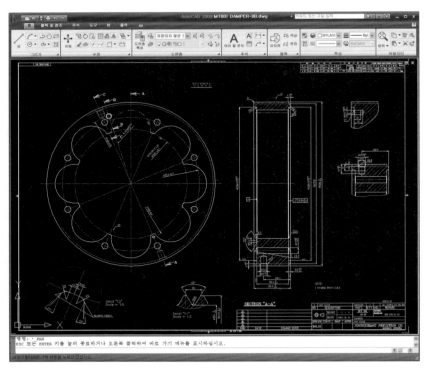

그림 5.148 오토캐드 제도의 예

2) Pro/ENGINEER

프로엔지니어(Pro/ENGINEER)는 미국의 PTC(Parametric Technology Corporation) 사에서 개발한 3차원 입체형상(solid) 모델링 도구이다. 프로엔지니어를 이용하여 설계자가 생성한 모델은 부피와 표면적을 가지고 있는 입체형상 모델로서 총무게, 무게중심의 위치, 관성모멘트 등의 질량특성을 얻을 수 있으며 부품간의 간섭체크, 운동 시뮬레이션 등의 기능도 실행해 볼 수 있는 소프트웨어이다. 이러한 입체형상 모델링 소프트웨어인 프로엔지니어의 대표적인 특징은 다음과 같다.

- 입체형상(solid) 모델링
- 피처 기반(feature based) 모델링
- 파라미터(parametric) 모델링
- 부모 – 자식 관계(parent – child relation) 모델링
- 연관성(associativity)

일반적으로 프로엔지니어에서 생성하는 모델은 피처(feature) 기반이다. 그림 5.149와 같이 3차원 형상을 정의하기 위한 기본 단위 형상인 피처를 하나 이상 구성하여 부품(part) 모델이 완성됨을 말한다. 예를 들어 파트 모델링의 기본 단위인 피처를 집을 지을 때 벽돌을 쌓아 나가듯이 차곡차곡 생성하여 결과적으로 완성된 디자인을 창출할 수 있다. 이때 그림 5.150과 같이 각 피처의 주요치수와 위치를 파라미터(parameter)로 입력하게 되고, 이는 모델링이 완성된 후에도 파라미터를 수정함으로써 설계 수정이 용이하다는 큰 장점을 가진다.

또한 피처를 생성순서와 기준참조 등의 이유로 인하여 피처 간에는 서로 부모 – 자식 관계가 형성되는 특징 또한 부여된다. 이는 피처를 수정하는데 걸림돌로 작용할 수도 있으나 거꾸로 이러한 특성을 이용하여 모델링 작업을 더욱 편리하게 할 수도 있다. 예를 들어 부모 피처를 수정하면 부모 피처에 연관되어 있는 자식 피처에도 수정사항이 자동으로 전달되어 영향을

그림 5.149 피처 기반 모델링

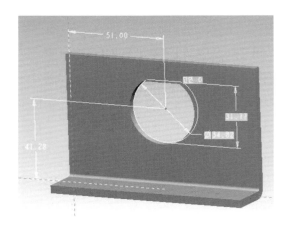

그림 5.150 파라미터 모델링

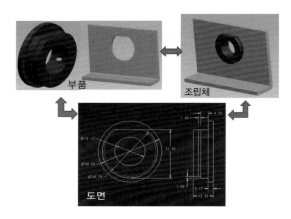

그림 5.151 연관성

주기 때문에 과도한 수정작업을 최소화 시킬 수 있다. 이러한 피처와 피처 간의 연관성 뿐만 아니라 그림 5.151과 같이 부품, 조립체, 도면, 제작 등의 여러 모듈 간에도 서로 연관성을 부여할 수 있어서 부품 파일의 한 피처의 치수와 형상을 수정하면 그 정보가 조립체와 도면 등의 다른 모듈(module)에도 자동적으로 반영되어 개별적인 수정이 필요 없다.

이렇게 프로엔지니어는 파라미터로 생성되는 피처 기반의 입체형상 모델링 도구이기 때문에, 설계에서 생산에 이르기까지 하나의 동일한 데이터로 접근하므로 중복된 모델링이나 도면 작업이 필요 없게 되어 효율적이고 통일되고 일관되게 일련의 작업을 수행할 수 있다.

그림 5.152는 프로엔지니어를 이용하여 자동차의 엔진을 설계도면화 하여 조립 작업한 예이다. 다른 색상으로 표현된 여러 개의 각 부품을 모델링 한 후 어셈블리 모듈에서 각 부품들을 실제 조립되는 상태와 동일하게 조립하여 부품 간의 간섭체크, 분석 작업, 설계변경 등을

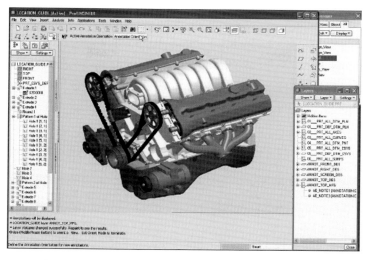

그림 5.152 프로엔지니어를 이용한 자동차 엔진의 조립작업의 예

미리 할 수 있다. 이러한 과정은 설계 작업 시 시간적으로, 경제적으로 매우 큰 효율성을 제공한다.

3) CATIA

CATIA는 복잡한 기계가공물의 설계, 디자인, 해석 및 CAM 데이터의 생성을 용이하게 해주는 상용 소프트웨어이다. 특히 3차원 모델링을 통한 제품 디자인이 매우 용이하며, 그로부터 NC 및 로봇 데이터 생성과 도면의 출도를 능률적으로 처리함으로써 전체적인 제품개발 시간을 현격히 줄일 수 있다. 또한 최근에 관심이 집중되고 있는 엔지니어링 데이터베이스의 시스템화 및 네트워크 환경에서의 커뮤니케이션 관리를 통한 CAD/CAM/CAE 시스템 구축을 꾀할 수 있으며 모든 산업분야의 기계부품 및 조립부품의 설계, 해석 및 생산에 이르기까지 적용이 가능하다. 특히 3차원 모델링을 통한 자유곡면 처리와 그에 대한 NC 가공공정의 기능이 매우 우수하여 현재 자동차, 항공기, 그리고 중공업 등의 산업계에서는 거의 규격화 되어 있을 정도로 널리 사용되고 있으며 기계산업 뿐만 아니라 전자산업, 건축분야에서도 적용되고 있다.

CATIA 소프트웨어는 99개의 모듈로 구성되어 있으며, 적용분야별로 모듈을 별도로 구성하여 용도에 따라 선택하여 사용할 수 있도록 하였다. CATIA 소프트웨어의 적용 분야는 다음과 같다.

• 기계설계 분야(mechanical design solution)

- 형상디자인 및 스타일링 분야(shape design & styling solution)
- 해석 및 시뮬레이션 분야(analysis & simulation solution)
- 장치 및 시스템 엔지니어링 분야(equipment & systems engineering solution)
- 가공 및 생산 분야(manufacturing solution)
- 개발 및 응용 프로그램 분야(application architecture solution)

그림 5.153은 CATIA를 이용한 비행체를 설계도면화 하여 조립작업 한 예이다.

그림 5.153 CATIA를 이용한 비행체의 조립작업의 예

5.9.3 공학 관련 상용 소프트웨어

1) ANSYS

ANSYS는 1970년에 스완슨(J. Swanson) 박사가 개발한 범용 유한요소해석 소프트웨어이다. 이 소프트웨어의 개발 초기에는 주로 전력산업과 기계산업 위주의 공학 분야에 이용할 목적이었으나, 현재에는 자동차, 전자, 조선, 항공우주, 화학, 의학에 이르는 거의 모든 학문 분야에서 요구되는 유한요소해석에 사용되고 있다. ANSYS는 이러한 광범위한 용도에 적용하기 위하여 워크벤치(Workbench) 환경을 구축하여서, 구조해석, 열전달, 유체, 전자기장, 압전, 음향, 비선형 해석 등의 문제를 해석할 수 있을 뿐만 아니라, 솔리드 모델링 등을 포함한 전처리기와 후처리기 등의 기능을 보유하고 있는 완벽한 일체형 프로그램 체계를 구축하고 있다.

또한, 자기장－구조, 전기장－구조, 자기장－열, 자기장－유동, 전류－자기장, 전기회로－자기장 등의 다양한 복합적인 연성 해석도 같은 환경 내에서 실행하는 다중 물리(multi-physics)의 기능도 갖추고 있다. 이러한 풍부한 기능을 바탕으로 ANSYS는 초보자부터 전문 가에 이르는 광범위한 여러 사용자들의 요구를 만족시킬 수 있는 유한요소해석 프로그램으로 세계적인 인정을 받고 있으며, 현재 유한요소해석 분야에서 선두의 자리를 지키고 있다. 그림 5.154는 ANSYS를 이용한 기계시스템 구성요소 해석의 예이다.

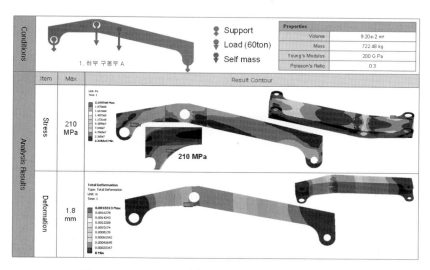

그림 5.154 ANSYS를 이용한 기계시스템 구성요소 해석 예

2) NASTRAN

MSC NASTRAN은 자동차, 항공, 조선, 중공업, 일반 기계설계, 건축 등 거의 모든 산업 분야에서 이용되고 있으며, 특히 자동차에 관련된 부속품들에 대한 단품 해석, 차체의 강도 해석 및 동적 특성 해석, 실내 소음 해석, 소음 저감을 위한 최적화, 현가장치, 브레이크 시스템 관련 해석 등 자동차 설계의 각 분야에서 MSC NASTRAN이 주도적으로 사용되고 있다. 또한 MSC NASTRAN은 항공 분야에서 복합재를 이용한 경량화, 인공위성의 구조해석, 동체 구조해석, 태양전지의 동적 안정성 해석, 플러터 해석, 랜덤해석 등에 널리 활용되고 있으며, 조선 분야에서는 정적 강도 및 강성, 동적 특성, 좌굴 등에 대한 해석에 널리 적용되고 있다.

MSC NASTRAN은 기본 모듈과 여러 개의 응용 모듈로 구성되어 있고, 간단한 단위 부품 에서부터 복잡한 완성품에 대한 구조물의 응답을 구할 수 있으므로 간단한 해석영역에서 고도 의 해석영역까지는 물론, 더 나아가 가상 제품개발을 적용하는 단계까지의 해석 능력을 향상 시키는 데 많은 도움을 줄 수 있다. 기본 모듈은 선형 해석, 고유진동수 해석, 선형 좌굴 해석 을 수행할 수 있으며, 응용 모듈은 동적 해석, 비선형 해석, 열전달 해석, 탄성 해석, 설계 최적화 등을 수행할 수 있다.

UGS의 NX NASTRAN은 64비트 아키텍처 메모리의 장점을 십분 활용할 수 있는 메모리 관리 측면에서의 개선을 통하여, 최대 64대의 컴퓨터를 동시에 사용하여 초대형 모델을 해석할 수 있어 궁극적으로 생산성을 크게 개선시킬 수 있다. NX NASTRAN은 표면 대 표면 접촉 해석, 선형 정적 해석, 좌굴 해석, 고유진동 해석 등이 가능하고, 디지털 제품개발에서 CAE의 역할을 대폭 확대한 회전체 역학과 고급 비선형 역학 등의 기능이 제공되며, I-DEAS NX 시리즈, FEMAP 등과 같은 UGS의 여러 디지털 제품개발 애플리케이션들과 데스크탑 환경에서 호환이 가능하다. 그림 5.155는 NX NASTRAN을 이용한 포크레인 하중분포 해석의 예이다.

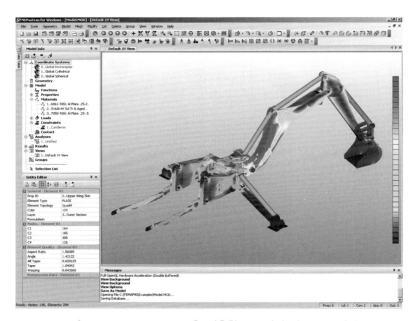

그림 5.155 NX NASTRAN을 이용한 포크레인 하중분포 해석

3) ABAQUS

다쏘시스템(Dassault Systems)사의 ABAQUS는 유체뿐만 아니라, 연성 재질을 포함한 다양한 고체 재료에 대한 비선형 및 점탄성 거동 해석에 뛰어난 장점을 가지고 있는 범용 구조해석 프로그램이다. 이러한 목적을 달성하기 위하여, ABAQUS는 다양한 모듈들로 구성되어 있다. 내연적(implicit) 시간 적분법을 이용한 해석 모듈인 ABAQUS/Standard, 외연적 (explicit) 시간 적분법을 이용하여 과도적인 동적 문제도 해석 가능한 ABAQUS/Explicit

모듈, 편리한 작업자 인터페이스와 2차원 및 3차원 유한 요소 모델링 기능을 제공하고 해석 작업의 전 과정을 모니터링 할 수 있도록 하는 대화형 전처리 및 후처리 모듈인 ABAQUS/ CAE 모듈, ABAQUS/Standard와 ABAQUS/Explicit를 이용하여 설계 민감도 해석 (design sensitivity analysis)을 할 수 있도록 추가적으로 제공되는 ABAQUS/Design 모듈, ABAQUS/Standard에 웨이브 하중, 부력 등을 고려할 수 있도록 기능을 추가하여 해양 구 조물, 파이프 및 케이블 시스템에 대한 해석과 수면 위의 구조물에 가해지는 풍력의 영향을 고려한 해석도 가능하게 하는 ABAQUS/Aqua 모듈, 구조물의 피로 수명 예측을 위한 후처 리기에 해당하는 ABAQUS/Safe 모듈 등이 있다.

이러한 다양한 모듈들을 이용하여, ABAQUS는 토목 및 건축, 전기, 자동차, 타이어, 중장 비, 우주 항공, 조선, 해양 구조물, 원자력 발전소의 구조 해석을 비롯하여, 열−전기, 구조− 음향, 유체−구조 사이의 상호작용에 대한 다중 물리(multi-physics) 문제를 해석할 수 있다. 그림 5.156은 ABAQUS를 이용한 보행 해석의 예이다.

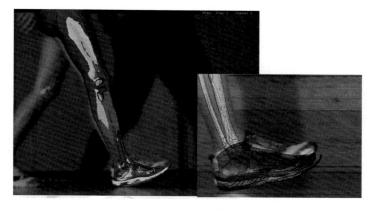

그림 5.156 ABAQUS를 이용한 보행 해석

4) ADINA

ADINA(Automatic Dynamic Incremental Nonlinear Analysis) 시스템은 전후(pre/post) 처리 프로세싱을 할 수 있는 유저 인터페이스(ADINA-AUI) 모듈과 구조(ADINA-Structure), 유체(ADINA-CFD), 열(ADINA-Thermal), 유체−구조 연성(ADINA-FSI), 열−구조 연 성(ADINA-TMC) 해석을 수행할 수 있는 모듈로 구성된 범용 유한요소해석 프로그램이다.

ADINA-Structure 모듈은 고체와 구조물의 정적·동적 응력 해석을 위한 유한요소 프로 그램으로 선형 및 재료 비선형, 대 변형, 접촉 조건을 포함한 선형, 비선형 문제 해석에 사용

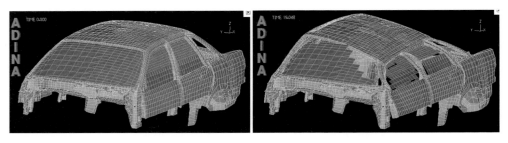

그림 5.157 ADINA를 이용한 자동차 구조변형 해석

된다. 그림 5.157은 ADINA를 이용한 자동차 구조변형 해석의 예이다.

ADINA-CFD는 압축·비압축 유동, 정상·비정상 상태 유동, 층류·난류 유동을 포함한 전반적인 유체 유동 해석을 위한 유한요소/유한체적 프로그램이다. 유체-구조 연성 해석을 위해 ADINA-Structure 모델을 완벽하게 결합시킬 수 있으며, 다양한 난류 모델을 이용할 수 있고, 유체와 유체 사이의 자유 표면 해석도 가능하다. ADINA-Thermal은 고체와 구조물 에서의 열전달 문제를 해석하기 위해 사용되고, 재료의 비선형 거동, 임의의 표면에서 복사, 압전 소자 해석이 가능하고, 요소의 생성-소멸 옵션 기능이 있다.

ADINA-FSI는 완벽하게 커플링된 유체-구조 연성 해석을 위해 오랫동안 개발되고 있는 프로그램으로서, ADINA-Structure와 ADINA-CFD의 모든 기능을 하나의 프로그램 모듈에 결합시켰다. 유체-구조 경계면에서 완전히 서로 다른 메시(mesh)를 사용할 수 있고, 유체-구조 경계면, 자유 표면과 같은 동적 경계면 문제를 해석할 수 있어서, 자동차 분야의 유압 마운트, 쇼크업소버, ABS, 터빈, 임펠러, 컴프레서, 펌프 시스템 등의 해석과 의공학 분야의 인공심장, 혈관유동, 의료기기 등의 해석에 사용된다. 그림 5.158은 와류(vortex)에 의한 진동 해석의 예이다.

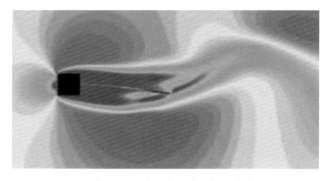

그림 5.158 와류에 의한 진동 해석

ADINA-TMC는 온도가 구조물의 변형에 영향을 주고 구조물의 변형이 다시 온도에 영향을 주는 구조-열 연성 해석이 가능하고, 재료의 소성 변형에 의한 내부 열 생성, 접촉되어 있는 물체 사이의 열전달, 접촉면에서 마찰에 의한 표면 열 생성 등의 효과를 포함시켜 해석하는 것이 가능하다.

5) FLUENT

FLUENT는 비압축성 유동뿐만 아니라 압축성 유동 및 천음속(transonic) 유동까지 유동의 전 영역을 해석할 수 있는 유동 해석 전용 소프트웨어이다. 수렴이 힘든 유동문제를 위해 수렴가속화를 지원하는 여러 가지 solver option을 제공하며, 최적의 해석 효율과 정확도를 가지고 있다. FLUENT에서 제공하는 다양한 수치해석 모델은 층류 및 난류, 열전달 문제, 화학반응 문제, 다상유동 문제 등 다양한 물리 및 화학적 현상들을 사용자가 정확하게 예측할 수 있도록 도와준다. 또한 FLUENT를 ANSYS와 연계하여 사용하면 유동-구조(FSI) 해석을 가능하게 하여 유동현상과 구조문제를 연결하여 해석할 수 있도록 해준다.

FLUENT 솔루션은 항공, 우주, 자동차, 조선 산업 등 수송시스템들의 기체와 내부 유동 특성을 알아내어 수송시스템의 속도를 향상시키거나 진동, 소음 감소 등 제품의 성능향상에 도움을 준다. 뿐만 아니라 대형 건물을 위한 효율적인 공기조화시스템 설계 그리고 스포츠용품의 성능향상 등에도 이용될 수 있다. 그림 5.159는 FLUENT를 이용한 공기유동 해석의 예이다.

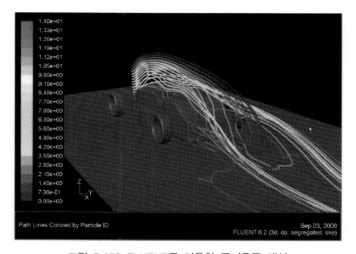

그림 5.159 FLUENT를 이용한 공기유동 해석

다음 시스템에 대한 공학설계 과정을 정리하시오. 먼저 설계팀을 구성하고, 시장조사를 통해 고객들이 무엇을 필요로 하는지 파악하고, 설계팀원들이 창의적 아이디어 발상법(브레인스토밍 기법, 트리즈 기법 등)을 이용하여 이 고객들의 필요사항들에 대해 충분히 토의하여 공학적으로 설계 가능한 요구사항들로 정리하여 공학문제를 정의하고 설계목표 및 설계사양을 설정한다. 그리고 현실적 설계제한조건들(성능, 경제, 안전과 내구성, 미학, 윤리, 환경 등)을 고려하면서 이 장에서 소개된 공학문제 해결을 위한 기술 및 도구들을 적절히 적용하여 개념설계 및 상세설계를 수행하시오.

(1) 에너지 하베스팅(harvesting) 서스펜션: 차량의 진동을 유압을 이용하여 흡수하는 서스펜션에 기어시스템을 적용하여 전기 생산을 가능하게 하는 시스템

(2) 전자동 차량 룸미러(room mirror): 차량 내부의 센서를 이용하여 운전자의 눈의 위치를 인식하고 사람체형의 비율을 고려하여 거리를 환산하고, 이를 바탕으로 모터를 구동하여 룸미러를 자동으로 조절하는 장치

(3) 하이브리드 자전거: 자전거 바퀴가 회전하면서 발생하는 마찰에너지를 효율적으로 이용할 수 있는 주행 중 기계에너지를 전기에너지로 충전할 수 있는 자전거

(4) 풍력발전기 내장형 바이크헬멧 시스템: 날씨에 상관없이 풍력을 이용하여 배터리 교체 없이 전원을 공급하여 헬멧 후방에 야간 시인성(visibility)을 높일 수 있는 LED 라이트가 설치되어 있는 풍력발전기 내장형 자전거용 헬멧

(5) 전동드릴 분진흡진기: 일반 드릴에 흡진기를 장착하여 작업 시 발생하는 분진을 흡입할 수 있는 장치

(6) 우산 탈수기: 드라이기의 뜨거운 바람과 모터의 회전력을 이용하여 우산의 물기를 효율적으로 제거할 수 있는 장치

(7) 융합수지 압출적층조형(fused deposition modeling) 방식의 3D프린터 출력물 후처리기: 가는 실 같은 필라멘트 형태의 열가소성 물질을 노즐 안에서 녹여 얇은 필름 형태로 출력하여 한 층씩 적층해 나가면서 형상을 출력하는 3D프린터 출력물의 표면품질 향상을 위한 후처리기

(8) 음료 급속 쿨러: 지속적인 음료 냉각이 아니라 단시간 내에 빨리 차가운 음료를 냉각시킬 수 있는 장치

(9) 자동식탁청소기: 기존에 직원이 일일이 닦았던 식탁 테이블을 매장 위생을 일정하게 유지하면서 사물인터넷을 통한 원격제어시스템을 통하여 빠른 반응속도로 제어할 수

있는 자동식탁청소기

(10) 자동 창호 개폐장치: 갑작스러운 우천에 의한 피해를 줄이기 위해 우적(rain)센서를 이용하여 자동적으로 창호를 개폐할 수 있는 장치

(11) 스마트 휠체어: 기존 수동휠체어에서 약간의 보완과 추가부품으로 수동 휠체어의 무게와 접힘에 따른 운송성, 휠체어의 활동영역 등을 개선시킬 수 있는 스마트 기능을 부여한 휠체어

(12) 4족 보행 로봇: 4족으로 보행하는 로봇

6장
창의설계과제
사례연구

6.1 폭발물 제거 레고로봇

6.1.1 개요

본 창의설계과제는 레고(lego)용 모터 및 센서들을 동력원으로 하고 레고부품들을 이용한 동적 기계장치(mechanism)를 구성하여 자기 진영 내에 있는 폭발물을 제거하는 로봇을 설계하고 제작하는 과제이다. 적절한 인원(4~5명)으로 구성된 팀원들이 팀워크를 이루어 폭발물을 제거할 수 있는 로봇을 제작하기 위한 아이디어를 창의적으로 도출하고 이에 따른 개념설계, 해석, 상세설계, 제작 및 실험까지의 과정을 순차적으로 수행한다. 특히, 이 과정을 통해 창의적 사고 능력과 공학적 지식들을 접목하여 창의적인 폭발물 제거 레고로봇을 설계하고 제작품을 완성하고자 한다. 본 창의설계과제에 사용되는 부품들은 표 6.1에 나열되어 있고, 그림 6.1은 레고 EV3 마인드스톰(mindstorm) 주요부품들을 보여준다.

표 6.1 폭발물 제거 레고로봇 창의설계과제 소요부품

구분	내용 및 규격
모터	라지 서보모터 2개(레고 EV3용), 미디엄 서보모터 1개(레고 EV3용)
센서	초음파센서 1개, 컬러센서 1개, 자이로센서 1개, 터치센서 2개
부품	부품 540여 개(레고 EV3 코어 세트), 부품 850여 개(레고 EV3 확장 세트)

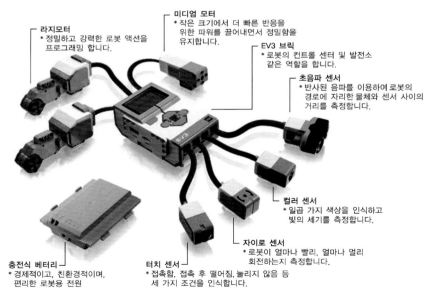

그림 6.1 레고 EV3 마인드스톰 주요부품

6.1.2 창의설계과제 목표

본 창의설계과제의 목표는 다음과 같다.

- 창의력과 공학적 지식을 접목하는 능력을 배양한다.
- 역학, 기구학 등 공학적 지식을 실제 제품개발에 적용하기 위한 아이디어를 창출하는 능력을 배양한다.
- 제품설계 및 제작과정 수행을 통하여 공학적 그리고 종합적인 사고능력을 배양한다.
- 팀워크를 통하여 체계적이고 성공적인 과제수행을 위한 협동 및 분업 능력을 배양한다.
- 과제결과 발표를 통한 의사소통 능력을 배양한다.
- 창의적인 제품개발에 대한 특허출원의 관심도를 높인다.

6.1.3 창의설계과제 진행 순서

본 창의설계과제는 다음과 같은 순서로 진행된다.

- 창의설계과제 팀(4~5명)을 구성한다.
- 레고를 이용한 폭발물 제거 로봇 창의설계과제를 부여한다.
- 기본 부품 및 동력원을 부여하고 관련된 설계제한조건들을 제시한다.
- 창의설계과제 제작 시 필요한 동력원의 구동 프로그램을 익힌다.
- 창의설계과제 수행계획을 수립하기 위한 팀별 토의 및 아이디어 도출 회의를 진행한다.
- 팀별로 창의설계과제의 아이디어 제안서를 작성하여 제출한다.
- 팀별로 제안서에 제시된 계획에 따라 창의설계과제를 자율적으로 수행한다.
- 최종보고서를 팀별로 작성하여 제출하고 발표한다.
- 최종제작물에 대한 창의성 및 성능을 평가한다.
- 팀들 간 폭발물 제거 레고로봇 경기(토너먼트 방식)를 진행한다.

6.1.4 설계제한조건

표 6.2에는 폭발물 제거 레고로봇 창의설계과제 제작에 사용되는 동력원 및 부품 등과 관련된 설계 시 고려해야 할 현실적 제한조건들이 정리되어 있다.

표 6.2 레고로봇 설계 시 고려해야 할 현실적 제한조건

현실적 제한조건	내용
경제	- 동력원으로 레고 마인드스톰 EV3용 모터 3개(7.4V 충전식 건전지 1개 또는 1.5V 건전지 6개 사용)와 입력원으로 5개의 센서(터치센서 2개, 자이로센서 1개, 초음파센서 1개, 컬러센서 1개)를 이용할 수 있고 이외의 동력원 및 입력원은 사용불가 - 사용재료 부품은 주어진 EV3용 코어세트 1개 및 확장세트 1개 내의 부품만을 사용할 수 있음 - 제작물의 크기는 가로×세로가 300 mm×300 mm 이내이며 무게 및 높이 제한은 없음
안전 및 내구성	▣ 안전 - 실습실 사용 전 기계장치(탁상드릴 등) 작동법 및 안전수칙 준수 - 레고로봇의 구조적 안전 고려 ▣ 내구성 - 부품 결합 시 레고부품의 정해진 결합방법 이외의 방법으로 결합하여 부품이 손상되거나 화학적 결합이 되지 않도록 하여야 함(추후 레고로봇의 분해를 통해 재사용이 가능하기 위한 조치) - 경기 시 레고로봇은 시작버튼을 누름과 동시에 스스로 임무를 수행하여야 함
미학	- 레고로봇의 미적 특성 고려
윤리	- 특허출원에 대한 제작물의 윤리성 고려
사회에 미치는 영향	- 특허출원에 대한 제작물의 사회에 미치는 영향 고려
환경	- 성능평가 후 정해진 일자에 최종제작물을 분해하여 조별로 정해진 '부품 분류통'에 제작물의 부품을 재분류하고 내용 파악 후 조별 사물함에 보관함

6.1.5 창의설계과제 평가

폭발물 제거 레고로봇 창의설계과제의 평가는 표 6.3에 주어진 평가항목 및 배점에 따라 실시한다.

표 6.3 폭발물 제거 레고로봇 창의설계과제에 대한 평가항목 및 배점

평가항목	배점
아이디어 제안서	20 % (팀 평가)
개인 포트폴리오	10 % (개인 평가)
팀 포트폴리오	10 % (팀 평가)
과제결과발표	10 % (팀 평가)
최종제작물 성능평가 및 경기결과	50 % (팀 평가)
실습태도, 팀원참여도, 제작물 동일 여부, 출결사항	감점 (팀, 개인 평가)

6.1.6 창의설계과제 수행절차

창의설계과제는 주로 팀별로 창의적 공학설계 실습실을 자유롭게 드나들며 수행한다. 실습

실에서 제공되는 동력원 및 부품만을 사용하여야 하며, 창의적 사고능력, 공학적 지식 그리고 팀워크 및 의사소통 능력 등을 활용하여 팀원들 상호간 협동과 분업을 통하여 폭발물 제거 레고로봇 창의설계과제를 수행한다.

본 창의설계과제는 다음과 같은 절차에 따라 진행된다. 학기 초 오리엔테이션을 통해 과제 수행절차에 대해 상세히 안내한다. 즉, 폭발물 제거 레고로봇 창의설계과제의 목적, 설계제한 조건, 레고로봇 경기규칙, 과제평가방법, 레고로봇 제작 시 필요한 동력원의 구동 프로그램의 사용법 등을 안내한다. 창의적 사고에 기반을 둔 과제에 대한 아이디어 제안서를 작성하고, 이 계획에 따라 팀별로 과제를 순차적으로 진행한다. 그리고 학기말에 최종제작물을 제출하고 레고로봇 경기를 통해 제작물의 성능을 평가한다. 그림 6.2는 폭발물 제거 레고로봇 창의설계과제 수행 예시 그림이다.

그림 6.2 폭발물 제거 레고로봇 창의설계과제 수행 예시

① 아이디어 제안서 작성 및 제출

특허출원서 작성법(부록 1 참조) 등 특허출원 관련 지식을 습득하고, 이를 기초로 하여 팀별로 자기 팀의 최종설계안을 특허출원서 형식으로 작성하여 이를 아이디어 제안서라는 명칭으로 제출한다.

아이디어 제안서 제출 이후 팀은 아이디어 제안서에 제시된 방법으로 제작물을 구성하여야 한다. 따라서 아이디어 제안서는 최종결과물을 나타내는 최종도면의 초안의 성격을 가지게 된다. 아이디어 제안서는 다른 팀과의 차별성을 가지게 되며 추후 최종결과물과 아이디어 제안서의 동일성 여부가 평가점수에 반영된다.

② 개인 포트폴리오 작성 및 제출

개인별로 제출하는 과제로 한 학기 동안 창의설계과제를 진행하면서 개인적으로 수행한 역할을 기록한 사항으로 이론수업의 내용 및 팀 내에서 개인적으로 과제를 수행한 역할 등을 포트폴리오 형식으로 작성한다.

③ 팀 포트폴리오 작성 및 제출

팀별로 제출하는 과제로 팀이 한 학기 동안 공통적으로 창의설계과제를 수행한 내용을 포트폴리오 형식으로 작성한다.

④ 과제결과발표

학기말에 폭발물 제거 레고로봇의 최종 성능평가 이전에 과제결과발표를 수행한다. 팀별로 제작물을 수정보완하는 절차를 거치면서 최종적으로 완성된 제작물의 설계 및 제작과정에 대한 내용을 간결하고 시각적으로 명료하게 작성하여 발표한다. 그림 6.3은 본 창의설계과제 최종발표 자료의 일부이다.

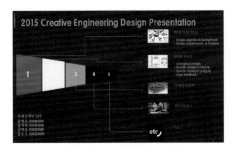

그림 6.3 창의설계과제 최종발표 자료의 일부

⑤ 최종성능평가 및 경기진행

학기 초 창의설계과제 오리엔테이션 시간에 제시된 폭발물 제거 레고로봇 설계 시 고려해야 할 현실적 제한조건들이 잘 준수되었는지 그리고 창의적 능력과 공학적 지식이 적절히 고려된 설계인지를 평가한다. 그리고 팀들 간 토너먼트 방식으로 폭발물 제거 레고로봇 경기를 통해 최종 제작된 레고로봇의 성능을 평가한다. 폭발물 제거 레고로봇 경기 규칙은 다음과 같다.

〈경기 규칙〉

(1) 경기는 토너먼트 방식으로 진행된다.
(2) 경기시간은 2분으로 한다.

(3) 로봇은 경기장 내 정해진 위치에 놓아야 하며 감독관의 지시에 따라 경기를 시작한다.

(4) 로봇은 시작버튼을 클릭한 이후 경기시간 동안 스스로 움직이면서 경기를 하여야 한다 (로봇이 스스로 경기 환경을 인식하면서 움직일 수 있도록 동력원의 구동 프로그램을 만들어야 한다).

(5) 로봇은 서로 분리되지 않고 일체로 움직여야 하며 바닥에 접촉되어 이동하여야 한다.

(6) 경기장 내 정해진 위치에 놓여 있는 10개의 둥근 폭탄을 상대 진영에 신속히 옮겨 놓아야 하며 경기시간 종료 후 자기 진영에 남아 있는 폭탄이 적은 팀이 승리하게 되며 다른 팀 승자와의 경기를 기다린다.

(7) 폭탄이 경기장 밖으로 나갈 경우 감독관은 폭탄이 경기장을 벗어나기 직전의 팀 진영에 가져다 놓는다.

(8) 경기 중에는 감독관만이 로봇과 폭탄을 만질 수 있고, 경기자가 만질 경우에는 벌점이 주어진다.

(9) 주어진 경기 규칙 및 다른 파생적인 규칙에 대한 해석은 담당교수와 상의하여야 하며, 최종결정은 담당교수가 한다.

그림 6.4와 그림 6.5는 각각 폭발물 제거 레고로봇의 성능평가를 위한 경기장과 폭발물 제거 레고로봇 샘플 및 경기모습이다.

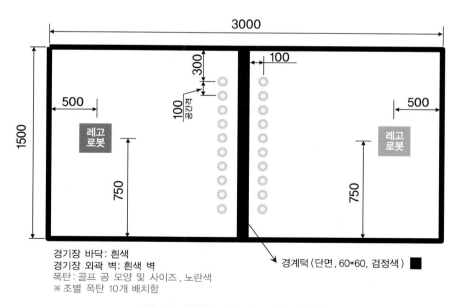

그림 6.4 폭발물 제거 레고로봇 경기장

그림 6.5 폭발물 제거 레고로봇 샘플 및 경기모습

 ## 6.2 3점 슛 농구로봇

6.2.1 개요

본 창의설계과제는 서보모터 및 스프링을 동력원으로 하는 3점 슛 농구로봇을 창의적으로 설계하고 제작하는 과제이다. 이 창의설계과제를 수행하기 위하여 적절한 인원(4~5명)으로 팀을 구성한다. 각 팀은 주어진 경기규칙 하에서 고득점을 낼 수 있는 3점 슛 농구로봇을 제작하기 위하여 아이디어를 창의적으로 도출하고 이에 따른 개념설계, 해석, 상세설계, 제작 및 실험까지의 과정을 순차적으로 수행한다. 이와 같은 창의력과 공학적 지식을 기반으로 한 설계 및 제작 과정을 통해 창의적인 3점 슛 농구로봇을 완성하고자 한다. 표 6.4에는 본 창의설계과제에 사용되는 부품들이 정리되어 있다. 그리고 그림 6.6은 3점 슛 농구로봇 창의설계과제에 사용되는 주요부품들을 나타낸다.

표 6.4 3점 슛 농구로봇 창의설계과제 부품

구분	내용 및 규격
부품	서보모터(DC 12V) 4개, PCB기판 1개, 인장/압축 스프링 각 1개, 제어기, 리튬배터리, 전원케이블, 스위치 1세트, 사각 강철막대, 각종 판재(나무막대, 알루미늄판, PVC판), 휠타이어, PVC파이프, 바퀴고정 브래킷, 테니스공 등

(a) PCB기판

(b) 서보모터

(c) 제어기

(d) 리튬배터리

그림 6.6 3점 슛 농구로봇 창의설계과제 주요부품

6.2.2 창의설계과제 목표

본 창의설계과제의 목표는 다음과 같다.

- 창의력과 공학적 지식을 기반으로 한 제품개발 능력을 배양한다.
- 역학, 기구학 등 공학적 지식을 실제 제품개발에 적용하기 위한 아이디어 창출 능력을 배양한다.
- 실제 부품가공 작업을 통한 기계가공기술에 대한 현장경험을 축적한다.
- 제품설계 및 제작과정 수행을 통하여 공학적 그리고 종합적인 사고능력을 배양한다.
- 팀워크를 통하여 체계적이고 성공적인 과제수행을 위한 협동 및 분업 능력을 배양한다.
- 과제결과 발표를 통한 의사소통 능력을 배양한다.
- 창의적인 제품개발에 대한 특허출원의 관심도를 높인다.

6.2.3 창의설계과제 진행 순서

본 창의설계과제는 다음과 같은 순서로 진행된다.

- 창의설계과제 팀(4~5명)을 구성한다.
- 동적 기계장치를 이용한 3점 슛 농구로봇 창의설계과제를 부여한다.

- 기본부품 및 동력원을 부여하고 관련된 설계제한조건들을 제시한다.
- 창의설계과제 수행을 위한 장비사용법 및 안전교육을 실시한다.
- 팀별로 창의설계과제의 아이디어 제안서를 작성하여 제출한다.
- 팀별로 제안서에 제시된 계획에 따라 창의설계과제를 자율적으로 수행한다.
- 중간보고서를 작성하고 이를 발표한다.
- 문제기반학습(PBL: Problem Based Learning) 방법으로 과제를 진행한다.
- 최종 과제발표 자료를 작성하고 이를 발표한다.
- 농구로봇 경기를 통해 제작물에 대한 최종성능을 평가한다.

6.2.4 설계제한조건

본 창의설계과제의 제작물인 3점 슛 농구로봇의 경제성을 고려하기 위하여 사용되는 부품 및 동력원에 대한 설계제한조건은 각각 다음과 같다.

- **부품**: 주어진 기본 부품 외 주변장치 제작 시 필요할 경우 기성품 구입 가능(단, 동력원 추가 구입 불가)
- **동력원**: 주어진 DC 서보모터 및 스프링 외 사용 불가

그리고 그림 6.7은 3점 슛 농구로봇 제작물의 성능평가를 위한 성능평가장의 개략도이다. 또한 3점 슛 농구로봇의 제작 규칙 및 성능평가 규칙은 각각 다음과 같다.

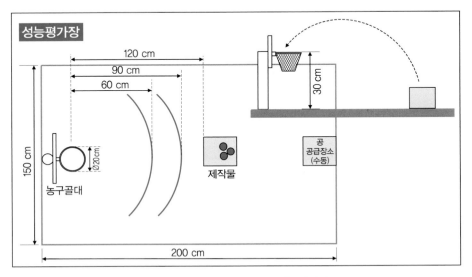

그림 6.7 3점 슛 농구로봇 성능평가장

〈제작 규칙〉

(1) 주어진 재료와 자체적으로 구입한 재료로 제작한다(재료 추가 구입비용 지급불가, 지급된 스프링은 절단하여 사용할 수 있으나 재 지급되지 않는다).

(2) 공은 일반 테니스공(크기 Φ64 mm)을 사용한다.

(3) 제작물의 크기는 300 mm * 300 mm * 300 mm 이내로 제한하고 무게 제한은 없다(성능평가 시 제작물이 동작 중에는 제작물의 크기 제한을 초과할 수 있다).

(4) 주어진 재료 이외에 주변장치 제작 시 필요할 경우 기성품을 구입하여 제작에 사용할 수 있다.

(5) 공은 제작물 내에 놓여진다. 따라서 공이 놓이는 저장 공간을 만들어야 한다(공이 놓이는 공간에 공이 모두 사용되었을 경우 주어진 평가시간 동안은 계속 수동 지급된다).

(6) 제작물의 이동, 공 잡기, 투척의 반복적 작동이 가능한 기계장치가 제어기에 의해 작동되도록 제작한다.

(7) 제작물의 모든 작동은 제어기에 의해 조정되어야 한다(즉, 공 발사 후 재 발사를 위한 작동과정은 모두 제어기에 의해 작동되어야 한다).

(8) 주어진 제작 규칙과 다른 파생적인 규칙 및 해석은 담당 교수와 상의 후 최종 결정된다.

〈성능평가 규칙〉

(1) 성능평가 장소에는 제작물의 접근을 제한하는 접근제한구역이 두 가지로 설정된다(농구골대를 중심으로 반경 60 cm와 90 cm 이내).

(2) 성능평가 시 제작물의 모든 동작은 제어기에 의해 이루어져야 한다.

(3) 성능평가 시간은 3분이다(정해진 장소에 있는 공을 집어 골대에 넣는 동작을 3분 동안 반복한다).

(4) 숏 반경에 따라 점수를 차등화 한다(반경 60 cm: 2점, 반경 90 cm: 3점).

(5) 제작물은 접근제한구역 밖에서 공을 공중으로 띄워 숏을 하여야 한다.

(6) 공은 정해진 공급 장소로부터 제작물 안에 설치된 저장 공간으로 평가시간 동안 수동적으로 계속 공급된다.

(7) 제작물의 일부가 접근제한구역 내에 있는 상태에서 공을 넣었을 경우 점수로 인정하지 않으며 평가시간은 그대로 반영된다.

(8) 제작물에 문제가 발생하여 경기를 진행할 수 없는 경우에는 평가시간에 관계없이 진행이 정지된 시점까지의 획득점수로 평가한다.

(9) 성능평가 기회는 단 한 번이며, 골인된 공의 수와 슛 반경을 고려하여 점수가 주어진다.

(10) 성능평가가 끝난 조는 제작물에 조 번호를 기록하고 실습실 내에 정해진 조 위치에 제작물을 올려놓는다(추후 제작물 동일 여부 평가 시 필요하다. 제작물이 없을 때에는 최대 감점으로 처리된다).

(11) 주어진 경기 규칙 및 다른 파생적인 규칙에 대한 해석은 담당교수와 상의하여야 하며 최종 결정은 담당교수가 한다.

6.2.5 창의설계과제 평가

표 6.5에는 3점 슛 농구로봇 창의설계과제 평가를 위한 평가항목 및 배점이 제시되어 있다.

표 6.5 3점 슛 농구로봇 창의설계과제에 대한 평가항목 및 배경

평가항목	배점
중간보고서 및 중간발표	15% (팀 평가)
최종보고서 및 최종발표	15% (팀 평가)
팀 포트폴리오	10% (팀 평가)
최종제작품의 완성도 및 성능평가	40% (팀 평가)
PBL보고서	20% (개인 평가)
실습태도, 팀원참여도, 제작물 동일 여부, 출결사항	감점 (팀, 개인 평가)

6.2.6 창의설계과제 수행을 위한 장비사용법 및 안전수칙

본 창의설계과제인 3점 슛 농구로봇을 제작할 때 탁상용 드릴과 같은 안전을 요하는 장비들이 사용된다. 따라서 이에 대한 작동법 및 안전수칙을 습득하여야 한다. 그림 6.8에는 탁상드릴의 작동방법과 안전수칙이 요약되어 있다. 그리고 그림 6.9는 탁상드릴 작동을 위한 안전교육을 실시하는 모습이다.

기계장치 작동방법 및 안전수칙

1. 탁상드릴 사용법

① 바이스가 테이블에 견고하게 고정되었는지 확인한다.

② 가공하고자 하는 직경의 드릴을 척 핸들을 이용하여 척에 견고히 물린다.

③ 윗 뚜껑을 열어 벨트 조정하여 회전수를 선정하여 변속한다.

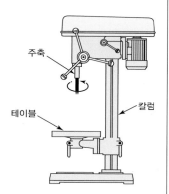

〈탁상드릴링머신〉

[참고]

1. 직경이 작을수록: 회전속도는 고속으로 한다.

2. 직경이 클수록: 회전속도는 저속으로 한다.

④ 램프를 ON시키고 START S/W를 누른다.

⑤ 손잡이(레버)의 눈금을 보면서 가공물에 펀칭한 곳에 드릴 중심을 맞춘 후 손잡이를 천천히 당겨 드릴링한다.

⑥ 드릴링 중에 절삭유를 공급한다.

⑦ 칩이 엉키지 않도록 핸들의 후퇴와 전진을 반복한다.

⑧ 드릴이 가공물을 관통하기 직전에는 드릴을 천천히 이송시켜 드릴링을 마무리한다.

⑨ 드릴링한 부분에 줄 등을 사용하여 칩을 제거한다.

⑩ 램프를 OFF시키고 STOP S/W를 눌러 회전을 정지시킨다.

⑪ 바이스를 풀어 공작물을 제거하고, 척핸들을 사용하여 드릴심을 척에서 제거한다.

⑫ 주위를 정리정돈한다.

2. 안전수칙

① 기초이론 및 관련지식을 참조한다.

② 드릴작업시에는 장갑을 착용할 경우 드릴에 말려들 수 있으므로 장갑착용을 금한다.

그림 6.8 제작 장비사용법 및 안전수칙

그림 6.9 제작 안전교육 실시

6.2.7 창의설계과제 수행절차

창의설계과제는 주로 팀별로 창의적 공학설계 실습실에서 자유롭게 수행한다. 실습실에서 제공되는 동력원 및 부품만을 사용하여야 하며, 창의적 사고능력, 공학적 지식 그리고 팀워크 및 의사소통 능력 등을 활용하여 팀원들 상호간 협동과 분업을 통하여 3점 슛 농구로봇 창의설계과제를 수행한다.

본 창의설계과제의 수행절차에 대하여 학기 초 오리엔테이션을 통해 상세히 안내한다. 즉, 3점 슛 농구로봇 창의설계과제의 목적, 설계제한조건, 평가방법, 농구로봇 제작 시 필요한 장비사용법 등을 안내한다. 창의설계과제는 학기말 최종제작물 제출 전까지 주어진 일정에 따라 순차적으로 진행된다. 그림 6.10은 3점 슛 농구로봇 창의설계과제를 수행하고 있는 모습이다.

그림 6.10 3점 슛 농구로봇 창의설계과제 수행 모습

1) 중간보고서 작성 및 발표

중간보고서 작성 및 발표는 창의설계과제의 중간점검 과정이다. 제작물의 구성 및 작동원리가 포함되어야 하며, 최종제작물과 상이한 부분이 있을 경우에는 상이한 정도에 따라 감점처리 한다. 그 이유는 제작물을 벤치마킹하는 것을 방지하고자 하기 때문이다.

2) PBL 보고서 작성 및 발표

PBL(Problem Based Learning)은 문제기반학습으로 학생들에게 실질적인 문제를 제시하고 학생들 상호 간에 스스로 문제해결과 협동학습의 기회를 제공하는 학습방법이다. PBL 학습법에 따라 창의설계과제를 진행하고, 개인별 참여 및 기여도를 팀원이 상호 평가한다. 이 동료평가가 평가항목에 포함되어 있다. 그림 6.11에는 PBL 학습과정이 요약되어 있으며, 이와같은 학습법으로 수행한 창의설계과제에 대한 개인보고서를 제출한다.

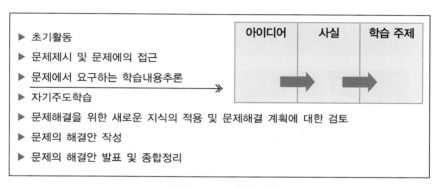

그림 6.11 PBL 학습과정

3) 팀 포트폴리오 작성 및 제출

팀별로 제출하는 과제로 한 학기 동안 창의설계과제를 진행하면서 팀이 공통으로 수행한 내용을 포트폴리오 형식으로 작성한다.

4) 최종과제발표

학기말에 3점 슛 농구로봇 창의설계과제의 최종 제작물에 대한 설계 및 제작 결과를 발표한다. 팀별로 제작물을 수정보완하는 절차를 거치면서 최종적으로 완성된 제작물의 설계 및 제작 과정을 간결하고 명료하게 작성하여 발표한다. 부록 2에 본 창의설계과제의 최종발표 자료에 대한 작성 예가 제시되어 있으므로 이를 참조하기 바란다.

5) 최종제작물 완성도 및 성능 평가

학기말에 팀별로 3점 숫 농구로봇 제작물에 대한 최종 완성도 및 성능을 평가한다. 학기 초 오리엔테이션 시간에 제시된 설계제한조건인 제작 규칙을 잘 준수했는지 그리고 설계 시 창의적 능력과 공학적 지식이 적절히 고려되었는지 평가한다. 그리고 제작물의 성능을 평가하기 위해 3점 숫 농구로봇 성능평가장의 농구골대를 중심으로 일정한 반경거리 밖에서 농구골대에 농구공을 넣는 경기를 수행한다. 두 가지 투척반경에 따라 차등점수를 적용한다(반경 60 cm: 2점, 반경 90 cm: 3점). 그림 6.12는 3점 숫 농구로봇 창의설계과제 최종 제작물의 샘플들이다.

그림 6.12 3점 숫 농구로봇 창의설계과제 최종 제작물의 샘플

📖 6.3 창의설계과제 예제

6.3.1 경사면 오르기 자동차

1) 과제 개요

경사면에 작용하는 힘과 마찰력의 평형에 관한 원리를 이용하고 다양한 재료 및 무게 중심의 변화에 따른 물체의 마찰력 변화를 고려하여 급경사를 오를 수 있는 자동차를 제작한다.

2) 소요재료 및 공구

구분	내용 및 규격
재료	전기모터 2개, AA건전지 2개, 전선, 건전지 케이스, 재활용 PET 플라스틱 통, 재활용 병뚜껑, 고무 밴드, 철사 및 나무, 골판지, 경사면을 만들기 위한 나무판(공통으로 이용), 노끈
공구	커트 칼, 가위, 송곳, 드릴, 본드, 열선 커터기, 각도계 등

3) 설계목표

- 경사면에서의 힘의 평형에 대한 원리 이해
- 구동축의 위치, 무게중심의 위치, 바퀴의 크기와 재질 등에 따른 마찰력 변화 등 고려사항들을 설계에 반영하여 급경사를 오를 수 있는 자동차 제작
- 공학문제를 정의하고 이를 해결하기 위한 아이디어 창출
- 아이디어를 실현시키기 위한 구체적인 방법에 대한 분석 및 종합 능력 함양
- 제작 및 실험을 통해 아이디어를 실현시키는 과정 체험
- 팀 활동을 통한 협동 및 분업 능력 개발
- 과제결과발표를 통한 의사소통 능력 개발

4) 수행방법

- 4인 1조 팀 구성
- 과제수행에 필요한 재료 및 공구 제시
- 문제정의 및 해결안 도출을 위한 자료수집
- 팀원 간 토의를 통한 공학적 분석 및 종합
- 설계과제 제작 및 실험 방법 정리
- 문제점 확인 및 개선방안 연구
- 과제보고서 작성 및 발표

5) 설계제한조건

- 제원과 재료의 제한(경제성)
  - 제원: 모터 2개, AA 건전지 2개, PET 병 2개
  - 재료: 폐품 플라스틱, 병뚜껑, 노끈, 고무줄 등 이용 가능(모든 재료는 재활용품이어야 함)
- 미학적 조건 고려

- 자동차의 하중에 관한 조건: 폐품을 이용하여 임의로 하중을 더 가할 수 있으나, 하중을 가하면 마찰력은 증가하게 되나 모터동력이 한계가 있으므로 설계 시 이를 적절히 반영하여야 함.

6) 과제평가

- 설계제한조건의 만족도: 20점
- 설계 결과물 및 제작 방법의 독창성: 30점
- 설계과정의 공학적 타당성: 20점
- 과제결과발표: 10점
- 설계 포트폴리오: 10점
- 동료평가: 10점

6.3.2 프로펠러 추진 자동차

1) 과제 개요

고무 밴드를 동력원으로 하는 프로펠러 자동차를 제작하는 과제로 설정된 성능평가장에서 주어진 경기방식에 따라 멀리가게 하는 동적 기계장치를 설계 제작하는 것을 목적으로 한다. 이 과제에 대한 수행절차는 다음과 같다. 우선 프로펠러 추진 자동차에 대한 공학문제를 설정하고, 공학문제 해결을 위해 창의적으로 아이디어를 도출한다. 그리고 이에 대한 개념설계, 해석, 상세설계, 제작 및 실험까지의 과정을 수행한다.

2) 소요재료 및 공구

구분	내용 및 규격
재료	고무 밴드(길이 100 mm, 폭 4 mm, 두께 1.4 mm), 나무막대, PVC판, 알루미늄판, 각종 볼트, 너트
공구	탁상용 드릴, 회전톱, 쇠톱, 줄자, 컴퍼스 등

3) 설계목표

- 창의적 사고와 공학적 지식 접목 능력 배양
- 역학의 실제 적용을 위한 아이디어 창출 능력 배양
- 제품설계 및 제작과정의 전반적 수행을 통한 종합적 사고 능력 배양
- 팀 활동을 통한 협동 및 분업 능력 배양

- 과제결과발표를 통한 의사소통 능력 배양

4) 수행방법

- 조 구성(4~5명)
- 동적 기계장치 설계 및 제작 과제 부여
- 기본 재료 및 동력원 부여 및 관련 설계제한조건 제시
- 조별 과제수행 계획을 위한 조별 토의 및 아이디어 회의 진행(조별 자율 진행)
- 조별 제작과제 자율 진행
- 과제결과보고서 작성 및 발표
- 제작물 성능평가

5) 설계제한조건

- 동력원 및 제원과 재료의 제한
    - 제원: 동력원을 고무 밴드로 제한
    - 재료: 기본적으로 주어진 재료 이외에 5000원 한도 내에서 동력원외 부품 구입 허용
- 제작 규칙 및 성능평가 규칙을 제정하고 이에 준하여 과제수행을 진행하여야 함.

6) 과제평가

- 중간보고서 및 발표: 30점
- 최종보고서 및 발표: 50점
- 최종성능평가 점수: 20점
- 창의성이 우수한 경우 가산점 부여
- 공학적 그래픽(graphic) 소프트웨어의 사용 정도에 따라 가산점 부여
- 중간보고서와 최종제작물의 동일성 여부 점수 반영

6.3.3 중력 이용 자동차

1) 과제 개요

500 g의 강구 3개를 동력원으로 하는 중력에 의한 위치에너지를 이용한 자동차를 만드는 과제로 주어진 경기장 내에서 주어진 경기조건 하에서 멀리가게 하는 동적 기계장치를 설계 및 제작하는 과제이다. 본 창의설계과제는 중력 이용 자동차에 대한 공학문제를 설정하고, 이

를 해결하기 위한 아이디어를 창출하고, 이를 실현하기 위해 개념설계, 상세설계, 제작 및 실험까지 수행하는 과정으로 이루어진다.

2) 소요재료 및 공구

구분	내용 및 규격
재료	강구(쇠구슬, 직경 50 mm, 500 g), PVC 파이프, 나무막대, PVC판, 강철막대, 고무벨트, 각종 볼트, 너트 등
공구	탁상용 드릴, 회전톱, 쇠톱, 줄자, 컴퍼스, 망치 등

3) 설계목표

• 중력에 의한 위치에너지의 활용 및 이해
• 창의적 사고와 공학적 지식 접목 능력 배양
• 역학의 실제 적용을 위한 아이디어 창출 능력 배양
• 제품설계 및 제작 과정의 전반적 수행을 통한 종합적 사고 능력 배양
• 팀 활동을 통한 협동 및 분업 능력 배양
• 과제결과발표를 통한 의사소통 능력 배양

4) 수행방법

• 팀 구성(4~5명)
• 동적 기계장치 설계 및 제작 과제 부여
• 기본 재료 및 동력원 부여 및 관련 설계제한조건 제시
• 조별 과제수행 계획을 위한 조별 토의 및 아이디어 회의 진행(조별 자율 진행)
• 조별 제작과제 자율 진행
• 과제결과보고서 작성 및 발표
• 제작물 성능평가

5) 설계제한조건

• 동력원 및 제원과 재료의 제한
  - 제원: 동력원을 강구(500 g) 3개로 제한
  - 재료: 기본적으로 주어진 재료 이외에 7000원 한도 내에서 동력원 이외의 부품구입 허용
• 제작 규칙 및 성능평가 규칙을 제정하고 이에 준하여 과제를 수행함.

6) 과제평가

- 출결사항 및 진도보고서(20점)
- 중간보고서(20점): 작동원리, 해석, 설계도면, 창의적 설계 능력
- 창의성 및 효율성(10점)
- 최종 성능평가(50점)
- 공학적 그래픽 소프트웨어의 사용 정도에 따라 가산점 부여
- 중간보고서와 최종 제작물의 동일성 여부 점수 반영

6.3.4 소형 풍력발전기

1) 과제 개요

바람을 에너지원으로 하는 소형 풍력발전기를 설계 및 제작하는 과제로 제작된 소형 풍력발전기를 이용해 일정시간 동안 제공되는 바람의 에너지를 소형자동차의 전기에너지로 변환하게 되며 축적된 전기에너지의 양은 소형자동차가 운행한 거리를 측정하여 평가한다. 본 소형 풍력발전기 설계제작과제의 목적은 창의적인 공학설계 능력을 배양하는 데 있다.

2) 소요재료 및 공구

구분	내용 및 규격
재료	소형모터, 강철막대, 플라스틱기어, 콘덴서 및 소형자동차, 알루미늄판(200*300*3t), 합판(300*300*5t), 아스테지(270*370*0.3t), 마분지 등
공구	탁상용 드릴, 회전톱, 쇠톱, 줄자, 컴퍼스, 망치 등

3) 설계목표

- 풍력발전의 원리 이해
- 창의적 사고와 공학적 지식 접목 능력 배양
- 역학의 실제 적용을 위한 아이디어 창출 능력 배양
- 제품설계 및 제작 과정의 전반적 수행을 통한 종합적 사고 능력 배양
- 팀 활동을 통한 협동 및 분업 능력 배양
- 과제결과발표를 통한 의사소통 능력 배양

4) 수행방법

- 조 구성(4~5명)
- 동적 기계장치 설계 및 제작 과제 부여
- 기본 재료 및 동력원 부여 및 관련 설계제한조건 제시
- 조별 과제수행 계획을 위한 조별 토의 및 아이디어 회의 진행(조별 자율 진행)
- 조별 제작과제 자율 진행
- 과제결과보고서 작성 및 발표
- 제작물 성능평가

5) 설계제한조건

- 동력원 및 제원과 재료의 제한
  - 제원: 대형 선풍기의 바람을 동력원으로 활용, 제작물 크기 제한(300 * 300 * 300 mm)
  - 재료: 기본적으로 주어진 재료 이외에 5000원 한도 내에서 동력원 이외의 부품구입 허용
- 제작 규칙 및 성능평가 규칙을 제정하고 이에 준하여 과제수행을 진행함.

6) 과제평가

- 중간보고서: 10점
- 중간발표: 10점
- 최종보고서: 10점
- 최종발표: 10점
- 팀 포트폴리오: 10점
- 최종성능평가: 40점
- 동료평가: 10점
- 공학적 그래픽 소프트웨어의 사용 정도에 따라 가산점 부여
- 중간보고서와 최종제작물의 동일성 여부 점수 반영

6.3.5 쇠구슬 발사대

1) 과제 개요

자석에 의한 힘과 작용 및 반작용의 법칙을 이용하여 쇠구슬이 붙은 자석에 다른 쇠구슬을 충돌시킴으로써 반대쪽 쇠구슬을 날려 보내는 것이 가능하다. 이러한 원리를 이용하여 경사면

위로 쇠구슬을 발사하여 원하는 지점에 쇠구슬을 떨어뜨릴 수 있는 발사대를 설계한다. 그리고 여러 번 쇠구슬 발사를 반복 시행해도 정확도가 우수한 발사대를 제작한다.

2) 소요재료 및 공구

구분	내용 및 규격
재료	쇠구슬(지름 1 cm) 5개, 자석 2개, 나무젓가락 5개, A4용지 1장, 고무줄 10개, A3 용지 및 먹지(낙하지점 확인용)
공구	커트 칼, 가위, 드릴, 본드, 풀, 각도계, 컴퍼스

3) 설계목표

- 중력 하에서 물체의 포물선 운동에 대한 원리 이해
- 시행 횟수에 상관없이 발사되는 쇠구슬의 초기속도를 일정하게 유지할 수 있는 방법 고안
- 공학문제를 설정하고 이를 해결하기 위한 아이디어 창출
- 아이디어를 실현시키기 위한 구체적인 방법에 대한 분석 및 종합 능력 함양
- 제작 및 실험을 통해 아이디어를 실현시키는 과정 체험
- 팀 활동을 통한 협동 및 분업 능력 개발
- 과제결과 발표를 통한 의사소통 능력 개발

4) 수행방법

- 3인 1조 팀 구성
- 과제수행에 필요한 재료 및 공구 제시
- 문제정의 및 해결안 도출을 위한 자료수집
- 팀원 간 토의를 통한 공학적 분석 및 종합
- 설계과제 제작 및 실험 방법 정리
- 문제점 확인 및 개선방안 연구
- 과제보고서 작성 및 발표

5) 설계제한조건

- 제원과 재료의 제한(경제성)
  - 제원: 쇠구슬(지름 1 cm) 5개, 자석 2개, 쇠구슬 발사거리 30 cm
  - 재료: 나무젓가락 5개, 고무줄 10개, A4용지 1장을 이용하여 발사체 구조 제작

- 미학적 조건 고려
- 발사각도에 대한 조건: 물체의 포물선 운동 이론을 이용하여 쇠구슬이 목표점에 도달할 수 있는 발사 각도를 조정할 수 있는 발사대 제작

6) 과제평가

- 설계제한조건의 만족도: 15점
- 목표점 도달의 정확도: 15점
- 설계 결과물 및 제작 방법의 독창성: 20점
- 설계과정의 공학적 타당성: 20점
- 과제결과발표: 10점
- 설계 포트폴리오: 10점
- 동료평가: 10점

6.3.6 동전 분리기

1) 과제 개요

우리나라에서 사용되고 있는 네 가지 종류의 동전(500원, 100원, 50원, 10원)은 크기와 무게가 각각 다르다. 따라서 동전마다 무게의 따른 역학적 운동 특성이 각각 다르므로, 이 특성을 이용하여 가능한 한 동전을 신속하게 분리할 수 있는 장치를 설계하고 제작한다.

2) 소요재료 및 공구

구분	내용 및 규격
재료	4종류의 동전 각각 20개(10원은 신형 동전 사용), 두께 1 mm인 마분지 4장, 재활용 우유팩 6개
공구	커트 칼, 가위, 드릴, 본드, 풀, 각도계, 컴퍼스

3) 설계목표

- 중력 하에서 물체의 운동에 대한 원리 이해
- 가능한 한 동전을 신속하게 분류할 수 있는 장치 및 분류된 동전의 수납함 개발
- 아이디어를 실현시키기 위한 구체적인 방법에 대한 분석 및 종합 능력 함양
- 제작 및 실험을 통해 아이디어를 실현시키는 과정 체험
- 팀 활동을 통한 협동 및 분업 능력 개발

- 과제결과발표를 통한 의사소통 능력 개발

4) 수행방법

- 3인 1조 팀 구성
- 과제수행에 필요한 재료 및 공구 제시
- 문제정의 및 해결안 도출을 위한 자료수집
- 팀원 간 토의를 통한 공학적 분석 및 종합
- 설계과제 제작 및 실험 방법 정리
- 문제점 확인 및 개선방안 연구
- 과제결과보고서 작성 및 발표

5) 설계제한조건

- 제원과 재료의 제한(경제성)
  - 제원: 각 종류의 동전 20개
  - 재료: 두께 1 mm인 마분지 4장, 재활용 우유팩 6개
- 미학적 조건 고려
- 분류 속도: 1분 동안 분류에 성공한 동전의 개수로 판정
- 분류의 정확도: 정확히 분류된 동전의 개수 파악

6) 과제평가

- 설계제한조건의 만족도: 15점
- 분류 속도 및 정확도: 15점
- 설계 결과물 및 제작 방법의 독창성: 20점
- 설계과정의 공학적 타당성: 20점
- 과제결과발표: 10점
- 설계 포트폴리오: 10점
- 동료평가: 10점

6.3.7 증기선

1) 과제 개요

물을 가열하여 수증기로 변환시키면 부피가 1000배 이상 증가한다. 이러한 원리를 이용하면 물을 끓임으로써 열에너지를 기계적 동력으로 변환시키는 것이 가능하다. 양초를 열원으로 사용하여 물을 끓여서 이를 기계적 동력으로 변환하여 배를 움직일 수 있는 동력을 만들고, 또한 배의 항력을 최소화 시킬 수 있는 선박 구조, 즉 유효동력을 최대화 하여 가능한 한 빠른 시간 내에 주어진 거리를 직선 주행하여 갈 수 있는 증기선을 설계하고 제작한다.

2) 소요재료 및 공구

구분	내용 및 규격
재료	스티로폼, 재활용 플라스틱, 구리관(ϕ3 mm, 20 cm), 박카스병, 기타 재활용품, 색종이, 양초 1개
공구	커트 칼, 가위, 본드, 아크릴 수조, 열선커터기, 라이터

3) 설계목표

- 선박의 구조에 따른 항력의 크기 분석
- 최단시간 내에 주어진 거리를 직선 주행하여 갈 수 있는 증기선 제작
    - 아이디어를 실현시키기 위한 구체적인 방법을 도출하는 능력 함양
    - 제작 및 실험을 통해 아이디어를 실현시키는 과정 체험
    - 팀 활동을 통한 협동 및 분업 능력 개발
    - 과제결과발표를 통한 의사소통 능력 개발

4) 수행방법

- 4인 1조 팀 구성
- 과제수행에 필요한 재료 및 공구 제시
- 문제정의 및 해결안 도출을 위한 자료수집
- 팀원 간 토의를 통한 공학적 분석 및 종합
- 설계과제 제작 및 실험 방법 정리
- 문제점 확인 및 개선방안 연구
- 과제결과보고서 작성 및 발표

5) 설계제한조건

- 제원과 재료의 제한(경제성)
  - −제원: 초 1개에 의한 동력
  - −재료: 각종 재활용품 사용
- 미학적 조건 고려
- 안전성: 불을 다루기 때문에 안전을 위한 장치를 설계 시 반영

6) 과제평가

- 설계제한조건의 만족도: 15점
- 목표점 도달 시간 및 정확도: 15점
- 설계 결과물 및 제작 방법의 독창성: 20점
- 설계과정의 공학적 타당성: 20점
- 과제결과발표: 10점
- 설계 포트폴리오: 10점
- 동료평가: 10점

6.3.8 골판지 이용 교량

1) 과제 개요

골판지, 접합제, 실 등 제한적으로 주어진 재료들을 이용하여 제시된 최대하중을 견딜 수 있으면서 미적 특성을 지닌 교량을 제작한다.

2) 설계목표

- 구조물에 주어지는 힘의 평형에 대한 원리 이해
- 공학문제를 설정하고 이를 해결하기 위한 아이디어 창출
- 아이디어를 실현시키기 위한 구체적인 방법에 대한 분석 및 종합 능력 함양
- 제작 및 실험을 통해 아이디어를 실현시키는 과정 체험
- 팀 활동을 통한 협동 및 분업 능력 개발
- 과제결과발표를 통한 의사소통 능력 개발

3) 수행방법

- 4인 1조 팀 구성
- 과제수행에 필요한 재료 및 공구 제시
- 문제정의 및 해결안 도출을 위한 자료수집
- 팀원 간 토의를 통한 공학적 분석 및 종합
- 설계과제 제작 및 실험 방법 정리
- 문제점 확인 및 개선방안 연구
- 과제결과보고서 작성 및 발표

4) 설계제한조건

- 제원과 재료의 제한(경제성)
  - 제원: 가로 ○○ cm 이내, 세로 ○○ cm 이내, 높이 ○○ cm 이내,
  - 재료: 골판지 ○장, 실 ○m, 접합제 ○○mg
- 미학적 조건
- 최대하중 조건(내구성)

5) 과제평가

- 설계제한조건의 만족도: 20점
- 설계 결과물 및 제작 방법의 독창성: 25점
- 설계과정의 공학적 타당성: 25점
- 과제결과발표: 10점
- 설계 포트폴리오: 10점
- 동료평가: 10점

6.3.9 밀가루 반죽 그릇

1) 과제 개요

반죽된 밀가루(500 g)를 이용하여 가능한 한 내부 용적이 크고 기계적 강도가 우수한 그릇을 제작한다.

2) 설계목표

- 물체에 주어지는 힘의 평형에 대한 원리 이해
- 공학문제를 설정하고 이를 해결하기 위한 아이디어 창출
- 아이디어를 실현시키기 위한 구체적인 방법에 대한 분석 및 종합 능력 함양
- 제작 및 실험을 통해 아이디어를 실현시키는 과정 체험
- 팀 활동을 통한 협동 및 분업 능력 개발
- 과제결과발표를 통한 의사소통 능력 개발

3) 수행방법

- 2인 1조 팀 구성
- 팀별로 제공된 밀가루 500 g에 물만을 섞어서 반죽하여 그릇을 만들 수 있으며, 만들어진 그릇은 다양한 방법으로 건조 가능
- 문제정의 및 해결안 도출을 위한 자료수집
- 팀원 간 토의를 통한 공학적 분석 및 종합
- 설계과제 제작 및 실험 방법 정리
- 문제점 확인 및 개선방안 연구
- 과제결과보고서 작성 및 발표

4) 설계제한조건

- 제원과 재료의 제한(경제성)
- 미학적 조건
- 최대하중 조건(내구성)

5) 과제평가

- 제한요소의 만족도: 35점
  - 그릇 내부에 물을 채워 내부 용적 확인(누수가 없어야 함): 20점
  - 그릇의 상하 또는 좌우에 압축력을 가하여 기계적 강도 평가: 15점
- 설계 결과물 및 제작 방법의 독창성: 20점
- 설계과정의 공학적 타당성: 10점
- 과제결과발표: 20점

- 설계 포트폴리오: 10점
- 동료평가: 5점

6.3.10 기둥 구조물

1) 과제 개요

기둥 구조물을 제작하기 위해 사용되는 재료는 도화지(A4용지 1매), 커트 칼 그리고 접착테이프이다. 도화지를 적절히 절단하여 이를 접착테이프로 붙여 만든 높이 20 cm 이상의 기둥 4개에 의해 큰 하중을 지지할 수 있는 구조물을 제작한다.

2) 설계목표

- 물체에 주어지는 힘의 평형에 대한 원리 이해
- 강도를 증가시킬 수 있는 기둥단면 형태에 대한 아이디어 창출
- 아이디어를 실현시키기 위한 구체적인 방법에 대한 분석 및 종합 능력 함양
- 제작 및 실험을 통해 아이디어를 실현시키는 과정 체험
- 아이디어 개선을 위한 분석 방법 및 능력 함양
- 팀 활동을 통한 협동 및 분업 능력 개발
- 과제결과발표를 통한 의사전달 및 소통 능력 함양

3) 수행방법

- 2인 1조 팀 구성
- 팀별로 도화지 A4 1매와 커트 칼, 접착테이프를 제공
- 도화지를 구부리거나 변형시켜 단면형태를 자유롭게 만든 4개의 기둥 및 연결구조물을 자유롭게 설치하여 구조물을 만듦.
- 문제정의 및 해결안 도출을 위한 자료수집
- 아이디어 도출을 위한 팀원 토의 실시
- 팀원 간 토의를 통한 공학적 분석 및 종합
- 설계과제 제작 및 실험 방법 정리
- 문제점 확인 및 개선방안 연구
- 과제결과보고서 작성 및 발표

4) 설계제한조건

- 제원과 재료의 제한(경제성)
- 높이 및 넓이 제한(기둥 높이 20 cm 이상, 밑판 넓이 20 cm * 20 cm 이하)
- 하중 저항 조건(내구성)

5) 과제평가

- 제한요소의 만족도: 40점
  - 기둥 상부에서 압축력을 가하여 강도 평가
- 설계 결과물 및 제작 방법의 독창성: 20점
  - 기둥 단면형태 및 좌굴방지 연결재의 설치방법
- 설계과정의 공학적 타당성: 10점
- 과제결과발표: 15점
- 설계 포트폴리오: 10점
- 동료평가: 5점

6.3.11 고무공 낙하 시스템

1) 과제 개요

고무공을 정해진 높이에서 낙하시켰을 때, 공무공이 바닥에 닿은 후 튀어 오르는 높이를 최대로 하고자 한다. 이를 위하여 고무공, 바닥(반동)면 및 주변 환경을 적절히 설계하고 제작하는 과제이다.

2) 설계목표

- 물체(재료)의 에너지 손실 및 변환 과정에 대한 원리 이해
- 공학문제를 설정하고 이를 해결하기 위한 아이디어 창출
- 아이디어를 실현시키기 위한 구체적인 방법에 대한 분석 및 종합 능력 함양
- 제작 및 실험을 통해 아이디어를 실현시키는 과정을 체험
- 팀 활동을 통한 협동 및 분업 능력 개발
- 과제결과발표를 통한 의사소통 능력 개발

3) 수행방법

- 4인 1조 팀 구성
- 조 편성 후 각 조에 동일한 종류의 고무공 전달
- 각 조의 고무공을 1 m 높이에서 정해진 강의실 바닥에 (안정된 대기상태에서) 10회 떨어뜨려 튀어 오르는 높이를 측정하고, 그 평균값을 그 고무공의 기준선으로 함, 이때 다른 조의 1인이 이를 참관 및 확인함, 또한 담당 교수가 해당 고무공에 고유 표시를 함.
- 각 조는 아래에 제시된 설계변경 방법 혹은 추가적인 아이디어를 이용하여 고무공 낙하 시스템을 구축하고, 1 m 높이에서 3회 고무공을 낙하시킴, 이때 튀어 오르는 높이의 평균값을 그 조의 최종 결과로 함.

〈설계변경 방법의 예〉

- 고무공의 모양에 변화를 가하거나 새로운 재료를 추가하는 등의 고무공 설계변경
- 바닥면의 재료 및 구조 설계변경 (단, 이때 낙하를 시작하는 높이는 새로이 제작된 바닥면의 공이 닿는 부분으로부터 1 m 높이로 함.)
- 고무공의 주변 환경에 대한 설계변경

4) 설계제한조건

- 고무공은 지정된 높이(1 m)에서 정지된 상태에서 낙하시킴.
- 낙하 시작 및 낙하 중에 고무공에는 기체의 흐름을 포함한 어떠한 기계적 접촉도 있어서는 안 됨.
- 고무공, 바닥 면 및 주변 환경의 설계에 드는 비용의 합은 과제 시작 시 제시되는 금액이하가 되도록 함(경제성).
- 설계된 고무공 낙하 시스템은 3회 낙하 시 동안 재현성 있게 작동해야만 하며, 3회 낙하이후에도 그 기능이 유지되어야 함(내구성).

5) 과제평가

- 설계 결과물 및 제작 방법의 독창성: 30점
- 설계과정의 공학적 타당성: 30점
- 과제결과발표 및 질의응답: 20점
- 설계 포트폴리오: 10점
- 동료 평가: 10점

- 설계제한조건에 만족되지 않을 시는 조건 1개당 30점 감점

6.3.12 고무공 이동 시스템

1) 과제 개요

고무공을 정해진 높이에서 45° 경사를 가지고 내려오도록 하여, 일정 길이의 편평한 경로를 지나, 45° 경사를 가지면서 올라가는 높이가 최대가 되도록, 고무공, 하강 및 상승 경사 경로, 직선 경로 및 주변 환경을 설계 및 제작하는 과제이다.

2) 설계목표

- 물체(재료)의 에너지 손실 및 변환 과정에 대한 원리 이해
- 공학문제를 설정하고 이를 해결하기 위한 아이디어 창출
- 아이디어를 실현시키기 위한 구체적인 방법에 대한 분석 및 종합 능력 함양
- 제작 및 실험을 통해 아이디어를 실현시키는 과정 체험
- 팀 활동을 통한 협동 및 분업 능력 개발
- 과제결과발표를 통한 의사소통 능력 개발

3) 수행방법

- 5인 1조 팀 구성
- 조 편성 후 각 조에 동일한 종류의 고무공 전달
- 각 조의 고무공을 50 cm 높이에서 정해진 경사면, 직선 경로를 따라 5회 구르도록 하여, 반대편 경사면으로 올라가는 높이를 측정, 그 평균값을 그 고무공의 기준선으로 함, 이때 다른 조의 1인이 이를 참관 및 확인함, 또한 담당교수가 해당 고무공에 고유 표시를 함.
- 각 조는 아래에 제시된 설계변경 방법 혹은 추가적인 아이디어를 이용하여 고무공 이동 시스템을 구축하고, 50 cm 높이에서 3회 실험을 수행함, 이때 50 cm의 45° 하강 경사 경로, 50 cm의 직선 경로를 지나 45° 기울기의 상승 경사 경로를 오른 높이의 평균값을 그 조의 최종결과로 함.
- 고무공 하강/상승 경로와 직선 경로가 만나는 부분에 한하여 총 20 cm 이하의 곡선 이동 경로의 설계를 인정하나, 이 경로는 정상 이동 경로에는 포함되지 않는 추가 이동 경로로 함.
- 수정 (최종)계획서 제출 후에는 기본 설계변경은 금함.

〈설계변경 방법의 예〉

- 고무공의 모양에 변화를 가하거나 새로운 재료를 추가하는 등의 고무공의 설계변경
- 45° 강하 및 상승 경사 경로, 직선 주행 경로의 설계변경
- 고무공의 주변 환경에 대한 설계변경

4) 설계제한조건

- 고무공은 지정된 높이(50 cm)에서 정지된 상태에서 하강시킴.
- 고무공의 이동 중에 고무공에는 기체의 흐름을 포함한 어떠한 기계적 접촉도 있어서는 안 됨.
- 설계에 드는 총 비용은 과제 시작 시에 지시된 금액 이하가 되어야 함(경제성).
- 설계된 고무공 이동 시스템은 3회 실험 시 동안 재현성 있게 작동되어야만 하며, 3회 실험 이후에도 그 기능이 유지되어야 함(내구성).
- 화기 등 안전을 위협하는 설계는 금함.

5) 과제평가

- 설계 결과물 및 제작 방법의 독창성: 30점
- 설계과정의 공학적 타당성: 30점
- 과제결과발표 및 질의응답: 20점
- 설계 포트폴리오: 10점
- 동료 평가: 10점
- 설계제한조건에 만족되지 않을 시는 조건 1개당 10점 감점

CREATIVE ENGINEERING DESIGN

7장
종합설계과제
사례연구

7.1 모바일하버 적재 시스템

7.1.1 개요

본 과제는 바다 위에서 움직이는 화물선에 컨테이너를 적재하는 모바일하버 적재 시스템에 대한 종합설계(capstone design) 과제이다. 이 과제는 전형적인 기계시스템 설계에 관한 구체적인 사례연구이다.

이 시스템을 설계하는 과정을 간략히 설명하면 다음과 같다. 우선 설계하고자 하는 시스템에 대한 요구사항들을 명확하게 정의한다. 그 다음 요구사항들을 만족시키는 개념설계 과정을 거쳐서, 개념설계를 구체화 하고 설계파라미터들의 최적 값까지 도출하는 상세설계 과정을 수행한다. 그리고 개념설계 및 상세설계의 설계과정 수행을 기반으로 하여 실제 시제품을 제작하여서 고객 또는 소비자가 원하는 제품이 완성되었는지 이를 검증하고 평가한다.

또한, 과제를 수행한 후에는 일반적으로 과제 최종보고서를 작성해야 한다. 부록 3에 '압전에너지 하베스터를 활용한 무릎 보조기' 종합설계과제의 최종보고서를 작성하는 예가 구체적으로 제시되어 있으니 이를 참조하여 종합설계과제를 잘 마무리하기 바란다.

7.1.2 종합설계과제 수행절차

종합설계과제 수행절차는 공학문제를 설정하고 공학문제를 해결하기 위한 설계 및 제작 기술을 활용하여 실제 제품을 개발하는 과정으로 이루어진다. 이 절차는 크게 4단계, 즉 공학문제 설정, 개념설계, 상세설계, 그리고 시제품 제작 및 시험 단계로 구분한다.

첫 번째 단계는 고객 또는 소비자들이 요구하는 사항들을 공학문제로 명확하게 설정하는 단계이다. 이 단계에서는 설계하고자 하는 시스템과 관련된 요구사항들 뿐만 아니라, 예산, 일정, 인력 등과 같은 구속조건들도 고려해야 한다. 또한 설계하고자 하는 시스템에 대한 법적규제, 가격경쟁력, 제조공정, 생산성, 작동환경(온도, 압력, 부식성 등), 안전성, 유지보수성, 친환경성(사용 중 또는 폐기 시) 등과 같은 다양한 구속조건들도 고려하면서 공학문제가 설정되어야 한다.

두 번째 단계는 개념설계 단계이다. 이 단계에서는 첫 번째 단계인 공학문제 설정 시 고려된 구속조건들 사이의 적절한 트레이드오프(trade-off) 과정도 개념설계 단계에서 고려되어야 한다. 브레인스토밍 기법, 트리즈 기법 등과 같은 창의적 아이디어 발상법을 사용하여 설계 요구사항들을 만족시킬 수 있는 아이디어들을 도출하고, 이를 개념적으로 설계하여 아이디어를 구체화 하는 단계이다.

세 번째 단계인 상세설계는 두 번째 단계인 개념설계를 좀 더 구체적인 공학적 설계파라미터들로 표현하는 단계이다. 설계하고자 하는 시스템의 요구사항들과 구속조건들이 만족될 때까지 형상, 치수, 재료 등 시스템에 대한 구체적인 특성이나 설계파라미터의 값들을 공학적 지식을 이용하여 계산하거나 다양한 해석 소프트웨어를 사용하여 결정한다. 이때, 시행착오 과정을 줄이기 위하여 유전자알고리즘 기법 또는 통계학적 기법 등과 같은 최적설계 기법들이 사용되기도 한다. 만약 상세설계 과정에서 그 결과가 설계하고자 하는 시스템의 요구사항들을 만족시키지 못한다면 두 번째 단계인 개념설계 과정으로 다시 되돌아가야 한다.

네 번째 단계인 시제품 제작을 통한 검증 및 평가 단계에서 설계 요구사항들을 만족시키지 못하면, 상세설계 단계에서 가정된 근사화 등과 같은 정확한 원인 규명을 통하여 두 번째의 개념설계 단계 또는 세 번째의 상세설계 단계로 다시 돌아가서 검토한다.

7.1.3 모바일하버 적재 시스템 개발을 위한 종합설계과제 수행

바다 위에서 움직이는 화물선에 컨테이너를 적재하는 시스템을 설계하는 사례를 가지고 위에서 설명한 종합설계를 수행하는 과정을 좀 더 구체적으로 설명하기로 한다. 여기서는 앞 절에서 언급된 네 가지 단계 중 네 번째 단계인 시제품 제작을 통한 검증 및 평가 단계를 제외한 세 번째 단계까지 종합설계를 수행하는 과정을 설명하기로 한다.

첫 번째 단계에서는 모바일하버 적재 시스템 개발을 위한 공학문제를 설정한다. 바다 위에서 움직이는 화물선의 작업 환경을 고려하여 설계하고자 하는 컨테이너 적재 시스템의 요구사항, 즉 공학문제를 다음과 같이 설정한다.

① 파고의 높이 3 m와 주파수 0.5 Hz 정도로 흔들리는 해상에서 안정적인 컨테이너 적재 가능
② 시간당 25개 이상의 컨테이너 고속 적재 가능
③ 전체 300개의 컨테이너 적재 가능
④ 전체 폭 30 m와 길이 60 m 이내로 설계
⑤ 무게 600톤 이하로 경량화 설계

두 번째 개념설계 단계에서는 우선 브레인스토밍 기법에 의해 공학문제 해결을 위한 아이디어들을 도출한다. 파고 높이 3 m의 해상에 있는 흔들리는 선체에서 안정적으로 컨테이너들을 적재할 수 있는 요구사항을 만족시키기 위하여, 전체 적재 시스템의 높이를 너무 높지 않

게 컨테이너를 3단까지 적재하는 설계안을 도출하였다. 그리고 시간당 25개 이상의 컨테이너를 처리하는 고속 적재 요구사항을 만족시키기 위하여, 적재 시스템을 무인자동화하여서 컨테이너 적재 시간을 단축하기로 하였다.

이와 같은 자동화된 컨테이너 적재 시스템을 설계하기 위해서는 컨테이너를 자동으로 이송할 수 있는 자동 이송장치가 필요하다. 이 자동 이송장치가 3차원 적재 공간 내에서 어떤 곳으로도 컨테이너 이송이 가능하며, 선체 전체의 무게중심 이동을 최소화 하도록, 즉 선체의 흔들림을 최소화 하여 선체의 안정성을 유지할 수 있도록 컨테이너 적재 순서나 적재 위치를 선정할 수도 있다. 따라서 3차원 적재 공간 어떤 곳으로도 이동할 수 있도록 적재 시스템을 설계하기 위해서는 컨테이너 자동 이송장치가 3자유도를 가져야 한다. 이를 위하여 각각 독립적인 구동기를 가지는 3개의 자동 이송장치를 설계하기로 하였다.

또한, 주어진 길이와 폭 이내에서 3단 이하로 컨테이너 300개를 적재하고자 할 때, 컨테이너 1개의 크기를 고려하면 주어진 적재 공간은 여유가 많지 않다. 그래서 주어진 적재 공간 내에 설치되어야 하는 컨베이어 벨트 장치와는 다른 개념의 자동 이송장치를 구상하기로 하였다.

따라서 주어진 컨테이너 적재 공간을 최대한 효율적으로 사용하고, 3차원 적재 공간 내에 원하는 적재 지점 어디든지 최단의 동선으로 움직이고, 경량화, 고속화 설계의 요구사항까지 동시에 만족시키는 컨테이너 적재 시스템 개념설계에 대하여 다시 브레인스토밍을 하였다. 그 결과, 3개의 컨테이너 자동 이송장치들이 선체의 가로 방향, 세로 방향, 그리고 상하부 방향의 3방향으로 컨테이너를 이송할 수 있도록, 그림 7.1과 같이 하부 이송장치, 상부 이송장치, 상

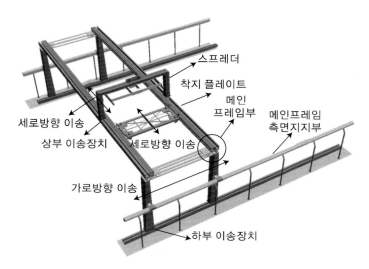

그림 7.1 컨테이너 적재 시스템 개념설계

하부 이송장치(스프레더)를 구성하기로 하였다.

선체 내의 컨테이너 적재 영역 내에서 컨테이너를 자유롭게 이송시킬 수 있도록, 하부 이송장치는 하단의 휠과 바닥의 레일장치를 이용하여 선체의 가로방향 이송이 가능하고, 상부 이송장치 역시 하부 이송장치와 유사하도록 상부 이송장치 하단에 휠과 레일장치를 설치하여 선체의 세로방향 이송이 가능하도록 하였다. 또 상부 이송장치에 연결된 상하부 이송장치(스프레더)는 상하부 방향으로 컨테이너를 이송할 수 있게 하였다. 이와 같이 3축으로 컨테이너를 이송할 수 있으므로 전체 적재 영역 내의 어떤 지점에도 컨테이너를 적재할 수 있게 되었다.

또한, 적재 시스템에 전달되는 컨테이너는 일반적으로 크레인으로부터 전달받게 되어 있다. 크레인으로부터 컨테이너를 공중에서 직접 받을 수 있는 컨테이너 착지 플레이트를 상부 이송장치와 별도로 설치하는 방식에 대해 생각해보기로 한다. 이 방식은 크레인이 직접 컨테이너를 바닥에 내려놓고 그것을 다시 들어 올려서 원하는 지점으로 이송시키는 적재 방식에 비해 동선을 줄일 수 있을 뿐만 아니라 에너지의 소모도 줄일 수 있을 것으로 기대된다.

그리고 해상에서 작업해야 하는 적재 시스템의 작업 환경 특수성 때문에, 선체의 좌우 방향과 길이 방향으로 회전운동이 일어날 수 있다. 그래서 휠과 레일 사이에 이탈방지장치를 설치하여 적재 시스템의 안정성 향상을 도모할 수 있도록 하였다(그림 7.2). 하지만 휠과 레일에 설치되어 있는 이탈방지 장치에 한계가 있는 경우가 발생하면, 이를 보완하기 위해 하부 이송장치에 측면 지지부를 가로방향으로 설치하기로 하였다.

이제 이와 같은 컨테이너 적재 시스템의 개념설계를 바탕으로 하여 세 번째 단계인 상세설계를 수행하기로 한다. 여기서는 하부 이송장치의 상세설계에 대해서만 살펴보도록 한다. 하부 이송장치는 전체 컨테이너 적재 시스템의 중추적인 구조물이며 상부 이송장치, 상하부 이송장치(스프레더), 착지 플레이트와 컨테이너의 하중을 지지할 수 있어야 한다. 그러므로 하부

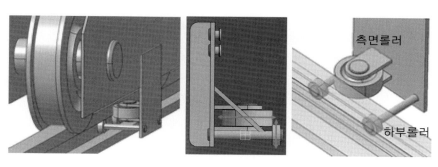

그림 7.2 이탈방지장치 개념설계

이송장치는 해상에서의 작동환경 하에서 구성 재료의 허용응력과 허용처짐량을 만족하도록 설계되어야 한다.

이에 따라 컨테이너 자동 적재 시스템의 하부 이송장치의 설계를 위해 우선 목적에 맞는 대략적인 하부 이송장치의 형태와 치수를 결정하고, 안전율을 고려한 허용응력과 허용처짐량이 설정되었을 때 이를 만족하는 각 부재들의 치수를 도출해야 한다. 여기서 부재들의 재료는 SM490Y를 사용하기로 하였고, 허용응력은 안전율 1.5를 고려한 재료의 항복강도, 그리고 허용처짐량은 길이의 600분의 1로 가정하였다.

다양한 빔(beam) 형상 부재들의 조합으로 이루어진 대형 구조물의 설계에서도 전산해석기법인 유한요소법이 산업현장에서 이용되고 있고, 유한요소모델의 구성 시에도 각 부재들을 솔리드 요소가 아닌 빔 요소로 처리하여 계산시간을 줄이고 각 부재들의 치수의 과잉설계를 방지하고 있다. 자동 적재 시스템의 하부 이송장치의 상세설계에 있어서도 이와 같이 유한요소법을 적용하여 설계치수에 대해 검증하고, 설계치수가 상세설계치수의 변경을 통해서 허용응력과 허용처짐량을 만족시키지 못할 때에는 두 번째 단계인 개념설계부터 다시 설계하는 과정을 거쳐야 한다.

컨테이너 적재 시스템의 하부 이송장치의 상세설계를 위해서 하부 이송장치의 전체 치수에 대한 결정이 우선되어야 한다. 컨테이너 자동 적재 시스템은 크레인으로부터 전달받은 컨테이너를 선체 위의 적절한 적재 위치에 적재하는 역할을 하므로, 전달받은 컨테이너를 수직방향으로 통과시켜서 이동시킬 수 있어야 한다. 따라서 가로 길이는 컨테이너의 길이 보다 조금 더 큰 13 m, 세로 길이는 선체의 컨테이너 적재 공간 전체 영역에서 작업할 수 있어야 하므로 30 m로 정하였다(그림 7.3).

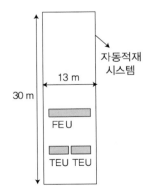

그림 7.3 하부 이송장치 전체 치수

전체 컨테이너 적재 시스템의 높이는 최대한 낮게 설계하는 것이 무게중심을 낮추는 데 유리하므로, 하부 이송장치의 설계 시에도 저중심 설계가 고려되어야 한다. 이에 따라 하부 이송장치의 높이는 컨테이너의 최대 적재 높이에 약간의 여유를 두는 것으로 결정하였다. 그러므로 선체 상에 컨테이너가 3단 적재($3 \times 2.86\,\text{m} = 8.58\,\text{m}$)된다고 가정했을 때 하부 이송장치의 높이는 여유 공간을 두어 10 m로 정하였다.

그림 7.4와 같이 컨테이너 적재 시스템의 하부 이송장치는 세로 방향의 길이가 30 m에 달하므로 다른 부분보다 이 부분의 처짐량이 가장 주요한 설계목표값이 된다. 또한 컨테이너와 착지 플레이트, 상부 이송장치, 스프레더가 중심부에 위치했을 때 최대의 하중상태가 된다. 이에 따라 유한요소해석 시 하중조건은 컨테이너가 중심에 위치할 때의 컨테이너, 상부 이송장치, 스프레더, 착지 플레이트의 총 무게를 적용하여서 수평방향 빔의 중심부에서의 변형량을 조사하였다.

30 m 길이의 수평 빔 처짐량을 개선하기 위해서는 중간에 지지부를 따로 설치하거나 양쪽의 수직한 빔에서부터 수평 빔으로 삼각트러스 구조를 삽입하는 것이 간단한 개선책이 될 수 있다. 하지만 저중심 설계를 위해 가능한 높이에서 여유분을 적게 설정하였으므로 선체 상에 적재되는 컨테이너와 수평 빔의 높이 차이는 대략 1 m 정도로 아주 작다. 이에 따라 간섭이 발생할 우려가 있어 수평 빔의 하부에는 처짐을 막기 위한 부재를 설치하기는 어렵다.

그러므로 그림 7.5에서와 같이 하부 이송장치에서 지면과 연결된 4개의 지지기둥을 부분의 위쪽에 추가로 빔을 설치하고 각각의 수직 기둥에서 수평 빔의 중심과 와이어를 연결하여 초기 인장력을 걸어주는 형태로 수평 빔의 처짐을 막는 방안이 효과적인 해결책이 될 수 있다고 판단하여, 이 모델을 만든 후에 유한요소해석을 수행하였다.

하지만 와이어를 사용하였을 때, 와이어를 사용하기 전과 비교하여 응력의 분포의 형태는 크게 달라졌지만, 처짐량을 허용처짐량 이내로 감소시키지는 못하였다. 처짐량이 개선되지 못

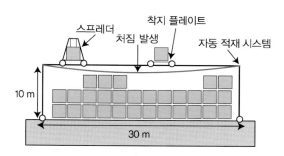

그림 7.4 하부 이송장치의 측면도

한 원인은 와이어 지지막대가 안쪽으로 변형된 양이 커졌기 때문이라 판단된다. 즉, 수평 빔보다 와이어 지지막대의 강성이 낮아서 와이어의 초기 인장력에 의해 수평 빔의 처짐량을 줄이는 작용보다 수평 빔 쪽으로 지지막대가 끌려가면서 처짐량을 증가시키는 것으로 판단되어서 설계 변경이 필요하다.

그림 7.6에는 기본모델에 대한 구조 변경 방안들이 제시되어 있다. 크게 수정된 부분을 살펴보면 다음과 같다. A 수정안은 와이어 지지막대의 강성을 높이기 위해 지지막대의 단면을 하부 이송장치의 다리 부분과 동일하게 두께와 크기를 늘렸으며 스프레더의 하중을 고려하기 위해 스프레더 모델을 추가하였다. B 수정안은 와이어 지지막대의 안쪽 휨을 방지하기 위해 경사 빔의 길이를 늘려 상부 끝에서 내려오도록 조정하였다. 그리고 C 수정안은 와이어 지지막대가 안쪽으로 변형되는 것을 막기 위해 두 지지막대 사이에 수평 바를 하나 더 추가하였고, 그 대신 와이어 지지막대의 높이를 낮추어서 전체 중량 증가와 무게중심 상향을 줄이고자 하였다. 이때 와이어 지지막대의 높이 변경 시에 고려해야 할 것은 높이를 낮추게 되면 같은 와이어 초기 인장력에서 수직방향에 대한 분력을 감소시키는 효과가 있기 때문에 수평 빔의 처짐량을 감소시키는 것에 기여하는 바가 작아지므로 안전성 향상문제와 처짐량 감소효과를 절충해야 한다.

그림 7.7은 그림 7.6에 표시된 하부 이송장치 구조 변경안에 대한 해석결과를 나타낸다. 초기안에서 와이어 지지막대의 두께를 늘린 A 수정안 모델에서는 수평 빔의 처짐량이 더 증가했다. 처짐이 증가한 원인은 스프레더의 하중이 추가로 작용했을 뿐만 아니라 지지막대의 두께를 늘린 것 또한 여전히 지지막대의 휨이 발생해서 수평 빔의 처짐을 막는 데 큰 효과를 거두지 못했기 때문이라고 판단된다.

B 수정안은 와이어 지지막대의 휨 방지를 위한 보강재가 강화되었지만 단지 지지막대와 수평 빔 그리고 보강재의 삼각 구조 내에서만 서로의 변형을 막아주는 것이 유효한 형태가 된다.

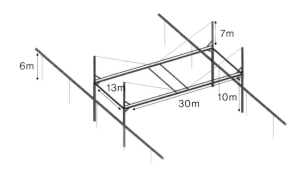

그림 7.5 와이어를 이용한 하부 이송장치 모델

수정안	수정내용	모델 형상과 수정 부위
-	기본 모델	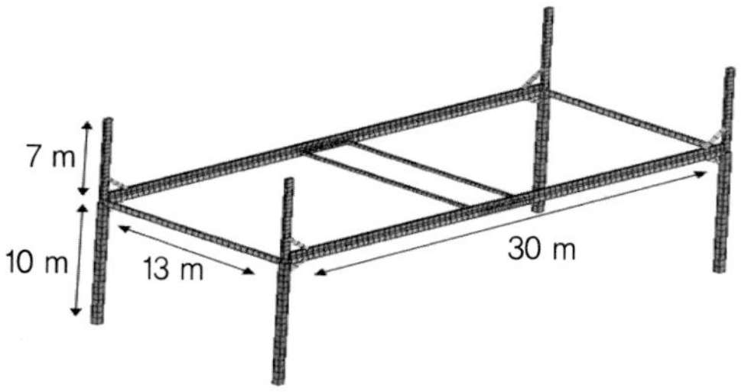
A	기본 모델에서 1. 와이어 지지막대 두께, 형상변경 2. 측면 트러스 추가	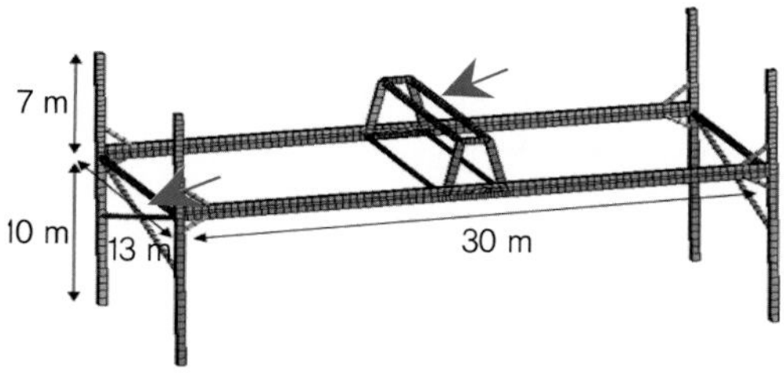
B	기본 모델에서 1. 와이어 지지막대 두께, 형상변경 2. 측면 트러스 추가 3. 와이어 지지막대의 경사 빔의 길이 연장	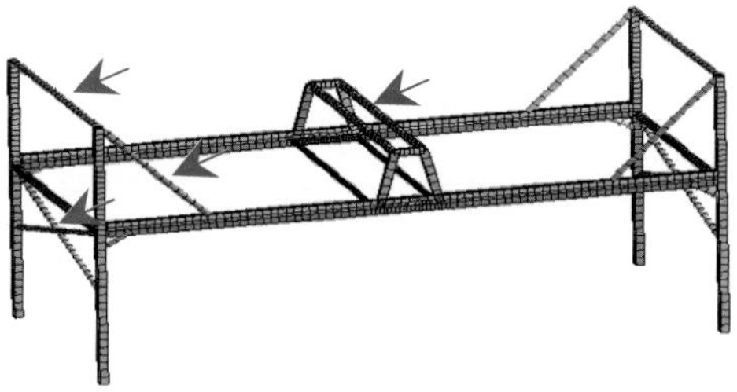
C	기본 모델에서 1. 와이어 지지막대 두께, 형상변경 2. 측면 트러스 추가 3. 와이어 지지막대 높이 감소 4. 와이어 지지막대 상부에 가로 및 세로 방향 연결 빔 추가	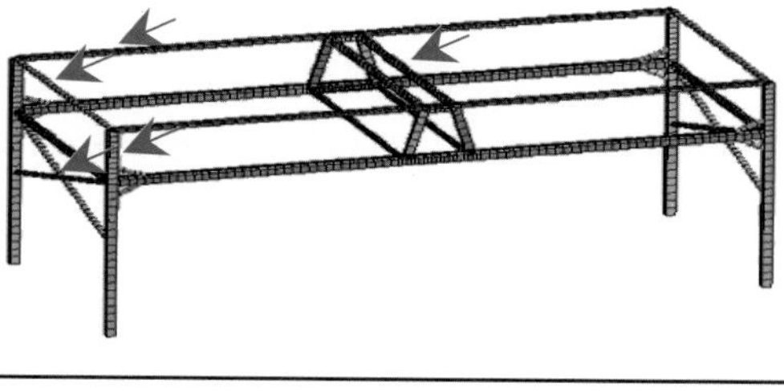

그림 7.6 하부 이송장치 구조 변경 방안

그러므로 A 수정안과 마찬가지로 수평 빔 중간 부분의 처짐을 막는 실제적인 효과를 거두지 못했다는 것을 확인할 수 있었다.

이에 반해 C 수정안은 와이어 지지막대 사이에 수평 빔을 추가한 것이 와이어 지지막대 사이의 거리가 좁아지지 않도록 구속하는 역할을 수행하여 수평 빔의 처짐을 막는 데 유효했다는 것을 확인할 수 있다. 최대 처짐량은 25.3 mm로 허용처짐량(50 mm, 길이 30 m 빔의 1/600)

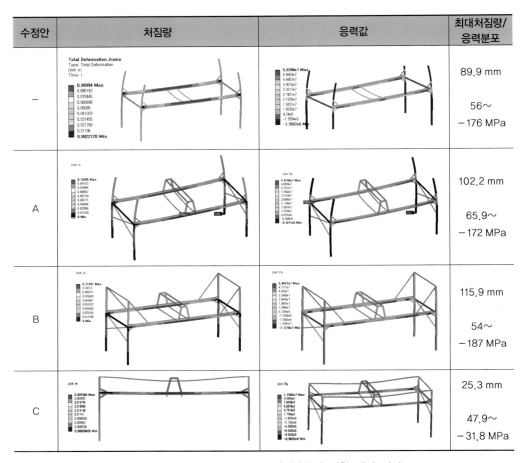

수정안	처짐량	응력값	최대처짐량/응력분포
−			89.9 mm 56~ −176 MPa
A			102.2 mm 65.9~ −172 MPa
B			115.9 mm 54~ −187 MPa
C			25.3 mm 47.9~ −31.8 MPa

그림 7.7 하부 이송장치 구조 변경안들에 대한 해석 결과

을 만족하며, 발생한 응력분포도 다른 수정안들에 비해 낮은 값을 나타내며 허용응력값 (243MPa, SM490Y 재료의 항복강도 365MPa에서 안전율 1.5 적용)을 만족한다.

7.2 계단용 진공청소기 노즐 시스템

7.2.1 개요

본 과제는 계단용 진공청소기 노즐 시스템을 개발하기 위한 종합설계과제이다. 이 과제는 청소기 노즐 시스템의 구조적 강도와 노즐 내의 공기 유동 문제를 고려해야 하는 기계 및 유체 시스템이 혼합된 시스템 설계에 관한 구체적인 사례연구이다.

(a) **삼각 브러시 노즐** – 침구류 등 먼지가 많은 곳에 사용

(b) **틈새 노즐** – 창문 틈과 같은 좁은 곳을 청소할 때 사용

(c) **소파용 노즐** – 소파, 커튼 등에 있는 먼지 나 보풀 등을 효과적으로 제거해 주는 기능

(d) **미니 터보 노즐** – 소파나 침구 등의 미세먼지, 반려동 물의 털을 브러시의 강한 회전으로 흡수

그림 7.8 진공청소기용 노즐 종류

현재 시중에서 판매 중인 진공청소기에는 기본적인 노즐 외에 삼각 브러시 노즐, 틈새 노즐, 소파용 노즐, 미니 터보 노즐 등 총 4종류(그림 7.8)의 특수 용도의 노즐이 일반적으로 포함되어 있다. 각각의 노즐은 사용목적에 적합하도록 특화된 디자인을 가지고 있지만, 현재까지 계단 청소에 적합하도록 설계 된 노즐 시스템은 개발되어 있지 않다. 계단이 많은 공간에서 진공청소기를 사용할 때 야기되는 불편함을 해소하고 작업효율을 개선할 수 있는 계단용 진공청소기 노즐 시스템 개발이 절실히 요구되고 있다. 그래서 이러한 소비자 또는 고객들의 욕구, 즉 계단 청소의 효율성, 편리성 및 기능성을 충족시킬 수 있는 진공청소기 노즐 시스템 개발을 위한 종합설계과제를 수행하고자 한다.

7.2.2 계단용 진공청소기 노즐 시스템 개발을 위한 공학문제 설정

진공청소기 소비자들은 다양한 환경에서도 보다 효율적이고, 편리하고, 기능성이 우수한 개선된 제품을 요구하고 있다. 그래서 본 종합설계과제는 특별히 계단 청소를 효율적으로, 편리하게, 기능적으로 수행할 수 있는 진공청소기의 노즐 시스템 설계를 통한 차별화된 제품을 생산함으로써 고객만족도를 증대시키고자 한다. 여기서 효율성은 한 번의 움직임으로 계단 한

칸을 청소할 수 있는 성능, 편리성은 계단의 크기에 맞게 노즐의 흡입면적을 조절할 수 있는 성능, 그리고 기능성은 계단의 수직연결부 틈새 먼지까지 깨끗하게 흡입할 수 있는 성능을 의미한다.

계단용 진공청소기 노즐 시스템 개발을 위한 공학문제를 명확하게 설정하기 위하여, 먼저 그림 7.9와 같이 계단 청소 시 사용자의 위치와 방향 및 청소 동작에 따라 유형을 3가지로 분류하였다. 각 유형에 적합한 진공청소기 노즐의 형상과 기능들을 각각 구상하여 다양한 형태의 노즐을 설계하여 가장 뛰어난 효율성을 지닌 노즐을 선정하는 것도 본 종합설계과제의 중요한 목적 중의 하나이다.

표 7.1에는 그림 7.9에 제시된 계단 청소 시 사용자의 위치와 방향 및 청소 동작에 따라 분류한 유형들에 대한 장단점 및 구현방법이 정리되어 있다.

유형 A (팔의 좌우동작, 노즐의 좌우이동)   유형 B (팔의 전후동작, 노즐의 좌우이동)

유형 C (팔의 전후동작, 노즐의 전후이동)

그림 7.9 사용자의 위치에 따른 청소기 사용 자세

표 7.1 사용자의 위치에 따른 청소기 사용 자세의 장단점 및 구현 방법

유형	장점	단점	구현 방법
A	• 청소기 노즐 디자인이 쉬움 • 청소기 본체가 하단부분에 위치해 있어 청소 시 계단참에 본체를 두어도 됨 • 한 번의 좌우 손목 스냅으로 한 칸의 청소가 가능	• 장시간 계단 청소 시 손목에 무리가 갈 수 있음(팔과 허리의 회전을 통해 어느 정도 극복 가능)	• 좌우로 움직일 때 팔과 몸통 사이에 고정하기 쉬운 스틱의 거치대가 필요 • 노즐 하부에 태엽, 롤러 설치하여 동작을 줄여줌
B	• 전후로 움직이는 청소동작에도 노즐부가 좌우로 구동될 수 있는 형태 • 작업 위치와 청소 동작이 편하며, 계단 벽면에 수직한 방향으로 힘을 주면 되므로, 손목에 무리가 덜 감	• 기계적 메커니즘을 구현할 때 어려움이 따름 • 부가적으로 기구적인 장치 및 부품들이 부착되어 중량 및 고장의 원인이 될 수 있음	• 미는 운동에 의해서도 수평으로 움직일 수 있는 롤러 및 슬라이드부가 필요함
C	• 계단과 길이 방향으로 서서 일반적인 청소 방향으로 청소 가능 • 노즐의 이동 방향으로 힘을 가하기 쉬움 • 노즐 연결부의 자유로운 회전으로 사용처가 다양하여, 계단노즐로 일반적인 바닥청소에도 이용 가능 • 청소 방향과 팔 축의 일치로 청소 시 힘이 덜 들어감	• 청소하는 계단보다 한 계단 위 또는 아래에서 작업해야 하므로, 편안한 청소를 위해서는 스틱의 길이가 가변적이어야 함 • 벽을 등지고 청소 시 팔꿈치의 위치가 벽과 간섭이 발생할 수 있음(노즐–스틱 간 연결부의 가동범위를 넓혀서 해소가능) • 청소기 본체의 이동이 상대적으로 불편	• 노즐과 연결된 스틱이 360° 회전 가능하게 설계 • 기존의 청소기와 유사한 방식으로 구현 가능 • 계단 및 계단 틈새의 이물질을 쉽게 흡입할 수 있는 노즐 바닥면과 형상 설계가 중요함

7.2.3 계단용 진공청소기 노즐 시스템 설계안

앞 절에서 언급된 계단용 진공청소기 노즐 시스템에 관한 공학문제, 즉 진공청소기 노즐 시스템의 효율성, 편리성, 기능성 등 고객의 욕구를 충족시킬 수 있는 설계안을 창출해야 한다. 그래서 계단용 진공청소기 노즐 시스템의 효율성, 편리성 및 기능성을 극대화 할 수 있는 설계안을 창출하기 위하여 브레인스토밍에 의해 팀원들의 다양한 아이디어들이 제안되었고, 이 아이디어들을 기반으로 하여 진공청소기 노즐 시스템 설계 시 고려해야 할 사항들을 다음과 같이 정리하였다.

1) 효율성

최소한의 이동거리로 청소효과를 충분히 얻을 수 있도록 설계한다.
• 일반적인 계단들의 폭을 충분히 뒤덮을 수 있는 길이 결정

- 최소 이동으로 먼지/오물을 제거할 수 있도록 세로 방향으로 균일한 흡입력 유지

2) 편리성

계단의 세로 폭에 맞게 노즐 흡입부의 크기 조절이 가능하도록 설계한다. 그림 7.10에는 편리성을 위한 노즐 시스템 설계안이 제시되어 있다.

- 먼지 노즐 흡입구의 크기를 조절하여 다양한 크기의 계단에서도 사용 가능하도록 설계
- 적절한 공기 흡입력이 유지될 수 있도록 노즐의 흡입구와 브러시 및 롤러의 크기 설계
- 계단 폭에 노즐의 흡입구 길이를 맞출 수 있는 흡입구 길이 조절용 덮개 설계
- 덮개 정면에 광센서를 장착하여 노즐 조절용 덮개가 자동으로 이동될 수 있도록 설계
- 길이 조절용 덮개장치에 좌우로 이동가능한 바퀴를 달아 벽면을 따라 쉽게 움직일 수 있도록 설계
- 장착된 센서와 미니 터빈의 흡입력을 이용하여, 센서가 벽면을 인지한 후 청소 노즐의 좌우 이동용 바퀴가 자동으로 구동될 수 있도록 설계

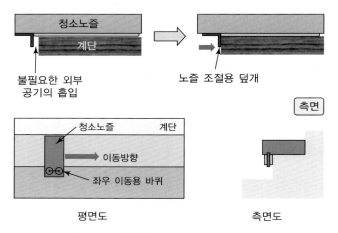

그림 7.10 편리성을 위한 노즐 시스템 설계안

3) 기능성

틈새에 있는 먼지까지 흡입이 가능하도록 설계한다. 그림 7.11에는 기능성을 위한 노즐 시스템 설계안이 제시되어 있다.

- 헤드 앞부분에 공기분사 노즐을 설계하여 계단 틈새도 청소가 잘 될 수 있도록 설계
- 공기분사 노즐에서 충분한 유속 및 압력을 갖는 공기를 분사할 수 있는 공기 압축장치 설계

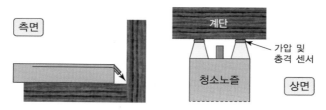

그림 7.11 편리성을 위한 노즐 시스템 설계안

- 헤드의 공기분사 노즐을 보호하기 위한 공기분사 노즐 프로텍터 설계
- 공기분사로 불어낸 이물질을 프로텍터 내부에 가둬서 흡입하기 위한 공기분사 노즐 프로텍터의 형태 설계
- 프로텍터에 장착된 가압센서를 이용, 충격 및 벽면과의 접촉을 감지하여 청소기의 흡입을 시작 또는 흡입강도를 상승시켜서 청소 시 사용전력을 감소시킬 수 있도록 설계(노즐부와 본체의 흡입 제어부의 연동을 위하여 유선 또는 무선(라디오, 블루투스 등) 기능 사용가능)

7.2.4 계단용 진공청소기 노즐 시스템 설계 및 평가

그림 7.12에는 계단용 진공청소기 노즐 시스템 설계를 위한 절차가 요약되어 있다. 우선, 설계하고자 하는 진공청소기 노즐 시스템의 구조적 강도 및 흡입 성능 등을 파악하기 위하여, 문헌조사를 통하여 현재 진공청소기 관련 연구의 동향과 성능 및 구조 평가방법 등을 조사한다. 그 후, 계단 청소에 적합한 청소기 노즐 시스템의 설계안을 구상하여 3D(3차원) 형상모델링 후, 간섭, 구조 및 유동 해석 등을 통하여 노즐의 유선분포, 유속 및 구조 안전성 등의 시스템 성능을 평가하여 소프트웨어적으로 설계된 노즐 시스템이 요구조건들을 만족하는지 확인한다. 그리고 최종적으로 시제품을 제작하여 실제 노즐 시스템이 고객의 필요를 충족시킬 수 있는지 시험한다.

1) 기초 개념설계

효율적인 계단 청소를 위한 진공청소기의 노즐 시스템 설계를 위하여, 노즐의 크기, 미니터빈 및 브러시 구동장치, 공기분사, 하부 흡입구 및 흡입 터널 형상 그리고 전체적인 노즐 시스템의 형상에 대한 기초 개념설계를 수행한다.

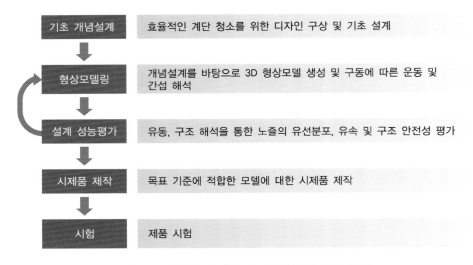

그림 7.12 계단용 진공청소기 노즐 시스템의 설계절차

① 노즐의 크기
- 일반적인 계단들의 형태와 세로 및 가로 폭들을 조사(현장, 문헌 및 건축법 조사)
- 조사 내용을 바탕으로 범용에 적합한 노즐의 크기 선정

② 미니 터빈 및 브러시 구동장치
- 미니 터빈의 유무에 따른 출력과 흡입력 효율의 차이 비교
- 브러시와 미니 터빈 간의 구동 회전축 방향이 일치 또는 불일치할 경우 고려
- 브러시와 미니 터빈 회전축의 배치 방법에 따른 전체적인 노즐의 형태 변경 고려
- 풀리의 축 및 벨트의 피로수명 고려
- 브러시-터빈 간 회전축의 회전비 조절을 통해 적절한 토크가 발생될 수 있도록 감속
  이 가능한 기어 시스템 또는 이에 상응하는 벨트-풀리 시스템 선정 및 설계
- 기어 또는 벨트-풀리의 마모 및 소음 문제 고려

③ 공기분사
- 구동 모터 측에 압축공기 생성부를 새롭게 구성 또는 터빈이나 소형 모터 등을 이용한
  간접적인 방법에 의한 진공청소기의 공기분사부 설계

④ 하부 흡입구 및 흡입 터널 형상
- 진공청소기에서 생성되는 흡입력을 감안한 하부 흡입구의 배치, 크기 및 흡입 터널의
  형상 설계

- 노즐 양측면부에서도 계단 측면 모서리의 먼지를 쉽게 흡입할 수 있는 노즐 형상 및 하부 흡입구 설계
- 다양한 계단 세로 폭에 대응하여 효과적으로 청소를 수행할 수 있는 구조 설계

⑤ 전체적인 형상
- 이물질을 효율적으로 쓸어 담기 위한 바닥솔질용 브러시 형상 최적설계
- 조립 및 내부 부품 교체의 용이성을 고려한 설계
- 내부 구성 물품들의 형상과 공기 유로가 고려된 커버부의 형상 설계
- 청소 작업 시 사용자가 손에 잡기 편리한 형상 설계
- 장시간 청소(좌우 이동) 시에도 사용자 신체에 최소의 힘이 들어가는 역학적 설계

2) 형상모델링

스케치된 형상을 바탕으로 CATIA, PRO - E, Autodesk Inventor 등과 같은 모델러를 사용하여 3D 형상모델링을 수행한다. 그림 7.13에는 계단용 진공청소기 노즐 시스템이 3D 형상설계 되어 있다. 그림 7.13에 표시된 바와 같이 계단용 진공청소기 노즐 시스템은 공기분사 노즐, 공기분사 프로텍터부, 공기흡입부 길이조절 덮개 등으로 구성되어 있다. 공기분사 노즐은 계단 사이 틈새에 공기를 분사하여 끼어 있는 이물질을 불어내어 흡입/제거하기 위한 부품이며, 공기분사 프로텍터부는 공기분사에 의해 흩어진 이물질을 가두어 청소기 노즐 안으로 보내기 위한 구조로 되어야 하며 공기분사 노즐을 전방의 충격으로부터 보호할 수 있어야 한다. 그리고 공기흡입부 길이조절 덮개는 계단의 세로 방향 크기에 맞춰 노즐 하부 공기흡입구의 길이를 조절하고 흡입압력이 떨어지지 않게 하는 용도로 사용되는 부품이다. 그림 7.14에는 부품간의 간섭을 해석한 예가 제시되어 있다.

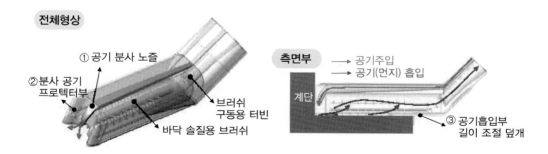

그림 7.13 계단용 진공청소기 노즐 시스템의 3D 형상설계

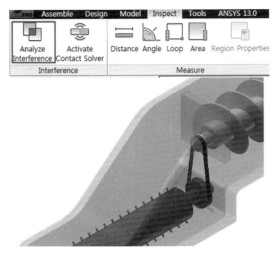

그림 7.14 부품 간의 간섭 해석 예시

3) 설계 성능평가

계단용 진공청소기 노즐 시스템의 성능 및 안전성을 평가하기 위하여, ANSYS와 같은 상용 소프트웨어를 이용하여 시스템의 구조 및 유동 해석, 구조 안전성 평가, 노즐의 흡입압력 평가 그리고 노즐 시스템 전체에 대한 안전성을 평가한다.

① 구조 및 유동 해석

그림 7.15에는 구조물의 형상 및 재질을 고려한 구조해석 결과가 주어져 있다. 이 구조해석 결과로부터 진공청소기 흡입구 커버의 안전성을 평가한다. 이에 대한 구체적인 내용은 다음과 같다.

- 모터의 샤프트 구동축 및 동력전달용 평벨트와 드럼 사이의 하중을 고려하고 동작 시 발생하는 고온상황을 고려하여 커버부의 구조적 결함 발생 유무 파악

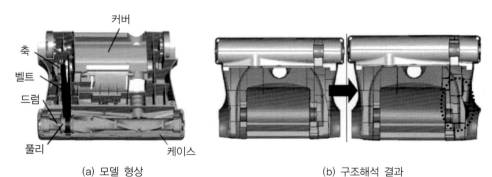

(a) 모델 형상   (b) 구조해석 결과

그림 7.15 진공청소기 흡입구 커버의 구조해석

그림 7.16에는 로봇청소기용 에어펌프부 내부의 유동해석 결과가 제시되어 있다. 이 유동해석을 통하여 진공청소기의 흡입성능을 미리 예측하고 성능개선에 이용하고자 한다.

- 고속 회전하는 터보팬 내부의 유동은 임펠러 입구부분의 매우 낮은 압력의 영향으로 일반적인 팬의 유동과는 다른 특성을 보이므로 설계초기에 그 영향을 분석하고 반영

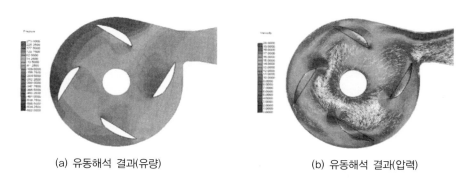

(a) 유동해석 결과(유량)　　　　　　　(b) 유동해석 결과(압력)

그림 7.16 로봇청소기용 에어펌프부 내부의 유동해석

② 구조 안전성 평가

그림 7.17에는 유한요소 해석을 통한 구조의 안전성이 평가되어 있다. 이에 대한 구체적인 내용은 다음과 같다.

- 벨트 장력, 풀리의 크기와 형태에 따라 구동부에 발생하는 응력 예측
- 구동부 각 부품의 취약부 보강 및 벨트부의 물성 결정
- 노즐에 작용하는 하중에 의한 연결부 및 노즐의 취약부 보강 및 다양한 외력 조건에 적합한 노즐 케이스형상 최적화
- 유한요소 해석을 이용한 피로강도 평가

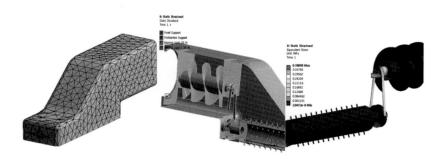

그림 7.17 유한요소 해석을 통한 구조 안전성 평가

③ 노즐의 흡입압력 평가

그림 7.18에는 유동해석을 통한 노즐의 흡입압력이 평가되어 있다. 이에 대한 구체적인 내용은 다음과 같다.

- 입/출구 형상에 따른 흡입 공기흐름 예측
- 흡입력에 의한 유량 및 유속 예측
- 충분한 흡입력을 갖는 부품형상 설계

그림 7.18 유동해석을 통한 노즐의 흡입압력 평가

④ 유체−구조 연성 해석을 통한 노즐 시스템의 안전성 평가

그림 7.19에는 유동해석과 구조해석에서 도출된 각 부품 간의 반력 및 벽면압력을 이용하여 유동−구조 연성 해석을 통해 종합적으로 노즐 시스템 전체의 안전성이 평가되어 있다.

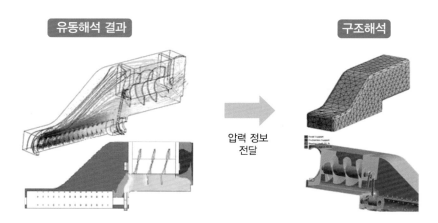

그림 7.19 유체−구조 연성 해석을 통한 노즐 시스템의 안전성 평가

4) 시제품 제작 및 시험

계단용 진공청소기의 노즐 시스템 설계를 위하여, 우선 노즐 시스템의 효율성, 편리성, 기능성을 강화하기 위한 설계안을 창출하고, 이 설계안에 대한 기초 개념설계, 형상모델링을

수행하고, 소프트웨어적으로 설계된 모델에 대하여 유한요소해석을 통하여 노즐 시스템의 안전성 및 성능을 평가하였다. 소프트웨어적으로 평가한 시스템의 성능과 안전성을 최종적으로 시제품을 제작하여 하드웨어적인 실제 시스템에 대한 시험을 통하여 소비자 또는 고객들의 욕구를 충족시킬 수 있는지를 검증한다. 시제품은 3D(3차원) 프린터 등을 이용하여 제작할 수 있다.

 ## 7.3 건축용 3D 프린팅 모의 시스템

7.3.1 개요

본 과제는 최근 많은 화제가 되고 있는 3D 프린터 가운데 하나인 건축용 3D 프린터를 개발하기 전 이에 대한 모의 시스템을 개발하기 위한 종합설계과제의 구체적인 사례이다. 이 과제는 전형적인 기계시스템의 설계 및 제어, 로봇기술, 정보기술이 접목된 융합설계과제의 한 예로 볼 수 있다.

이 시스템을 설계하는 과정을 간략히 설명하면 다음과 같다. 우선 설계하고자 하는 시스템에 대한 기술 및 연구 동향, 특허분석 등 정보수집을 통해 공학문제를 설정한다. 그리고 트리즈(TRIZ) 기법과 같은 의사결정 도구를 이용하여 개발하고자 하는 시스템에 대한 요구사항들을 명확하게 분석하여 그에 적절한 설계안을 도출한다. 그 다음 주어진 요구사항들을 충족시키는 개념설계 과정을 거쳐서, 개념설계를 구체화 하고 설계파라미터들의 최적 값을 도출하는 상세설계 과정을 수행한다. 마지막으로 실제 시제품을 제작하여서 요구사항들을 검증하고 평가하는 절차로 종합설계과제를 수행한다.

7.3.2 3D 프린팅 기술

3D 프린팅 기술은 디지털 설계 데이터를 이용, 소재를 적층하여 3D 물체를 제조하는 프로세스로 1988년 미국의 시스템(Systems)사에 의해 최초로 상용화 되었다. 3D 프린팅은 공식용어로 적층제조(additive manufacturing) 혹은 쾌속조형(rapid prototyping)으로 명명된다. 이 기술은 기존의 제조기술인 재료를 원하는 형상의 금형에 넣은 후 소성변형을 이용하여 필요한 형상이나 기계적 특성을 얻는 소성가공이나 재료를 재료보다 경도가 큰 절삭공구를 사용하여 깎아내어 원하는 형상의 제품을 만드는 절삭가공과 대비되는 제조기술이다. 3D 프린

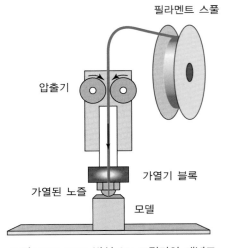

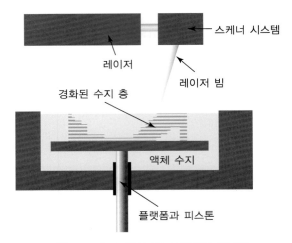

그림 7.20 FDM 방식 3D 프린터의 개념도   그림 7.21 SLA 방식 3D 프린터의 개념도

팅 기술은 일반적으로 융합수지 압출적층조형(FDM: Fused Deposition Modeling), 광조형법 (SLA: Stereolithography Apparatus), 디지털 광학기술(DLP: Digital Light Processing)의 3가지 방식으로 분류된다.

FDM은 재료를 녹여서 쌓는 방식이다. 그림 7.20은 플라스틱 필라멘트 재료가 가열된 노 즐을 통해 녹으면서 사출하여 x‑y‑z축 3D 공간을 이동하면서 재료를 적절히 적층하여 제 조하는 FDM 방식 3D 프린터의 개념도이다.

SLA는 빛에 의해서 경화되는 광경화성 수지를 사용한다. 그림 7.21에 표시된 바와 같이 광경화성 수지가 처음에는 액체 상태이지만 빛을 가하면 상당히 견고하게 굳게 된다. SLA는 빛을 매개체로 사용하기 때문에 상당한 수준의 정밀도를 표현할 수 있다. 그래서 SLA는 일반 적으로 복잡하고 어려운 형상을 제조할 때 사용한다.

DLP는 액체 상태의 광경화수지에 조형하고자 하는 모양의 빛을 투사하여 수지를 층층이 굳혀나가는 방식이다. 그림 7.22와 같이 원하는 모양을 그대로 프린팅 하는 것이 가능하며, 조 형 내부에 지지대 없이 빠르게 프린팅이 가능한 방식이다.

산업현장에서 3D 프린팅 기술에 의한 완성품 생산 활용 비중이 미국, EU 등 선진국의 경 우 2003년에는 3.9 %에 불과했으나 2012년에는 28.3 %로 크게 높아졌다. 3D 프린팅 기술의 활용 분야는 소비재·전자, 자동차, 메디컬·덴탈 등을 중심으로 지속적으로 확대되고 있다. 특 히 의료 분야에서는 각각의 환자에게 맞춤형의 인공관절이나 인공장기 등을 신속하고 저렴하 게 공급할 수 있는 가능성이 부각되면서 그 활용성이 크게 기대되고 있다.

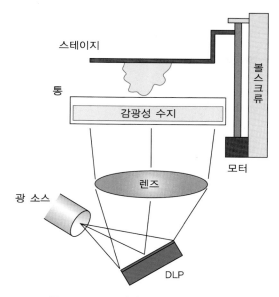

그림 7.22 DLP 방식 3D 프린터의 개념도

그래서 미국, EU 등 선진국에서는 3D 프린팅 기술의 활용에 대한 연구가 지속적으로 활발하게 수행되고 있다. 또한 국내에서도 3D 프린팅 산업에 대한 인식제고 요청에 따라 산업통상자원부, 미래창조과학부가 공동으로 2014년 4월 23일 '3D 프린팅 산업 발전전략'을 국가과학기술심의회에서 의결하였으며, 범 부처 3D 프린팅 산업발전협의회를 구성하였다. 특히 3D 프린팅 산업발전전략에서는 2020년 3D 프린팅 산업을 국제적 선도국가 도약을 위한 비전으로 제시하고, 세계적 선도 기업으로서 5개 독자기술력 확보를 통한 세계시장 점유율 15 % 달성을 목표로 제시하고 있다. 그림 7.23은 3D 프린팅 기술의 주요 적용사례로 소비재, 주력산업, 의료메디컬 분야에서 각각 어떻게 적용될 수 있는지를 보여준다.

이러한 국내외의 발전 추세에 부응하여 산업현장 뿐만 아니라 많은 연구기관에서 3D 프린팅 기술의 다양한 활용방안들을 도출하고 있다. 그 가운데에서도 건축 분야는 3D 프린팅 기술의 새로운 연구 분야 중의 하나로 크게 부상하고 있다. 기존에 적용되고 있는 적층제조시스템을 활용한 블록 단위의 이산적층(discrete addition) 기술에 3D 프린팅 기술을 접목함으로써 원하는 형상 및 구조를 갖는 건축물을 현장에서 바로 설치할 수 있게 되어 건축시간을 획기적으로 단축할 수 있게 되었다.

그래서 최근 3D 프린팅 기술의 건축 분야 적용에 대한 연구가 더욱 활성화 되고 있다. 2014년도 중국에서 조립식 건축물을 3D 프린터를 이용하여 하루 만에 10채의 집을 짓는 데 성공

구분	사례			비고
소비재	〈식품〉  (일본, FabCafe) 사람모양 젤리	〈완구〉 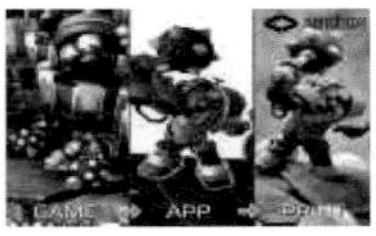 (미국, Sandbox) 캐릭터 미니어처 제작	〈쥬얼리〉 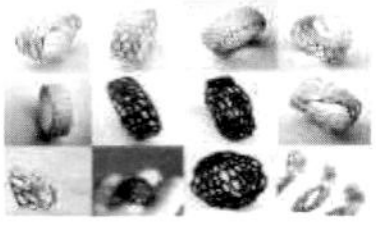 (캐나다, Hot Pop Factory 액세서리 제작	다품종 소량생산
주력산업	〈자동차〉  (미국, Kor Ecologic) 3D프린터로 Body를 제작	〈항공〉 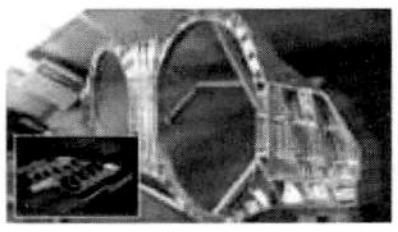 (중국, AMC 레이저社) 전투기용 티타늄 부품	〈기계〉  (캐나다, Solid-ideas) 정밀기계 제작	생산 공정 시간·비용 절감
의료메디컬	〈인공 장기〉  (미국, Organovo) 인공 간세포	〈수술용 인공기관〉 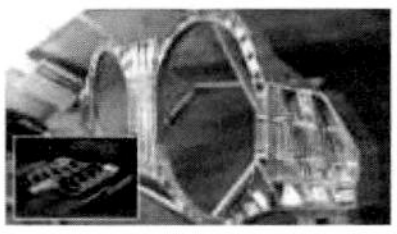 (미국, 캔사스 의대) 기관지 이식	〈치아 임플란트〉  (이스라엘, AB-Dental) 수술용 가이드	환자 맞춤형 의료 서비스

그림 7.23 3D 프린팅 기술의 주요 적용사례

했다고 발표했다. 또한 2014년도 슬로베니아에서는 3D 집 프린터가 출시되었고, 미국 USC (University of Southern California)대학교에서는 적층도형(contour craft)이라는 기술이 개발 중에 있다. 건축 분야에서 3D 프린팅 기술의 적용은 그림 7.24와 같이 건축의 자유도를 높이고 예술성, 실용성, 특수성을 만족시키면서도 범용성과 대량공급이 가능해져 건축 분야의

그림 7.24 건축용 3D 프린터 개념도

새로운 패러다임의 변화를 가져올 것으로 기대한다.

그렇지만 기존의 상용화된 3D 프린터의 구조를 건축용으로 사용하기에는 프린팅 소재의 종류, 노즐부의 토출량, 제작 가능한 제작물의 크기에 제한이 있어 아직 한계가 많다. 따라서 이러한 제한들을 극복하기 위한 기초연구로서 기존의 3D 프린터 설계기술에 로봇기술 및 제어기술을 융합한 건축용 모의 3D 프린터를 설계 및 제작하고자 한다.

7.3.3 건축용 3D 프린팅 모의 시스템 개발을 위한 공학문제 설정

1) 과제의 필요성 조사

건축 산업현장에서 발생하는 문제점과 관심 분야에 대한 문헌조사, 건축업 종사자들의 의견 청취, 팀원 간의 브레인스토밍을 통하여 과제의 필요성을 다음과 같이 정리 요약할 수 있었다.

건축 산업현장에서 건축물을 시공할 때 일반적으로 수많은 절차를 거친다. 이 절차 중 많은 시간을 필요로 하는 작업이 외장시멘트 사이딩(siding) 작업이다. 이 작업은 철골로 건축물의 외부 골격을 잡고 시멘트 혹은 벽돌을 이용하여 벽을 만들고 그 사이를 접착제와 같은 역할을 하는 시멘트와 콘크리트를 사용하여 더 단단하게 만드는 작업이다. 이러한 작업은 고층건물뿐만 아니라 단층 건물 등 대부분의 건물을 건축하는 데 필요한 공정이다.

콘크리트의 경우 상온에서 압축강도 $50\,\mathrm{kg/m^2}$가 발현되는데 3일, 설계기준강도의 $60\sim65\,\%$가 발현되는데 7일 정도, 설계기준강도의 $100\,\%$가 발현되는 시간은 28일 정도 걸린다. 모의 시스템에서는 이러한 시간을 단축해서 모의 건축물을 지을 수 있도록 해야 할 것이다. 그래서 콘크리트의 재질을 대체할 수 있는 재질로서 경화시간을 줄일 수 있는 프린팅 재료에 대해 우선적으로 검토해야 한다. 이러한 요구조건을 충족시킬 수 있는 프린팅 재료를 선정해야 하고, 이에 적합한 건축용 3D 프린팅 모의 시스템의 개발이 요구된다.

2) 과제목표

기존의 FDM 방식 3D 프린터의 용도와 성능개선을 요하는 측면을 탐색했다. 기존 3D 프린터는 프린팅 재료의 수축성으로 인해 대형 프린팅 로봇 설계에 제약이 있었고, 고속으로 인쇄하면 정밀도가 낮아지게 되어 높은 정밀도를 위해서는 저속 인쇄를 해야 하는 성능 측면에서 제약이 있었다. 또한 축소형 건축물 3D 프린팅 모의 시스템 개발을 위해서는 콘크리트 재질의 특성을 고려할 수 있는 점성을 가지면서 작은 공간에서도 실험할 수 있는 재료를 선정해야 한다.

본 종합설계과제에서는 이러한 요구조건들을 충족시킬 수 있는 건축물 3D 프린팅 모의 시스템을 설계하고 시제품을 제작하여 실험을 통하여 시스템의 성능을 평가하고자 한다. 이를 위해 우선 건축물 3D 프린팅 모의 시스템에 대한 공학문제를 설정하고, 이 공학문제를 해결하기 위하여 소프트웨어적으로 건축물 3D 프린팅 모의 시스템을 설계하고 제어를 수행하여 모의 시스템의 성능을 평가한다. 소프트웨어적으로 모의 시스템이 만족스럽게 설계되고 바람직하게 제어된다면, 하드웨어적으로 시제품을 제작한다. 그리고 노즐부와 갠트리로봇(gantry robot)의 제어를 통한 프린팅 재료의 적정 토출량 및 이송속도를 파악하여 균일한 적층을 찾아내는 실험을 수행하는 것을 본 종합설계과제의 목표로 한다.

3) 공학문제 설정

건축물 3D 프린팅 모의 시스템 개발을 위한 공학문제를 설정하기 위해서는 어떠한 공학문제와 구속조건들이 있는지, 일반적인 3D 프린터와 어떠한 차이점이 있어야 하는지, 또한 고려해야 할 설계파라미터들이 무엇인지를 찾아내어야 한다.

① 공학문제와 구속조건

2014년도 한 중국기업에서 하루 만에 85 m²크기의 중형 주택 10채를 지었으며, 집 한 채당 짓는 데 사용된 비용은 약 5000달러였다고 발표하였다. 이 건물들은 다른 공간에서 외벽을 각각 만들어 건축 장소로 옮겨 마무리하는 작업으로 이루어졌다. 이와 같이 외벽을 옮겨 마무리하는 작업시간까지 줄이기 위해서는 현장에서 바로 건축물을 지을 수 있는 방법을 채택해야 할 것이다.

크기가 비교적 작은 사무실용 3D 프린터의 경우에는 공압용 제트 디스펜서, 일렉트릭 제트 디스펜서 또는 피에조 제트 디스펜서 등을 사용하여 매우 적은 양의 재료를 노즐을 통해 정확한 위치에 분사하고 있다. 그러나 이러한 디스펜서들을 대규모의 건축용 3D 프린터에 사용하는 것은 너무나 비효율적일 것이다. 그래서 건축용 3D 프린터는 사무실용 3D 프린터와는 분사하는 방식 자체가 달라야 한다.

또한 사무실용 3D 프린터는 프린팅 재료로 PLA(Poly Lactic Acid)수지 또는 ABS(Acrylonitrile-Butadiene-Styrene)수지를 사용한다. 하지만 건축용 3D 프린터에서는 프린팅 재료로 콘크리트를 사용해야 하므로 사무실용 3D 프린터의 노즐 또는 디스펜서 방식을 그대로 건축용 3D 프린터에 적용할 수 없다. 따라서 건축물 3D 프린팅 모의 시스템에 적합한 새로운 디스펜서 방식을 채택해야 한다.

② 설계파라미터

• 모의 건축물 적층을 위한 프린팅 재료 선정

건축용 3D 프린팅 모의 시스템을 개발하기 위해서는 사무실용 3D 프린터와는 달리 건축용 재료인 시멘트나 콘크리트와 유사한 성질을 가진 재료를 프린팅 재료로 선정해야 한다. 그래서 실리콘 재료를 우선적으로 선정하여 이와 유사한 특성을 갖는지 확인하기 위해 실리콘 재료의 경화시간과 퍼짐을 측정한다.

• 프린팅 재료의 토출 메커니즘

프린팅 재료의 토출 메커니즘은 프린팅 재료를 충분한 힘으로 균일하게 토출시킬 수 있는 주사기 형태로 한다.

• 일정한 토출량

건축용 재료인 시멘트나 콘크리트와 유사한 성질을 가진 프린팅 재료를 일정하면서도 충분한 힘으로 밀어 줄 수 있어야 한다. 그래서 균일 적층을 위한 적정 토출량을 파악하기 위해 노즐부에서 토출량 측정을 위한 실험이 필요하다.

• 토출 노즐의 형상

점성을 가진 재료가 토출된 후 퍼지지 않고 적층이 될 수 있도록 토출 노즐의 형상이 적절하게 설계되어야 한다.

• 로봇의 형태

프린터의 노즐부를 원하는 위치로 정확하게 이동시키면서 작업공간을 크게 확보할 수 있는 로봇의 형태인 갠트리로봇, 즉 팔의 기계구조가 갠트리를 포함하는 직교로봇을 사용한다.

• 제어기 구조

노즐에서의 토출량을 적절하게 조절하기 위해서는 노즐부의 힘 및 위치 제어가 요구되며, 또한 적층장소로의 정밀한 이송을 위해서는 갠트리로봇의 위치제어가 필요하다. 이때 균일 적층여부가 확인되어야 하며, 실험에 의해 보다 최적의 상태로 시스템을 조정할 수 있다.

또한 적층량을 균일하게 하기 위하여 적층하면서 계측된 오차를 바탕으로 갠트리로봇을 제어하여 오차가 거의 발생하지 않도록 한다. 이를 위해 먼저 프린팅 재료인 실리콘으로 한 층의 벽을 쌓고, 실리콘의 경화시간, 퍼짐 그리고 토출량을 파악해야 한다.

7.3.4 의사결정 도구를 이용한 설계안 도출

1) 품질의 집

그림 7.25는 건축용 3D 프린팅 모의 시스템의 노즐부 설계를 위한 고객의 요구조건들과 공학적 특성을 나타낸 품질의 집(house of quality)이다. 고객의 요구조건들을 조사한 결과를 바탕으로 요구사항들 중에서 제품의 무게, 가격, 조작의 용이성, 소음 및 진동, 안정성, 정밀성

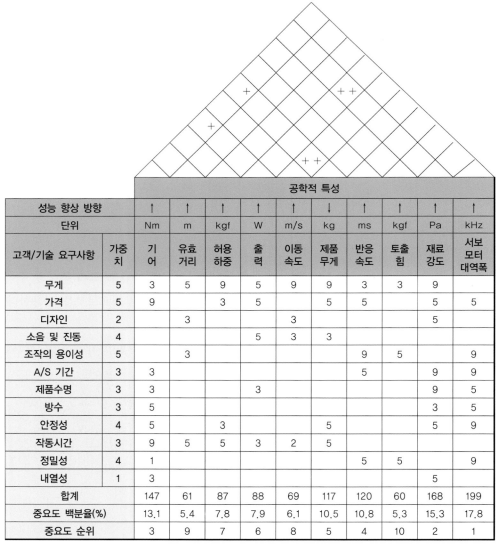

공학적 특성										
성능 향상 방향		↑	↑	↑	↑	↑	↓	↑	↑	↑	↑
단위		Nm	m	kgf	W	m/s	kg	ms	kgf	Pa	kHz
고객/기술 요구사항	가중치	기어	유효거리	허용하중	출력	이동속도	제품무게	반응속도	토출힘	재료강도	서보모터대역폭
무게	5	3	5	9	5	9	9	3	3	9	
가격	5	9		3	5		5	5		5	5
디자인	2		3			3				5	
소음 및 진동	4				5	3	3				
조작의 용이성	5		3					9	5		9
A/S 기간	3	3						5		9	9
제품수명	3	3			3					9	5
방수	3	5								3	5
안정성	4	5		3			5			5	9
작동시간	3	9	5	5	3	2	5				
정밀성	4	1						5	5		9
내열성	1	3								5	
합계		147	61	87	88	69	117	120	60	168	199
중요도 백분율(%)		13.1	5.4	7.8	7.9	6.1	10.5	10.8	5.3	15.3	17.8
중요도 순위		3	9	7	6	8	5	4	10	2	1

그림 7.25 노즐부 설계를 위한 품질의 집

등에 가중치를 크게 부여하였다. 그리고 노즐부 설계를 위해 고려해야 할 공학적 특성들 중 구동기에 해당하는 서보모터, 재료강도, 기어에 대한 특성들이 가장 큰 비중을 차지하였다. 따라서 노즐부 설계 시에 제품의 기능을 유지하면서 재료의 강도를 높이고, 모터의 정밀한 제어까지 고려하여야 한다.

2) 트리즈 기법에 의한 설계안 도출

공학문제를 창의적으로 접근할 수 있는 방법인 트리즈 기법에 의해 건축용 3D 프린팅 모의 시스템의 노즐부 설계를 위한 공학문제 해결 및 개선 방안들을 찾기로 한다.

① 재료강도 개선

표 7.2에는 노즐부의 재료강도 개선으로 악화되는 공학적 모순과 모순제거를 위한 원리가 정리되어 있다.

표 7.2 노즐부의 재료강도 개선으로 악화되는 공학적 모순과 모순제거를 위한 원리

재료강도 개선으로 악화되는 공학파라미터	공학파라미터 번호	모순제거를 위한 원리
움직이는 물체의 무게	1	3, 6, 40
생산성	39	10, 27

• 움직이는 물체의 무게 모순제거를 위해 적용한 발명원리
  - 아이디어 1: 원리 3(국소적 성질)
    제품의 모든 부품에 고강도 재료를 사용하는 것이 아니라 특히 집중하중이 작용하는 부품에만 고강도 재료를 사용한다.
  - 아이디어 2: 원리 6(범용성)
    무게가 가볍고 내구성이 좋으면서 일반적으로 많이 사용하는 재료를 사용한다.
  - 아이디어 3: 원리 40(복합재료)
    복합재료를 사용하여 고강도를 얻음과 동시에 중량을 줄이는 효과를 얻는다.
• 생산성 모순제거를 위해 적용한 발명원리
  - 아이디어 1: 원리 10(선행조치)
    노즐부 생산을 시작하기 전 생산 공정을 사전 작동하여 문제점을 해결하여 바람직한 재료선정에 기여한다.
  - 아이디어 2: 원리 27(일회용품)
    내구성이 좋은 재료는 일반적으로 고가이다. 그러므로 중요한 부분이 아니고 교체하

기 쉬운 경우에는 저가의 재료를 사용하면서 수시로 교체하는 것이 더욱 경제적이다.

② 제품무게 개선

표 7.3에는 제품무게 개선으로 악화되는 공학적 모순과 모순제거를 위한 원리가 정리되어 있다.

표 7.3 제품무게 개선으로 악화되는 공학적 모순과 모순제거를 위한 원리

제품무게로 악화되는 공학파라미터	공학파라미터 번호	모순제거를 위한 원리
물체의 안정성	13	8, 11
강도	14	27, 40

• 물체의 안정성 모순제거를 위해 적용한 발명원리
  - 아이디어 1: 원리 8(평형추)
    제품이 평형을 이루도록 대칭적인 형태로 설계한다.
  - 아이디어 2: 원리 11(사전예방)
    제품생산 시 사전에 완충장치를 설비하여 안전하게 움직일 수 있게 한다.
• 강도 모순제거를 위해 적용한 발명원리
  - 아이디어 1: 원리 27(일회용품)
    제품의 구성부품을 고가의 재료를 사용하기보다 저가를 유지하기 위해 표준화된 부품이나 저가의 높은 강도를 갖는 대체 재료를 사용한다.
  - 아이디어 2: 원리 40(복합재료)
    고강도이며 열 저항이 크고 동시에 중량이 작은 복합재료를 선정하여 제품무게를 줄이면서 고강도를 얻을 수 있도록 한다.

③ 이송속도 개선

표 7.4는 이동속도 개선으로 악화되는 공학적 모순과 모순제거를 위한 원리를 나타낸다.

표 7.4 이동속도 개선으로 악화되는 공학적 모순과 모순제거를 위한 원리

이동속도 개선으로 악화되는 공학파라미터	공학파라미터 번호	모순제거를 위한 원리
움직이는 물체의 무게	1	15, 22
에너지손실	22	6

- 움직이는 물체의 무게 모순제거를 위해 적용한 발명원리
  - 아이디어 1: 원리 15(역동성)

    움직이는 물체의 무게의 영향을 무시할 수 있는 정도의 강력한 동력원을 사용하여 이동속도를 향상시킨다.
  - 아이디어 2: 원리 22(전화위복)

    이동속도가 빠르게 되면 일반적으로 제품의 안정성이 저하된다. 그러므로 제품의 안정성을 보장할 수 있는 최소한의 하중을 유지한다.
- 에너지손실 모순제거를 위해 적용한 발명원리
  - 아이디어 1: 원리 6(범용성)

    동력을 작게 소모하면서 동력을 전달하고 이송할 수 있는 일반적인 부품인 볼스크류(ball-screw)를 사용한다.

④ 반응속도 개선

표 7.5에는 반응속도 개선으로 악화되는 공학적 모순과 모순제거를 위한 원리가 정리되어 있다.

표 7.5 반응속도 개선으로 악화되는 공학적 모순과 모순제거를 위한 원리

반응속도 개선으로 악화되는 공학파라미터	공학파라미터 번호	모순제거를 위한 원리
응력, 압력	36	20
제어의 복잡성	37	6

- 응력, 압력 모순제거를 위해 적용한 발명원리
  - 아이디어 1: 원리 20(유익한 작용의 지속)

    적절한 곳에 부착된 센서를 기반으로 하여 요구되는 응력 또는 압력이 노즐에 지속적으로 적절히 작용하도록 설계한다.
- 제어의 복잡성 모순제거를 위해 적용한 발명원리
  - 아이디어 1: 원리 6(범용성)

    산업현장에서 보편적으로 적용되고 있는 기계시스템의 제어방식을 사용한다.

⑤ 출력 개선

표 7.6은 출력 개선으로 악화되는 공학적 모순과 모순제거를 위한 원리를 나타낸다.

표 7.6 출력 개선으로 악화되는 공학적 모순과 모순제거를 위한 원리

출력 개선으로 악화되는 공학파라미터	공학파라미터 번호	모순제거를 위한 원리
시간손실	37	21, 31
응력, 압력	13	22

- 시간손실 모순제거를 위해 적용한 발명원리
  - 아이디어 1: 원리 21(고속처리)

    재료의 경화시간이 소요됨에 따라 단층의 생성속도를 고속으로 하여 다음 층 적층까지의 시간을 절약한다.
  - 아이디어 2: 원리 31(다공질재료)

    재료의 경화시간을 단축시키기 위하여 경화재나 다공질재료 등을 섞어 경화시간을 단축시킨다.
- 응력, 압력 모순제거를 위해 적용한 발명 원리
  - 아이디어 1: 원리 22(전화위복)

    노즐에서 토출되는 재료의 속도를 느리게 하여 재료가 밀리는 현상을 없앤다.

⑥ 유효거리 개선

표 7.7은 유효거리 개선으로 악화되는 공학적 모순과 모순제거를 위한 원리를 나타낸다.

표 7.7 유효거리 개선으로 악화되는 공학적 모순과 모순제거를 위한 원리

유효거리 개선으로 악화되는 공학파라미터	공학파라미터 번호	모순제거를 위한 원리
물체의 안정성	13	3
시간손실	25	27

- 물체의 안정성 모순제거를 위해 적용한 발명원리
  - 아이디어 1: 원리 3(국소적 성질)

    실리콘이 달라붙지 않는 특수재료로 노즐 안 부분을 코팅한다.
- 시간손실 모순제거를 위해 적용한 발명원리
  - 아이디어 1: 원리 27(일회용품)

    노즐 안 부분을 특수재료로 코팅하게 되면 제작시간과 비용이 많이 든다. 이를 해결하기 위해 일회용 특수재료를 노즐 안에 접착시켜 사용한다.

⑦ 모순행렬표

표 7.8은 트리즈 기법에 의한 모순제거를 위한 모순행렬표이다. 이 모순행렬표에는 건축용 3D 프린팅 모의 시스템의 노즐부 설계를 위해 개선되어야 할 공학 파라미터들과 고려해야 할 정성적인 그리고 정량적인 요소들과의 관계에서 모순제거를 위한 발명원리들이 정리되어 있다.

표 7.8 트리즈 기법에 의한 모순제거를 위한 모순행렬표

		악화되는 공학 파라미터									
		움직이는 물체의 무게	응력 압력	물체의 안정성	강도	시간 손실	에너지 손실	시간 손실	장치의 복잡성	제어의 복잡성	생산성
개선되는 공학 파라미터	재료 강도	3 6 40									10 27
	제품 무게			8 11	27 40						
	이동 속도	15 22					6				
	반응 속도								20	6	
	출력		22			21 31					
	유효 거리			3				27			

7.3.5 개념설계

1) 건축용 콘크리트의 대체용 소재

건축용 3D 프린팅 모의 시스템의 노즐부를 통해 토출하게 될 소재는 콘크리트와 유사한 점성을 가진 소재이어야 한다. 또한 실험실에서 구입이 용이하면서도 간단하게 실험할 수 있는 소재이어야 한다. 그래서 실리콘을 건축용 3D 프린팅 모의 시스템의 프린팅 소재로 선정하였다.

실리콘의 종류는 초산형, 무초산형, 수성형, 수용성형 등으로 구분되며, 그 특징들을 살펴보면 각각 다음과 같다.

① 초산형 실리콘

초산형 실리콘은 접착이 단단하게 잘 되어 건축용으로 많이 사용된다. 또한 경화속도가 빨

라서 유리를 끼우거나 물건을 고정시키는 작업에 편리하게 사용된다. 그러나 냄새가 많이 나는 단점이 있다.

② 무초산형 실리콘

무초산형 실리콘은 냄새가 적고 곰팡이가 생기지 않는 장점이 있어 건축을 시공할 때 객실 내부에 사용하기 적합하여 특히 하이샤시(PVC) 창호에 많이 사용된다. 하지만 초산형 실리콘보다 경화속도가 느리다는 단점이 있다.

③ 수성형 실리콘

아크릴형 실리콘이라고도 하는 수성형 실리콘은 일반 풀로 잘 안 붙는 부분을 도배할 때 그리고 페인트칠하기 전에 틈을 메울 때 많이 사용된다.

④ 수용성형 실리콘

수용성형 실리콘은 마감용이 아닌 보조역할로 내부의 틈새를 메우거나 도배 접착력을 높일 때 사용되며, 습기가 많은 욕실처럼 곰팡이가 생기기 쉬운 곳에도 사용된다. 그러나 일반 실리콘에 비해 가격이 비싸다.

2) 대체용 소재의 특성 실험

건축용 3D 프린팅 모의 시스템의 프린팅 소재를 선정하기 위해 콘크리트와 유사한 점성을 지니며, 구입이 용이하며, 일반적으로 많이 사용되고 있는 초산형 및 무초산형 실리콘을 우선

그림 7.26 수동에 의한 실리콘 토출

적으로 선정하였다. 선정된 실리콘 중 어느 실리콘이 건축용 3D 프린팅 모의 시스템의 프린팅 재료로 더 적합한지를 비교 분석하기 위하여 다음과 같은 실험을 수행하였다.

① **재료특성 확인**: 실리콘 경화시간과 퍼짐 측정

② **적정 토출량**: 균일적층을 위한 토출량 확인

③ **균일 적층량**: 이송 시의 일정한 적층량 확인

초산형 및 무초산형 실리콘의 점도 및 경화속도를 비교하기 위해 그림 7.26과 같이 평면 바닥에 손으로 실리콘 튜브를 짜서 그림 7.27과 같이 일직선을 만든 후 경화되는 정도를 파악하였다. 경화시간을 간단히 파악하기 위해 그림 7.27과 같이 가운데 얇은 철심을 세우고 이것이 넘어가지 않는 시간을 측정하였다. 왼쪽의 무초산형 실리콘의 경우에는 30분 정도가 지나서 철심이 넘어가지 않았고, 오른쪽의 초산형 실리콘의 경우에는 10분 정도 만에 넘어가지 않는 것을 확인하였다. 그리고 그림 7.28은 실리콘의 적층 실험결과를 나타낸다. 무초산형 실리콘의 경우 2층까지는 쌓아졌지만 점성으로 인해 3층부터는 무너지는 것을 확인할 수 있었다. 또한 반환점에서 토출물이 끊어지지 않고 늘어지며 고리모양으로 토출되는 것을 관측하였다.

그림 7.27 초산형(우) 및 무초산형(좌) 실리콘의 점도 및 경화속도 비교

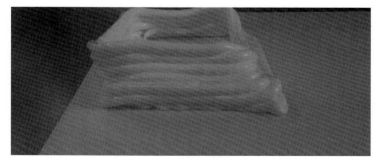

그림 7.28 실리콘 적층실험

이와 같은 실험을 통해 냄새는 나지만 경화시간을 고려하여 대체용 프린팅 소재로 초산형 실리콘을 선정하였다. 또한 실리콘 토출을 위한 노즐설계 시 일반적으로 많이 사용되고 있는 원형 또는 정사각형 노즐 토출구 단면을 직사각형 형태로 변경하여 토출의 안정성을 개선하였다.

3) 노즐 토출구 개념설계

건축용 3D 프린팅 모의 시스템의 노즐 토출구에 대한 개념설계를 위해 일정한 토출량의 재료를 분사할 수 있는 토출구를 형상모델링 하여야 한다. 앞에서 기술된 실리콘 적층실험에서 알 수 있듯이 바람직한 적층을 위해서는 노즐 토출구의 형상을 원형보다는 직사각형 형태로 하는 것이 좋다. 그림 7.29는 3D CAD 프로그램을 이용하여 개념적으로 형상모델링 된 노즐 토출구를 나타낸다. 건축물을 적층할 때 갠트리로봇의 x, y, z축 이동과 노즐의 소재 분사를 동기화 하여 토출시점을 결정해야 한다. 또한 토출구는 일정한 양으로 재료를 토출할 수 있는 구조로 형상모델링 되어야 한다.

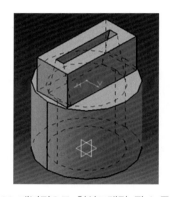

그림 7.29 개념적으로 형상모델링 된 노즐 토출구

7.3.6 노즐부 상세설계

1) 노즐부의 소재 토출 메커니즘 설계

건축용 3D 프린터의 노즐부는 콘크리트와 시멘트 등의 재료를 밀어줄 수 있는 비교적 큰 힘이 요구되므로 사무실용 3D 프린터와 다른 메커니즘을 사용해야 한다. 실리콘 재료를 이용하는 3D 프린터의 노즐은 기존의 3D 프린터와 달리 탈부착이 가능해야 하고, 실리콘에 일정한 압력 또는 힘을 전달할 수 있어야 한다. 또한 기존의 3D 프린터에 비해 노즐부에 비교적 큰 부하가 작용하므로, 노즐부의 구조가 단순하며 가해진 부하에 의한 변형이 작도록 설계되어야 한다.

건축용 3D 프린팅 모의 시스템의 노즐부가 이와 같은 특성들을 만족시키기 위해서는 노즐부 설계 시 다음과 같은 사항들이 고려되어야 한다.

- 높은 전동효율
- 긴 수명
- 일정한 압력
- 구조가 단순함 고속회전

모터로부터 공급되는 회전동력을 실리콘 토출을 위한 병진운동으로 전환하는 데 높은 전동효율을 가지며, 비교적 긴 수명이 요구되므로, 이를 충족시킬 수 있는 메커니즘인 볼스크류를 선정하기로 한다. 볼스크류는 미끄럼 나사와는 다르게 전동체인 볼이 공전과 자전을 하는 구름운동을 하기 때문에 전동효율이 매우 높다.

건축용 3D 프린팅 모의 시스템에서는 콘크리트를 대신하여 실리콘을 프린팅 소재로 사용하므로 이에 적합한 노즐부 구조를 주사기 형태로 밀어내는 방식을 채택하기로 한다. 그림 7.30은 건축용 3D 프린팅 모의 시스템의 노즐부를 나타낸다. 노즐부는 동력을 공급하기 위한 모터 장착부, 동력전달을 위한 볼스크류와 리니어 가이드 그리고 소재를 밀어내는 푸셔 (pusher)로 구성되어 있다.

상세설계에서는 노즐부의 기능적인 면과 안전성을 동시에 고려해야 한다. 설계된 노즐부의 구조적인 안전성을 점검하기 위해 구조해석 프로그램을 이용하여 노즐부의 각 요소에 전달되는 변위와 응력에 대한 해석을 수행하였다. 그림 7.31과 그림 7.32는 각각 노즐부의 변위와 응력에 대한 시뮬레이션 결과를 나타낸다. 그림 7.31의 변위해석에 의하면 실리콘 헤더부분에

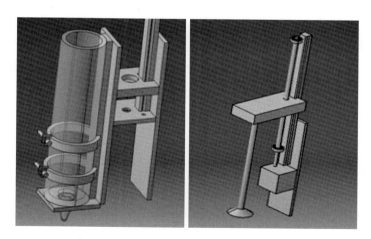

그림 7.30 건축용 3D 프린팅 모의 시스템의 노즐부

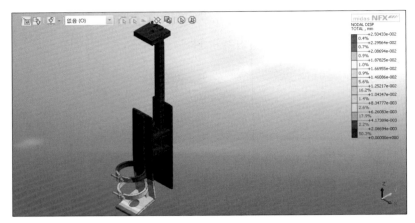

그림 7.31 구조해석 프로그램을 이용한 노즐부의 변위해석

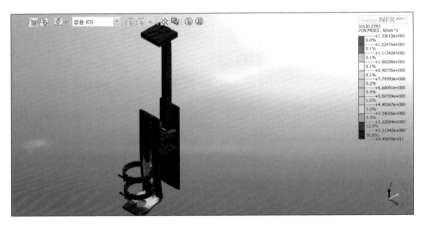

그림 7.32 구조해석 프로그램을 이용한 노즐부의 응력해석

서 약 0.025 mm의 최대변위가 발생한다. 그리고 그림 7.32의 응력해석에 의하면 실리콘 헤더 부분에서 약 3.3 N/mm²의 최대응력을 받고 있다. 따라서 실리콘 튜브를 누르는 힘에 의한 큰 변형이 없고, 또한 등가응력도 작게 받고 있으므로 설계된 노즐부가 구조적으로 안전함을 알 수 있다.

2) 구동모터 선정

표 7.9에는 노즐을 통해 실리콘을 토출하는 데 필요한 동력을 전달하는 부품들인 서보모터, 커플링 및 볼스크류를 선정하기 위해 필요한 기본적인 고려사항들이 정리되어 있다.

우선 서보모터 선정을 위해 적절한 모터의 회전속도를 구해야 한다. 모터의 회전속도 N은 다음과 같이 부하속도 v와 볼스크류 리드 P_B의 비로 계산된다.

표 7.9 서보모터, 커플링 및 볼스크류의 선정조건

조건	값
부하 속도	1.5 cm/s
부하 하중	10 N
볼스크류 길이	21 cm
볼스크류 직경	0.8 cm
볼스크류 리드	0.2 cm
커플링 질량	0.01 kg
커플링 직경	2.7 cm

$$N = \frac{v}{P_B} \; (\text{rpm}) \tag{7.1}$$

그리고 볼스크류 및 커플링의 관성모멘트를 구하기로 한다. 먼저 볼스크류에서 병진운동을 하는 테이블과 푸셔의 병진운동에너지$\left(\frac{1}{2} m_T \dot{x}^2\right)$를 회전운동에너지$\left(\frac{1}{2} J_T \dot{\theta}^2\right)$로 치환하면,

$$\frac{1}{2} m_T \dot{x}^2 = \frac{1}{2} J_T \dot{\theta}^2 \tag{7.2}$$

여기서 　　　　　　　　　m_T: 테이블 및 푸셔의 질량(kg)

　　　　　　　　　　　　$\dot{x}$: 테이블 및 푸셔의 속도(cm/s)

　　　　　　　　　　　　$\dot{\theta}$: 모터의 각속도(rad/s)

이때, 볼스크류 테이블 및 푸셔의 관성모멘트 J_T를 다음과 같이 계산할 수 있다.

$$J_T = m_T \left(\frac{P_B}{2\pi}\right)^2 \tag{7.3}$$

그리고 볼스크류의 관성모멘트 J_B와 커플링의 관성모멘트 J_C는 각각 다음과 같이 표현된다.

$$J_B = \frac{\pi \rho L_B D_B^4}{32} \tag{7.4}$$

$$J_C = \frac{1}{8} m_C D_C^2 \tag{7.5}$$

여기서 　　　　　　ρ: 볼스크류 밀도(kg/m^3), L_B: 볼스크류 길이(cm)

　　　　　　　　　D_B: 볼스크류 직경(cm), m_C: 커플링 질량(kg)

　　　　　　　　　D_C: 커플링 직경(cm)

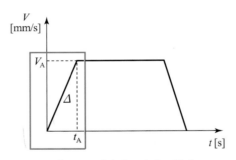

그림 7.33 사다리꼴의 속도형태

3D 프린터의 노즐부에서 프린팅 재료를 적절히 토출하기 위해서는 일반적으로 그림 7.33과 같이 주어지는 사다리꼴의 속도형태로 모터를 가속 – 등속 – 감속하면서 푸셔를 움직여야 한다. 시스템이 부하를 고려한 허용 범위 내에서 시스템이 요구하는 속도까지의 가속운동에서의 각가속도 α의 크기는 다음 식을 이용하여 구할 수 있다.

$$\alpha = \frac{T_A}{J} \tag{7.6}$$

여기서 가속토크 T_A는 모터의 정격토크 T_r에서 푸셔의 반력에 의한 부하토크 T_L을 뺀 토크이며, 노즐부 시스템의 관성모멘트 J는 서보모터의 관성모멘트 J_M, 커플링의 관성모멘트 J_C, 볼스크류의 관성모멘트 J_B 그리고 테이블 및 푸셔의 관성모멘트 J_T의 합으로 계산된다. 그리고 그림 7.34는 서보모터의 속도에 따른 토크를 나타낸다.

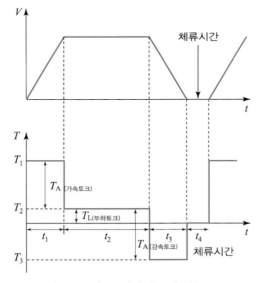

그림 7.34 서보모터의 속도에 따른 토크

또한 식 (7.7)과 같이 부하하중의 병진에 의한 일($F \cdot P_B$)을 회전에 의한 일($T_L \cdot 2\pi$)로 치환하면,

$$F \cdot P_B = T_L \cdot 2\pi \tag{7.7}$$

여기서 F는 푸셔에 작용하는 반력이고 P_B는 볼스크류 리드이다. 이때 부하토크 T_L은 다음 과 같이 구할 수 있다.

$$T_L = \frac{FP_B}{2\pi} \tag{7.8}$$

표 7.9에 주어진 시스템 구성요소들의 조건들과 시스템 특성에 따른 소재의 경화시간, 부하 토크, 가속토크 그리고 모터의 안전율 등을 고려하여 서보모터가 주어진 환경에서 안전하게 작동할 수 있는 정격회전속도 및 정격토크 등을 결정해야 한다. 표 7.10에는 주어진 시스템 환경 및 요구조건들을 모두 만족시키는 CSMT−01B 시리즈 AC 서보모터의 주요 사양들이 정리되어 있다.

표 7.10 CSMT−01B 시리즈 AC 서보모터의 주요 사양

구분	값
관성모멘트(J_M)	$3 \times 10^{-6} \, \mathrm{kg \cdot m^2}$
정격토크(T_r)	$0.318 \, \mathrm{N \cdot m}$
정격회전속도(N)	$3000 \, \mathrm{rpm}$
시정수(T)	$1.6 \, \mathrm{ms}$

3) 노즐부 제어기 설계

기존의 적층방식 3D 프린터는 필라멘트로 소재를 녹여 가늘게 뽑아내어 필요하다면 서포 터와 함께 쌓는 방식이다. 그러나 건축용 3D 프린터의 경우에는 소형 3D 프린터에 비해 토출 재료의 폭과 높이의 규모가 크고, 서포터 없이 벽을 쌓아 올리는 작업이 주를 이루고 있으므 로 정밀도와 정확도를 높일 수 있는 제어기가 요구된다. 그래서 노즐부 제어기 설계를 위해 산업현장에서 보편적으로 널리 사용되고 있는 제어기인 PID(비례−적분−미분) 제어기를 적 용하기로 한다.

그림 7.35는 상세설계를 통해 완성된 건축용 3D 프린팅 모의 시스템의 노즐부의 토출 메커 니즘을 나타낸다. 이 시스템은 모터에서 공급되는 동력이 리니어 가이드 및 볼스크류를 통하

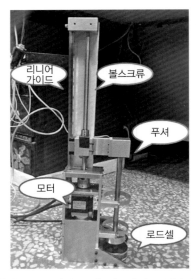

그림 7.35 건축용 3D 프린팅 모의 시스템의 노즐부의 토출 메커니즘

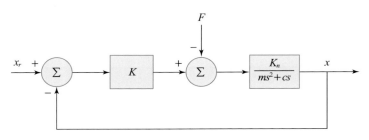

그림 7.36 노즐부 위치제어시스템의 블록선도

여 실리콘을 토출하기 위한 푸셔에 전달되는 메커니즘으로 구성되어 있으며, 또한 실리콘에 가해지는 힘을 측정할 수 있도록 로드셀도 장착되어 있다.

노즐부 제어기 설계를 위하여, 우선 제어대상 시스템인 노즐부에 대한 전달함수를 구하기로 한다. 노즐부를 관성요소와 감쇠요소로 이루어진 단순 2차 시스템으로 가정하고, 이에 대한 비례제어기를 적용한 노즐부 위치제어시스템(그림 7.36)을 구성한다. 부하를 가하지 않은 상태, 즉 외란입력 F가 0인 상태에서 단위스텝기준입력 그리고 비례제어게인 K가 150일 때 그림 7.37과 같은 노즐부 위치제어시스템의 단위스텝응답을 실험적으로 구할 수 있다.

이 노즐부 시스템에서 실제 측정한 노즐부의 등가질량 m은 45.5 kg이고, 노즐부 시스템게인 K_n과 감쇠계수 c 값은 미지의 시스템 파라미터이다. 이 두 미지의 시스템 파라미터는 그림 7.37의 노즐부 위치제어시스템의 단위스텝응답으로부터 알 수 있는 페루프시스템의 응답속도

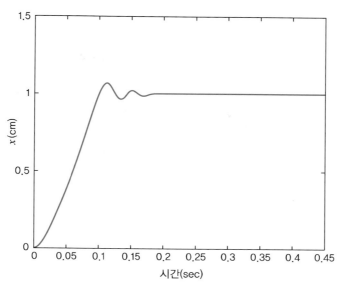

그림 7.37 노즐부 위치제어시스템의 단위스텝응답

(최댓값시간 및 정착시간)와 퍼센트오버슈트(또는 감쇠비) 값을 이용하여 노즐부 시스템게인 $K_n = 476$, 감쇠계수 $c = 2289$임을 알 수 있다.

이제 노즐부 시스템의 위치제어를 위한 제어대상인 노즐부의 전달함수 $G(s) = \dfrac{476}{45.5s^2 + 2289s}$ 를 실험적으로 구하였고, 제어기의 형태는 PID 제어기의 형태로 선정하여 바람직한 제어성능을 얻고자 한다. 제어기 설계를 위해 고려된 설계사양은 다음과 같다.

① 램프기준입력과 스텝외란입력에 대하여 정상상태오차가 없어야 한다.
② 노즐부 위치제어시스템의 시정수가 구동기인 서보모터의 시정수의 10배 이상이어야 한다.
③ 시험 기준입력에 대한 출력이 최종 목표점에서 오차가 0.5 mm 이내여야 한다. 또한 시험 기준입력에 대한 rms(root mean square) 추적오차값이 0.5 mm 이내여야 한다.

시험 기준입력은 노즐이 정지된 상태에서 모터의 주어진 사양 범위 내에서 최대한 빨리 이동할 수 있도록 허용가속도(2037 cm/s^2)로 움직여서 최대허용속도(1.5 cm/s)에 이르면 최대허용속도로 등속운동을 하다가 목표점(1 cm) 근처에서 감속하여 목표점에서 정지하는 입력신호이다.

허용가속도는 실험적으로 구하였다. 최대허용속도로 구동할 때 로드셀에서 측정한 푸셔에 작용하는 반력 F는 73 N이었다. 이때 부하토크 T_L은 0.023 N·m 이다. 그리고 노즐부 시스템의 관성모멘트 J는 모터의 관성모멘트와 식 (7.3), 식 (7.4), 식 (7.5)를 이용하여 계산한다.

노즐부 시스템의 관성모멘트 J는 4.61×10^{-6} kg·m²이다. 이제 식 (7.6)을 이용하여 허용가속도를 구할 수 있다.

위에 나열된 설계사양 (1)과 (3)을 만족시키기 위해서는 적분제어요소가 있어야 하며, 설계사양 (2)와 관련된 시스템의 응답속도를 허용범위 안에서 최대로 빠르게 하기 위해서는 비례 및 미분 제어요소가 필요하다. 그래서 다음과 같은 PID 제어기 형태로 선정하기로 한다.

$$K(s) = K_p + K_i \frac{1}{s} + K_d s \tag{7.9}$$

여기서 K_p는 비례제어게인, K_i는 적분제어게인 그리고 K_d는 미분제어게인이다.

위에 주어진 설계사양들을 만족하는 각 제어게인을 선정하기 위하여 플랜트, 즉 노즐부의 전달함수 $G(s)$와 제어기 전달함수 $K(s)$에 대한 근궤적선도를 그려서 설계사양을 모두 만족시킬 수 있도록 적절한 제어게인 값들을 선정한다. 근궤적선도에서 근궤적파라미터 K는 미분제어게인 K_d이다. 그래서 근궤적법으로 선정된 근궤적파라미터 K로부터 PID 제어기의 미분제어게인 K_d를 선정할 수 있다. 그리고 비례제어게인 K_p와 적분제어게인 K_i는 설계 시 선정된 PID 제어기의 영점들로부터 구한다. 최종적으로 실제 노즐부 PID 위치제어시스템에 대한 실험을 통하여 소프트웨어적으로 선정한 제어게인들을 미세조정하여 비례제어게인 $K_p = 3000$, 적분제어게인 $K_i = 15$ 그리고 미분제어게인 $K_d = 5$로 선정하였다.

그림 7.38은 설계사양 (3)에 주어진 시험 기준입력과 푸셔에 작용하는 반력이 외란입력으로

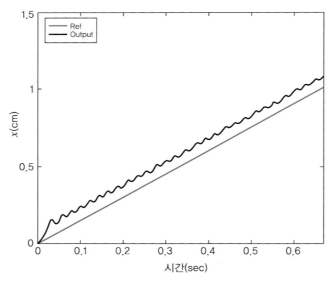

그림 7.38 노즐부 PID 위치제어시스템의 실험결과

가해진 노즐부 PID 위치제어시스템의 실험결과를 나타낸다. 그림 7.38로부터 노즐부 PID 위치제어시스템은 모터의 허용 가속도 및 속도에 의해 주어진 기준입력과 푸셔에 작용하는 반력이 외란입력으로 가해졌을 때 최종 목표점에서의 오차의 크기가 0.84 mm이고 제어수행 중 기준입력과 출력의 차인 추적오차의 rms값은 0.74 mm로 설계사양을 만족하지 않음을 알 수 있다.

그림 7.37에 있는 노즐부 위치제어시스템의 단위스텝응답에서도 알 수 있듯이 무부하 상태에서는 정상상태오차가 발생하지 않으나, 그림 7.38의 부하상태에서의 노즐부 PID 위치제어시스템은 비교적 큰 오차가 발생하였다. 이와 같이 전통적인 PID 제어기로는 설계사양을 만족시킬 수 없었다. 그래서 보다 고급 제어기법인 참고문헌[28]에 제시된 SMCSPO(Sliding Mode Control with Sliding Perturbation Observer)와 같은 강인제어기법을 사용하여 외란입력에 강인한 제어기를 설계해야 할 것이다.

7.3.7 결론 및 활용 방안

본 종합설계과제는 건축용 3D 프린팅 모의 시스템에서 프린터의 노즐부를 설계하고 이를 바람직하게 제어할 수 있는 제어기를 설계하는 것이다. 그래서 이 시스템에 대한 공학문제를 설정하고 고객이 요구하는 성능을 만족시킬 수 있는 모의 시스템을 설계 및 제작하고, 또한 제어성능을 실험을 통해 평가하였다. 사용된 제어기는 산업현장에서 가장 보편적으로 사용되고 있는 PID 제어기를 사용하였다. 그러나 노즐부 PID 위치제어시스템은 푸셔에 작용하는 반력, 즉 외란이 존재하는 경우 명령추종성능이 미흡함을 실험적으로 확인하였다. 그래서 우수한 명령추종성능을 얻기 위해서는 강인제어기법이 적용되어야 할 것이다.

일반적으로 85 m²크기의 중형 주택을 건축하는데 약 30일이 소요된다. 하지만 2014년도 중국에서는 이 크기의 주택 구조물을 건축용 3D 프린터를 사용하여 하루에 10채를 건축하였다고 발표하였다. 이와 같이 건축용 3D 프린터를 사용하면 건축하는 데 소요되는 시간을 크게 단축시킬 수 있으며, 또한 건축비용도 절감시킬 수 있다.

본 종합설계과제에서는 원본 크기의 건축용 3D 프린터의 문제점을 고려하여 이를 소형 3D 프린터로 제작하여 실용화를 가시화함으로써 국내 건축용 3D 프린터 시장에도 진출할 수 있는 가능성을 보여주었다. 그렇지만 건축용 3D 프린팅 모의 시스템이 실용화되기 위해서는 본 종합설계과제를 통해 얻은 결과뿐만 아니라, 노즐부와 3축 갠트리로봇의 동기화 그리고 실제 실리콘의 분사특성에 대한 연구가 좀 더 심도 있게 수행되어야 할 것이다.

본 종합설계과제를 수행하여 얻은 결과물 중의 하나인 '3차원 프린터를 이용한 건축모형제작 시스템'에 대한 발명품을 법적으로 권리를 보호받기 위하여 특허출원하였다. 다음 절에 소개되어 있는 이 특허출원서는 특허출원서를 어떻게 작성해야 하는지 보여주는 좋은 예가 될 것이다. 특허출원서의 형식 및 작성법에 대해 좀 더 자세히 알고 싶다면 부록 1을 참조하기 바란다.

7.3.8 3차원 프린터를 이용한 건축모형제작 시스템(특허출원서 작성 예 1)

명세서

【발명의 명칭】

3차원 프린터를 이용한 건축모형제작 시스템(construction model manufacturing system using 3-dimensional printer)

【기술분야】

【0001】 본 발명은 3차원 프린터를 이용한 건축모형제작 시스템에 관한 것이다. 상세하게는, 건축용 3D 프린터에 사용될 노즐부분 개발하여, 1축 기반 실리콘 벽을 쌓을 모사 3D 프린터 제작 가능한 시스템에 관한 것이다.

【발명의 배경이 되는 기술】

【0002】 쾌속조형의 하나인 광조형법(SLA: StereoLitho-graphy Aperture)은 3차원 CAD 데이터의 변환을 통해 미세 두께의 단면 이미지를 생성한 후, 해당 단면 이미지를 선택적으로 통과하는 광을 액체상태의 광경화성 수지에 조사하여 미세 두께로 경화시키는 과정을 반복하여 한 층씩 연속적으로 적층해 나가면서 3차원 CAD 데이터로 구현된 구조물을 제작하는 기술이다. 이와 같은 쾌속조형 기술은 마이크로/나노 산업분야에 적용되어 마이크로 초정밀부품, 정보/통신 기기, 의료 기기 등을 제조하는 데 사용될 수 있다.

【0003】 상기와 같은 마이크로 쾌속조형 기술은 광경화성 수지로 가공재료가 한정되는 단점은 있으나, 복잡한 3차원 형상의 마이크로 구조물이나 마이크로 구조물을 형성하기 위한 폴리머 몰드(polymer mold) 등을 용이하게 제작할 수 있어 그 활용도가 증대되고 있는 추세이다.

【0004】 여기서 이동하는 광의 주사에 의한 스캐닝(scanning)으로 쾌속조형이 이루어지도

록 하는 스캔형 쾌속조형 기술과 광의 전사에 의한 프로젝션으로 쾌속조형이 이루어지도록 하는 전사형 쾌속조형 기술이 개발되어 현재 이용되고 있다.

【0005】 스캔형 쾌속조형 기술로는 대한민국 등록특허공보 등록번호 제100892353호 "쾌속조형 방법, 쾌속조형 시스템 및 쾌속조형 프로그램", 공개특허공보 공개번호 제10-2011-0081591호 "유브이-엘이디를 이용한 쾌속 쾌속조형장치" 등이 안출되어 있는데, 종래의 스캔형 쾌속조형 기술은 광의 스캐닝을 위한 광원 어셈블리가 레이저 광원, 광 패스를 위한 고가(高價)의 갈바노미러, 이동을 위한 3축 스테이지 등으로 이루어지는 경우가 많아 설비구축 비용이 높아지는 문제점이 있었으며, 광이 이루는 빔(beam)의 빔스팟(beam spot)이 미세하지 못해 미세 구조물 제작이 힘든 문제점도 동시에 안고 있었다.

【0006】 그리고 전사형 쾌속조형 기술로는 대한민국 등록특허공보 등록번호 제10-1006414호 "고속 적층식 쾌속조형 장치", 등록특허공보 등록번호 제10-0930788호 "대, 소형 쾌속조형 장치", 공개특허공보 공개번호 제10-2010-0080298호 "고속 적층식 쾌속조형 장치" 등이 안출되어 있는데, 종래의 전사형 쾌속조형 기술은 쾌속조형을 위해 설정된 패턴 이미지가 형성된 마스크를 광이 선택적으로 통과하면서 쾌속조형이 이루어지는 것임에 따라, 미세 두께의 단면 이미지에 대응하는 형상을 일회의 광조사로서 획득할 수 있어 가공시간이 단축되는 이점은 있으나, 광경화성 수지로 조사되는 광이 분산되게 분포되고, 이로써 광경화성 수지의 국소 영역으로 전달되는 광의 경화에너지가 전체적으로 낮은 수치를 가짐에 따라, 성형성이 떨어지고, 가공 정밀도가 낮아지는 문제점이 있었다.

【0007】 특히 광경화성 수지의 가장자리 부위는 광의 경화에너지가 현저하게 떨어져 가공이 제대로 이루어지지 않는 문제점이 있었다.

【0008】 한편, 종래의 쾌속조형장치는 UV 등이 광원으로 사용됨에 따라, 광원 어셈블리의 구성이 비용이 증대되고, 광원 어셈블리의 구동을 위한 에너지소모가 증대되는 문제점도 동시에 안고 있었다.

【0009】 또한, 상기와 같은 3차원 프린터를 이용하여 기계부품이나 소형의 부품, 정밀부품 등은 제작이나 가능하나, 건축물의 제작에는 이용할 수 없다는 단점이 있다.

【발명의 내용】

【해결하고자 하는 과제】

【0010】 본 발명을 실시 예에 따른 3차원 프린터를 이용한 건축모형제작 시스템에 의할 때, 건축용 3D 프린터 노즐 장치의 구성을 개발하여, FDM방식 3D 프린터의 용도와 성능에서 개선을 가져오는 시스템을 제공하고자 한다.

【0011】 또한 실리콘을 탈부착이 가능하게 하여 값비싼 재료의 제약에서 벗어날 수 있는 시스템을 제공할 수 있도록 한다.

【과제의 해결 수단】

【0012】 본 발명을 실시 예에 따른 3차원 프린터를 이용한 건축물 모형을 제작하는 시스템의 구성에 있어서, 소정의 이격거리를 두고 지면에 대해서 수직으로 대향되는 위치에 구비되는 한 쌍의 지지축(100)과; 상기 한 쌍의 지지축(100) 사이에 지면과 평행하도록 개재되어 구비되는 가이드바(200)와; 상기 가이드바(200)와 결합하여 구비되고, 상기 가이드바(200)를 왕복하여 이동하면서 초산형 실리콘을 토출하여 소정의 입력된 건축물 모형을 제조하는 실리콘 노즐부(300);를 포함하여 구성된다.

【0013】 한편, 상기 실리콘 노즐부(300)는, 초산형 실리콘이 내장된 실리콘 바틀부(310)와;

【0014】 상기 실리콘 바틀부(310)의 외주면에 구비되어, 고정하여 안착시키는 실리콘 브래킷(320)부와; 상기 실리콘 브래킷(320)부와 결합하고, 상기 실리콘 브래킷(320)부의 상하 이동을 가이드 하는 수직가이드부와; 상기 수직가이드부의단부에 구비되고, 상기 실리콘 브래킷(320)부의 이탈을 방지하는 부이탈방지(340)와; 상기 실리콘 브래킷(320)부의 상하 이동을 구동을 제어하는 모터부(350);를 포함하여 구비되는 것을 특징으로 하는 3차원 프린터를 이용한 건축모형제작 시스템을 제공한다.

【0015】 그리고 상기 모터부(350)는, 디지털 신호 처리(dsp, digital signal processing) 제어를 통해서 구동 및 제어되는 것을 특징으로 하는 3차원 프린터를 이용한 건축모형제작 시스템을 제공한다.

【발명의 효과】

【0016】 본 발명에 실시에 따른 3차원 프린터를 이용한 건축물 모형을 제작하는 시스템에 의할 때, 모의 건축용 3D 프린터를 이루는 노즐 부분은 토출 재료인 시멘트와 성질이 유사한 실리콘이 상부 피스톤에 의해 밀리는 힘을 가장 많이 받는 부분이다. 이때 받는 압력에 의해 파손되지 않고 실리콘을 3층 이상 적층할 수 있으며 실리콘이 접착 및 경화되지 않아 영구 사용 가능한 노즐 토출부를 적용하였다.

【0017】 강도해석 결과 모터 최대 출력인 1.73Nm를 가하여도 파손되지 않았으며, 실리콘이 굳어 붙지 않아 적층 실험이 용이하였다. 그 결과 목표로 하였던 3층보다 더 높은 5층 벽을 쌓을 수 있었다.

【도면의 간단한 설명】

【0018】 도 1은 본 발명의 실시 예에 따른 선내 3차원 프린터를 이용한 건축물 모형을 제작하는 시스템의 전체 구성을 나타낸 사시도이다.
도 2는 본 발명의 실시 예에 따른 본 발명의 실시 예에 따른 선내 3차원 프린터를 이용한 건축물 모형을 제작하는 시스템 중에서 실리콘 노즐부(300)의 상세구성을 나타낸 도면이다.

【발명을 실시하기 위한 구체적인 내용】

【0019】 이하에서는 도면을 참조하여, 본 발명의 구체적인 실시 예를 설명한다. 다만, 본 발명의 사상은 제시되는 실시 예에 제한되지 아니하며, 본 발명의 사상을 이해하는 당업자는 동일한 사상의 범위 내에서 다른 실시 예를 용이하게 제안할 수 있을 것이다.

【0020】 도 1은 본 발명의 실시 예에 따른 선내 3차원 프린터를 이용한 건축물 모형을 제작하는 시스템의 전체 구성을 나타낸 사시도이다.

【0021】 도 2는 본 발명의 실시 예에 따른 본 발명의 실시 예에 따른 선내 3차원 프린터를 이용한 건축물 모형을 제작하는 시스템 중에서 실리콘 노즐부(300)의 상세구성을 나타낸 도면이다.

【0022】 살펴보면, 본 발명을 실시 예에 따른 3차원 프린터를 이용한 건축물 모형을 제작하는 시스템의 구성에 있어서, 소정의 이격거리를 두고 지면에 대해서 수직으로

대향되는 위치에 구비되는 한 쌍의 지지축(100)과; 상기 한 쌍의 지지축(100) 사이에 지면과 평행하도록 개재되어 구비되는 가이드바(200)와; 상기 가이드 바(200)와 결합하여 구비되고, 상기 가이드바(200)를 왕복하여 이동하면서 초산형 실리콘을 토출하여 소정의 입력된 건축물 모형을 제조하는 실리콘 노즐부(300);를 포함하여 구성된다.

【0023】 한편, 상기 실리콘 노즐부(300)는, 초산형 실리콘이 내장된 실리콘 바틀부(310)와;

【0024】 상기 실리콘 바틀부(310)의 외주면에 구비되어, 고정하여 안착시키는 실리콘 브래킷(320)부와; 상기 실리콘 브래킷(320)부와 결합하고, 상기 실리콘 브래킷(320)부의 상하 이동을 가이드 하는 수직가이드부와; 상기 수직가이드부의 단부에 구비되고, 상기 실리콘 브래킷(320)부의 이탈을 방지하는 부이탈방지(340)와; 상기 실리콘 브래킷(320)부의 상하 이동을 구동을 제어하는 모터부(350);를 포함하여 구비되는 것을 특징으로 하는 3차원 프린터를 이용한 건축모형제작 시스템을 제공한다.

【0025】 그리고 상기 모터부(350)는, 디지털 신호 처리(dsp, digital signal processing) 제어를 통해서 구동 및 제어 되는 것을 특징으로 하는 3차원 프린터를 이용한 건축모형제작 시스템을 제공한다.

【0026】 한편, 본 발명의 실시 예에 따른 차원 프린터를 이용한 건축모형제작 시스템에는, D-STAR 알고리즘은 동적인 환경에 유리하여 이를 적용한다. 목표지점까지 움직이기 전에 시작점에서 목표 지점까지 부분적인 정보만을 알고 있을 때 사용할 수 있다.

【0027】 또한, 움직이는 도중에 장애물이 나타났을 때 현재 위치를 기점으로 목표 지점까지의 경로를 다시 탐색해야 하는 A-STAR의 경우와는 달리, D-STAR는 기존에 계산해놓은 Back Pointer 정보들을 이용하여 움직이면서 즉시 경로를 탐색한다. 연산량이 많아 시간소요가 많이 걸리지만 부분적인 정보만을 알고 있다면 적용이 가능하다.

【0028】 그리고 선 그리기 알고리즘과 관련해서는, Bresenham의 선 그리기 알고리즘(Line Drawing Algorithm)을 적용한다. 이는 그래픽 알고리즘으로서 선 성분을 그래픽 형태로 근사화 시키는 것이다.

【0029】 또한, Matlab을 사용하여 기존 3D프린터에 적용되고 있는 노즐 움직임 경로를

분석하고 문제점을 찾아 해결방안을 모색하고, 해결방안을 적용한 새로운 방식을 가상으로 프로그래밍을 통해 구현한다.

【0030】 한편, 본 발명의 실시예에서는 초산형 실리콘을 적용한다. 실리콘은 무색무취이며 산화가 느리고 고온에서도 안정적인 절연체이다. 윤활제, 접착제, 성형 인공 보조물 등에 쓰이며 초산, 무초산, 수성 등으로 구분된다.

【0031】 초산형 실리콘은 건축용으로 많이 쓰이며 단단하게 접착이 잘된다. 초산형 실리콘은 굳는 속도가 빨라서 유리를 끼우거나 물건을 고정시키는 작업에 편리하게 사용된다. 그러나 냄새가 많이 나는 단점이 있다.

【0032】 모의 건축용 3D 프린터를 이루는 노즐 부분은 토출 재료인 시멘트와 성질이 유사한 실리콘이 상부 피스톤에 의해 밀리는 힘을 가장 많이 받는 부분이다. 이때 받는 압력에 의해 파손되지 않고 실리콘을 3층 이상 적층할 수 있으며 실리콘이 접착 및 경화되지 않아 영구 사용 가능한 노즐 토출부를 적용하였다.

【0033】 강도해석 결과 모터 최대 출력인 1.73 Nm를 가하여도 파손되지 않았으며, 실리콘이 굳어 붙지 않아 적층 실험이 용이하였다. 그 결과 목표로 하였던 3층보다 더 높은 5층 벽을 쌓을 수 있었다.

【부호의 설명】

【0034】 100. 지지축　　　　　200. 가이드바
　　　　300. 실리콘 노즐부　　310. 실리콘 바틀부
　　　　320. 실리콘 브래킷　　330. 수직 가이드부
　　　　340. 부이탈방지　　　　350. 모터부

특허청구범위

【청구항 1】

3차원 프린터를 이용한 건축물 모형을 제작하는 시스템의 구성에 있어서, 소정의 이격거리를 두고 지면에 대해서 수직으로 대향되는 위치에 구비되는 한 쌍의 지지축(100)과; 상기 한 쌍의 지지축(100) 사이에 지면과 평행하도록 개재되어 구비되는 가이드바(200)와; 상기 가이드바(200)와 결합하여 구비되고, 상기 가이드바(200)를 왕복하여 이동하면서 초산형 실리콘을 토출하여 소정의 입력된 건축물 모형을 제조하는 실리콘 노즐부(300);를 포함하여 구비되는 3차원 프린터를 이용한 건축모형제작 시스템.

【청구항 2】

제1항에 있어서, 상기 실리콘 노즐부(300)는, 초산형 실리콘이 내장된 실리콘 바틀부(310)와; 상기 실리콘 바틀부(310)의 외주면에 구비되어, 고정하여 안착시키는 실리콘브래킷(320)부와; 상기 실리콘 브래킷(320)부와 결합하고, 상기 실리콘 브래킷(320)부의 상하 이동을 가이드하는 수직가이드부와; 상기 수직가이드부의 단부에 구비되고, 상기 실리콘 브래킷(320)부의 이탈을 방지하는 부이탈방지(340)와; 상기 실리콘 브래킷(320)부의 상하 이동을 구동을 제어하는 모터부(350);를 포함하여 구비되는 것을 특징으로 하는 3차원 프린터를 이용한 건축모형제작 시스템.

【청구항 3】

제2항에 있어서, 상기 모터부(350)는, 디지털 신호 처리(dsp, digital signal processing) 제어를 통해서 구동 및 제어되는 것을 특징으로 하는 3차원 프린터를 이용한 건축모형제작 시스템.

요약서

【요약】

본 발명의 실시 예에 따른 3차원 프린터를 이용한 건축물 모형을 제작하는 시스템의 구성에 있어서, 소정의 이격거리를 두고 지면에 대해서 수직으로 대향되는 위치에 구비되는 한 쌍의 지지축(100)과; 상기 한 쌍의 지지축(100) 사이에 지면과 평행하도록 개재되어 구비되는 가이드바(200)와; 상기 가이드바(200)와 결합하여 구비되고, 상기 가이드바(200)를 왕복하여 이동

하면서 초산형 실리콘을 토출하여 소정의 입력된 건축물 모형을 제조하는 실리콘 노즐부(300);를
포함하여 구비되는 3차원 프린터를 이용한 건축모형제작 시스템을 제공하는 것에 있다.

【대표도】

도 1

【도면】

【도 1】

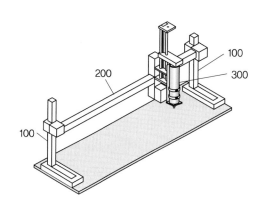

【도 2】

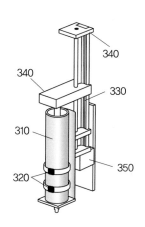

7.4 메카넘 구동 시스템

7.4.1 개요

메카넘 구동 시스템에서 가장 기본이 되는 메카넘 휠(Mecanum wheel)은 1973년 스웨덴 엔지니어 일런(B. E. Ilon)에 의해 고안되었다. 이 휠은 전-방향(omni-directional) 구동이 가능하여 산업현장 뿐만 아니라 다양한 분야에서 응용되고 적용되고 있다. 본 종합설계과제도 전-방향 구동이 가능한 메카넘 휠의 장점을 살릴 수 있는 특히 생산자동화 분야에 적용한 메카넘 구동 시스템에 관심을 가지기로 한다. 생산자동화 분야에서 고객들이 무엇을 필요로 하는지 시장조사부터 시작하여 공학문제를 설정하고 이를 해결하는 과정으로 종합설계과제를 수행하기로 한다.

메카넘 구동 시스템에 관한 종합설계과제를 수행하기 위한 설계과정을 간략히 요약하면 다음과 같다. 우선 설계하고자 하는 시스템에 대한 문헌조사 등 정보수집을 통해 메카넘 구동 시스템의 기술 및 연구동향을 정리하고, 고객, 시장에서 무엇을 원하고 있는지 어떤 분야에 응용되고 있는지 알아보고 공학문제를 설정한다. 그리고 이 공학문제를 해결하기 위해 공학적 지식과 창의력을 기반으로 하여 메카넘 휠을 설계하고 메카넘 구동 시스템을 원하는 방향으로 조정할 수 있는 제어기 설계기법에 대해 설명한다. 또한 4개의 메카넘 휠로 구동되는 메카넘 로봇이 이동 중에 고장이 났을 때 고장을 진단하고 대처할 수 있는 기술도 제안한다.

끝으로 창의적 사고를 기반으로 종합설계과제를 수행하여 얻어진 발명품인 '용적 가변형 전방향 물류대차' 그리고 '메카넘 컨베이어'에 대한 법적 권리를 보호받기 위해 작성된 특허출원서들을 소개한다. 이 특허출원서들은 종합설계과제를 수행한 결과로 얻어진 발명품을 특허출원하고자 할 때 특허출원서 작성에 도움이 될 것으로 기대한다.

7.4.2 메카넘 구동 시스템의 구동 개념 및 역사

21세기에 들어서면서 산업현장의 패러다임이 급속하게 변하였다. 생산제품의 소비자들은 기존의 획일화, 대량화된 상품을 찾기보다는 개성 있는 상품을 추구하기 시작했다. 따라서 소비자들의 욕구를 보다 충족시키기 위해 기업들은 시장에 다양한 제품들을 출시하고 있으며, 제품의 경쟁력과 경제성을 동시에 확보하기 위해 최선을 다하고 있다. 그래서 최근에는 소품종 대량생산 시스템보다는 다양한 품종을 효율적으로 유연성 있게 생산하기 위한 자동화 공정 시스템의 도입이 요구되고 있다.

최근 산업현장에서는 숙련된 사람들의 손에 의해 이루어진 많은 작업이 로봇에 의해 이루어지고 있다. 이와 같이 생산 및 조립 분야에서 로봇에 의한 공장자동화가 많이 도입되고 있다. 또한 다양하게 생산되는 제품들을 효율적으로 운반하기 위한 이송 및 물류산업에서도 자동화기술은 절실히 요구되고 있다. 기존 산업현장에 있는 대부분의 컨베이어 시스템은 대량생산을 위해 최적화 되어 있으나 최근의 다품종 생산에서는 적합하지 않다. 따라서 최근에는 더욱 효율적인 물류 이송을 위해서 패킷 혹은 셀 단위의 유연하고 탄력적인 물류 이송 시스템이 필요하다.

근래의 항만, 공항, 철도 산업 등의 발전은 물류산업을 고부가가치 산업으로 이끌었고, 물류산업은 더욱 세분화 되어 보관 및 하역, 생산, 출고 영역에 이르기까지 전략산업으로 주목을 받게 되었다. 이로 인해 이송 및 물류 작업에서도 종전의 사람이 하던 일들을 로봇이나 운반차량이 대신하게 되었다. 하지만 작업장 내 운반차량은 동선이 길고, 미리 정해진 경로를 따라 다니는 경우가 많으므로, 이러한 운반차량에도 자동화기술이 도입되고 있다. 그 결과 무인운반차량(AGV: Automated Guided Vehicle)이 개발되었으며, 그 유용성은 산업현장에서 더욱 커지고 있다.

물류 이송 작업 공간은 일반적으로 협소하다. 이러한 작업환경에서 AGV는 사용자의 요구에 따라 제품을 효율적으로 이송할 수 있어야 한다. 그러나 일반적인 AGV를 조향하기 위해서는 어느 정도 회전반경이 필요하므로 좁은 공간 내에서 작업을 할 때는 제한을 많이 받게 된다. 이러한 작업환경을 극복할 수 있는 해결책이 전-방향 구동이 가능한 휠을 차량에 장착하는 것이다.

차량에 전-방향 구동이 가능한 휠을 장착하면 조향장치 없이도 차량을 원하는 방향으로 이동 및 회전이 가능하다. 전-방향 구동 휠이 장착된 AGV는 작업반경이 작아 기동성이 좋아지고, 좁은 공간에서도 효율적인 작업이 가능하게 되어 공정시간을 단축시킬 수 있다. 또한, AGV의 부품 수를 줄일 수 있어, 부피 및 중량, 비용 면에서도 유리하다. 대형 물류수송이나 소규모 다품종 생산 공정 등 산업의 규모를 막론하고 전-방향 구동 휠을 이용한 AGV의 수요는 날로 증가하는 추세이다.

전-방향 구동 휠은 사용 목적에 따라 여러 가지 형태로 개발되고 있다. 그 가운데 메카넘 휠이 가장 활발하게 연구되고 있으며, 전-방향으로 이동할 수 있는 메카넘 휠이 장착된 차량을 '메카넘 구동 차량'이라 일컫는다.

전-방향 구동 휠, 특히 메카넘 휠이 장착된 차량(그림 7.39)은 전진 및 후진은 물론이고 좌/우 방향으로 전진 및 제자리 회전 구동이 가능한 것이 특징이다. 여러 휠의 회전 조합만으로

(a) 메카넘 구동 로봇

(b) 메카넘 구동 차량

그림 7.39 메카넘 구동 로봇과 차량

롤러

림

휠

그림 7.40 메카넘 휠의 상세도

원하는 방향으로 차량을 구동시킬 수 있다. 이는 메카넘 휠이 가지고 있는 구조적 특성 때문이다. 그림 7.40에 표시된 바와 같이 메카넘 휠은 여러 개의 롤러들이 림 휠 주위에 사선으로 둘러싸여 부착된 형태의 휠이다.

각각의 롤러는 휠의 위치나 회전과 관계없이 자유롭게 회전할 수 있으며 대개 한 개 내지는 두 개의 롤러가 지면과 맞닿게 된다. 롤러의 축은 휠의 축과 평행하거나 수직이 아닌 일정한 각도(대체적으로 $\gamma = 45°$)를 이루며 배열되어 있다. 따라서 휠의 유효각속도 $\dot{\theta}$는 다음 식으로 정해진다.

$$\dot{\theta} = n\dot{\theta}_m \cos \gamma \tag{7.10}$$

여기서 n은 메카넘 휠에 대한 모터 축의 반경 비이고 $\dot{\theta}_m$는 모터의 각속도이다.

일반적인 바퀴가 축에 수직인 속도벡터를 가지는 것과 달리, 메카넘 휠은 그림 7.41에 표시된 바와 같이 축에 대각선 방향으로, 즉 지면에 접촉한 롤러의 축과 평행인 방향으로 속도벡터 $\vec{u}$가 생성된다. 그림 7.42는 메카넘 구동 시스템의 구동 개념도이다. 차량의 메카넘 휠들에서 생성되는 속도벡터들의 합을 통해 차량의 구동방향이 정해진다. 표 7.11에 표시된 바와 같이 각 휠의 회전방향을 조합하면 메카넘 구동 시스템을 전-방향으로 구동할 수 있다.

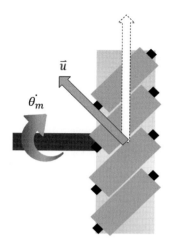

그림 7.41 메카넘 휠의 회전에 따른 속도벡터

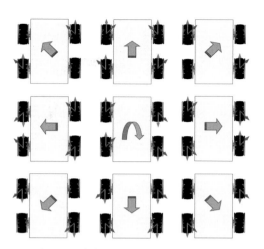

그림 7.42 메카넘 구동시스템의 구동 개념도

표 7.11 휠 회전방향에 따른 메카넘 구동 시스템의 구동방향

구동방향 \ 휠 위치	전/좌	전/우	후/좌	후/우
전	상	상	상	상
후	하	하	하	하
좌	상	하	상	하
우	하	상	하	상
전/좌(사선)	정지	상	상	정지
전/우(사선)	상	정지	정지	상
후/좌(사선)	하	정지	정지	하
후/우(사선)	정지	하	하	정지
회전(시계 방향)	상	하	상	하
회전(반시계 방향)	하	상	하	상

이제 전-방향 구동이 가능한 메카넘 구동 시스템의 역사에 대해 간략히 살펴보기로 한다. 전-방향 구동이 가능한 휠은 1919년 미국의 J. Grabowiecki에 의해 처음으로 만들어졌다. 이 휠은 휠 둘레를 따라 자유롭게 회전시킬 수 있는 작은 롤러들을 배열한 형태의 휠이다. 그림 7.43에 표시된 바와 같이 휠 축과 롤러의 축이 수직이 되도록 배열한 것이 특징이다. 좌측과 우측 휠의 회전방향을 다르게 하면 조향장치 없이도 좌/우 이동이 가능하다. 하지만 Grabowiecki의 휠은 차량진행방향과 수직방향의 두 축에 대해서만 이동이 가능하며, 하나의 휠 내에 부착

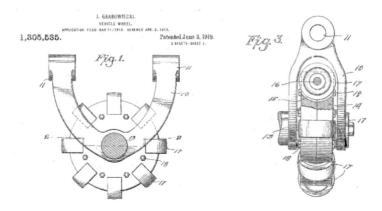

그림 7.43 J.Grabowiecki의 전-방향 구동 휠

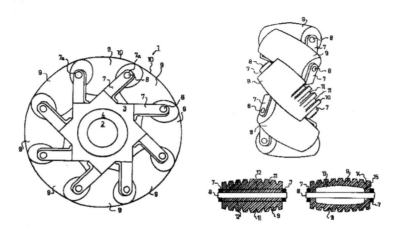

그림 7.44 일런의 메카넘 휠

되는 롤러의 수가 많아야 하는 단점이 있다.

그래서 1973년 스웨덴 Mecanum AB사의 일런(B. E. Ilon)은 이를 보완하여 항공기 정비용 캐리어에 적용할 목적으로 메카넘 휠을 개발하였다. 이 메카넘 휠은 그림 7.44에 표시된 바와 같이 Grabowiecki의 전-방향 구동 휠과 다르게, 작은 롤러를 휠 축과 45°대각으로 배열한 것이 특징이다. 이러한 특징으로 인해 메카넘 휠을 장착한 차량은 대각주행을 비롯한 전-방향 구동이 가능하다. 또한 이러한 구조는 동력손실을 줄일 수 있을 뿐만 아니라 비교적 큰 장애물도 넘을 수 있는 장점이 있다.

미 해군은 1980년대에 일런으로부터 메카넘 휠의 특허권을 사서 이를 이용한 물자수송 시스템에 대한 연구개발을 본격적으로 착수하였다. 그래서 1997년 미 해군은 메카넘 휠, 모터,

(a) 메카넘 구동 지게차   (b) 메카넘 구동 AGV

그림 7.45 메카넘 구동 지게차와 AGV

(a) 메카넘 구동 휠체어   (b) 메카넘 구동 팰럿 로더

그림 7.46 메카넘 구동 휠체어와 팰럿 로더

제어기 등으로 구성된 메카넘 구동 시스템에 관한 설계기술을 상용화하여 몇몇 기업에 판매하였다. 그 이후로 공항, 항만 등 자동화 물류 공정과 관련된 수많은 기업들에서 메카넘 휠의 효율성을 극대화 할 수 있는 다양한 제품들을 연구개발하게 되었다. 그 결과 메카넘 구동 지게차와 AGV(그림 7.45) 그리고 메카넘 구동 휠체어와 공항용 팰럿 로더(그림 7.46) 등 다양한 용도로 메카넘 휠이 적용되어 새로운 시장을 창출하였다. 앞으로도 메카넘 구동 시스템은 물류 산업현장 뿐만 아니라 휠체어와 같은 일반 제품 등과 결합되어 활용범위가 더욱더 확대될 것으로 사료된다.

7.4.3 메카넘 구동 시스템의 기술 동향

산업현장의 패러다임이 변함에 따라 다양한 제품들을 신속하게 생산, 이송하기 위한 물류수송장비의 수요가 급속도로 증가하고 있다. 이로 인해 산업용 운반차량은 무인화, 자동화의 기본 목적을 달성해야 함은 물론, 효율성과 경제성을 모두 갖춰야만 한다. 이에 적합한 시스템 중의 하나가 메카넘 구동 시스템이다.

이 시스템은 조향장치 없이 휠 장착 및 각 휠의 방향제어만으로도 전-방향으로 이동할 수 있다. 따라서 협소한 공간에서의 작업이 매우 용이하며 적은 비용으로도 높은 효율을 낼 수 있다는 장점도 있다. 메카넘 휠은 이러한 장점들로 인해 기존 산업용 운반차량의 휠 및 조향 시스템을 대체하는 차세대 기술로서 각광을 받고 있으며, 메카넘 휠이 부착된 차량의 수요도 꾸준히 증가하는 추세이다. 물류 시스템의 환경이 변함에 따라 무인운반차량(AGV: Automated Guided Vehicle)의 기술개발도 함께 이루어지고 있으므로, 이 절에서는 물류 시스템의 변천사와 더불어 메카넘 구동 시스템과 이에 대한 기술 동향에 대하여 살펴보기로 한다.

1) 물류 시스템의 변화

원자재의 자급도가 지극히 낮은 우리나라는 원자재의 공급 대부분을 수입에 의존하고 있다. 더불어 세계 각국과의 자유무역협정 발효로 생산기반 소재산업의 물류량은 지속적으로 상승하는 추세이다. 생산자동화 공정에서 물류 수송산업이 차지하고 있는 비중은 매우 높으며 작업량 및 화물의 형태와 무게, 취급품목의 종류, 운반 거리와 범위에 따라 다양한 형태의 수송시스템들이 사용되고 있다.

전 세계적으로 물류시스템이 저탄소형 물류산업 구조로 개편됨과 동시에 물류정보 또한 고도화, 대량화됨에 따라 공장 완전자동화로 발전하는 추세이다. 더불어 정보통신, 제어 등의 융합기술이 공장자동화에 적용되고 있다. 오로지 제품만을 운반하는 차량과 제품을 조립하는 로봇만으로 이루어진 근래의 생산 공정에서 AGV는 필수불가결한 시스템이다. 현재는 자동화 생산기술 개발의 가속화로 수송시스템 시장이 꾸준히 발전하고 있으며, 많은 연구기관들과 기업들의 끊임없는 연구개발 및 투자로 다양한 기능을 가진 자동 물류시스템들이 지속적으로 개발되고 있다.

최근 물류 및 적재에 대한 표준화가 도입됨에 따라 무인 리프팅장치를 부착한 AGV 그리고 지능형 컨베이어 시스템 등의 도입이 활발하게 진행되고 있다. 수송 효율성 향상과 비용절감, 자동화 공정 접근성 향상을 위해, 항만이나 공항 등 대형 물류 수송단지나 대기업의 물류센터에서는 이미 적재의 규격화 및 팰릿(pallet)의 표준화가 정착되었다.

또한, 중소기업의 생산 공정, 중/소규모 도매공정 및 소형 물류 수송산업에서도 화물의 표준화가 도입되고 있다. 이러한 물류시스템의 표준화, 단위화, 기계화에 따라 물류의 적재에서부터 운반 및 작업을 한 번에 수행할 수 있는 다목적 수송시스템의 수요가 증가하고 있다.

또한, 정보기술의 융합과 개선된 제어기술을 기반으로 한 지능형 다목적 시스템에 대한 연구개발이 선진국의 첨단건설장비 업체와 트랜스포터/중장비 제조업체를 중심으로 활발히 진행되고 있다. 현재 적재/수송 시스템으로 운용되고 있는 지게차, 크레인 등 기존의 수송시스템에 정보기술 및 제어기술이 융합될 뿐만 아니라 메카넘 구동 수송시스템에 대한 연구개발이 또한 활발하다.

최근 국내에서도 자동화 물류이송 시스템에 대한 수요가 급증하고 있으나, 국내 실정에 맞는 공정자동화 및 기존 공정과의 연계기술 개발이 필요한 상황이다. 특히 기존 생산라인을 확보한 중/대규모의 공정시스템과의 완벽한 연계에 대한 수요가 많으므로 이에 대한 연구개발이 필요하다. 이는 생산시설 및 물류 공정시스템이 자동화 공정을 위해 설계된 최적화 된 플랜트가 아닌 상황에서도 생산-적재-수송-하역-출하에 이르는 공정의 주요 과정을 연속적으로 수행할 수 있는 논스톱(non-stop) 공정을 위한 필수적인 기술이다. 이와 같이 자동화 물류이송 시스템에 대한 수요가 급증함에 따라 이에 대한 연구개발이 절실히 요구되고 있다.

2) 생산방식에 따른 기술 동향

① 컨베이어라인 생산방식

동일한 제품을 대량으로 생산하는 경우에는 컨베이어 벨트를 이용하여 제품을 운반, 생산하는 컨베이어라인 생산방식(그림 7.47)이 가장 효율적이다. 이 생산방식은 여러 명의 작업자들이 하나의 컨베이어라인에서 한 종류의 제품을 생산하는 방식이다. 대부분의 재료나 제품들은 컨베이어를 통해 조달되지만, 생산에 필요한 일부 품목들은 컨베이어를 통해 이송하기 힘든 경우도 있다. 이러한 경우에는 별도의 운반차량을 사용해서 운반해야 한다. 또한 생산이 끝난

그림 7.47 컨베이어라인 생산방식

제품들을 적재하여 특정 장소로 수송하고자 할 때도 운반차량을 사용하기도 한다.

하지만 이러한 작업은 운반차량이 단순 수송의 기능만 수행하므로 자동화 생산 공정에 있어 일부분의 역할만 부여받아 수행하는 한계가 있다. 따라서 이러한 작업환경에서 적합하도록 자동화된 운반차량의 개발이 절실히 요구되었다. 그래서 컨베이어라인 내에서 각각 다른 물류 이송이 필요한 곳에 자동화기술이 접목된 자동 이송시스템이나, 제품이 이송되어야 하는 컨베이어 간의 규격이 다른 경우 이를 보조하기 위하여 자동으로 높이를 조절할 수 있는 업-다운(up-down)식 운반차량도 개발되었다.

컨베이어라인 생산에서 물류를 이송하기 위해서는 적재함과 이송시스템 간의 지그가 필요하다. 또한, 적재된 화물의 운반이나 작업의 효율성을 높이고 공정시간을 줄이기 위해서는 자동화 공정 환경에 구애받지 않고 유연하게 대처할 수 있는 능력을 갖춘 이송시스템이 필요하다. 그래서 팰럿이나 화물의 적재를 위한 지그 역할을 수행함과 동시에 작업환경의 변화에도 효율적인 공정이 가능한 지능형 컨베이어 플랫폼의 개발도 활발하게 이루어지고 있다.

② 셀 생산방식

근래 들어 산업현장에서는 다품종 소량생산이 생산 공정에서 주를 이루게 됨에 따라 이에 적합한 생산방식인 유연생산시스템(flexible manufacturing system)의 도입이 활발해지기 시작하였다. 이에 따라 산업현장에서는 작업의 효율성을 높이기 위하여 공장을 셀(cell)이라는 물리적 공간으로 분할하여 소규모의 인원이 공정 과정의 전체를 한 곳에서 수행하여 제품들을 생산하도록 하였다.

셀 생산방식에서 필요한 원자재 및 구성품 그리고 완성품을 운반하는 과정은 각각의 셀마다 다르다. 이와 같은 셀 생산방식이 도입됨에 따라 여러 종류의 제품들이 고유의 경로로 셀을 거쳐 가게 되고, 이에 따른 별도의 이송작업도 필요하게 되었다. 또한, 셀마다 필요로 하는 재료나 완성품들은 각기 다른 운반과정이 필요하므로 각각 독립된 운반차량을 필요로 한다. 또한 생산성을 더욱 높이고 효율적인 물류설비가 되기 위해서는 운반차량이 무인화 되고 지능화 되어야 한다. 그림 7.48은 전통적인 생산방식과 셀 생산방식의 개략도이다.

셀 생산방식은 컨베이어 생산라인보다는 다양한 제품들을 동시에 생산할 수 있는 유연한 구조로 되어 있다. 따라서 셀 생산방식은 다양한 종류의 제품들을 동시에 생산할 수 있는 큰 장점이 있다. 하지만 최근에 생산되는 스마트폰 및 모니터 등과 같이 생산주기가 매우 짧은 제품들은 빈번한 공정변화로 인해 셀 생산방식을 통한 제품생산에 한계가 있다. 더구나 제품 생산은 작업환경, 인건비, 국가정책 등 외부요인에 의한 영향도 많이 받기 때문에, 때로는 생

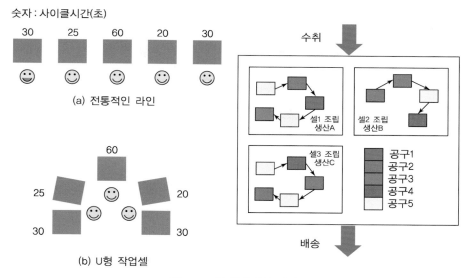

숫자 : 사이클시간(초)

(a) 전통적인 라인

(b) U형 작업셀

그림 7.48 셀 생산방식 개략도

산라인 자체를 옮길 필요도 있다. 그래서 공정변화에 유연하고 제품의 생산, 이송, 출하에 이르는 전 생산과정을 유기적으로 대응할 수 있는 새로운 형태의 생산방식이 필요한 실정이다.

③ AGV 생산방식

기존의 컨베이어 생산방식과 셀 생산방식의 단점들을 보완하고 생산 – 적재 – 수송 – 하역 – 출하에 이르는 전 과정을 유기적으로 수행할 수 있는 AGV 생산방식(그림 7.49)이 도입되었다. AGV 생산방식은 기업뿐만 아니라 연구소 및 대학교 등 다양한 연구기관에서 폭넓게 연구개발 되고 있다. 현재 유/무선 유도기술, 통합제어기술, 위치인식기술 등과 같은 관련 핵심

그림 7.49 AGV 생산방식의 모습

기술들이 지속적으로 융합되어 AGV 생산방식이 발전하는 추세이다.

일반적인 AGV 생산방식에서는 작업과 공간의 효율적 배분이 중요하다. AGV는 무인으로 작동되기 때문에 AGV 간의 안전거리 유지, 작업자의 안전을 위한 시스템, AGV의 회전반경 확보 등 공간 및 시간, 그리고 안전과 관련된 통합기술이 매우 중요하다. 또한, 제품의 품질향상과 공정의 신속성을 유지하기 위하여 구체적인 공정 기술부터 전체적인 통합관리시스템 구축까지 총체적인 기술이 집약되어 있다.

이렇게 많은 장점들을 가진 AGV 생산방식이지만, 국내의 산업현장에 적용하기 위해서는 아직 많은 걸림돌이 존재한다. 국내의 경우 일부 대기업을 제외하고 아직도 대부분의 중소기업에서는 컨베이어식 생산방식을 고수하고 있다. 그 이유는 생산 산업의 대부분이 무인자동화 공정시스템보다는 인력집중식 공정으로 이루어져 있으며, 협소한 생산환경과 운반기기 전용 기반시설 및 운용기술이 부족하여 새로운 생산방식을 도입하여 적용하기에는 위험부담율이 너무 크기 때문이다.

④ 메카넘 구동 AGV 생산방식

국내의 산업 환경은 대개 작업공간이 협소하므로 제한된 공간에서 최대의 작업 효율성을 확보할 수 있는 시스템이 필요하다. 즉, 공정 동선에 구애받지 않고 불필요한 우회나 후진 주행 없이 최소한의 회전반경으로 전–방향으로 이동이 가능한 메카넘 구동 AGV(그림 7.50)에 대한 관심이 높아지고 있다. 메카넘 구동 AGV는 차량의 불필요한 주행과 명령을 제거하여 공정시간을 단축하고, 동선을 최소화하여 최적의 공정설계를 통한 생산효율성을 개선시킬 수 있다. 이를 통해 물류수송 및 생산비용을 크게 절감할 수 있고, 국내의 컨베이어 위주의 생산 공정과의 연계가 가능하여 더욱 개선된 물류시스템 구축이 가능할 것으로 기대한다.

하지만 선진국의 산업현장과 달리 국내에서는 메카넘 구동 AGV를 활용하는 곳이 아직 많

그림 7.50 메카넘 구동 AGV 생산방식의 모습

지 않다. 대규모 물류 통합시스템을 가진 일부 대기업이나 규모가 큰 공항과 항만 몇 군데에만 국한되어 있는 실정이다. 그마저도 대부분 독일, 미국, 스웨덴 등 선진국의 기술기반 수입 제품들이 주를 이루고 있다. 물론 국내의 연구소나 대학교에서 AGV 관련 제어기술, 위치인식기술, 설계기술 등이 연구되고 있으나 현재로서는 미흡한 실정이다.

⑤ 개발된 메카넘 구동 AGV의 예

그림 7.51의 메카넘 구동 시스템은 물류의 크기나 무게, 종류에 따라서 단일 유닛 AGV에서 복수 유닛 AGV로 결합이 가능한 시스템이다. 규모가 작은 다품종 생산과 규모가 큰 단일 품종 생산 공정이 가능한 타입이다. 기구적으로 결합 및 분리가 가능해야 하고, 16개 이상의 휠을 가진 복합 휠을 구동할 수 있는 제어기술이 필요하다. 또한 그림 7.52에는 메카넘 구동 시스템, 리프팅 시스템 그리고 팰럿 이송시스템이 결합된 AGV도 개발되어 있다. 이 AGV는 기존의 컨베이어식 공정과의 연계가 가능하고 팰럿의 전-방향 이송이 가능한 AGV이다.

그림 7.51 결합 및 분리가 가능한 메카넘 구동 AGV

그림 7.52 팰럿 이송 및 리프팅이 가능한 메카넘 구동 AGV

7.4.4 메카넘 구동 시스템의 응용 분야

메카넘 구동 시스템은 메카넘 휠과 더불어 각 휠을 구동 및 제어하는 모터가 설치된 시스템을 일컫는다. 메카넘 구동 시스템은 조향장치 없이 각 모터의 회전방향 및 속도만으로도 차량의 주행방향 및 속도를 결정할 수 있으며, 제자리 회전이 가능하므로 최소회전반경이 매우 작다. 또한, 방향전환을 위한 우회나 후진 등 불필요한 움직임이 필요하지 않기 때문에 작업 동선을 최소화 할 수 있다.

메카넘 구동 시스템은 이러한 장점으로 인해 좁은 공간에서도 운용이 가능하다. 따라서 메카넘 구동 시스템은 협소한 공간을 갖는 산업 및 물류 현장에서 널리 쓰이고 있으며 이에 따른 수요도 꾸준히 증가하고 있다. 이와 같이 메카넘 구동 시스템은 많은 제약 조건하에서도 주어진 임무를 잘 수행할 수 있는 고효율 시스템이다. 이 절에서는 산업현장을 비롯한 여러 분야에서 메카넘 구동 시스템이 어떻게 응용되어 사용되는지 알아보기로 한다.

1) 메카넘 구동 AGV

산업현장은 메카넘 구동 시스템이 가장 많이 사용되는 분야라고 해도 과언이 아니다. 산업현장의 물류 및 적재 표준화 도입과 더불어 메카넘 구동 AGV의 수요 또한 지속적으로 증가하고 있다. 일반적으로 산업현장 내 컨베이어라인은 용도에 따라 많은 규격으로 나누어진다. 따라서 컨베이어라인 간 규격이 다른 경우에는, 지게차 등과 같은 물류 이송 시스템이 추가로 사용되어야 한다.

하지만 생산자동화 공정이 도입됨에 따라 범용적으로 사용 가능한 메카넘 구동 AGV의 요구가 절실해지자, 컨베이어라인 간 물류 이송이 가능한 리프팅 기능이 추가되었다. 메카넘 구동 AGV 내부에 수직방향의 구동기를 설치하면 상부의 높낮이를 조절할 수 있도록 하여 다양한 규격의 컨베이어벨트 간 물류이송이 가능하다. 그림 7.53에서 볼 수 있듯이 높이가 제각기 다른 컨베이어라인을 AGV가 스스로 감지, 측정하여 상판을 들어 올리거나 내림으로 물류이송이 가능하게 된다.

2) 메카넘 컨베이어

컨베이어는 물류를 한 방향으로만 이송하는 시스템이다. 때로는 역방향으로의 이송도 가능하나 방향에 대한 한계는 존재한다. 이러한 한계를 극복하기 위해 메카넘 휠을 이용할 수 있다. 메카넘 휠 여러 개를 바둑판식으로 배열하면 메카넘 휠의 고유특성인 전-방향 이동을 컨베이어 상에서 구현할 수 있다. 이렇게 만들어진 메카넘 컨베이어를 이용하면 물류를 전/후

(a) 첫 번째 라인에서 물류를 적재   (b) 이동 후, 스스로 높이를 측정

(c) 높이 측정 후, 상하 리프팅   (d) 다른 라인에 물류 이송

그림 7.53 상하 리프팅이 가능한 메카넘 구동 AGV

방향의 이송뿐만 아니라, 물류를 좌/우 방향 및 대각선 방향으로 이송할 수 있게 되어 원하는 곳으로 자유롭게 이송할 수 있다. 따라서 메카넘 컨베이어는 여러 물류가 다른 라인에서 들어와 서로 다른 위치로 이송해야 하는 경우 매우 유용하게 적용될 수 있다. 심지어 메카넘 컨베이어는 물류를 제자리에서 회전시킬 수도 있으므로 다수의 컨베이어라인 간 물류이송 작업에서 물류를 정렬하거나 원하는 방향으로 맞추어 이송할 수도 있다.

메카넘 컨베이어와 메카넘 구동 AGV를 결합한다면, 물류의 방향을 잡기 위해 운반차량이 스스로 움직일 필요가 없게 된다. 특히 운반차량이 특정 방향을 바라보게 하거나 자세를 잡는 등의 움직임이 없어지므로 동선을 더욱 짧게 할 수 있다. 정방향성을 가질 필요가 없는 메카넘 구동 시스템 특성상, 메카넘 컨베이어와 결합하면 물류 적재 및 운송에서 더욱 효율적인 작업이 가능하다.

3) 메카넘 구동 지게차

협소한 산업현장에서 물류이송을 위해 사용되는 지게차는 효율적인 작업을 위해 조향장치를 후륜에 설치한다. 이로써 회전반경을 줄여 효율적인 작업이 가능하나, 차량 회전이나 정렬을 위한 불필요한 동선이 추가되어야 하는 한계를 극복할 수는 없다. 그러나 그림 7.45(a)와 같이 지게차에 메카넘 휠을 설치하면 기존의 작동 공간문제를 해결할 수 있을 뿐만 아니라 조작 또한 간편해져 효율성을 더욱 높일 수 있다.

4) 메카넘 구동 휠체어

의료분야에서 1인 전동차인 휠체어에 메카넘 구동 시스템이 활발하게 응용 적용되고 있다. 메카넘 구동 시스템은 도심 및 실내 공간 내의 장애물을 회피 기동할 수 있는 능력이 탁월하고 전-방향 이동이 가능하므로 운전이 익숙하지 않은 이용자도 쉽게 적응할 수 있다. 이로 인해 조작이 간편하고 직관적이므로 거동이 불편한 사용자를 대상으로 한 1인 전동차, 즉 휠체어에 대한 수요가 날로 증가하고 있다.

그림 7.54에는 메카넘 구동 휠체어의 작동 예가 제시되어 있다. 메카넘 구동 시스템은 방향을 전환하기 위한 불필요한 전/후진이 필요 없어 동선을 짧게 만들 수 있다. 이는 전기 배터리를 이용하는 휠체어의 구동 및 사용 시간을 증대시킬 수 있어 경제적으로도 매우 바람직하다.

최근에는 단순한 이동 목적만을 수행하는 휠체어의 개념에서 벗어나, 실외에서의 구동력 향상을 위한 여러 가지 기능들이 추가된 지능형 휠체어도 등장하고 있다. 모드에 따라(저속/고

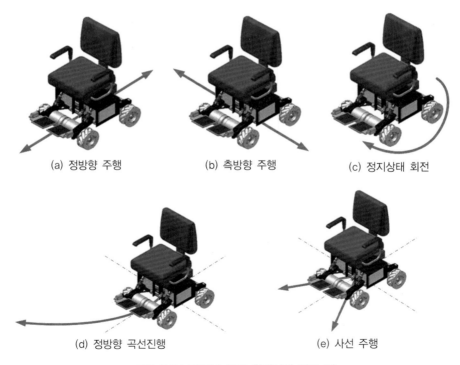

(a) 정방향 주행   (b) 측방향 주행   (c) 정지상태 회전

(d) 정방향 곡선진행   (e) 사선 주행

그림 7.54 메카넘 구동 휠체어의 작동 예

속) 기어비를 변경 가능한 변속기를 내부 모터 말단에 부착시킴으로써 오르막 경사로에서의 등판능력을 높일 수 있는 메카넘 구동 휠체어도 개발되었다.

또한, 오르막 경사로 등판 시 탑승자의 신체가 기우는 것을 방지하기 위한 휠체어 차체 종방향(pitching) 틸팅 시스템을 장착한 휠체어(그림 7.55)도 있다. 이는 휠체어 전복을 방지하고 탑승자의 안전성을 증대시킨다. 몸이 불편한 탑승자가 균형 감각을 잃지 않도록 하여 조정 감각을 유지하게 하여 불의의 사고로 이어지지 않도록 한다. 또한 여러 가지 센서들을 추가로 부착하여 충돌사고를 미연에 방지토록 하는 기술이 지능형 휠체어에 부가적으로 추가되고 있다.

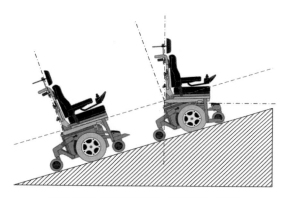

그림 7.55 휠체어 틸팅 시스템의 개념도

5) 트랜스포터

일반적으로 메카넘 휠은 소재 및 소형 물류이송 등의 시스템에 한정적으로 응용되는 경향이 있었다. 기존의 메카넘 휠은 기술상의 문제로 저하중용 운송시스템에 대해서만 활용되어 왔다. 하지만 최근에는 메카넘 휠 생산기술이 크게 발전되어 고하중(heavy load)을 견딜 수 있는 휠도 생산되고 있다. 이러한 고하중용 메카넘 휠을 트랜스포터에 적용하는 추세이다.

메카넘 휠이 트랜스포터에도 적용되면서 항만, 철도 및 컨테이너까지의 다양한 분야에 활용될 수 있게 되었다. 트랜스포터에 메카넘 휠을 장착하면 수 톤급 이상의 고하중 적재물을 무인으로 운반할 수 있을 뿐만 아니라, 동선의 최적화를 통해 소요되는 에너지를 줄일 수 있게 되어 매우 경제적이다. 이와 같이 메카넘 구동 트랜스포터는 수송 효율성을 향상시킬 수 있고 물류공정을 간소화할 수 있다.

고하중을 견디기 위해서는 일반적으로 많은 수의 메카넘 휠을 사용해야 하며, 고하중 적재물을 운송하기 위해서는 모터가 큰 토크를 발생시켜야 한다. 그래서 이러한 경우에는 그림

그림 7.56 메카넘 구동을 위한 동력체결 및 감속 시스템

7.56과 같이 모터 끝에 감속기를 추가하게 된다. 또한, 실내의 협소한 공간에서 크레인 설치가 힘든 경우에는 높은 위치로 물류를 적재하거나 운반하기 쉽지 않다. 이러한 문제를 해결하기 위하여 고하중용 메카넘 구동 트랜스포터에 리프트를 설치하여 높은 위치에서도 적재 및 운반이 가능하도록 하였다.

6) 자동화된 차량 주차시스템

고하중 메카넘 구동 시스템을 주차장에도 응용할 수 있다. 다수의 메카넘 구동 시스템 (AGV 등)이 대기하고 있다가, 주차를 원하는 차량이 들어오면 차량을 메카넘 구동 시스템 (그림 7.57)에 얹는다. 그리고 메카넘 구동 시스템이 스스로 주차장에 차량을 입고하는 방식이다. 이 경우, 주차를 위한 예비공간을 둘 필요가 없어 더 큰 주차공간을 사용할 수 있을 뿐만 아니라, 힘들여 주차하는 수고도 줄일 수 있다. 또한, 무선통신 및 무인화를 통해 차량관리를 더욱 손쉽게 할 수 있는 장점도 있다. 이 주차시스템이 구체적으로 상용화된 제품은 아니지만, 현실적인 미래형 주차장을 위한 좋은 대안이 될 것으로 예상한다.

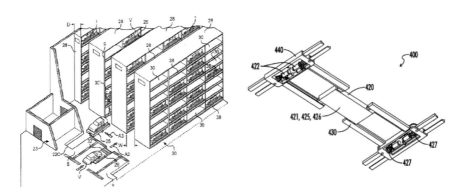

그림 7.57 자동화된 차량 주차시스템

(출처: 미국특허, Automated automotive vehicle parking/storage system)

7.4.5 메카넘 휠 설계

전-방향 구동이 가능한 메카넘 휠은 기존의 차동-조향 시스템보다 구성이 단순하고 협소한 공간에서도 자유롭고 유연한 이동이 가능하다. 그리고 메카넘 휠은 제자리 회전이 가능하여 이동에 관한 한 높은 자유도를 가지므로 다양한 산업분야에 적용되고 있다. 최근에는 기술이 더욱 발전함에 따라 고하중이 부가되는 시스템에 메카넘 휠을 적용할 수 있게 되어 고하중 물류시스템이 필요한 공항이나 항만 등에서도 메카넘 구동 시스템이 활용되고 있다.

그렇지만 메카넘 휠을 물류시스템에 적용하기 위해서는 여러 가지 제약들이 있다. 그 가운데 가장 중요한 것은 메카넘 휠의 기본적인 구조이다. 우리가 쉽게 접할 수 있는 자동차나 AGV와 같은 구동 시스템의 휠(또는 타이어)은 연속적인 면 또는 선의 형태로 지면에 접촉되어 구동된다. 그러나 메카넘 휠은 구동 시 지면과의 불연속 점접촉이 이루어진다. 이로 인해 메카넘 휠의 회전동력이 지면으로 전달될 때 필연적으로 구동력이 저하될 수 있는 구조이다. 또한 메카넘 휠은 불규칙한 노면이나 요철에 대해 매우 민감하게 반응할 수 있다.

그래서 메카넘 휠이 가능한 한 지면과 연속적으로 접촉 되도록 하여 슬립현상이 거의 일어나지 않도록 메카넘 휠을 설계하여야 한다. 이와 같이 메카넘 휠은 설계뿐만 아니라 제작과정 자체가 복잡하여 많은 기술을 필요로 한다. 특히 전-방향 구동이 가능한 메카넘 휠은 롤러의 설치 각도 및 롤러의 형상 등에 의해 운동 능력이 많이 좌우되므로 이에 대한 설계에 주의해야 한다.

1) 메카넘 휠의 기본 구성

메카넘 휠은 그림 7.58과 같이 림 휠과 여러 개의 자유 롤러들로 구성되어 있다. 일반적으로 림 휠과 자유 롤러는 45°의 각도로 비스듬히 체결되어 있는 형태를 가지나, 반드시 45° 각

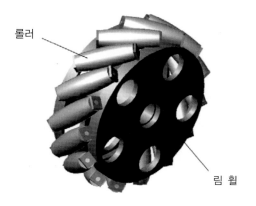

롤러

림 휠

그림 7.58 메카넘 휠의 기본 구성

도를 이루어야 하는 것은 아니다. 그리고 자유 롤러의 개수는 기구학적 공식 틀 안에서 적절히 선정된다.

메카넘 휠 설계의 핵심은 여러 개의 자유 롤러들이 림 휠에 사선으로 결합되었을 때, 그림 7.59(a)와 같이 휠의 측면 실루엣이 원의 형태로 되어야 한다는 것이다. 이와 같이 메카넘 휠의 축 방향 외형이 완전한 원이 되도록 하기 위해서는 자유 롤러 측면 형상이 타원의 궤적을 가지는 곡선으로 되어야 한다.

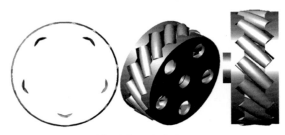

(a) 정면도 및 측면도

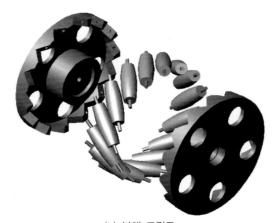

(b) 분해 조립도

그림 7.59 메카넘 휠의 구조

2) 메카넘 휠의 기구학적 설계-자유 롤러

메카넘 휠이 회전하기 시작하면 여러 개의 자유 롤러들도 함께 회전하게 된다. 자유 롤러는 축을 중심으로 자유롭게 회전이 가능하므로 자유 롤러가 지면과 맞닿아 마찰력이 발생하게 되면, 자유 롤러의 축 방향으로 구동력을 가지면서 움직이기 시작한다. 따라서 메카넘 휠의 속도 방향은 메카넘 휠 축의 수직방향이 아니고 지면과 접촉하는 자유 롤러의 축 방향, 즉 메카넘

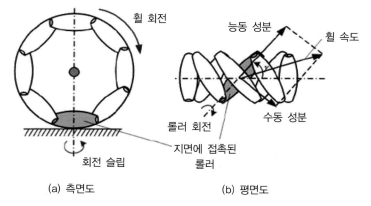

(a) 측면도   (b) 평면도

그림 7.60 메카넘 휠의 자유도

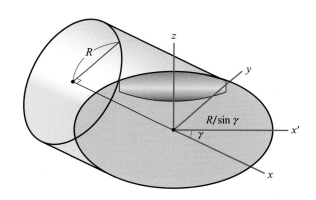

그림 7.61 림 휠과 자유 롤러의 3D 단면도

휠 축의 대각 방향이다.

이때 메카넘 휠이 불연속적인 충격 없이 자연스럽게 회전하기 위해서는 메카넘 휠을 축 방향에서 바라볼 때 휠의 둘레가 완전한 원을 이루도록 림 휠과 자유 롤러들이 그림 7.59(a)와 그림 7.60과 같은 형태로 설계되어야 한다. 그림 7.61은 림 휠과 자유 롤러를 3차원으로 축을 중심으로 더욱 상세하게 나타낸 것이다.

그림 7.61에서 x축은 메카넘 휠의 회전축이며, x'축은 롤러의 회전축으로 휠의 회전축 x축과 γ의 각도를 이루고 있다. 이로 인해 메카넘 휠의 바깥 면이 완벽한 원을 이루기 위해서는 그림 7.62와 같이 자유 롤러의 외곽이 타원의 형태로 설계되어야 한다.

자유 롤러가 타원형의 기하학적 형태를 만족하기 위해서는 다음과 같은 방정식이 만족되어야 한다.

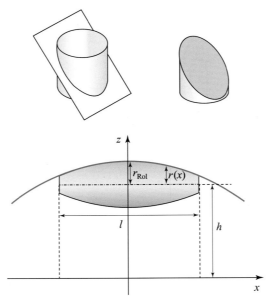

그림 7.62 자유 롤러의 기하학적 구조

$$\frac{x^2}{(R/\sin\gamma)^2} + \frac{z^2}{R^2} = 1 \tag{7.11}$$

여기서 R은 휠의 축 방향에서 바라본 휠의 바깥 면의 반지름이다.

그림 7.63은 휠을 축 및 측 방향에서 바라본 그림이다. 그림 7.63에서 알 수 있듯이 자유 롤러는 림 휠 축에 γ 만큼의 각도를 가지도록 설계되어야 하며, 자유 롤러의 개수 n은 다음 식이 만족되도록 적절히 정한다.

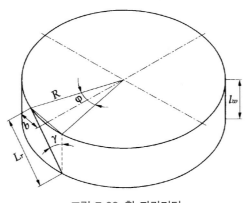

그림 7.63 휠 파라미터

$$n = \frac{2\pi}{\phi} \tag{7.12}$$

여기서

$$\phi = 2\sin^{-1}\left(\frac{L_r}{2R\sin\gamma}\right)$$

그리고 L_r은 자유 롤러의 길이이다.

특정한 자유 롤러의 개수 n이 먼저 정해지면, 자유 롤러의 길이 L_r은 다음과 같이 구할 수 있다.

$$L_r = 2R\frac{\sin\left(\dfrac{\phi}{2}\right)}{\sin\gamma} = 2R\frac{\sin\left(\dfrac{\pi}{n}\right)}{\sin\gamma} \tag{7.13}$$

이를 통해 림 휠의 폭 l_w는 다음과 같이 나타낼 수 있다.

$$l_w = L_r\cos\gamma = 2R\frac{\sin\left(\dfrac{\pi}{n}\right)}{\tan\gamma} \tag{7.14}$$

만약 림 휠과 자유 롤러의 각도가 45°라면, 자유 롤러의 길이 L_r과 휠의 폭 l_w는 각각 다음과 같이 간단하게 구할 수 있다.

$$L_r = 2\sqrt{2}\,R\sin\left(\frac{\pi}{n}\right) \tag{7.15}$$

$$l_w = 2R\sin\left(\frac{\pi}{n}\right) \tag{7.16}$$

위 식들을 통해 설계된 자유 롤러는 피드백 센싱 내지는 액츄에이터를 통한 구동력을 갖지 않더라도 림 휠의 동력을 통한 기구학적인 특성만으로 다양한 경로로 구동이 가능해진다. 잘 설계된 메카넘 휠은 림 휠을 회전시키는 것만으로도 신뢰성 있는 구동 능력을 가질 수 있다.

3) 다양한 종류의 자유 롤러

그림 7.64와 같이 2개의 반쪽짜리 롤러 쌍이 하나의 롤러와 같은 역할을 하는 분리식 자유 롤러도 있다. 이때 자유 롤러를 지지하는 림 휠의 홀이 하나 밖에 없으므로 자유 롤러 양쪽을 지지하는 일반적인 메카넘 휠에 비해 더 큰 전단력을 받게 된다. 하지만 그림 7.64(b)와 같이 림 휠의 설계가 단순하고 제작하기 편리하여 생산비용이 저렴하기 때문에 가벼운 하중을 지지하는 메카넘 구동 시스템(그림 7.65)에서 많이 활용된다.

메카넘 구동 차량이 주행 도중에 노면의 기울어짐이나 요철에 의해 차량에 롤(roll) 각이 생기는 경우, 지면과의 접지력이 낮아져 구동 효율성이 저하된다. 그래서 이를 보조하고 동시에 림 휠의 손상을 방지하기 위해 그림 7.66과 같이 자유 롤러 양 끝단에 조그마한 보조 롤러를 추가하기도 한다. 또한 림 휠 간의 간격을 좁히게 되어 고하중 적재물에 대한 자유 롤러 축의 처짐을 작게 한다.

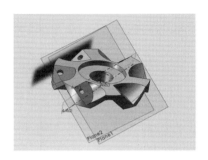

(a) 분리식 자유 롤러   (b) 림 휠

그림 7.64 분리식 자유 롤러 및 림 휠

그림 7.65 분리식 롤러를 사용한 경량형 메카넘 구동 시스템

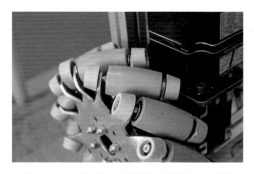

그림 7.66 자유 롤러 끝단에 설치된 보조 롤러

4) 메카넘 휠의 기구학적 설계-림 휠

메카넘 휠 설계에서 림 휠은 자유 롤러에 비해 상대적으로 중요도가 작다. 자유 롤러는 지면에 맞닿아 직접적으로 구동력을 전달하게 되므로, 자유 롤러의 형상이나 재료에 따라 메카넘 구동 시스템의 구동력 및 접지력이 크게 좌우된다. 그래서 먼저 상대적으로 중요한 요소인 자유 롤러가 설계되고, 그 후 자유 롤러가 어떻게 설계되느냐에 따라 림 휠의 설계가 이루어진다.

그림 7.67(a)의 일런(B. E. Ilon)의 메카넘 휠에서 볼 수 있듯이, 초창기의 메카넘 휠은 자유 롤러를 별도의 브래킷에 결합하여 이를 림 휠에 부착하는 조립형 방식으로 제작되었다. 조립형 방식은 생산 공정이 많아 제작비가 많이 들며, 롤러나 브래킷이 파손될 경우가 많아 보수유지비가 많이 든다. 그래서 최근에는 림 휠을 방사형으로 제작한 후, 끝단을 적절히 변형시키거나 절삭하여 자유 롤러를 결합하는 일체형 방식을 일반적으로 사용하고 있다.

림 휠의 형상은 자유 롤러를 설계하는 방법과 무관하게 조립형 및 일체형 모두 조립 가능하도록 설계할 수 있다. 하지만 일체형 림 휠은 조립형에 비해 일반적으로 더 높은 강도와 강성을 가지므로, 일체형 림 휠은 변형에 강하며 더 큰 하중을 견딜 수 있다. 최근에는 생산기술이 더욱 발전함에 따라 림 휠을 일체형으로 만드는 것이 더욱 편리하고 경제적이다. 그래서 최근에는 대부분 강성이 크고 제작하기 편한 일체형 림 휠을 생산하고 있다.

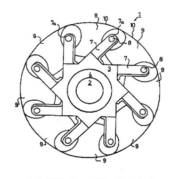 

(a) 일런의 조립형 메카넘 휠 　　　　　　(b) 일체형 메카넘 휠

그림 7.67 조립형 및 일체형 메카넘 휠

7.4.6 메카넘 구동 시스템의 제어

메카넘 구동 시스템은 그림 7.68에 표시된 바와 같이 일반적인 구동 시스템의 주행방식에 1개의 자유도(degree of freedom)가 추가되어 전/후진, 좌/우진, 제자리 회전이 가능한 시스템이다. 메카넘 휠의 구동을 통해 만들 수 있는 이러한 주행들은 사람의 보행기법과 유사한

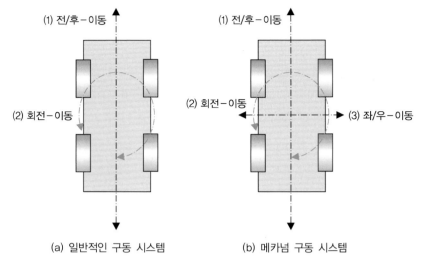

(a) 일반적인 구동 시스템   (b) 메카넘 구동 시스템

그림 7.68 일반적인 구동 시스템과 메카넘 구동 시스템의 자유도

형태의 움직임이므로 사용자의 입장에서 직관적으로 차량을 조작하여 구동시킬 수 있다. 이를 통해 메카넘 구동 시스템으로 하여금 즉각적인 장애물 회피나 사선 방향의 이동 등 주행성능을 향상시키고, 최적의 경로를 찾거나 임의의 회전중심기반 회전을 통하여 적재물의 적·하역에 편의성을 높일 수 있다. 특히 차동−조향 시스템의 일반 차량이 가지는 특수한 제약 속에서 벗어나, 협로 진입을 위해 필요로 하는 큰 회전반경이나 주차를 위한 후진과 같은 불필요한 구동을 최소화 할 수 있다. 또한 기존 차량에서는 불가능한 좌/우 이동의 개념으로 혁신적인 공정을 가능하게 한다.

일반적인 구동 시스템보다 한 차원 높은 자유도를 갖는 메카넘 구동 시스템은 사람의 직관과 유사하게 차량을 구동할 수 있는 편의성을 제공한다. 그렇지만 자동화 시스템을 구현하는데 있어서 설계자가 제어시스템을 사람의 직관과 유사하게 구성해야 한다는 전제가 있어야 한다. 예를 들어 '우측으로 이동'이라는 명령을 받았을 때, 차량을 우회전하여 이동할 것인지 차량 자체를 우진(右進)할 것인지를 판단할 수 있는 체계가 수립되어야 한다. 이것은 단순히 늘어난 자유도의 개수만큼 계측장치를 추가하는 문제가 아니라, 명령의 부여 방식과 인지하는 방식 자체를 고려해야 하는 부담이 있다.

그림 7.69와 같이 차량이 바닥에 그려진 선을 추적하여 따라가는 라인−트래킹(line−tracking) 방식의 경우, 자유도가 늘어난 만큼 차량을 어떠한 방식으로 구동할 것인지에 대한 여부를 판단하는 체계도 모호해진다. 이런 상황에서는 2자유도 차량에 비해 명령을 인지하여 휠을 구동하고 제어하는 체계가 복잡해지는 경향을 띠게 된다. 따라서 어떠한 명령을 받더라도 신뢰성

그림 7.69 바닥에 그려진 선을 추적하는 메카넘 구동 시스템

있는 판단을 내릴 수 있는 체계가 별도로 필요하다.

1) 좌표변환을 통한 메카넘 구동 시스템 제어

초창기에 메카넘 구동 시스템의 제어는 사용자의 명령에 따라 단순히 전/후/좌/우 방향 및 회전 그리고 설정된 특정한 각도에 대한 주행 역할만 수행하였다. 그러나 최근에는 메카넘 구동 시스템이 휠 속도벡터합산기법을 이용하여 주행하므로, 각 휠의 속도 차를 이용해서 임의의 방향으로 차량을 주행하는 것이 가능하게 되었다.

또한, 각 휠의 독립적인 속도 차와 차량의 회전구동을 조합하여 차량의 회전중심을 임의의 지점에 지정하는 등의 응용도 가능하다. 이렇게 회전중심을 임의의 지점에 두게 되면 차량 내부뿐만 아니라 차량의 외부 또는 가변적 회전중심 적용이 가능해진다. 따라서 차량이 회전과 동시에 주행 임무를 수행할 수도 있으며, 외부 상황에 따라 회전중심을 능동적으로 변화시킴으로써 최적 경로 탐색 및 장애물 크기에 따라 가변적 회피능력을 향상시킬 수 있는 작업도 가능해진다.

그림 7.70은 메카넘 구동 시스템의 일반적인 모델을 나타낸다. 그림 7.70에 표시된 $\vec{v_i}(i=1,2,3,4)$와 $\hat{u_i}$는 각각 메카넘 휠의 속도와 메카넘 휠의 롤러가 지면에 접촉했을 때 롤러 축과 평행으로 발생하는 속도를 표현하기 위한 단위 기저(basis)벡터이고, $\vec{v}$ 와 $\vec{w}$는 각각 차량의 주행속도와 회전각속도이다.

메카넘 구동 시스템에 장착된 메카넘 휠은 일반적으로 전방을 기준으로 45°만큼 기울어져 구성되어 있다. 1−사분면에 있는 메카넘 휠(이하 휠#1)의 속도방향은 일반적으로 전방 반시계방향 45°로 고정되어 있다. 만일 메카넘 구동 시스템에 전진 명령이 내려지면, 1−사분면에

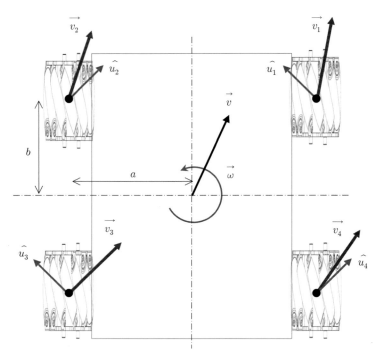

그림 7.70 메카넘 구동 시스템의 일반적인 모델

있는 메카넘 휠은 전방 반시계방향 45°의 방향으로 속도가 부여되고 2-사분면에 있는 메카넘 휠(이하 휠#2)은 전방 시계방향 45°의 방향으로 속도가 부여되어 휠#1과 휠#2의 좌/우 이동에 대한 속도성분이 서로 상쇄됨으로써 속도벡터 합에 의한 각도 0°, 즉 전방으로 속도벡터가 발생하게 된다. 이러한 원리로 전진/후진/좌진/우진 등의 전–방향 주행이 구현될 수 있도록 각 휠의 속도를 조정하는 제어기를 설계해야 한다.

휠#1과 휠#2의 속도의 좌우 이동 성분이 서로 완벽히 상쇄되지 않는 경우에 대하여 생각해보기로 한다. 즉, 전륜 두 휠의 속도방향은 반시계방향 45°및 시계방향 45°로 고정되어 있으나 두 휠 사이에 속력 차가 존재하게 되면, 휠#1과 휠#2의 속도 합 벡터는 전방 0°의 방향이 아닌 속력이 큰 방향으로 치우치게 된다. 즉, 사용자가 각 휠의 속도를 다르게 부여하면, 각 휠의 속도벡터의 합산을 통하여 사용자가 원하는 방향으로 차량을 주행하고 회전시킬 수 있다. 이러한 원리를 이용하여 그림 7.70과 같이 사용자가 개별 휠의 속력 차를 의도적으로 발생시킨다면, 이를 통해 차량을 임의의 원하는 방향으로 주행시킬 수 있다. 각 휠의 속력은 차량의 주행속도와 회전각속도의 값만 이용하여 비교적 쉽게 계산할 수 있다.

사용자가 차량의 주행속도와 회전각속도 지령을 부가하면, 이를 실현할 수 있도록 각 메카넘 휠은 적절한 속력으로 회전하게 된다. 이제 각 메카넘 휠의 속력이 부가된 차량의 주행속도와 회전각속도와 어떤 관계가 있는지 유도해 보기로 한다. 휠#1에 대하여 먼저 생각하기로 한다. 그림 7.70에서 알 수 있듯이 롤러가 지면에 접촉했을 때 작용하는 힘에 의해 롤러 축과 평행으로 발생하는 속도의 크기 $v_{1\parallel}$는 다음과 같이 계산된다.

$$
\begin{aligned}
v_{1\parallel} = \overrightarrow{v_1} \cdot \widehat{u_1} &= (v_{1x}\hat{i} + v_{1y}\hat{j}) \cdot \left(-\frac{1}{\sqrt{2}}\hat{i} + \frac{1}{\sqrt{2}}\hat{j}\right) \\
&= -\frac{1}{\sqrt{2}}v_{1x} + \frac{1}{\sqrt{2}}v_{1y}
\end{aligned}
\tag{7.17}
$$

또한 메카넘 휠의 구조상 롤러의 체결각도가 45°임을 이미 알고 있으므로, 휠#1의 림 축의 속력 v_{w1}는 식 (7.17)을 이용하여 다음과 같이 계산할 수 있다.

$$
v_{\omega 1} = \frac{v_{1\parallel}}{\cos 45°} = -v_{1x} + v_{1y}
\tag{7.18}
$$

그리고 휠#1의 속도성분 v_{1x}와 v_{1y}를 차량의 속도성분 v_x, v_y와 차량의 회전속력 ω로 표현하면 각각 다음과 같다.

$$
v_{1x} = v_x - \omega b
\tag{7.19}
$$

$$
v_{1y} = v_y + \omega a
\tag{7.20}
$$

여기서 a와 b는 각각 차량의 중심에서 메카넘 휠의 중심까지의 가로 및 세로의 길이이다.

이제 식 (7.19)와 식 (7.20)을 식 (7.18)에 대입하면, 휠#1의 속력 v_{w1}는 다음과 같이 구할 수 있다.

$$
v_{\omega 1} = -v_x + v_y + \omega(a+b)
\tag{7.21}
$$

같은 방법으로, 휠#2, 휠#3, 그리고 휠#4의 속력 v_{w2}, v_{w3}, v_{w4}를 구하면 각각 다음과 같다.

$$
v_{\omega 2} = v_x + v_y - \omega(a+b)
\tag{7.22}
$$

$$
v_{\omega 3} = -v_x + v_y - \omega(a+b)
\tag{7.23}
$$

$$
v_{\omega 4} = v_x + v_y + \omega(a+b)
\tag{7.24}
$$

위 식에서 알 수 있듯이 모든 휠의 속력은 복잡한 삼각함수나 제곱근 연산의 수행 없이 간단하게 차량의 속도 $\vec{v}$의 x축 및 y축 성분인 v_x와 v_y 그리고 차량의 회전속력 ω의 조합만으로 매우 빠르게 명령체계를 실행할 수 있다.

그러나 정속명령을 각 휠에 명령하였다 하더라도 모터와 감속기, 베어링 등으로 체결된 복합회전 구동기에 의해 정확하게 동일한 회전속력으로 구동하는 것이 쉽지 않다. 각 휠 간의 미세한 속력 차이는 차량의 주행방향에 큰 영향을 미치며, 누적된 차량의 주행방향은 사용자의 의도와는 크게 다른 결과를 가져올 수도 있다. 그러므로 각 휠에 동일명령을 부여했을 때, 각 휠은 제어입력으로 주어진 동일한 회전속력을 가질 수 있도록 설정해 주는 과정이 선행되어야 한다. 이것은 넓은 의미로, 사용자가 부여한 제어명령이 각 휠에 동일한 응답특성을 가질 수 있도록 휠 구동특성을 동기화 하는 절차이다.

일반적으로 메카넘 구동 차량의 휠 동기화는 각 휠에 장착되어 있는 인코더에 의해 회전속력을 피드백하여 이루어진다. 휠 구동특성 동기화를 위해 차량제어기에 의해 주어진 구동기 제어입력 u_A에 대해 메카넘 구동기가 요구하는 정상상태 및 과도 응답특성을 만족하도록 일반적으로 PD(비례-미분) 제어시스템을 구성한다.

그림 7.71은 메카넘 구동 차량에 대한 일반적인 제어시스템의 구조를 나타낸다. 이 제어시스템은 크게 두 부분으로 구분된다. 내부루프는 휠 구동특성을 동기화하기 위한 루프이고, 외부루프는 차량 속도 또는 변위를 제어하기 위한 루프이다. 내부루프는 빠른 응답을 요구하므로 일반적으로 PD제어기를 사용하고, 외부루프는 응답속도 뿐만 아니라 추적성능도 요구되므로 PID(비례-적분-미분) 제어기를 사용한다. 각 제어기의 제어게인들은 차량이 사용되는 환경과 사용자의 요구에 따라 적절히 선정되어야 할 것이다.

그림 7.71에서 기준입력 r은 차량의 기준속도(v_{rx}, v_{ry}, ω_r) 또는 기준변위(x_r, y_r, θ_r)이며, 출력 y는 차량의 속도(v_x, v_y, ω) 또는 변위(x, y, θ)이다. 그리고 e는 기준입력과 출력의 차인 오차신호이고, u는 차량제어기에서 계산된 제어입력, u_A는 식 (7.21)에서부터 식 (7.24)에 주어진 차량의 속도와 각 휠의 속력과의 관계를 나타낸 제어입력 변환식으로 계산된 각 휠의 속력 제어입력(v_{Ai}, $i = 1 \sim 4$) 그리고 u_P는 플랜트인 차량에 가해지는 각 휠의 속력제어입력(v_{wi}, $i = 1 \sim 4$)이다.

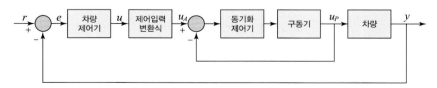

그림 7.71 메카넘 구동 차량에 대한 일반적인 제어시스템의 구조

2) 상대좌표계 생성을 통한 메카넘 구동 시스템의 주행제어

일반적인 차량의 주행은 2자유도를 기반으로 구성된다. 전/후진을 수행하는 Y-축 방향 이동 및 Z-축을 중심으로 회전을 수행하는 요잉(yawing)으로 운동이 한정되어 있으며, 주행을 위한 명령 또한 2가지 운동방향에 기반을 둔 지령에 국한된다. 그렇지만 메카넘 구동 시스템의 경우에는, 주행에 필요한 운동에 있어서 Y-축 방향 이동 및 요잉-회전뿐만 아니라, 좌/우진을 수행하는 X-축 방향 이동을 추가로 수행할 수 있다. 그러므로 메카넘 구동 시스템의 주행은 3자유도 운동에 대한 명령을 필요로 하며, 제어시스템 구성 시 운동에 필요한 3가지 정보를 미리 구성하고 경로나 공정에 따라 적절히 지령을 송신하도록 구성되어야 한다.

그러나 일반적인 무인주행차량은 추적(tracking) 기반의 자율주행을 바탕으로, 지정된 경로를 주행 후 특정 위치에 도달하면 시퀀스에 맞춰 공정을 수행하는 시스템을 기반으로 운용되고 있다. 이것은 지정된 라인을 원점으로 하는 상대좌표계 구성을 통하여 레귤레이터 시스템을 구성함으로써, 무인주행제어시스템을 간편하게 구성하도록 한다.

또한, 차량의 위치 인식에 필요한 계측장비와 연산을 최소화 하여 운용 편의성과 비용절감을 모두 충족시킬 수 있는 시스템 구성을 가능하게 한다. 대부분의 공장자동화나 물류 자동화 시스템뿐만 아니라 아마추어용 무인차량 플랫폼이나 교육용 장비에 이르기까지 주행경로가 표시된 바닥면을 따라 움직이는 라인-트래킹 기반의 주행시스템(그림 7.72)을 적용하고 있다. 상대좌표의 원점에 해당하는 경로의 표기는 주로 마그네틱 라인이나 전자기 신호선, 레이저, 비전시스템 기반의 테이핑 라인 등이 사용되고 있다.

메카넘 구동 시스템의 효율적인 운용을 위해 Y-축 방향 이동 및 요잉-회전에 대해서는 기존의 차량시스템과 동일한 명령체계를 통해 시스템 구동방식을 구성하고, X-축 방향 이동과 사선 방향의 주행과 같은 복합 주행이 필요한 경우 출발/정지 신호나 공정신호와 같이 개별 명령을 부여하여 특성화 시키는 기법을 많이 사용하게 된다. 이러한 방식은 2자유도 시스템

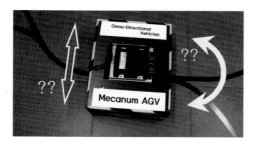

그림 7.72 라인-트래킹 기반의 주행시스템

기반시설과의 호환성을 유지하면서도 메카넘 구동 시스템의 특성을 활용할 수 있는 장점이 있으며, 제어시스템 구성에 있어서도 절대좌표계 기반시설을 필요로 하지 않고 중앙통제 없이 편리하게 전-방향 주행시스템을 구현할 수 있다.

보편적인 반송(搬送)차량의 주행제어는 Y-축 방향 이동을 사용자의 지령에 맞는 서보시스템으로 구성하고, 요잉-회전 이동은 주행방향을 원점으로 하는 레귤레이터로 구성하여 Y-축 방향 이동과 상관없는 경로에 대해서는 항상 지정된 라인을 따라 주행하도록 설계된다.

그렇지만 메카넘 구동 시스템의 경우에는 추가적인 레귤레이터 구성이 필요하며, X-축 방향 이동에 대한 제어를 통하여 차량이 평행이동을 통해 지정된 라인을 벗어나지 않도록 구성한다. 이것은 차량이 좌회전/우회전이 아닌 좌/우진 평행이동을 통해 요잉-회전에 대한 변화없이 트랙을 이탈할 수 있는 전-방향 구동 시스템만의 특성을 고려한 것으로서 차량의 회전과는 선형 독립된 제어를 수행하는 것이 필요하다. 그림 7.73은 메카넘 구동 시스템의 3-자유도 트래킹의 예시이다.

또한 차량 전/후방에 각각 1개씩 위치하는 가이드센서는 개별적으로 동작하지 않고 두 신호의 조합을 통하여 2차원 평면상의 차량의 상대위치를 표현하게 된다. 즉, 한 쌍의 가이드센서를 통해 독립된 2개의 자유도 변위는 상대위치 기반으로 제어기에 송출되며, 사용자는 이것

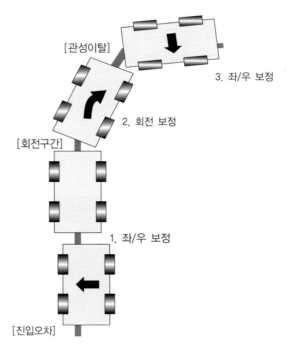

그림 7.73 메카넘 구동 시스템의 3-자유도 트래킹 예시

을 차량의 회전과 좌/우 변위로 인지하고 정상적인 주행궤도에 머무를 수 있도록 레귤레이터 시스템을 구축하게 된다.

이때 차량의 회전방향과 좌/우 경로 이탈을 독립적으로 인지하여 차량이 궤도 진입을 위해 물결치는 듯한 움직임을 보이는 현상을 억제할 수 있으며 회전반경이 작은 구간에서도 차량의 이탈을 방지할 수 있다는 장점이 있다. 그러나 완벽하게 독립되지 않은 2개의 정보를 통해 독립된 2개의 좌표를 원활하게 얻어내기 위해 센서 간 충분한 거리를 유지할 필요가 있다. 뿐만 아니라 센서 하나의 미세한 오류나 노이즈로 인하여 2개 좌표계 모두에 영향을 줄 수 있다는 단점도 존재한다.

7.4.7 메카넘 로봇의 고장진단

지면을 주행하는 메카넘 로봇은 구동 시스템의 고장, 센서의 고장과 같은 내부적인 요인 그리고 구동바퀴의 마모 또는 장애물과의 충돌 등 주변 환경에 의한 외부적인 요인에 의해 고장이 발생할 수 있다. 메카넘 로봇에게 발생하는 갑작스런 고장상황은 주변 작업자의 안전을 위협할 수 있고, 경제적 손실도 일으킬 수 있다. 이런 고장상황을 극복하고 계속 주어진 업무를 수행하기 위해서는 우선 메카넘 로봇 스스로가 고장의 종류 및 발생위치를 정확히 진단할 수 있어야 한다.

메카넘 로봇의 고장을 진단할 수 있는 방법은 다양하다. 기존의 고장진단 방법인 모델기반 방법은 정상적인 상태 그리고 고장상태에 대한 메카넘 로봇의 모델이 필요하다. 하지만 고장 상황이 많을수록 더 많은 고장상태에 대한 모델이 필요하다. 메카넘 로봇의 경우 4개의 모터를 사용하여 메카넘 휠을 각각 제어하기 때문에 1개 또는 2개의 모터 고장에 대해서 총 16가지의 모델이 필요하다. 이런 모델링 과정은 많은 시간을 요구될 뿐만 아니라 정확히 모델링 하는 것도 어렵다. 기계학습을 통해 고장을 진단한다면 이와 같은 문제를 해결할 수 있다. 이 방법은 단순히 고장상황에 대한 학습만으로 구동부의 고장위치를 알 수 있다. 여기서는 기계 학습의 한 종류인 결정트리를 이용하여 메카넘 로봇의 구동부 고장을 진단하는 방법에 대해 소개하기로 한다.

1) 메카넘 로봇의 고장

메카넘 로봇의 경우, 로봇에 부착된 센서의 고장, 로봇을 움직이게 하는 구동부의 고장, 주변 환경에 의한 고장 등 다양한 고장상황이 발생할 수 있다. 여러 고장상황 중 구동부의 고장은 메카넘 로봇의 운동에 큰 영향을 미친다. 특히, 메카넘 로봇은 각 바퀴에 부착된 모터의 회전속도 및 회전 방향에 의해 운동 방향이 결정되기 때문에 메카넘 로봇에서 구동부의 고장은 치명적이다. 그림 7.74에 표시된 바와 같이 메카넘 로봇이 전진운동을 하다가 만일 좌측 앞바퀴가 고장나게 되면 메카넘 로봇이 좌측으로 회전하게 된다.

메카넘 로봇의 어떤 한 바퀴가 고장이 난 경우 이를 신속하게 진단할 수 있다면, 메카넘 로봇의 바퀴가 각각 모터로 구동되기 때문에 그림 7.75와 같이 고장나지 않은 다른 모터들을 적절히 제어함으로써 구동부의 고장상황에 대한 대처가 가능하다. 그림 7.75에 표시된 바와 같이 전진, 후진, 좌측, 우측 이동에 대해 2개의 모터 회전만으로도 같은 방향의 운동을 만들 수 있다.

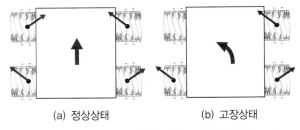

(a) 정상상태   (b) 고장상태

그림 7.74 메카넘 로봇의 정상상태와 고장상태의 운동 비교

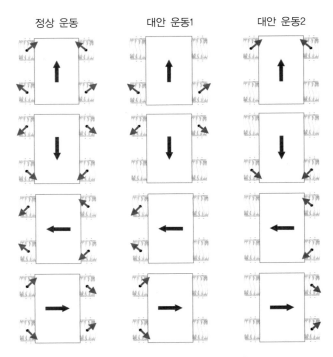

그림 7.75 고장상황에 대한 대안 운동

2) 메카넘 로봇의 고장진단

① 모델기반 고장진단 방법

모델기반 고장진단 방법은 명령에 대한 메카넘 로봇의 파라미터, 상태 또는 상태변화를 예측하여 오차를 비교하여 고장여부를 진단한다. 가장 대표적인 모델기반 고장진단 방법은 다양한 고장상황에 대한 칼만필터 모델을 설계하여 상태 또는 파라미터를 예측하여 고장을 진단하는 방법이다. 이 방법은 고장상황을 설계한 모델에 대해서만 진단할 수 있고 다른 고장상황을 진단할 수 없다는 단점이 있다. 그리고 여러 고장상황들을 설계하는 과정이 어렵고 시간이 많이 걸리는 작업이다. 그림 7.76은 모델기반 방법을 이용하여 이동로봇의 고장을 진단하는 흐름도이다.

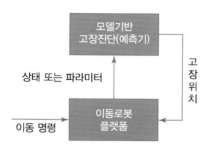

그림 7.76 모델기반 고장진단 흐름도

② 기계학습 방법에 의한 고장진단

기계학습 방법을 이용하여 고장을 진단하는 경우, 모델기반 방법과는 다르게 고장상황에 대한 모델링 과정이 생략된다. 모델링된 고장상황에서만 진단할 수 있는 모델기반 고장진단 방법과는 다르게 기계학습 방법은 다양한 고장상황에 대한 사전 학습만으로 메카넘 로봇의 다양한 고장상황을 진단할 수 있다. 일반적으로 사용되는 기계학습 방법으로는 베이시언 분류기, 서포트 벡터 머신, 신경망 모델, 결정트리, 은닉 마코브 모델 등이 있다. 여기서는 결정트리를 이용한 기계학습 방법을 소개하기로 한다.

• 결정트리를 이용한 기계학습 방법

기계학습은 크게 지도 학습과 비지도 학습으로 나뉘는데, 훈련 집합의 부류(class) 정보를 알고 있으면 지도 학습, 그렇지 않으면 비지도 학습이라 한다. 결정트리는 훈련 집합의 부류 정보를 알고 있는 지도 학습의 한 종류이다. 고장상황에 대한 정보를 알고 있는 훈련 집합들의 특징을 패턴으로 결정트리를 학습하면, 학습된 결정트리를 이용하여 다양한 고장상황의 패

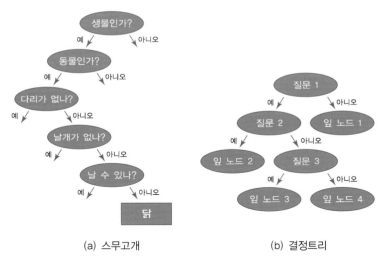

(a) 스무고개   (b) 결정트리

그림 7.77 스무고개와 결정트리 비교

턴을 스스로 분류한다. 다른 지도 학습의 방법인, 다층 퍼셉트론, 서포트 벡터 머신 등과 다르게 결정트리는 학습에 의한 분류 결과를 해석할 수 있는 큰 장점을 가지고 있다.

결정트리는 스무고개 놀이방식과 유사한 원리로 패턴을 분류한다. 그림 7.77에 표시된 바와 같이 스무고개를 통해 질문에 대한 응답결과로부터 정답을 추리하는 것처럼 결정트리도 질문에 대한 응답에 따라 패턴이 분류된다. 스무고개에서 사람이 질문을 만드는 것처럼 결정트리에서는 컴퓨터가 자동적으로 질문을 만들어야 한다. 이 질문을 만드는 과정이 결정트리를 학습하는 과정이다. 결정트리는 노드와 가지로 구성되어 있으며, 노드에는 질문을 포함하고 있으며, 이 질문에 의해 하위노드로 분류된다. 더 이상 하위노드로 분류되지 않는 노드를 잎 노드라고 하며, 잎 노드는 부류정보를 포함하고 있다. 가지는 노드의 질문에 의해 분류되는 샘플을 다음 노드로 보낸다.

③ 특징선택

결정트리를 학습하기 전에 훈련 집합에서 적절한 특징을 선택해야 한다. 어떤 특징을 선택하느냐에 따라 학습시간이 크게 좌우된다. 모터 4개에 부착된 인코더와 로봇 중심에 있는 자이로센서로 부터 측정된 값 또는 측정값을 기구학적 식을 이용하여 변환한 로봇의 운동 상태를 특징으로 선택할 수 있다. 센서 측정값을 특징으로 선택하면 특징이 5차원의 데이터, 즉 각 휠의 각속도$[\dot{\theta}_i(i=1,2,3,4)]$와 로봇 중심에서의 회전각속도(yaw rate) ω 이다.

그러나 앞 절에 있는 기구학적 식 (7.21)에서 식 (7.24)를 이용하면, 각 휠의 각속도($\dot{\theta}_i$(i =1,2,3,4))를 로봇 중심에서의 속도 $\vec{v}$의 x축 및 y축 성분(v_x와 v_y) 그리고 회전각속도 ω로 나타낼 수 있다. 따라서 로봇의 운동 상태를 특징으로 선택하면 특징을 3차원(v_x, v_y, ω)으로 줄일 수 있다.

메카넘 로봇이 이동 중 고장이 발생하면, 전진 및 후진 운동 상태에서는 전진 및 후진 방향의 속도는 정상상태이거나 큰 변화가 없지만 측면 속도와 회전각속도가 크게 변한다. 이와 같은 특징을 이용하면 표 7.12와 같이 메카넘 로봇의 운동 방향별로 좌/우 및 회전 이동 그리고 전/후 및 회전 이동으로 구분하여 특징을 선택하면 3차원 특징을 2차원 특징으로 줄일 수 있다. 이와 같이 특징에 대한 차원을 2차원으로 줄임으로써 결정트리 학습시간을 5차원에 비해 크게 줄일 수 있다.

표 7.12 차원감소를 위한 적절한 특징선택

센서 측정값 (5차원)	운동 상태벡터 (3차원)	이동방향별 상태벡터(2차원)
$\begin{bmatrix} \dot{\theta}_1 \\ \dot{\theta}_2 \\ \dot{\theta}_3 \\ \dot{\theta}_4 \\ \omega \end{bmatrix}$	$\begin{bmatrix} v_x \\ v_y \\ \omega \end{bmatrix}$	좌/우 및 회전 이동
		$\begin{bmatrix} v_x \\ \omega \end{bmatrix}$
		전/후 및 회전 이동
		$\begin{bmatrix} v_y \\ \omega \end{bmatrix}$

④ 결정트리 학습 및 학습결과

결정트리는 질문에 대한 응답결과에 따라 패턴을 분류하므로 결정트리를 학습하는 것은 훈련 집합 분류를 위한 적절한 질문을 만드는 것이다. 질문을 만드는 과정은 전역탐색 과정으로 훈련샘플로부터 만들 수 있는 모든 후보 질문들 중에서 선택한다. 후보 질문들 중 불순도 감소량이 최대인 질문을 선택한다. 불순도는 훈련 집합의 동질성을 측정해주는 기준으로 1에 가까울수록 다른 부류 정보를 가지고 있는 다양한 샘플이 있는 집합이다. 불순도가 0이면 모두 같은 부류 정보를 가진 샘플들로 구성된 집합이다.

$$\text{불순도감소량: } \triangle im(T) = im(T) - \frac{|X_{Tl}|}{|X_T|}im(T_l) - \frac{|X_{Tr}|}{|X_T|}im(T_r) \tag{7.25}$$

여기서 $im(T)$는 노드 T에서의 불순도, $|X_T|$는 노드 T에 포함된 훈련 집합의 크기, 그리

고 $|X_{Tl}|$와 $|X_{Tr}|$는 각각 하위에 있는 왼쪽 및 오른쪽 노드에 포함된 훈련 집합의 크기이다. 또한 $im(T_l)$과 $im(T_r)$은 각각 하위 왼쪽과 오른쪽 노드의 불순도를 의미한다.

$$불순도:\ im(T) = 1 - \sum_{i=1}^{M} P(w_i|T)^2 \tag{7.26}$$

여기서

$$P(w_i|T) = \frac{X_T에서\ w_i에\ 속한\ 샘플의\ 수}{X_T의\ 샘플의\ 수}$$

그리고 w는 부류, M은 부류의 개수를 의미한다.

그림 7.78과 그림 7.79에는 각각 결정트리 학습 알고리즘과 결정트리 인식 알고리즘이 간략히 정리되어 있다.

결정트리 학습을 위해 전진, 후진, 좌측, 우측 이동상황에서 정상적으로 동작하는 상태와 1

```
입력: 훈련 집합 X = (x₁, t₁), ···, (xₙ, tₙ)
알고리즘:
1. 노드 R 하나를 생성한다.
2. T = R;
3. X_T = X;
4. split_node(T, X_T) // 순환함수 호출
5. split_node(T, X_T) {
6.    노드 T에서 후보 질문을 생성한다.
7.    모든 후보 질문의 불순도 감소량을 측정한다.
8.    불순도 감소량이 최대인 질문을 선택한다.
9.    if(노드 T에서 멈춤 조건 만족) {
10.       노드 T에 부류를 할당한다.
11.       return;
12.    }
13.    else {
14.       생성된 질문으로 X_T를 X_Tl와 X_Tr로 나눈다.
15.       새로운 노드 T_L과 T_R을 생성한다.
16.       split_node(T_L, X_Tl);
17.       split_node(T_R, X_Tr);
18.    }
19. }
출력: 결정트리 R
```

그림 7.78 결정트리 학습 알고리즘

```
입력: 결정트리 R, 테스트 샘플 x
알고리즘:
1. T = R;
2. while (T가 비어있지 않는 동안 반복) {
3.    x를 가지고 T의 질문을 계산하고 그 결과를 r이라 한다.
4.    if (r=Yes) T = T의 왼쪽 자식 노드;
5.    else T = T의 오른쪽 자식 노드;
6.    if (T가 잎 노드) {
7.       w = T의 부류;
8.       T를 비운다;
9.    }
10. }
출력: x의 부류 w
```

그림 7.79 결정트리 인식 알고리즘

개의 바퀴에 고장이 발생한 상황에 대해 훈련 집합을 수집한다. 정지 상태에서 3초 동안 이동했을 때, 운동 상태를 훈련 집합으로 한다. 수집된 훈련 집합을 이용하여 결정트리를 학습 알고리즘을 이용하여 학습시킨다. 그림 7.80에 표시된 분포그래프는 각 운동 상황에 대한 훈련

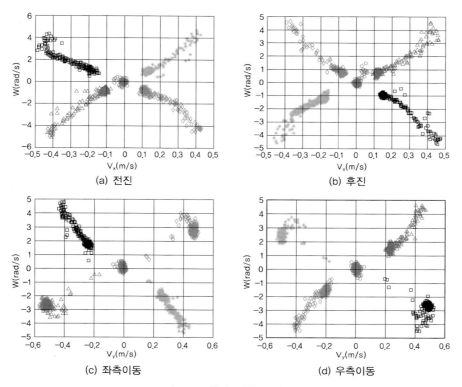

(a) 전진

(b) 후진

(c) 좌측이동

(d) 우측이동

그림 7.80 훈련 집합 특징 분포

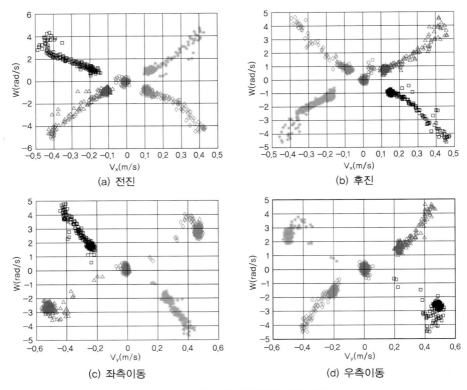

(a) 전진

(b) 후진

(c) 좌측이동

(d) 우측이동

그림 7.81 학습된 결정트리 분류 결과

샘플의 분포를 나타낸다. 그림 7.80의 분포그래프에 표시된 마크 ○, ＋, △, □, ◇는 각각 정상상태 그리고 1번 모터, 2번 모터, 3번 모터 및 4번 모터가 정지된 상태를 나타낸다.

앞에서 언급된 훈련 집합은 학습을 하면서 그림 7.81과 같이 다시 분류된다. 그림 7.81의 분포그래프에 표시된 마크 ○, ＋, △, □, ◇의 의미는 그림 7.80과 동일하다. 그림 7.81의 학습과정 중 분류된 결과와 그림 7.80의 기존의 분류정보를 비교해보면 분포그래프가 동일하다는 것을 확인할 수 있다.

그림 7.82는 학습된 결정트리의 구조를 나타낸다. 모든 트리 구조는 깊이가 4이고 9개의 노드를 가진다. 더 이상 분류가 되지 않는 노드인 잎 노드는 분류 결과인 부류 정보를 가지고 있다. 부류 0은 정상상태를 의미하고, 부류 1은 1번 모터가 정지된 상태, 부류 2, 3, 4는 각각 2, 3, 4번 모터가 정지된 상태를 나타낸다.

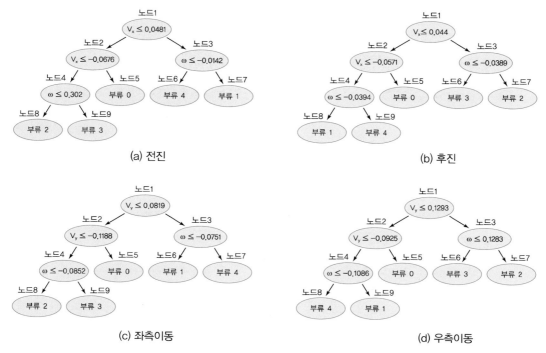

(a) 전진

(b) 후진

(c) 좌측이동

(d) 우측이동

그림 7.82 학습된 결정 트리 구조

⑤ 실험 결과

학습된 결정트리가 메카넘 로봇의 구동부 고장위치를 정확히 진단하는지 실험을 통해 평가하기로 한다. 실험은 약 3초 동안 정상적인 상태로 전진 이동 하다가, 그 이후 각 모터에 전원이 입력되지 않는 고장상황을 부여했을 때, 결정트리의 인식 성능을 평가한다. 그림 7.83은 전진 이동 시 모터 고장진단 성능 평가를 나타낸다. 그림 7.83에 표시된 선, 즉 ——, ---, − −, −·는 각각 휠 #1, #2, #3, #4의 속력을 나타낸다. 메카넘 로봇은 전진 이동 시 시험운동에 대해서 모터의 고장 위치를 정확히 진단하는 것을 확인할 수 있다. 여기에는 지면상 나타내지 않았지만 후진, 우측 및 좌측의 경우에도 정확히 진단하는 것을 확인하였다.

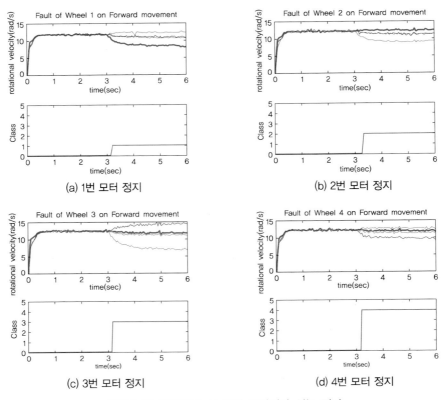

(a) 1번 모터 정지   (b) 2번 모터 정지

(c) 3번 모터 정지   (d) 4번 모터 정지

그림 7.83 전진운동 시 모터 고장진단 성능 평가

7.4.8 용적 가변형 전방향 물류대차(특허출원서 작성 예 2)

명세서

【발명의 명칭】

용적 가변형 전방향 물류대차{Variable transporting vehicle}

【기술분야】

본 발명은 용적 가변형 전방향 물류대차에 관한 것으로, 수화물의 부피에 맞게 크기 조절이 되는 용적 가변형 전방향 물류대차에 관한 기술이다.

【발명의 배경이 되는 기술】

현재 자동화 물류 공정에서 물류의 크기나 형태, 특성에 따라 여러 형태의 운반 차량이 적용되고 있다. 예전의 소품종-대량-생산 방식에서 다품종-소량-생산 방식으로 전환됨에 따라 다양한 형태의 물류 운반 차량이 개발되고 있다. 최근에는 상품의 개발 및 제품화 주기가 갈수록 줄어들고 있기 때문에 물류의 규격화 및 자동화가 어려운 실정이다.

【선행기술문헌】

【특허문헌】

KR 10-2011-0066309(A)

【발명의 내용】

【해결하고자 하는 과제】

본 발명은 상기와 같은 문제점을 해결하기 위하여 안출된 것으로, 물류의 수량이나 크기에 적절하게 대응할 수 있는 용적 가변형 전방향 물류대차를 제공하고자 하는 데 그 목적이 있다.

【과제의 해결 수단】

상기와 같은 목적을 달성하기 위하여 본 발명은 전-방향 물류 대차는 메카넘 휠 이라는 특수한 휠을 이용하여 각각의 바퀴를 모터로 개별 제어하여 전후/좌우/사선/제자리 회전이 가능하도록 개발된 물류 대차이다. 이러한 전-방향 물류 대차의 구동 특성을 이용하여 각 바퀴의 구동력을 대차의 면적을 가변시킬 수 있는 용적 가변력에 적용하여 물류의 개수나 크기, 면적, 무게의 변화에 대응 가능한 것을 특징으로 한다.

【발명의 효과】

상기와 같은 구성의 본 발명에 따르면, 다음과 같은 효과를 기대할 수 있을 것이다.

- 물류의 종류나 크기에 따라 이송기기의 양적 능력을 탄력적으로 변화시킴으로서 적재물의 형상과 부피에 대한 다양성에 대응할 수 있음.
- 항공 자재, 자동차 부품, 철강 생산뿐만 아니라, 소재의 가변성이 높은 가공산업 등 산업 전반에 걸친 물류 공정 시스템에 적용 가능.
- 수량 변화에 탄력적이며 복수 물류이송기기의 필요성을 지양하고, 군집 또는 다수의 이송 기기 제어를 위한 비용 절감효과 및 상대적으로 용이한 하역과정을 기대.
- 산업용 규격의 시제품을 개발하여 중·소규모 공정에 적용하고 개발된 기술력을 바탕으로 대규모 물류 공정 시스템에 적용 가능.
- 전동대차 뿐만 아니라 지게차, 크레인 등과 같은 기기 사용 중인 물류이송기기에 적용가능.

【도면의 간단한 설명】

도 1은 본 발명의 바람직한 실시 예에 따른 용적 가변형 전방향 물류대차의 사시도.

도 2는 도 1의 평면도.

도 3은 본 발명의 바람직한 실시 예에 따른 용적 가변형 전방향 물류대차의 사용 예시도.

도 4는 도 3의 평면도.

【발명을 실시하기 위한 구체적인 내용】

이하, 첨부된 도면을 참고로 본 발명의 바람직한 실시예에 대하여 설명하기로 한다.

도 1은 본 발명의 바람직한 실시 예에 따른 용적 가변형 전방향 물류대차의 사시도, 도 2는 도 1의 평면도, 도 3은 본 발명의 바람직한 실시 예에 따른 용적 가변형 전방향 물류대차의 사용 예시도, 도 4는 도 3의 평면도이다.

이상과 같이 본 발명은 용적 가변형 전방향 물류대차를 제공하는 것을 기본적인 기술적인 사상으로 하고 있음을 알 수 있으며, 이와 같은 본 발명의 기본적인 사상의 범주 내에서, 당업계의 통상의 지식을 가진 자에게 있어서는 다른 많은 변형이 가능함은 물론이다.

특허청구범위

【청구항 1】

전-방향 물류 대차는 메카넘 휠이라는 특수한 휠을 이용하여 각각의 바퀴를 모터로 개별 제어하여 전후/좌우/사선/제자리 회전이 가능하도록 개발된 물류 대차이다. 이러한 전-방향 물류 대차의 구동 특성을 이용하여 각 바퀴의 구동력을 대차의 면적을 가변시킬 수 있는 용적 가변력에 적용하여 물류의 개수나 크기, 면적, 무게의 변화에 대응 가능한 것을 특징으로 하는 용적 가변형 전방향 물류대차.

요약서

【요약】

본 발명은 전-방향 물류 대차는 메카넘 휠이라는 특수한 휠을 이용하여 각각의 바퀴를 모터로 개별 제어하여 전후/좌우/사선/제자리 회전이 가능하도록 개발된 물류 대차이다. 이러한 전-방향 물류 대차의 구동 특성을 이용하여 각 바퀴의 구동력을 대차의 면적을 가변시킬 수 있는 용적 가변력에 적용하여 물류의 개수나 크기, 면적, 무게의 변화에 대응 가능한 것을 특징으로 한다.

【도면】

【도 1】

【도 2】

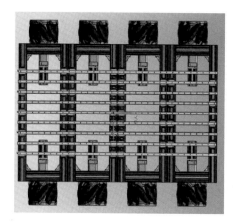

【도 3】

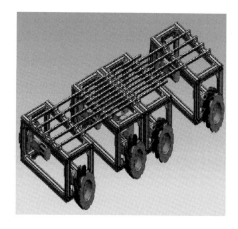

【도 4】

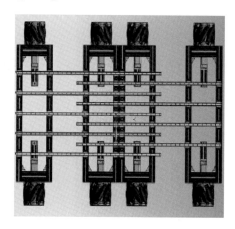

7.4.9 메카넘 컨베이어(특허출원서 작성 예 3)

명세서

【발명의 명칭】

메카넘 컨베이어{a mecanum conveyor}

【기술분야】

본 발명은 메카넘 컨베이어에 관한 것으로서, 메카넘 휠을 이용하여 표준 파렛트의 운반 및 하역의 자동화 능력을 향상시키고 소형 및 대형 물류의 효율적 취급이 가능한 메카넘 컨베이어에 관한 것이다.

【발명의 배경이 되는 기술】

메카넘 휠(mecanum wheel)은 다양한 방향으로 구동력을 가할 수 있는 바퀴의 일종으로 많은 로봇과 응용 기계에서 사용되고 있다.

메카넘 휠은 특수 목적을 위하여 개발된 전방향(omni-directional) 휠의 한 형태로 다수의 롤러와 림휠이 기구학적으로 결합되어 있다. 가장 많이 사용되고 있는 분야는 AGV의 전우/좌우/사선/회전 구동을 수행하기 위하여 일반적인 바퀴 대신에 메카넘 휠을 이용한다.

최근, FTA의 발효와 함께 물류량이 증가하고 물류비용이 늘어나고 있는 가운데 물류의 표준화, 자동화가 진행됨에 따라 지능화된 하역 및 운반기계의 요구가 증가하고 있기 때문에 물류 환경에 능동적이고 유연성을 갖춘 하역/운반기계의 필요성이 대두되고 있다.

이러한 메카넘 휠에 관련된 선행기술에는 이스라엘 특허청에 출원된 204199(2010.02.28), 대한민국특허청에 출원된 공개특허공보 제10-2013-0031693호, 제10-2012-0122150호 등이 있다.

특히, 메카넘 휠을 이용한 컨베이어는 다수의 메카넘 휠(mecanum wheel)이 하나의 회전축에 연결되어 화물이나 파렛트의 크기에 상관없이 모든 휠에서 이송력을 부여하며 화물의 크기에 따라 방향전환이 자유롭지 못하다.

도 1은 종래의 메카넘 휠을 이용한 컨베이어를 도시하는 개념도이다.

도 1에 도시된 바와 같이 하나의 회전축(10)에 다수의 휠(20)을 구동해야 되기 때문에 고용량의 모터와 모터 드라이버가 필요하다는 문제점이 있다.

【발명의 내용】

【해결하고자 하는 과제】

본 발명에 따른 메카넘 컨베이어는 소형 크기의 표준파렛트에서부터 대형의 컨테이너까지 다양한 크기와 무게의 물류를 능동적으로 하역 및 운반하고 효율적인 하역을 위하여 적재된 상태에서도 물류의 위치나 방향을 조절하여 사용자가 원하는 형태로 작업을 진행할 수 있도록 하여 자동화 공정 환경의 변화에도 유연성을 갖춘 컨베이어를 제공하는 데 그 목적이 있다.

【과제의 해결 수단】

본 발명에 따른 메카넘 컨베이어는 몸체와, 상기 몸체에 다이아몬드 형태로 설치되는 4개의 메카넘 휠과, 상기 메카넘 휠에 각각 설치되는 하중 센서와, 상기 하중 센서를 통해서 유입되는 신호에 따라서 상기 4개의 메카넘 휠을 제어하도록 상기 몸체의 중심에 설치되는 마이크로프로세서를 포함하는 4개의 메카넘 컨베이어 유니트를 연결하여 사각 형태로 결합하되, 각 마이크로프로세서를 제어하는 중앙 마이크로프로세서 통해서 각 메카넘 휠을 제어하는 것을 특징으로 한다.

【발명의 효과】

본 발명에 따른 메카넘 컨베이어는 다이아몬드 형태로 설치되는 4개의 메카넘 휠을 마이크로프로세서를 통해서 제어하고 하중 센서에 따라서 중앙 마이크로프로세서를 통해서 각 마이크로프로세서를 제어하는 구조를 통해서 소형 크기의 표준파렛트에서부터 대형의 컨테이너까지 다양한 크기와 무게의 물류를 능동적으로 하역 및 운반하고 효율적인 하역 작업을 수행할 수 있다는 장점이 있다.

【도면의 간단한 설명】

도 1은 종래의 메카넘 휠을 이용한 컨베이어를 도시하는 개념도.
도 2는 본 발명의 바람직한 일실시예에 따른 메카넘 컨베이어의 동작 예시도.
도 3은 도 2의 변화도.
도 4는 본 발명의 바람직한 일실시예에 따른 메카넘 컨베이어의 또 다른 동작 예시도.

【발명을 실시하기 위한 구체적인 내용】

이하에서는 첨부된 도면을 참조하여 본 발명의 바람직한 일실시예를 상세하게 설명하고자 한다.

도 2는 본 발명의 바람직한 일실시예에 따른 메카넘 컨베이어의 동작 예시도이다.

도 2에 도시된 바와 같이 본 발명에 따른 메카넘 컨베이어는 다이아몬드 형태로 설치되는 4개의 메카넘 휠(20)과, 상기 메카넘 휠에 각각 설치되는 하중 센서(40)와, 상기 하중 센서(40)를 통해서 유입되는 신호에 따라서 상기 4개의 메카넘 휠을 제어하도록 상기 몸체의 중심에 설치되는 마이크로프로세서(30)를 포함하는 4개의 메카넘 컨베이어 유니트(100)를 연결하여 사각 형태로 결합하되, 각 마이크로프로세서(30)를 제어하는 중앙 마이크로프로세서(50)를 포함하여 이루어진다.

4개의 메카넘 휠(20)이 하나의 제어장치(MCU)인 마이크로프로세서(30)에 의해 제어되고 총 4개의 유니트(100)로 이루어지며 4개의 마이크로프로세서(30)는 중앙제어장치(Central MCU)인 중앙 마이크로프로세서(50)에 의해서 통제된다.

각 메카넘 휠(20)에 움직임이나 하중 등을 감지할 수 있는 하중센서(40)를 부착하여 마이크로프로세서(30)로 출력값을 보내고 마이크로프로세서(30)에서는 센서값을 미리 설정하여 설정된 값 보다 높은 센서값이 될 경우 마이크로프로세서(30)로 하여금 구동신호를 보내도록 허락한다.

도 2에 도시된 바와 같이 2사분면에 파렛트(1)가 적재되는 경우 2사분면의 마이크로프로세서가 센서값을 감지하여 조이스틱과 같은 컨트롤러를 이용하여 횡이동 신호를 보내면 그 신호에 해당하는 알고리즘이 마이크로프로세서에 내장되어 있는 알고리즘을 통하여 4개의 메카넘 휠이 도 2와 같이 화살표 방향으로 회전을 하게 되고 최종적으로 파렛트(1)는 큰 화살표 방향으로 움직이게 된다.

도 3은 도 2의 변화도이다.

도 3에 도시된 바와 같이 2사분면과 1사분면이 동시에 파렛트(1)가 걸치는 순간 1사분면의 마이크로프로세서에도 센서값이 측정되어 총 8개의 휠이 중앙 마이크로프로세서(50)의 신호를 받아 구동하여 사용자가 원하는 방향으로 파렛트(1)를 이동시키게 된다. 여기서, 종이동도 똑같은 원리를 이용하여 작동하게 된다.

도 4는 본 발명의 바람직한 일실시예에 따른 메카넘 컨베이어의 또 다른 동작 예시도이다. 도 4에 도시된 바와 같이 사선이동은 좌우/전후진과는 달리 2사분면에서 사선으로 이동하면서 4개의 마이크로프로세서에 모두 센서값이 부여되기 때문에 4개의 마이크로프로세서로부터 같은 알고리즘이 적용되어 총 8개의 메카넘 휠이 그림과 같이 회전하게 되고 빨간색의 구동력이 발생하여 파렛트(1)를 사선으로 이동시킨다.

이상과 같이 본 발명은 메카넘 휠을 이용한 컨베이어를 제공하는 것을 주요한 기술적 사상으로 하고 있으며, 도면을 참고하여 상술한 실시 예는 단지 하나의 실시 예에 불과하므로 본 발명의 진정한 범위는 특허청구범위에 의해 결정되어야 한다.

【부호의 설명】

1: 파렛트

20: 메카넘 휠

30: 마이크로프로세서

40: 하중센서

50: 중앙 마이크로프로세서

100: 유니트

특허청구범위

【청구항 1】

몸체와, 상기 몸체에 다이아몬드 형태로 설치되는 4개의 메카넘 휠과, 상기 메카넘 휠에 각각 설치되는 하중 센서와, 상기 하중 센서를 통해서 유입되는 신호에 따라서 상기 4개의 메카넘 휠을 제어하도록 상기 몸체의 중심에 설치되는 마이크로프로세서를 포함하는 4개의 메카넘 컨베이어 유니트를 연결하여 사각 형태로 결합하되, 각 마이크로프로세서를 제어하는 중앙 마이크로프로세서 통해서 각 메카넘 휠을 제어하는 것을 특징으로 하는 메카넘 컨베이어.

요약서

【요약】

본 발명은 메카넘 컨베이어에 관한 것으로서, 본 발명에 따른 메카넘 컨베이어는 몸체와, 상기 몸체에 다이아몬드 형태로 설치되는 4개의 메카넘 휠과, 상기 메카넘 휠에 각각 설치되는 하중 센서와, 상기 하중 센서를 통해서 유입되는 신호에 따라서 상기 4개의 메카넘 휠을 제어하도록 상기 몸체의 중심에 설치되는 마이크로프로세서를 포함하는 4개의 메카넘 컨베이어 유니트를 연결하여 사각 형태로 결합하되, 각 마이크로프로세서를 제어하는 중앙 마이크로프로세서 통해서 각 메카넘 휠을 제어하는 것을 특징으로 한다.

【도면】

【도 1】

【도 2】

【도 3】

【도 4】

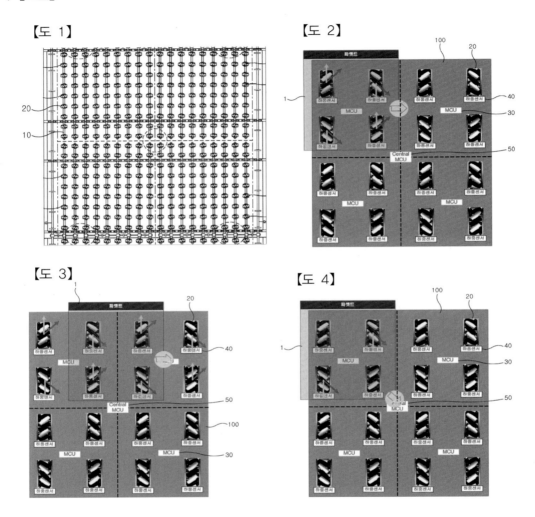

CREATIVE ENGINEERING DESIGN

부 록

부록 1. 특허출원서 작성법

1. 특허출원서의 구성

특허출원서는 특허 받을 권리를 가진 자가 특허권을 목적으로 국가에 내는 원서로, 발명에 대한 특허의 부여를 요구하는 객관적 의사표시 문서이다. 그림 A.1은 국내에서 특허를 출원하기 위하여 작성해야 할 내용이 정리되어 있는 특허출원서 양식이다.

특허출원서는 크게 3부분으로, 즉 명세서, 요약서 그리고 도면으로 구성되어 있다. 여기서는 요약서와 도면에 대해서만 설명하기로 하고, 명세서에 대한 내용은 다음 절에서 설명하기로 한다.

【명세서】

【발명(고안)의 명칭】 ☞ 서지기능
【발명(고안)의 상세한 설명】 ☞ 기술문서__ 당해 발명의 해설서 기능
　【기술분야】
　【배경기술】
　【발명(고안)의 내용】
　　【해결하고자 하는 과제】
　　【과제의 해결 수단】
　　【효과】
　【발명(고안)의 실시를 위한 구체적인 내용】
　　(【실시예】)
　(【산업상 이용가능성】)
【특허(실용신안등록)청구범위】☞ 권리문서, 심사(심판) 대상
　【청구항 1】
【도면의 간단한 설명】 ☞ 도면 설명기능

　　　　　　　　　　　　　　　【요약서】
【요 약】
【대표도】
【색인어】

　　　　　　　　　　　　　　　【도면】
【도 1】

〈국내 특허출원서 양식〉

요약서는 기술정보를 제공하기 위해 작성하며, 권리해석에는 영향을 주지 않는다. 요약서는 요약, 대표도 그리고 색인어로 구성되어 있으며, 기술 분야, 해결하고자 하는 과제, 과제 해결 수단, 효과 등을 간략히 기술한다. 색인어는 발명을 구성하는 내용과 관련된 주요 색인어를 5개 이상 10개 이하로 기재하며, 필요한 경우에는 명세서에 없는 용어도 사용이 가능하고, 복합 단어는 띄어 써야 한다.

그리고 도면은 발명의 내용을 이해하기 위한 명세서의 보조 자료로서, 발명의 종류(물건 또는 방법)에 따라 필요한 경우에만 첨부하는 임의적인 사항이지만, 실용신안등록출원의 경우에는 필수적이다.

2. 명세서

명세서는 특허를 받고자 하는 발명의 기술적인 내용을 문장을 통하여 명백하고 상세하게 기재한 문서이다. 명세서는 발명의 보호와 이용이라는 특허제도의 목적을 달성하기 위해 요구되는 것이다.

또한, 무형의 기술적 사상인 발명을 객관적, 구체적으로 파악하는 것이 어렵기 때문에, 특허법은 명세서의 기재정도를 엄격하게 요구하고 있다. 명세서는 일반적으로, 심사, 심판의 대상이 되며, 기술문헌, 권리서로서의 역할을 한다.

1) 명세서 작성 일반원칙

명세서는 당업자가 명세서를 보고 용이하게 실시할 수 있을 정도로 목적, 구성, 효과를 기재하여야 한다(제42조제3항). 최근 발명자에게 기재의 자유도를 주어 기재형식에 구애됨이 없이 제3자가 쉽게 이해하고 실시할 수 있도록 기재요건이 완화되었다.

또한, 명세서는 국어주의를 원칙으로 한다. 국어 표현에 의해 이해될 수 없는 용어는 1회에 한해 영문 또는 한자를 괄호 속에 병기한다. 외국어는 국어의 로마자 표기법에 따르고 원어를 병기해야 한다.

문장/품사론을 고려한다. 주어와 서술어의 관계를 명확히 하고, 특히 필요한 목적어는 빠뜨리지 않도록 주의한다. 문장은 가급적 단문으로 표현하며 복문이나 중문을 피하고, 적절한 접속어를 써서 각 단락 및 내용을 구분하도록 한다. 용어는 전체적으로 통일하여야 하며, 기술용어는 학술용어를 사용하되 우리말 표준용어를 사용하고, 한글로 이해하기 어려운 용어는 (　) 안에 한자 또는 원어를 병기하여 그 의미를 명확히 하여야 한다. 한글로 이해하기 어려운 용어를 한자 또는 원어로 병기하지 않을 경우 발명을 명확하게 파악하기 곤란하여 거절될 수 있으며, 또한 특허를 받은 후에는 권리범위가 명확하게 특정되지 않아 무효로 되거나 권리의 행사시 불이익을 받을 수 있다. 다만, 단위는 C.G.S.(센티미터, 그램, 초) 단위로 표시하고 어떤 용어를 특별한 의미로 사용할 경우에는 그 의미를 명세서에 미리 정의하고 사용하여야 한다.

2) 발명의 명칭

발명의 내용을 나타내는 부분으로서 발명의 검색 등을 용이하게 하기 위한 부분으로, 발명의 내용에 따라 간단, 명료하게 기재해야 하며, 특허청구범위의 모든 카테고리를 포함하도록 기재하고, 특허청구범위의 청구항 말미의 용어와 일치시켜야 한다. 또한, 성능, 개인의 이름, 상표 등 발명과 무관한 내용은 사용 금지하고, 발명이 복수 개인 경우에는 발명의 명칭을 병렬적으로 기재한다. "개량된"과 같은 극히 추상적인 성능만을 나타내는 표현은 발명의 명칭으로 적합하지 않다.

3) 발명의 상세한 설명

원칙적으로 【기술 분야】, 【배경기술】, 【발명(고안)의 내용】, 【발명(고안)의 실시를 위한 구체적인 내용】 및 (【산업상 이용가능성】)란으로 구분하여 기재하며, 그 내용은 그 발명이 속하는 기술 분야에서 통상의 지식을 가진 자가 그 발명을 쉽게 이해하고 또한 쉽게 실시할 수 있도록 「특허법」 제42조제3항 및 「특허법 시행규칙」 제21조제3항에 따라 명확하고 상세하게 기재해야 한다.

① 기술 분야

발명이 속하는 기술 분야를 기재한다. 분야를 좁게 기술할 필요가 없으며, 발명의 특징을 장황하게 적지 않도록 한다.

② 배경기술(종래기술)

발명의 이해, 선행기술 조사 및 심사에 유용하다고 생각되는 종래의 기술을 기재하고, 출원인이 종래기술의 문헌정보를 알고 있을 때에는 이를 함께 기재하는 것이 바람직하다. 회사 내에서만 알려져 있고, 문헌이나 제품으로 알려지지 않은 기술과 본 발명전에 출원이 되었지만 아직 공개가 되지 않은 기술은 종래기술로 언급하여서는 안 된다. 또한, 종래기술은 필요 이상으로 상세하게 기재하는 경우, 본 발명의 특화된 내용이 진보성이 없다고 판단될 우려가 있다.

③ 해결하고자 하는 과제

발명이 해결하고자 하는 과제를 종래기술과 관련하여 기재한다. 특허청구범위에 기재된 발명이 내는 직접적인 효과에 대응하는 목적을 기재하며, 국내의 경우 각 카테고리별로 하나의 목적을 기재한다. 미국은 카테고리와 상관없이 다수의 목적(발명의 효과에 해당하는 사항까지)을 기재할 수 있다.

④ 과제 해결수단

어떤 해결수단에 의해서 해당 과제가 해결되었는지를 기재하며, 일반적으로는 특허를 받고자 하는 발명이 해결수단 그 자체가 된다. 기술적 수단은 채택한 기구, 수단, 방법, 공정, 재료 또는 이들의 조합을 연구, 사용, 선택하였는가를 명확히 기재한다.

⑤ 효과

필수 구성 요소로부터 발생되는 특유의 효과를 기재하며 종래기술에 비하여 보다 유리한 효과를 기재한다. 국내의 경우 각 기술적 과제별로 효과를 기재하나 미국의 경우는 효과 기재에 대하여 엄격하지 않다.

⑥ 발명의 실시를 위한 구체적인 내용

그 발명이 속하는 기술 분야에서 통상의 지식을 가진 자가 그 발명이 어떻게 실시되는지를 쉽게 알 수 있도록 그 발명의 실시를 위한 구체적인 내용을 적어도 하나 이상, 가급적 여러 형태로 기재한다. 필요한 경우에는 [실시예]란을 만들어 기재하고, 도면이 있는 경우 그 도면에 대한 설명을 기재한다. 발명의 실시를 위한 구체적인 내용은 상세한 설명의 가장 실체적인 부분이며, 도면을 참조해가며, 도면부호를 병기하여 기술함이 바람직하다.

상세한 설명의 기능이 특허청구범위를 지지하고 해석할 수 있도록 하는 것이라는 점을 고려하여, 특허청구범위의 모든 구성을 설명한다.

⑦ 산업상 이용가능성

특허를 받고자 하는 발명이 산업상 이용 가능한 것인지 여부가 불분명할 때 그 발명의 산업상 이용방법, 생산방법 또는 사용방법 등을 기재한다. 대부분의 경우 산업상 이용가능성은 명세서의 다른 기재 사항으로부터 충분히 유추가 가능하므로 별도의 기재는 필요하지 않다.

4) 특허청구범위

특허청구범위는 권리서로서 기능을 한다. 가능한 한 넓은 보호 범위를 획득할 수 있는 청구범위를 작성하는 것이 명세서 작성의 핵심이다. 종래기술과 구분되는 한도 내에서 가장 넓은 청구항을 작성하여야 하고, 가장 넓은 청구항을 작성하기 위해서는 발명의 필수구성요소들을 추출하여 신규 구성요소를 강조하고, 불필요한 한정과 구성 요소는 삭제한다.

【특허청구범위】란의 【청구항】란은 독립청구항(이하 "독립항"이라 함)을 기재하며, 그 독립항을 한정하거나 부가하여 구체화하는 종속청구항(이하 "종속항"이라 함)을 기재할 수 있다. 이 경우 필요한 때에는 그 종속항을 한정하거나 부가하여 구체화 하는 다른 종속항을 기재할 수 있다. 청구항은 발명의 성질에 따라 적정한 수로 기재하고, 종속항을 기재할 때에는 독립항 또는 다른 종속항 중에서 1 또는 2 이상의 항을 인용하여야 하며, 인용되는 항의 번호를 기재하여야 한다. 2 이상의 항을 인용하는 청구항은 인용되는 항의 번호를 택일적으로 기재하여야 한다. 2 이상의 항을 인용한 청구항에서 그 청구항의 인용된 항은 다시 2 이상의 항을 인용하는 방식을 사용하여서는 안 된다. 2 이상의 항을 인용한 청구항에서 그 청구항의 인용된 항이 다시 하나의 항을 인용한 후에 그 하나의 항이 결과적으로 2 이상의 항을 인용하는 방식에 대하여도 같다.

또한, 발명의 기술적 특징을 이해하기 위하여 필요한 경우에는 도면의 인용부호를 특허청구범위에 기재할 수 있으며, 인용되는 청구항은 인용하는 청구항보다 먼저 기재하여야 한다. 각 청구항은 항마다 행을 바꾸어 기재하고, 그 기재하는 순서에 따라 다음 예와 같이 아라비아숫자로 일련번호를 붙여야 한다.

> [예] 【청구항 1】
> ·····(독립항)
> 【청구항 2】
> 청구항 1에 있어서 ···(종속항)
> 【청구항 3】
> 청구항 2에 있어서 ···(종속항의 종속항)
> 【청구항 4】
> ·····(독립항)
> 【청구항 5】
> 청구항 4에 있어서 ···(종속항)

5) 도면의 간단한 설명

각 도면이 무엇에 관한 것인지를 구별할 수 있을 정도로 기재한다.

[제목: 3점 슛 농구로봇]

1. 서론

1) 설계목표 및 배경

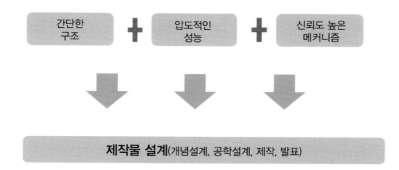

2) 설계요구사항

재료 및 규격		설계 제작 규칙
•서보모터(4개)	•DC12V, 2.4A	• 제작 규격: 300*300*300 mm, 무게 4 kg 이하
•브래킷(바퀴고정)	•ϕ25*15	
•베크라이트	•200*300*10t	• 공은 제작물 내에 놓이며 따라서 공이 놓이는 저장 공간을 만들어야 함
•나무막대(MDF)	•300*300*9t	
•스위치	•On－Off	
•압축 스프링	•ϕ10*100	• 공을 저장하는 장소는 로봇 자체에 넣는 부분이라고 생각하며 지급 받는 장소는 공을 수동으로 지급해 주는 장소로 구별
•인장 스프링	•ϕ10*100	
•PCB기판	•1세트	
•전원케이블	•5세트	• 제작물의 이동, 공 잡기, 투척의 반복적 작동 메커니즘이 제어기에 의해 작동되도록 제작하여야 하며, 작동은 모두 제어기에 의해 조정 되어야 함(즉, 공 발사 후 재 발사를 위한 작동 과정은 모두 제어기에 의해 작동되어야 함)
•PVC판	•250*250*2t	
•알루미늄판	•200*300*2t	
•사각 강철막대	•4*4*300	
•볼베어링	•1세트	
•휠 타이어(2개)	•CP721－9000	
•PVC파이프	•내경70*300 mm	
•테니스 공	•ϕ64	

3) 설계 시 문제점

다음 네 가지 문제들이 설계 당시 많은 고민을 하게 만들었다.

용수철이 공을 발사 시킬 수 있는 힘을 가지고 있는가? 공을 던지는 추진력의 문제	활대가 용수철의 힘을 어느 정도 버틸 수 있는가? 재료의 강성 문제	발사 후, 재장전은 어떻게 할 것인가? 메커니즘의 문제	로봇이 구동 될 때, 컨트롤러로 모든 제어가 가능한가? 제작 규칙 이행의 문제

2. 본론

1) 개념설계

① 제작물의 공학적 원리

"발포하라!"	
A. 지렛대의 원리 – 힘점과 작용점 각 점에 작용한 힘과 각 점과 받침점 사이의 거리의 곱은 서로 같다는 원리 – 이를 이용해 활대의 길이를 더 길게 늘이면, 적은 힘으로 도 공을 쉽게 멀리까지 날릴 수 있음.	**B. 훅의 법칙** – 고체에 힘을 가하여 변형시키는 경우, 힘이 항복응력을 넘지 않는 한 변형의 양은 힘의 크기에 비례 – 다시 말하면, 탄성 계수가 높은 용수철에 힘을 가해 늘여뜨리면, 용수철은 훅의 법칙에 의해 받은 힘 만큼 외부에 일을 하게 됨.
"공과 활대를 재장전하라!"	
A. 기어 – 한 쌍의 원통과 원뿔에 이를 만들어 서로 맞물려 운동을 전달하는 기계 요소. – 이를 이용해 모터의 운동을 여러 운동으로 변환 가능하며, 특히 이 제작물에 사용된 "간헐 기어"는 동력 전달을 조절할 수 있다.	**B. 중력** – 지표 근처의 물체를 연직 아래 방향으로 당기는 힘 – 공이 지나 다니는 통로를 기울이면, 모터 같은 추가 동력 없이도, 공을 이동 시킬 수 있다.

② 제작물의 주요기능과 하위기능

주요기능 ↕ **하위기능**	• 공을 쏘아 올리기 위한 추진력 생산 기능 • 활대를 재장전하기 위한 활대 재장전 기능 • 공을 하나씩 활대에 운반하는 공 재장전 기능 • 제작물을 발사 지점까지 이동시키기 위한 이동기능

2) 구체설계

① 아이디어 구현을 위한 작업

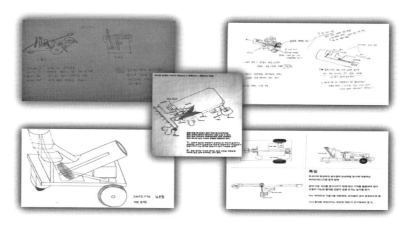

- 20**년 3월 15일 첫 번째 모임을 가지고, 각각 개인별로 구상도를 작성하여 두 번째 모임 때 구상도를 가지고 토의를 진행하기로 함.
- 20**년 3월 19일 두 번째 모임을 가지고, 구상도를 종합하여 초안 아이디어를 생성함.

  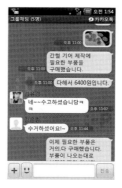

- 두 번째 모임 이후, 조원들 개개인의 스케줄 문제로 오프라인 논의가 어려워지자, 스마트폰 어플 "카카오톡"을 통한 상호작용을 구상
- 초기 정착이 어려웠으나, 이후 안정적으로 정착되며 공지사항이나 Instant 논의, 긴급 논의, 친목도모 등 오프라인에서 해결하지 못하는 문제를 해결함. 이로 인해 시간과 이동 비용이 절약됨.

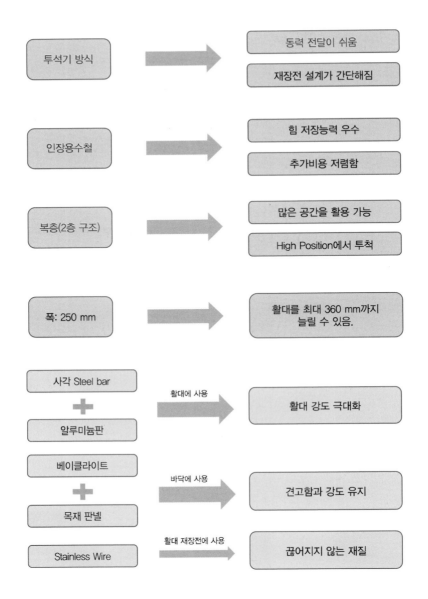

투석기 방식 → 동력 전달이 쉬움 / 재장전 설계가 간단해짐

인장용수철 → 힘 저장능력 우수 / 추가비용 저렴함

복층(2층 구조) → 많은 공간을 활용 가능 / High Position에서 투척

폭: 250 mm → 활대를 최대 360 mm까지 늘릴 수 있음.

사각 Steel bar + 알루미늄판 — 활대에 사용 → 활대 강도 극대화

베이클라이트 + 목재 판넬 — 바닥에 사용 → 견고함과 강도 유지

Stainless Wire — 활대 재장전에 사용 → 끊어지지 않는 재질

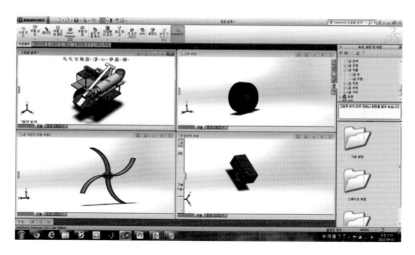

- CAD 프로그램인 Solidworks 2012를 사용하여, 각 부품을 3D 모델링 하고, 모델링한 부품을 컴퓨터상에서 조립
- 초기에는 추가 점수 획득을 목표로 CAD를 사용하였으나, CAD 사용이 부품 설계 미숙으로 인한 제작 실수를 방지해, 제작물 제작 비용을 크게 절감할 수 있는 것으로 확인되어, 이후 보다 적극적으로 사용함.

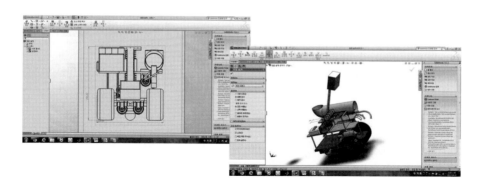

- 부품을 CAD상에서 조립하고, 조립한 형태가 규칙이 요구하는 치수를 초과하지 않는지 확인
- 부품이 서로 충돌하여 구동되는 데 문제가 없는지, CAD 내에서 충돌 검사를 실시하여 확인

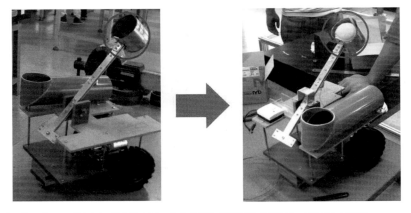

- 지속적인 성능 테스트에서 공 재장전 부분 메커니즘의 신뢰도가 떨어지는 현상을 발견함.
- 공 재장전이 더 용이하도록, 레일의 구조를 개선하고 공이 들어가는 부분을 깎아내어 공 재장전 매커니즘의
  신뢰도를 향상시킴.

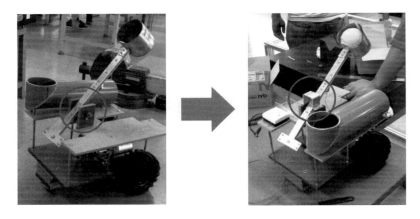

- 지속적인 성능 테스트를 통해, 발사 각도를 고정하고, 이를 최적화하는 작업이 필요함을 알게 됨.
- 최적의 발사 각도 75도를 찾아내고, 각도 고정을 위해 활대 고정부분에 각도 고정 장치를 부착, 활대에 설치된
  와이어 길이 조정

② 부품설계도

상판

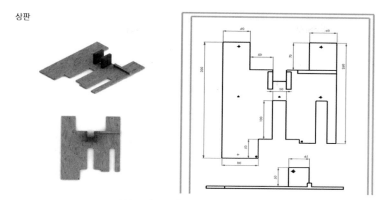

Wood Bar(MDF : 300*300*6) 재료 사용

활대

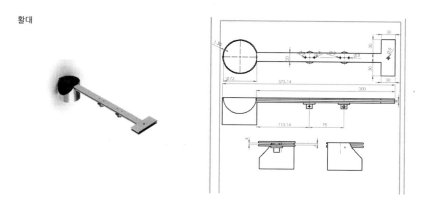

Al Plate 판, 사각 Steel Bar 복합 사용

하부판

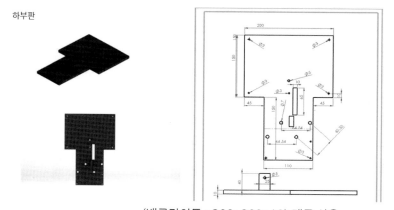

(배크라이트 : 200*300*10) 재료 사용

3) 상세설계

① 작업 흐름도

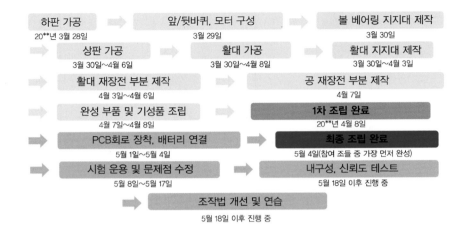

하판 가공	앞/뒷바퀴, 모터 구성	볼 베어링 지지대 제작
20**년 3월 28일	3월 29일	3월 30일
상판 가공	활대 가공	활대 지지대 제작
3월 30일~4월 6일	3월 30일~4월 8일	3월 30일~4월 3일
활대 재장전 부분 제작	공 재장전 부분 제작	
4월 3일~4월 6일	4월 7일	
완성 부품 및 기성품 조립	1차 조립 완료	
4월 7일~4월 8일	20**년 4월 8일	
PCB회로 장착, 배터리 연결	최종 조립 완료	
5월 1일~5월 4일	5월 4일(참여 조들 중 가장 먼저 완성)	
시험 운용 및 문제점 수정	내구성, 신뢰도 테스트	
5월 8일~5월 17일	5월 18일 이후 진행 중	
조작법 개선 및 연습		
5월 18일 이후 진행 중		

② 핵심부분 완성예상도

공 재장전 부분

- DC 모터를 동력으로 사용
- 모터에 달린 물레를 따라 공이 하나씩 이동하도록 설계함.
- PVC를 약간 기울여, 추가 동력 없이 공이 이동하도록함.
- PVC 파이프 입구 부분을 직각으로 만들어, 공이 흘러내리지 않음.
- PVC 파이프 끝 부분에 알루미늄으로 제작된 레일 부착
- 공간 배치를 위해 상판 아랫면에 모터 설치

활대 재장전 부분

- DC 모터를 동력으로 사용
- 모터에 간헐 기어를 부착하여 동력 차단 및 전달을 조절할 수 있음.
- 간헐기어와 연결된 평기어 반대쪽에 실을 감는 부분 추가
- 실은 피로파괴에 강한 Stainless Wire를 사용하여, 신뢰성을 높임.
- 간헐 기어의 크기를 고려해 하부판 중간을 기어의 크기만큼 뚫음.
- 각종 기어와 축은 과학상자 부품을 이용
- 공간 배치를 위해 상판 아랫면에 모터 설치

4) 제작과정 사진모음

3. 결론

1) 팀 자체평가

[다른 조 제작물과 비교·대조평가]

일반적인 다른 조	28조

• 바퀴부분을 360 mm로 많이 사용
• 단층 구조 사용
• 많은 시행착오를 통한 설계, 제작
	• 바퀴부분을 300 mm로 사용하고, 활대부분 길이를 360 mm 미만으로 맞춤.
	  → 공간을 절약하고 추진력을 향상
	• 복층 구조 사용
	  → 공간을 늘리고 부품 배치를 최적화
	• CAD 설계를 통한 제작
	  → 시행착오를 줄이고, 더 빠르게 제작물을 제작

 결론: 독창적이고 기능적인 설계, 오차 없는 제작

2) 제작과정에서 느낀 점

- 수행중인 '창의적 공학설계' Term-Project는 창의성과 이론적으로만 학습해왔던 기계 공학적 지식들을 실습에 의해 발휘할 수 있는 좋은 기회라고 생각함.
- 위험한 작업 환경으로 인해, 작업 과정에서의 안전 규칙을 꼭 지킨 상태에서 Step-by-Step으로 제작 과정을 이행해야 할 것으로 생각함.
- 제작물 제작 완료 이후, 주기적인 성능 점검과 정비, 조작법 연습 철저를 통해 최종 시험까지 제작물의 성능을 유지하는 것이 중요할 것으로 생각함.

3) 문제해결 과정정리

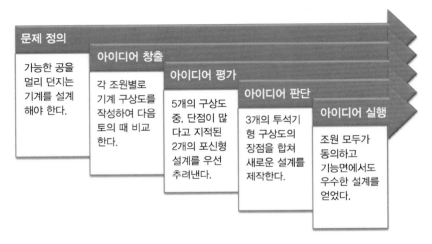

문제 정의
가능한 공을 멀리 던지는 기계를 설계해야 한다.

아이디어 창출
각 조원별로 기계 구상도를 작성하여 다음 토의 때 비교한다.

아이디어 평가
5개의 구상도 중, 단점이 많다고 지적된 2개의 포신형 설계를 우선 추려낸다.

아이디어 판단
3개의 투석기형 구상도의 장점을 합쳐 새로운 설계를 제작한다.

아이디어 실행
조원 모두가 동의하고 기능면에서도 우수한 설계를 얻었다.

4) 최종제작물

New thinking
New possibilities

새로운 생각이
새로운 가능성을 만든다.

4. 참고문헌

- http://terms.naver.com/entry.nhn?docid=923125

  기어-네이버 지식사전(사회과학>교육/과목>중학교_ 기술/가정)

- http://100.naver.com/100.nhn?docid=99741

  스프링-네이버 백과사전

- ftp://164.125.162.16

  창의적 공학 설계 수업, 황상문 교수님 강의 자료

- http://elina_1210.blog.me/30130997217

  창의적 문제 해결과 공학 설계

5. 부록

1) 역할분담 및 실행내역

201067105 김유경
- 초기 설계 구상, 재료 가공 및 제작
- 중간보고서 PPT 서론 작성, 최종보고서 발표용 자료 5번째 발표(조원들의 소감)

201121174 김은총
- 재료 가공 및 제작, 재료 가공 노하우 전수
- 중간보고서 PPT 본론 작성, 최종보고서 발표용 자료 3번째 발표(가공 노하우)

201121194 김태완
- 재료 가공 및 기계 제작, 2차 설계 문제점 수정
- 중간보고서 PPT 결론 작성, 최종보고서 발표용 자료 4번째 발표(제작물 메커니즘)

200921180 김지훈
- 물리적인 힘을 계산하고 예측, 1차 설계 문제점 수정, 활대부분 설계 및 제작
- 중간보고서 PPT 내용 정리, 최종보고서 발표용 자료 2번째 발표(발사 거리에 대한 공학 계산)

200921194 김홍목
- 조장, 초기 설계 구상, CAD설계 및 기계 제작 방법 구상, 기성품 추가 확보
- 중간보고서 PPT 내용 추가 및 전체 양식 개선, 최종보고서 수정 및 내용 추가
- 최종보고서 발표용 자료 1번째 발표(제작물에 담긴 철학, 1차 완성 이후 수정 내역)

2) 공학적 해석

▶ 발사 거리 계산

역학적 에너지 보존 법칙으로 발사되는 거리를 찾자!!!

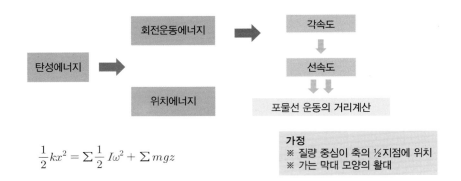

$$\frac{1}{2}kx^2 = \sum \frac{1}{2}I\omega^2 + \sum mgz$$

가정
※ 질량 중심이 축의 ½지점에 위치
※ 가는 막대 모양의 활대

Step 1. 탄성에너지 구하기

$k = (G*d^4)/(8*n((D1+D2)/2)^3))$

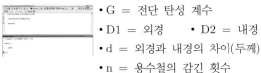

- G = 전단 탄성 계수
- $D1$ = 외경 • $D2$ = 내경
- d = 외경과 내경의 차이(두께)
- n = 용수철의 감긴 횟수

$\therefore k = 205.5 \ \mathrm{N/m}$

$$\frac{1}{2}kx^2 = (0.5)(205.5\,\mathrm{N/m})(0.12\,\mathrm{m^2}) = 1.4796\,\mathrm{N \cdot m}$$

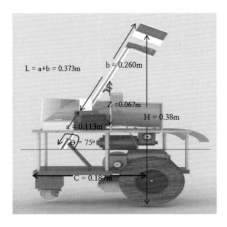

Step 2. 위치에너지 구하기

mgZ
$= (0.46\mathrm{kg})(9.8\mathrm{m/s^2})(0.067\mathrm{m}) = (0.30204\,\mathrm{N \cdot m})$

Step 3. 관성 모멘트 구하기

평행축 정리 $I = I_{com} + mh^2$

$$I = \frac{1}{12}mL^2 + m\left(\frac{L}{2}-a\right)^2$$
$$= \frac{1}{12}(0.46\,\mathrm{kg})(0.373\,\mathrm{m})^2 + (0.46\,\mathrm{kg})(0.074\,\mathrm{m})^2$$
$$= 7.85 * 10^{-3}\,\mathrm{kg \cdot m^2}$$

Step 4. 회전운동 에너지, 각속도, 선속도 구하기

회전운동 에너지 계산

$$\frac{1}{2}I\omega^2 = \frac{1}{2}kx^2 - mgZ$$
$$= (1.4796 - 0.30204)\,\text{N}\cdot\text{m}$$
$$= 1.17756\,\text{N}\cdot\text{m}$$

각속도 계산

$$\omega = \left(\frac{2(1.17756)\,\text{N}\cdot\text{m}}{7.85 * 10^{-3}\,\text{kg}\cdot\text{m}^2}\right)^{\frac{1}{2}}$$
$$= 17.32\,\text{rad/s}$$

선속도 계산

$$V = b\omega$$
$$= (0.260\,\text{m})(17.32\,\text{rad/s})$$
$$= 4.503\,\text{m/s}$$

즉, $H = 0.38\,\text{m}$에서 $V = 4.503$ m/s로 발사되는 포물선 운동체

Step 5. 포물선 운동으로 이동거리 계산

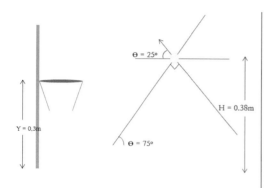

$$V_y = V\sin 25° = 1.9\,\text{m/s}$$
$$V_x = V\cos 25° = 4.08\,\text{m/s}$$
$$S_y = V_y \times t - \frac{1}{2}gt^2 = (y - H)\,\text{m}$$
$$\Rightarrow t^2 - 0.388t - 0.016 = 0$$
$$\Rightarrow t = 0.341\,\text{s}$$
$$S_x = V_x \times t = (4.08\,\text{m/s})(0.341\,\text{s}) = 1.39\,\text{m}$$
$$(\text{차체 앞부분과 발사지점의 거리} = 0.187\text{m})$$

∴ 1.2m 지점에서 발사하면 Goal-In

※ 실제 발사거리 값은 약 1.15 m 지점에서 발사하면 Goal-In

[제목: 압전에너지 하베스터를 활용한 무릎 보조기]

1. 과제 개요

1) 과제의 정의 및 내용

① 개발과제의 정의 및 도출배경

• 개발과제 정의

보행 시 다리의 움직임에 의해 발생하는 운동에너지를 전기에너지로 변환하는 압전에너지 하베스터(harvester)를 개발하고, 압전에너지 하베스터를 통해 만들어진 전기에너지를 충전하여 무릎 보조기의 주요기능(무릎연골 제어 힌지)을 구동시키는 압전에너지 하베스터가 부착된 무릎 보조기 개발

• 개발과제의 도출배경

- 소득 2만\$에서 3만\$ 시대로의 진입에 의한 삶의 질 향상과 고령화 사회로의 진입 및 노인인구 급증에 따른 여러 가지 사회적/환경적 배려가 필요함.

- 스포츠 문화 발달과 비만인구 증가로 과거 노인성 질환이었던 퇴행성관절염이 노령 층 뿐만 아니라 젊은 층에서도 대폭적으로 늘어나고 있는 실정임.

- 선진국의 경우 의료보조기 개발을 위한 생명기술(BT)과 정보기술(IT)이 융합된 최신 기술이 집중적으로 개발되고 있음.

- 의학과 공학 관련 산학연구의 기술적인 지원과 무릎관절 관련제품에 대한 정확한 메커니즘을 분석하기 위하여 시제품 제작 및 제품 최적화 기술이 필요함.

- 거동의 불편에 따른 다양한 보조기구 개발을 위한 인체 관련 기초연구가 요구됨.

- 첨단 의료장비 개발을 통한 의료 선진화와 의료관광 활성화가 국가적 관심 분야임.

- 유럽의 경우, 대학의 소규모 전문가 집단이 개발한 의료장비에 대한 연구가 기반이 되어 세계적 표준모델 또는 세계적인 상품으로 발전하고 있음.

- 우리나라가 고령화 사회로 진입하게 되면서 인체공학적 제품에 대한 수요가 급증하고 있으나, 국내에서는 유럽, 미국 등의 선진 연구소의 인체 및 인체 관련 연구 자료를 도입하여 사용하고 있는 초보적인 실정으로 이에 대한 지속적인 연구가 절실히 요구됨.

- 별도의 외부에너지를 사용하지 않고, 보행 시 획득할 수 있는 에너지를 이용하여 전기를 생성할 수 있으므로 에너지 절약효과가 있을 뿐만 아니라, 친환경에너지의 사용하는 효과가 있음.
- 퇴행성관절염 시장 통계분석(국민건강통계/보건복지부, 2012년)에 의하면,
  ▶ 65세 이상 노인의 골관절염 유병률 37.7 %(여성 50 %, 남성 21 %), 특히 여성의 유병률이 남성보다 2배 이상 높게 나타남.
  ▶ 50세 이상 24.2 %(여성 32.4 %, 남자 14.7 %)가 골관절염을 앓고 있음.
  ▶ 한 달에 1회 이상 등산을 하는 인구 약 1,800만 명으로 추산됨(2010년 한국갤럽 조사결과).
  ▶ 최근 등산이나 야외 활동의 증가로 인해 무릎에 통증을 느끼는 사람이 많아져 본 제품의 필요성은 더욱 증대되고 있으며, 설명된 바와 같은 효능이 나타난다면 실제로 구매하겠다는 응답비율이 60 %로 매우 높음.

2) 세부내용 또는 세부과제기술

- 보행 시 발생하는 운동에너지를 전기에너지로 변환하는 압전에너지 하베스터 개발
- 압전에너지 하베스터의 전기발전모듈 및 전기저장모듈 최적화 설계
- 부품 최적화를 통한 제품의 효율성 증대 및 경량화

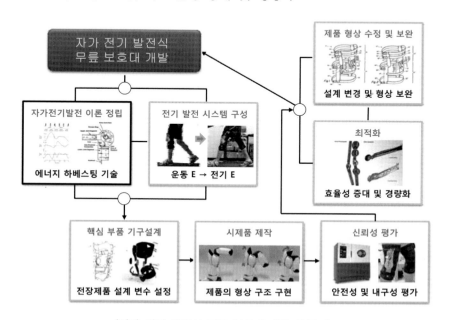

〈자가 전기 발전식 무릎 보호대 개발 흐름도〉

- 에너지 하베스팅 기술

  - 에너지 하베스팅(energy harvesting) 기술은 태양광, 진동, 열, 풍력 등과 같이 자연적인 에너지원으로부터 발생하는 에너지를 미세하게 수확하여 축적한 후 필요할 때 사용하기 위해 생성된 에너지를 저장하는 일련의 과정을 뜻함.

  - 소형에너지 하베스팅 방법에는 태양광을 이용한 태양발전, 기계적인 에너지를 이용한 압전발전, 기계적인 운동과 전자기적 현상을 이용한 발전 및 용량성발전, 폐열을 이용한 열전발전 등이 있음.

  - 각각의 방법은 장단점을 가지고 있으며 주어진 자연환경에 적합한 방법이 선택되어 적용될 수 있음. 이 가운데 압전에너지 하베스팅은 다른 발전 방법에 비해 에너지 밀도가 높고, 기후에 관계없이 실내외에서 기계진동을 이용할 수 있고 다양한 형태의 기계적 에너지를 전기에너지로 변환할 수 있는 장점이 있음.

  - 에너지 하베스팅 기술 중 압전에너지 하베스팅 기술을 적용하여 인체보행 운동에너지를 전기에너지로 변환할 수 있는 무릎보호대를 개발하고자 함.

- 압전에너지 하베스팅 메커니즘 구성

  [1단계] 외부의 기계적 에너지(보행운동에너지)를 압전 재료에 전달

  [2단계] 전달된 기계적 에너지를 압전 재료를 이용하여 전기에너지로 변환

  [3단계] 변환된 에너지를 전기회로를 통하여 슈퍼캐퍼시터나 2차전지에 축전

  [4단계] 축전된 에너지를 이용하여 무릎보호장치 주요 기능 동작

  - 기계적인 진동을 효과적으로 전달하기 위한 구조는 기계적인 진동에 관한 식을 고려하여 개발되어야 하며, 기계적인 에너지는 힘과 변위에 의해 결정되며 힘의 크기와 변위의 크기에 따라 압전 하베스터의 구조가 변경되어야 한다.

  - 진동원의 진동주파수가 압전 하베스터의 고유진동수와 일치할 때 가장 큰 전기에너지가 생산되며 대부분 진동원의 진동주파수는 고주파수를 가진다. 반면 압전발전에 일반적으로 사용되는 세라믹재료는 매우 단단하고 길이 1 cm 정도의 압전세라믹의 기계적인 공진주파수는 1 MHz 이내이므로 세라믹의 길이가 매우 길어져야 공진주파수를 외부 진동주파수와 일치시킬 수 있다. 그래서 본 과제에서는 압전세라믹의 공진주파수를 낮추기 위해 1차로 캔틸레버(cantilever)형의 에너지 하베스터를 사용하기로 한다.

  - 압전 하베스터에 의해 생성된 교류전압을 슈퍼 캐퍼시터나 2차전지에 충전하기 위해서는 정류다이오드와 평활화 캐퍼시터를 이용하여 직류로 변환시켜야 한다. 압전재료는

전기적으로 전압발생기, 유전체, 저항의 조합으로 외부저항이 변함에 따라 생성되는 에너지가 결정된다. 발전기에서 생성되는 최대 에너지는 외부 임피던스가 특정주파수에서 진동하는 압전체의 임피던스와 일치할 때 나타난다.

- 무릎 보조기 구동원리
  - 보행 시 구동힌지가 연골방향을 따라 안쪽으로 점차적으로 전진하면 3점압의 원리에 의해 통증이 있는 방향의 대퇴부와 하퇴부의 연골이 인장되어 보행 시 통증을 완화시킨다. 또한 대퇴사두근 부위에 위치한 압박밴드가 힌지의 구동과 함께 압박하여 상체의 체중을 분산시킴으로 무릎연골에 가해지는 압력을 완화시킨다.
  - 보행 시 발생하는 운동에너지를 전기에너지로 변환하여 제어장치에 공급함으로 무릎보조기의 주요 기능인 무릎연골 제어와 대퇴부 압박 기능을 수행한다.

- 자가발전장치 부착 무릎보호대 설계 및 시제품 제작
  - 무릎 보호대 개발계획
    - ▶ 제품모델링 3D설계 및 공학설계
    - ▶ 제품 및 핵심부품(구동 힌지) 기구설계
    - ▶ 워킹목업(working mock up) 제작 (1차~2차)
    - ▶ 전기발생모듈 결합테스트
    - ▶ 디자인 및 설계 수정보완
    - ▶ 시제품 도면제작
    - ▶ CNC 가공, 표면처리, 도색, 조립
    - ▶ 시제품 시험 및 최적화 작업

2. 최종목표 및 개발결과

1) 최종목표 및 결과

① 개발 최종목표

무릎 보조기의 에너지 하베스터 개발 및 설계 최적화를 통해 목표 전력 $10\,\mu\text{W}$를 달성하는 것을 목표로 하였다.

평가항목	단위	가중치 (%)	세계수준	국내수준	개발 목표치	평가방법
중량	kg	20	0.7	0.9	0.7	KS P ISO 13405－1:2005
구동싸이클	n	25	1×10^6	1×10^6	1×10^6	구동테스트 실시 횟수
내구성	N	25	250 이상	250 이상	250 이상	KS P 8408
발전력	μW	20	없음	없음	10	KS P ISO 13405－1:2005
유해성물질		10	검출 안 됨	검출 안 됨	검출 안 됨	KS C IEC 62321 KS K I0737

② 목표 대비 최종 결과물의 완성도

위에 제시된 평가항목별 시험 가능한 상태로 시험을 실시하여 통과 여부를 확인하였다. 발전력을 위주로 개발하였기 때문에 발전력을 달성하는 것에 초점을 두고 제작하였다.

〈개발된 무릎 보조기 사진〉

2) 개발결과

각 속도별 전압측정 결과를 보면 3 km/h에서는 최고 전압 평균 3.74 V, 4 km/h에서는 5.28 V, 5 km/h에서는 3.27 V가 측정되었다. 보행속도가 빠르다면 더 많은 횟수의 전압 변화가 측정되지만 최고 전압과의 비례관계는 없었다. 전압 측정 데이터를 기반으로 하여 전력을 측정했다. 저항은 300 kΩ으로 모의실험 때 측정하여 이를 전력을 구하는 식($P = V^2/R$)에 대입하여 전력을 계산했다. 전압 측정 데이터를 기반으로 하여 전력을 측정했다. 저항은 300 kΩ으로 모의실험 때 측정하여 이를 전력을 구하는 식에 대입하여 전력을 계산했다.

우선 개발 목표치는 $10\,\mu\mathrm{W}$이며 $3\,\mathrm{km/h}$로 보행 시 $46.63\,\mu\mathrm{W}$, $4\,\mathrm{km/h}$로 보행 시 $92.89\,\mu\mathrm{W}$, $5\,\mathrm{km/h}$로 보행 시 $35.64\,\mu\mathrm{W}$의 전력이 측정되었다. $4\,\mathrm{km/h}$에서는 최고 전력이 나왔으며 발전과정에서 다른 보행속도에 비해 편차가 작게 전압이 측정되었다. 다른 속도에서는 발전이 매끄럽게 이루어지지 않아 발전량이 다소 적은 부분은 있지만 사람의 평균 보행속도인 $4\,\mathrm{km/h}$에서는 발전이 제대로 이루어지고 있다.

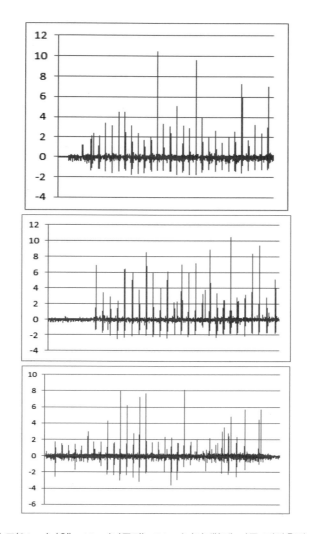

〈보행속도(3 km/h(위), 4 km/h(중간), 5 km/h(아래))에 따른 전압측정 데이터〉

압전에너지 하베스터를 장착한 무릎 보조기를 이용하여 전기에너지를 발생시키고 그것을 측정해보았다. 설계파라미터를 조절하여 최대 전력이 나오는 보행속도를 확인하여 연령별 맞춤형 무릎 보조기를 설계할 수 있다. 최대 발전력이 나오는 경우와 그렇지 않은 경우를 비교하여 편차를 줄인다면 무릎 보조기의 성능 및 강인성이 더욱 개선될 것이며, 이를 실생활에 적용하여 무릎 보조기의 기능을 최대한 활용할 수 있을 것으로 기대된다.

3) 개발성과

① 주요성과
- 특허출원 실적
- 대회 참가 및 입상
- 학술대회 및 논문 게재 실적

② 기대효과
- 특허출원을 통한 핵심기술 보호
  - 보행 시 발생하는 운동에너지를 전기에너지로 전환하는 방식에 대한 특허출원
  - 전기에너지를 이용하여 자동무릎관절제어 방식에 대한 특허출원
- 기술임치를 통한 핵심기술 보호
  - 전기에너지를 생산하는 자가발전시스템 세부구조 및 도면 기술임치
  - 자가발전시스템의 핵심부품 도면 및 조립방법에 대한 부분 기술임치
  - 자가발전시스템으로 발생하는 전기 생산에 대한 최적화 자료 기술임치
- 핵심기술 활용방안 및 전략기술 차별화 전략
  - 운동에너지를 전기에너지 변환 기술의 응용으로 친환경에너지 제품개발에 활용
  - 보행 시 발생하는 운동에너지를 이용하여 전기에너지로 전환(무릎제어 동력원으로 활용)
  - 수동식 기계제어가 아닌 정교한 전자제어가 가능
  - 전자제어장치와 정보기술과의 융합개발이 가능
  - 스마트기기와 연동을 통하여 무릎관절에 대한 정보와 체계적인 관리가 가능
- 기대효과
  - 국내 무릎 보조기 시장에 기계식에서 전자식으로 제품 개발 기술방향에 영향
  - 휴대용 무릎 보조기에 정밀한 전자제어방식 적용으로 좀 더 효과적인 물리, 재활치료가 가능
  - 전자제어방식 적용으로 스마트기기 연동이나, 무선 인식(RFID: Radio Frequency

Identification) 적용 등 정보기술과의 연계 인프라 구축 가능
- 기계적 운동에너지를 전기에너지로의 변환기술을 응용한 친환경에너지 제품개발 기술에 영향
- 국내 고령친화용품 시장의 대부분을 차지하고 있는 값비싼 수입제품 대체가 가능
- 기존 해외 제품들과의 차별화된 기능과 품질, 가격경쟁력으로 해외수출 증대에 기여
- 인공관절 수술지연 및 대체효과로 개인 의료비용의 절감효과

참고문헌

1. 강기주, 기계공작법, 북스힐, 2002.
2. 강기주, 기계공학개론(2판), 북스힐, 2011.
3. 강철구, 이민철, 전희종, 정슬, 최혁렬, 홍대희, 메카트로닉스와 계측시스템(4판), 교보문고, 2012.
4. 고종수, 이석, 이재근, 정용호, 정지환, 알기 쉬운 기계공학, 홍릉과학출판사, 2007.
5. 김경천, 곽문규, 기창두, 성윤경, 이종수, 서태원, 창의적 공학설계(2판), 북스힐, 2010.
6. 기계공학개론 교재편찬위원회(김종식 외), 기계공학개론, 북스힐, 2011.
7. 김관형, 김진현, 김태수, 박남섭, 박세환, 허관도, 현대창의공학, 북스힐, 2014.
8. 김병재 외, 알기쉬운 트리즈(창의적 문제해결이론), 인터비젼, 2005.
9. 김정하, 염영일, 로봇공학, 사이텍미디어, 2002.
10. 김종식, 시스템 모델링 및 제어, 교보문고, 2009.
11. 김종식, "메카넘 구동형 전-방향 시스템의 개요 및 메카넘휠의 역사", 자동화기술, 12월호, pp. 50-54, 2015.
12. 김진오, 기초로봇공학, 성안당, 2007.
13. 김효준, 생각의 창의성(TRIZ), 지혜출판사, 2004.
14. 다카하시 마코토, "창조력 사전", 매일경제신문사, 2002.
15. 다카하시 마코토, "회의진행방법", 매일경제신문사, 1988.
16. 박이동, 최신 유체기계, 동명사, 2008.
17. 배원병, 김종식, 윤순현, 임오강, PBL을 위한 공학윤리(2판), 북스힐, 2014.
18. 배원병, 임오강, 김종식, 공학입문, 북스힐, 2014.
19. 배원병, 정용호, 기계제도, 북스힐, 2015.
20. 송동주, 김정엽, 김종형, 김태우, 배원병, 이건상, 이화조, 임오강, 공학설계, 도서출판 영, 2010.
21. 송지복, 배원병, 조용주, 황상문, 조윤호, 조진래, 박상후, 박성훈, 기계설계(3판), 인터비젼, 2009.
22. 안중환, 이민철, 최재원, 메카트로닉스 실험, 청문각, 1998.
23. 윤순현, 강동진, 김병하, 김성훈, 장병훈, 주원구, 유체역학(6판), 교보문고, 2010.
24. 이경우, 김병재, 이태희, 황농문, 한송엽, 공학문제 해결 입문, 시스마프레스, 2006.
25. M. S. Allen, Morphological Creativity: The Miracle of Your Hidden Brain Power, Prentice-Hall, 1962.
26. R. Aylett, Robots: Bringing Intelligent Machines to Life, Barron's Educational Series Inc., 2002.
27. W. Bolton, Mechatronics 2nd Ed., Addison Wesley, 1999.
28. K. Cha , M. Lee, and H. Kim, "SMCSPO based Force Estimation for Jetting Rate

Control of 3D Printer Nozzle to Build a House", Intelligent Robotics and Applications, Vol. 9244 of the Series Lecture Notes in Computer Science, pp. 45-55, 2015.

29. Z. H. Duan, Z. X. Cai, and Y. Jin-xia, "Fault Diagnosis and Fault Tolerant Control for Wheeled Mobile Robots Under Unknown Environments: A Survey", Proc. of the 2005 IEEE International Conference on Robotics and Automation, pp. 3428-3433, 2005.

30. P. M. Gerhart, R. J. Gross, and J. I. Hochstein, Fundamentals of Fluid Mechanics 2nd Ed., Addison-Wesley Pub. Co., 1992.

31. J. H. Ginsberg and J. Genin, Statics, John Wiley & Sons, 1977.

32. K. Hitomi, Manufacturing System Engineering, 2nd Ed., Taylor & Francis, 1996.

33. R. D. Klafter, T. A. Chmielewski and M. Negin, Robotic Engineering: An Integrated Approach, Prentice-Hall, 1989.

34. B. C. Kuo and F. Golnaraghi, Automatic Control Systems, John Wiley & Sons, Inc., 2002.

35. L. Mearian, "하루 만에 집 10채를 뚝딱", CIO Korea, Retrieved from http://www.ciokorea.com/news/21533, 2014.

36. S. I. Roumeliotis, G. S. Sukhatme and G. A. Bekey, "Fault Detection and Identification in a Mobile Robot Using Multiple-Model Estimation", Proc. of the 1998 IEEE International Conference on Robotics and Automation, pp. 2223-2228, 1998.

37. R. Tirupathi, A. Chandrupatla and D. Belegundu, Introduction to Finite Elements in Engineering, 3rd Ed., Pearson Education International, 2002.

38. C. C. Tsai, F. C. Tai and Y. R. Lee, "Motion Controller Design and Embedded Realization for Mecanum Wheeled Omnidirectional Robots", Proc. of the 8th Conf. Intelligent Control and Automation, pp. 21-25, 2011.

39. S. G. Tzafestas, Inrtoduction to Mobile Robot Control, 1st Ed., Elsevier, London, 2014.

40. J. Walton, Engineering Design: From Art to Practice, West Publishing Company, 1991.

41. F. M. White, Fluid Mechanics, McGraw-Hill, 2010.

42. S. M. Yoon and M. C. Lee, "An Identification of the Single Rod Hydraulic Cylinder Using Signal Compression Method and Applying", Ubiquitous Robots and Ambient Intelligence(URAI), 11th International Conference, 2014.

창의공학설계

2016년 9월 20일 1판 1쇄 인쇄
2016년 9월 25일 1판 1쇄 발행

저 자 ◉ **김종식 · 박상후 · 박성훈 · 이민철**

발행자 ◉ **조 승 식**

발행처 ◉ (주) 도서출판 **북스힐**
　　　　서울시 강북구 한천로 153길 17

등 록 ◉ 제 22-457 호

 (02) 994-0071(代)

 (02) 994-0073

 bookswin@unitel.co.kr
　　　　www.bookshill.com

값 25,000원

잘못된 책은 교환해 드립니다.

ISBN 979-11-5971-035-3